普通高等教育"十二五"规划教材

大学通用化学实验技术学习指南

宋光泉　阎　杰　主编

科学出版社
北　京

内 容 简 介

本书是为丰富和拓展《大学通用化学实验技术(上、下册)》(宋光泉主编)的内容而编著的配套辅导教材。

本书按实验基础知识和十大操作技术为模块编写,内容涵盖无机化学实验、有机化学实验、分析化学实验、物理化学与胶体化学实验、高分子化学实验、拓展化学实验和计算机在化学实验中的应用等。每个模块均归纳为常见的三种题型,即选择题、简答题和计算题,并通过这些试题,将相关实验技术的要点进行有机融合,进而有助于读者对实验知识与技能的全面理解和系统掌握。

本书可作为化学、化工、农、林、水产及食品、生物、环境、医学、生命科学等专业的本科生、研究生实验教学的辅导教材,也可作为企事业技术人员、化验员必备的参考书,还可作为化学或食品分析工职业鉴定、实践技能考试或竞赛以及研究生入学考试的参考书。

图书在版编目(CIP)数据

大学通用化学实验技术学习指南/宋光泉,阎杰主编. —北京:科学出版社,2014.3

普通高等教育"十二五"规划教材

ISBN 978-7-03-039934-2

Ⅰ.①大… Ⅱ.①宋… ②阎… Ⅲ.①化学实验-高等学校-教材 Ⅳ.①O6-3

中国版本图书馆 CIP 数据核字(2014)第 038114 号

责任编辑:赵晓霞 / 责任校对:李 影
责任印制:赵 博 / 封面设计:迷底书装

科 学 出 版 社 出版
北京东黄城根北街 16 号
邮政编码:100717
http://www.sciencep.com

安泰印刷厂 印刷
科学出版社发行 各地新华书店经销
*
2014 年 3 月第 一 版 开本:787×1092 1/16
2018 年 5 月第五次印刷 印张:21 3/4
字数:557 000
定价:45.00 元
(如有印装质量问题,我社负责调换)

《大学通用化学实验技术学习指南》

编著委员会

主　编　宋光泉　阎　杰

副主编（按姓名汉语拼音为序）

陈　迁	陈　睿	陈云峰	丁　姣	韩志萍
侯超钧	刘弋潞	刘治国	王清萍	肖爱平
徐　菜	严赞开	尹庚明	周红军	周亚民

编著者（按姓名汉语拼音为序）

白　旭	卜宪章	曹树贵	陈　红	陈　迁	陈　睿
陈　思	陈海德	陈帅华	陈云峰	陈泽智	丁　姣
丁爱琴	杜志云	葛建芳	龚　圣	郭玉华	韩红梅
韩志萍	郝红元	何　晗	何　蓉	何海芬	侯超钧
胡仲禹	黄庆华	黄莎华	蒋旭红	金晓英	李英玲
廖列文	廖栩泓	林海琳	凌育赵	刘桂英	刘小华
刘弋潞	刘展眉	刘治国	刘志海	鲁　红	陆益民
毛淑才	穆筱梅	彭　滨	覃　杨	邱永革	司靖宇
宋　亭	宋光泉	孙媚华	王　欣	王静岚	王清萍
王新爱	吴　缨	肖爱平	肖畴阡	徐　菜	徐勇军
许芝平	阎　杰	严赞开	严志云	杨　兵	杨　婕
杨海鹏	杨金兰	叶　勇	尹庚明	尹国强	于艳红
郑少玲	周红军	周新华	周亚民		

主　审　高盘良　孙尔康

前　言

化学开篇始于实验。实验技术的进步推动了化学学科的发展,并衍生出无机化学、有机化学、分析化学、物理化学、高分子化学、环境化学、水化学、绿色化学等,但是它们都离不开化学实验技术。因此,本书以实验技术为主线,在一级学科层面上开创了化学实验新系统。编著者早在1995年开始集成融合传统的四大化学作为一门独立的课程进行教学实践。1998~1999年,作为广东省"九五"规划教材,《大学通用化学实验技术(上、下册)》(宋光泉主编)正式出版。

通过10多年的教学探索,为凸显先进性与时代性,教材编著委员会创建了教材资源、教学资源、网络资源、社会/企业资源和信息资源的实时共享圈,实现了化学实验教学的开放性,把每个实验与Internet接轨,使传统的静态教学模式变为动态的立体实验教学新模式,从而构建了大学化学实验教材新体系。

本书基本参照《大学通用化学实验技术(上、下册)》内容模块进行编写。为方便读者学习,每个模块均归纳为常见的三种题型,即选择题、简答题和计算题,并通过这些试题,将相关实验技术的要点进行有机融合,进而有助于读者对实验知识与技能的全面理解和系统掌握。为解决读者学习中的问题,每章后都给出了编著者的邮箱,可以利用互联网与编著者进行远程交流或实时互动。

为检验学习效果,创建了"大学通用化学实验技术在线考试系统"(http://www.tong-huawk.com:8005/)。该系统在化学一级学科层面上组建试题库,实现了个性化组题,标准化判卷,自动统计分析,不仅有助于读者自主学习,而且适用于本科生、研究生及职业技能水平测试。该考试系统与本书配套使用,所有试题都可以从本书中找到参考答案。

本书具有以下特色:

(1) 开创了实验教学辅导教材新体例。

本书作为实验的教学辅导书,针对实验原理、操作、注意事项、实验结果等,通过习题与解答的形式,加深学生对相关实验技术的理解、掌握,这在国内属首创。

(2) 丰富了《大学通用化学实验技术(上、下册)》教材新内容。

《大学通用化学实验技术(上、下册)》把化学专业与非化学专业实验按十大操作技术融合,利于学生从整体上掌握相关知识与技能,但学科跨度大,对教师的知识结构、学生的学习能力提出了新的挑战,因此本书的编写不仅丰富了教材内容,而且也是创新人才培养所必需。

(3) 创建共享教师资源和实时互动新系统。

本书按实验基础知识和十大操作技术为主线编写,内容丰富,知识容量大。为方便读者自学,读者遇到的各类问题都可与经验丰富的编著者交流和实时互动。

本书的编著工作是一项系统工程,涉及面广,内容丰富,工作量大,共有16所高校,13家企事业单位,70多位教学第一线的骨干老师或业内专家参与了此项工作。他们分别是:广东工业大学陈迁、杜志云;武汉工程大学陈云峰;福建师范大学王清萍、金晓英;五邑大学尹庚明、彭滨、王欣;湖北大学叶勇;中山大学卜宪章;山西医科大学刘桂英;华南师范大学宋亭;东莞理工学院周亚民、徐勇军;佛山科学技术学院刘弋潞;湖州师范学院韩志萍、郭玉华;江西科技师范大学徐莱、胡仲禹、王静岚、陈帅华、于艳红、黄庆华;韩山师范学院严赞开、邱永革、郑少玲、许芝平;合肥学院吴缨、陈红、司靖宇、丁爱琴;江西中医学院杨婕;仲恺农业工程学院宋光泉、阎杰、陈睿、周红军、肖爱平、丁姣、侯超钧、龚圣、严志云、肖畴阡、陈海德、刘展眉、王新爱、蒋旭红、李英玲、周新华、毛淑才、穆筱梅、韩红梅、陆益民、凌育赵、鲁红、尹国强、林海琳、葛建芳、廖列文、何海芬等;上海睿智化学研究有限公司刘治国;中国科学院上海有机化学研究所刘志海;广东省环境监测中心陈泽智;江门市环境监测中心站孙媚华;东莞标检产品检测有限公司杨金兰;北京东方仿真软件技术有限公司陈思、何晗、覃杨;瑞士梅特勒-托利多公司黄莎华;瑞士万通中国有限公司廖栩泓、曹树贵;美国 TA 仪器公司何蓉;美国 Waters 公司白旭;英国 HEL 公司(中国区)杨海鹏;盈思仪器(广州)有限公司杨兵;日本岛津公司广州分公司刘小华和上海分公司郝红元等。全书由宋光泉、阎杰和周红军统稿和定稿。

此外,先后还有北京大学华彤文;中国科学技术大学张懋森、闫天堂;清华大学周广业;中国农业大学杜凤沛;南开大学林少凡、郑吉民;华南理工大学蔡明招;浙江大学叶孟兆;华南农业大学李江中、何庭玉、周家容 、谷文祥;广西大学张淑琼、谢天俊、蒋林斌;中山大学杨燕生、麦堪成;广东海洋大学李先文、符史良、张琳、许河峰;广东工业大学郝志峰;湖南农业大学雷孝;广州大学尚小琴、刘汝锋;江西农业大学黄忠、吴东平、刘光斌;嘉应学院温欣荣、李红山;广州城市职业学院彭少洪、黄运凤等专家教授的指导或参与了教材的建设。在此,谨向他们表示衷心的感谢。

非常荣幸,本书承蒙我国老一辈化学家北京大学高盘良教授、南京大学孙尔康教授担任主审。感谢科学出版社责任编辑为本书出版所付出的艰辛劳动。还要感谢仲恺农业工程学院卢婉贞副校长、向梅梅副校长,以及同仁们长达 18 年的鼎力支持。

本书不仅是编著者多年来的实践总结,也是博采众长合力笔耕的成果,希望得到广大读者的认可。虽然编著者用心雕琢,但鉴于水平有限,书中仍有不完善之处,敬请读者斧正,以便再版时完善。无论是批评还是建议,我们都会复函致谢。

E-mail:13922193919@163.com;yanjie0001@126.com

宋光泉　　阎　杰

2013 年 12 月于广州

目　　录

第一章　实验基础知识

第一节　概　　述

化学是一门以实验为基础的学科。许多化学理论与规律都来自实验,并且这些理论与规律的应用与评价也要依据实验的探索和检验。化学实验课在化学教育中占有必不可少的地位,它是提高学生学习化学的兴趣、训练学生具有科学方法和思维,培养学生独立获得知识、运用知识和创新知识的能力的最有效的教学形式。而要做好化学实验,一定要熟悉和掌握化学实验基础知识。化学实验基础知识包括实验守则,危险品的分类,试剂和药品的使用规则,意外事故的预防和处理,实验室废物的预处理,实验记录与实验报告要求,常见简单仪器的用途及使用方法(含玻璃仪器的洗涤和干燥),样品分析的一般程序和方法等。

化学实验室是消防重点单位,也是容易发生事故的场所,安全始终是第一位的。化学实验中发生事故的原因,从主观上讲有两个方面:一是安全意识不强,二是对化学实验室的情况不了解或知之甚少。化学实验具有一定的危险性,这并不是耸人听闻之言。所以一定要熟悉常见安全事故的急救方法和处理措施,严格按照药品试剂管理制度的各种要求进行采购、管理、使用和处理,掌握实验的规范操作。安全实验的关键是要严格按照操作规定进行实验,这样危险也能变为安全。实验规则是人们从长期实验工作中归纳、总结出来的,它是防止意外事故,保证正常从事实验的良好环境、工作秩序和做好实验的前提。实验前预习是必要的准备工作,这个环节必须引起足够重视,如果不预习,对实验的目的、要求和内容不清楚,是不允许进行实验的。

化学工业的发展为丰富人们的物质生活及促进社会的进步作出了巨大的贡献,但大量排放的废弃物也给人们的生存环境带来了严重的污染。化学实验是化学工业的一个缩影,在化学实验教学过程中,经常要使用或制备一些有毒有害的化学品,由此产生的废液、废气及固体废弃物,虽然量不多,但若处置不当,日积月累,将影响师生的身体健康,也对周围环境产生污染。化学实验室的环境保护应该规范化、制度化,对各种废弃物进行减害化或无害化处理。

了解和掌握常用简单仪器的规格、主要用途、使用方法和注意事项,对于正确使用或选用实验仪器是十分必要的。化学实验中会用到各种玻璃器皿,在实验前后都必须将所用玻璃仪器清洗干净。使用不干净的仪器进行实验会影响实验效果,甚至使实验者得出错误结论,导致实验失败。实验后要及时清洗仪器,不清洁的仪器长期放置后会使以后的洗涤工作更加困难。玻璃仪器的洗涤也是一个技术性的工作,要把玻璃仪器洗涤干净,必须遵循规范的洗涤方法。

在实验中,取同一试样进行多次重复测试,其测定结果不会完全一致。这说明实验误差是普遍存在的。在进行各项实验工作中既要掌握各种测定方法,又要学会对测量结果进行评价。因此必须了解分析测量结果的准确性、误差的大小及其产生的原因,以不断提高测量结果的准确度。

有效数字就是实验中能够测得的数字。有效数字位数的确定反映了测量的精度。在化学实验中,经常需要对某些物理量进行测量并根据测得的数据进行计算。但是测定物理量时,应采用几位数字,在数据处理时又保留几位数字? 为了合理地取值并能正确运算,需要了解有效数字的概念。到底要采取几位有效数字,这要根据操作者所用的分析方法和测量仪器的精度来决定。

实验报告是对实验的概括和总结,必须认真如实书写。做实验应按照实验方法和步骤进行,规范操作,仔细观察,勤于思考,及时、如实地记录实验数据和实验现象。

在工农业生产和科学研究中,需要分析的样品是多种多样的。尽管对各种不同的样品,会因来源和分析目的的不同,而采用完全不同的分析方法和分析手段,但作为一种过程而言,样品分析依然有其共同之处。由于样品组成的复杂性,样品预处理是一项复杂而艰难的工作,是决定分析结果成败的最为关键的环节。

本章通过选择题型,考查学生是否熟悉和掌握了以上化学实验基础知识。因为要做好化学实验,必须充分认识化学实验的特点,明确实验目的,熟练实验涉及的化学原理、装置、常用仪器的用途和使用方法,熟悉实验室规则、实验室安全知识和如何保证实验数据的真实性与可靠性等实验的基础知识。

第二节　试　题

一、化学实验的一般知识

(一) 学生守则选择题

1. 在实验中要保持实验室安静、整洁,但还没开始实验时,则可在实验室内嬉闹。(　　　)
A. 正确　　　　　　B. 不正确

2. 在化学实验中不得使用任何通信、音响设备。(　　　)
A. 正确　　　　　　B. 不正确

3. 安全是做好化学实验的保证,所以做实验时一定要教师在旁看着才能做。(　　　)
A. 正确　　　　　　B. 不正确

4. 预习报告应记录到专用实验记录本上,未做预习报告者,不能进行实验。(　　　)
A. 正确　　　　　　B. 不正确

5. 每次实验结束前,应将实验记录本交指导教师审阅并签字后方可离开实验室。(　　　)
A. 正确　　　　　　B. 不正确

6. 熟悉仪器操作规程,虽然未经指导教师允许,也可擅自启用仪器设备。(　　　)
A. 正确　　　　　　B. 不正确

7. 对个人使用和保管的玻璃仪器,在实验开始和结束时,必须认真对照物品清单核实数量、规格和质量,并和指导教师进行交接。(　　　)
A. 正确　　　　　　B. 不正确

8. 公用仪器设备使用完毕应及时恢复初始状态;公用化学药品和试剂取用完后,应及时盖好瓶塞,放回原处。(　　　)
A. 正确　　　　　　B. 不正确

9. 不得在实验台面上拖拉重物,不得用锋利或粗糙物品摩擦实验台面,禁止将灼热(高于100℃)物品直接放在实验台面上。(　　　)
A. 正确　　　　　　B. 不正确

10. 废纸、火柴梗、碎玻璃和各种废液倒入废物桶或其他规定的回收容器中。(　　　)
A. 正确　　　　　　B. 不正确

（二）危险品的分类选择题

1. 能在环境或动植物体内蓄积,对人体产生长远影响的污染物称为(　　)污染物。
A. 三废　　　　　　B. 环境　　　　　　C. 第一类　　　　　　D. 第二类

2. 实验室常用的丙酮、氢氧化钠、氨等试剂属于《职业性接触毒物危害程度分级》标准中的(　　)危害。
A. Ⅰ级　　　　　　B. Ⅱ级　　　　　　C. Ⅲ级　　　　　　D. Ⅳ级

3. 下列化合物(　　)应纳入剧毒物品的管理。
A. NaCl　　　　　　B. Na_2SO_4　　　　　　C. $HgCl_2$　　　　　　D. H_2O_2

4. 下列有关毒物特性的描述错误的是(　　)。
A. 越易溶于水的毒物其危害性也就越大　B. 毒物颗粒越小,危害性越大
C. 挥发性越小,危害性越大　　　　　　D. 沸点越低,危害性越大

5. 下列氧化物有剧毒的是(　　)。
A. Al_2O_3　　　　　　B. As_2O_3　　　　　　C. SiO_2　　　　　　D. ZnO

6. (　　)不是工业生产中的危险产品。
A. 浓硫酸　　　　　　B. 无水乙醇　　　　　　C. 过磷酸钙　　　　　　D. 碳化钙

7. 下列钠盐有剧毒的是(　　)。
A. NaCl　　　　　　B. Na_2CO_3　　　　　　C. $NaHCO_3$　　　　　　D. NaCN

8. 实验室中不属于危险品化学试剂的是(　　)。
A. 易燃易爆物　　　　　　　　　B. 放射性、有毒物品
C. 干冰、纯碱　　　　　　　　　D. 氧化性、腐蚀性物品

9. 下列单质有毒的是(　　)。
A. 硅　　　　　　B. 铝　　　　　　C. 汞　　　　　　D. 碳

10. 下列气体中,有毒又具有可燃性的是(　　)。
A. O_2　　　　　　B. N_2　　　　　　C. CO　　　　　　D. CO_2

11. (　　)属于易挥发液体样品。
A. 发烟硫酸　　　　　　B. 工业硫酸　　　　　　C. 硫酸溶液　　　　　　D. 水

12. 下列说法不正确的是(　　)。
A. 无标签和标签无法辨认的试剂要当作危险品处理
B. 一氧化碳和二氧化碳的混合物属于二元可燃性气体
C. 氧化性物质与还原性物质放在一起不会出现任何危险
D. 剧毒品必须由专人保管,领用必须经审核批准

13. 化学危险品可能引起的伤害之一是损伤呼吸道——胸闷窒息。(　　)
A. 正确　　　　　　B. 不正确

14. 甲醇是一种有毒、有酒精气味的不燃性气体。(　　)
A. 正确　　　　　　B. 不正确

15. 一般闪点在25℃以下的液体极易挥发成气体,遇明火即燃烧。此类液体均列入易燃类,称为易燃液体。(　　)
A. 正确　　　　　　B. 不正确

16. 易燃性、可分散性与氧化性、热分解性是易燃固体的主要特性。（　　）

　　A. 正确　　　　　　B. 不正确

17. 石油醚、氯乙烷、乙酸乙酯和乙酸甲酯等液体的闪点在 $-4℃$ 以下。（　　）

　　A. 正确　　　　　　B. 不正确

18. 乙醇、甲苯、苯的闪点在 $25℃$ 以下。（　　）

　　A. 正确　　　　　　B. 不正确

19. 生物实验半数致死量(LD_{50})在 $50mg \cdot kg^{-1}$ 以下者称为剧毒物品。（　　）

　　A. 正确　　　　　　B. 不正确

20. 强腐蚀性危险品(强蚀类)指对人体皮肤、黏膜、眼、呼吸器官及金属等有极强的腐蚀性的液体和固体。（　　）

　　A. 正确　　　　　　B. 不正确

21. 发烟硫酸、硫酸、发烟硝酸、盐酸等存放的理想温度要求 $10℃$ 以下。（　　）

　　A. 正确　　　　　　B. 不正确

22. 爆炸品的爆炸性是由本身的组成和性质决定的,爆炸性和殉爆是爆炸品的主要特性。（　　）

　　A. 正确　　　　　　B. 不正确

23. 易燃液体、易燃固体只要包装得当,可与氧化剂混合储存。（　　）

　　A. 正确　　　　　　B. 不正确

24. 遇火、遇热、遇潮能引起燃烧、爆炸或发生化学反应、产生有毒气体的化学危险品不得在露天及在潮湿、积水的建筑物中储存。（　　）

　　A. 正确　　　　　　B. 不正确

25. 可燃气体、可燃液体蒸气或可燃粉尘与空气组成的混合物,任何混合比例下都可以爆炸。（　　）

　　A. 正确　　　　　　B. 不正确

26. 低闪点液体的蒸气只需接触红热物体的表面便会着火。（　　）

　　A. 正确　　　　　　B. 不正确

27. 白磷、钠、乙醚等为自燃物。（　　）

　　A. 正确　　　　　　B. 不正确

28. 钡盐接触人的伤口也会使人中毒。（　　）

　　A. 正确　　　　　　B. 不正确

29. 开启储存有挥发性液体的试剂瓶时,应先充分冷却。（　　）

　　A. 正确　　　　　　B. 不正确

30. 腐蚀性试剂宜放在塑料瓶中。（　　）

　　A. 正确　　　　　　B. 不正确

31. 对于久置不用的醚类溶剂,取用时一定不要震动,同时要加入还原剂,除掉生成的过氧化物。（　　）

　　A. 正确　　　　　　B. 不正确

32. 实验台上的汞可采用适当措施收集在有水的烧杯里。（　　）

　　A. 正确　　　　　　B. 不正确

33. 有毒物品挥发性越小,沸点越低,危害性也越大。(　　)

A. 正确　　　　　　B. 不正确

34. 洒落在地上的少量汞可用硫磺粉盖上,干后清扫。(　　)

A. 正确　　　　　　B. 不正确

35. 产生剧毒气体的实验在通风橱内进行即可。(　　)

A. 正确　　　　　　B. 不正确

(三)试剂和药品的使用规则选择题

1. 下列说法不正确的是(　　)。

A. 不允许将各种试剂任意混用

B. 取出的试剂未用完时,不能倒回原瓶,应倾倒在教师指定的容器中

C. 固体试剂要用洁净药匙(或镊子)取用

D. 每次用滴瓶上的滴管取用液体后,都将其用水冲洗后放回滴瓶内

2. 一般试剂存放,下列盛放试剂的方法正确的是(　　)。

A. 不一定要密封保存　　　　　　B. 固态试剂应存放在细口瓶中

C. 液态试剂应存放在广口瓶中　　　　D. 少量常用液态试剂可存放在滴瓶中

3. 特殊试剂存放,下述方法不正确的是(　　)。

A. $FeSO_4$ 溶液中加少量铁屑

B. 浓 HNO_3、$KMnO_4$、$AgNO_3$ 溶液等保存在棕色瓶中置于阴凉处

C. $FeCl_3$ 溶液中加稀盐酸

D. K、Na 保存在煤油中,白磷、Li 等保存在水中

4. 工业乙醇的含量是(　　)。

A. 98%　　　　B. 95%　　　　C. 99%　　　　D. 90%

5. 下列只能用间接法配制一定浓度的溶液,然后再标定的物质是(　　)。

A. $KHC_8H_4O_4$　　　B. $K_2Cr_2O_7$　　　C. $H_2C_2O_4 \cdot 2H_2O$　　D. $NaOH$

6. 下列盛放试剂的方法正确的是(　　)。

A. 氢氟酸或浓硝酸存放在带橡皮塞的棕色玻璃瓶中

B. 汽油或煤油存放在带橡皮塞的棕色玻璃瓶中

C. 碳酸钠溶液或氢氧化钙溶液存放在配有磨口塞的棕色玻璃瓶中

D. 氯水或硝酸银溶液存放在配有磨口塞的棕色玻璃瓶中

7. 已知 $M(ZnO) = 81.38g \cdot mol^{-1}$,用它来标定 $0.02mol \cdot L^{-1}$ 的 EDTA 溶液,宜称取 ZnO 的质量为(　　)。

A. 4g　　　　B. 1g　　　　C. 0.4g　　　　D. 0.04g

8. 标定 $KMnO_4$ 溶液的基准试剂是(　　)。

A. $Na_2C_2O_4$　　　B. $(NH_4)_2C_2O_4$　　　C. **氯化亚铁**　　　D. $K_2Cr_2O_7$

9. NH_4Cl 溶液的 pH 为(　　)。

A. 大于 7.0　　　B. 小于 7.0　　　C. 等于 7.0

10. 乙酸钠溶液的 pH 为(　　)。

A. 大于 7.0　　　B. 小于 7.0　　　C. 等于 7.0

11. 欲配制 2mol·L^{-1} NaOH 溶液 50mL,下述方法正确的是(　　)。

A. 用洁净干燥的小烧杯称取 8g NaOH 固体,加入 50mL 水溶解即可

B. 用洁净干燥的小烧杯称取 8g NaOH 固体,加适量水溶解,冷后在 50mL 量筒或带刻度的烧杯中定容即可

C. 用滤纸片称取 8g NaOH 固体,放入小烧杯中,加适量水溶解,冷后在 50mL 量筒中定容即可

D. 用表面皿称取 8g NaOH 固体,放入小烧杯中,加适量水溶解,冷后转移到 50mL 容量瓶中定容

12. 无机化学实验中常用的是"化学纯"试剂,其代表符号为(　　)。

A. A. R.　　　　　B. G. R.　　　　　C. C. P.　　　　　D. L. R.

13. 下列说法正确的是(　　)。

A. 往正沸腾的溶液中加入沸石,可达到防止暴沸的目的

B. 活泼金属钾、钠一般保存在煤油或液体石蜡中

C. 把用剩的药品倒回原试剂瓶

D. 每次用滴瓶上的滴管取用液体后,都将其丢弃换新的滴管

14. 滴定分析中,若怀疑试剂失效,可通过(　　)方法进行验证。

A. 仪器校正　　　B. 对照分析　　　C. 空白实验　　　D. 多次平行测定

15. 滴定分析中,蒸馏水不纯,可通过(　　)方法进行校正。

A. 仪器校正　　　B. 对照分析　　　C. 空白实验　　　D. 多次平行测定

16. 实验室中常用的铬酸洗液,用久后表示失效的颜色是(　　)。

A. 黄色　　　　　B. 绿色　　　　　C. 红色　　　　　D. 无色

17. 实验室中用以干燥仪器的 $CoCl_2$ 变色硅胶,失效时的颜色是(　　)。

A. 红色　　　　　B. 蓝色　　　　　C. 黄色　　　　　D. 黑色

18. pH=5 和 pH=3 的两种盐酸以 1∶2 体积比混合,混合溶液的 pH 是(　　)。

A. 3.17　　　　　B. 10.1　　　　　C. 5.3　　　　　D. 8.2

19. 下列基准物质的干燥条件正确的是(　　)。

A. $H_2C_2O_4$·$2H_2O$ 放在空的干燥器中　　　B. NaCl 放在空的干燥器中

C. Na_2CO_3 在 105~110℃电烘箱中　　　D. 邻苯二甲酸氢钾在 500~600℃的电烘箱中

20. 既溶于水又溶于乙醚的是(　　)。

A. 乙醇　　　　　B. 丙三醇　　　　C. 苯酚　　　　　D. 苯

21. 基准物一般要求纯度是(　　)。

A. 99.95%以上　　B. 90.5%以上　　C. 98.9%以上　　D. 92.5%以上

22. 浓 H_2SO_4 与 NaCl、CaF_2、$NaNO_3$ 在加热时反应,能分别制备 HCl、HF、HNO_3,这是利用了浓 H_2SO_4 的(　　)。

A. 强酸性　　　　B. 氧化性　　　C. 高沸点稳定性　　D. 吸水性

23. 配制 100mL NaOH 水溶液[ρ(NaOH)=50g·L^{-1}],下列说法正确的是(　　)。

A. 把 50g NaOH 溶于水,再稀释至 1000mL

B. 把 50g NaOH 溶于水,再稀释至 100mL

C. 把 5g NaOH 溶于水,再稀释至 100mL

D. 把 5g NaOH 溶于 95mL 水中

24. 可以作为基准物质的是(　　　)。

A. H_2SO_4　　　　　B. NaOH　　　　　C. $Na_2C_2O_4$　　　　　D. $KMnO_4$

25. 能在120℃烘箱内烘至恒量的基准物是(　　　)。

A. $Na_2S_2O_3$　　　　B. 乙二酸钠　　　　C. 氧化锌　　　　D. Na_2CO_3

26. 氢氧化钠不能作为基准物质的主要原因是(　　　)。

A. 纯度不高　　　　　　　　　　　B. 性质不稳定

C. 组成与化学式不相符　　　　　　D. 相对分子质量小

27. 配制 100mL 浓度为 $1mol \cdot L^{-1}$ 盐酸,需要取 37% 的盐酸(密度为 $1.19g \cdot cm^{-3}$)的体积是(　　　)。

A. 7.9mL　　　　　B. 8.9mL　　　　　C. 5mL　　　　　D. 8.3mL

28. 下列市售试剂的近似浓度为(　　　)。

硫酸($\rho = 1.84g \cdot mL^{-1}$,$w = 98\%$);盐酸($\rho = 1.18g \cdot mL^{-1}$,$w = 37\%$)

① $18mol \cdot L^{-1}$　　② $17mol \cdot L^{-1}$　　③ $15mol \cdot L^{-1}$　　④ $12mol \cdot L^{-1}$

A. ①④　　　　　B. ①②　　　　　C. ②③　　　　　D. ②④

29. 分析纯试剂瓶签的颜色为(　　　)。

A. 蓝色　　　　　B. 绿色　　　　　C. 红色　　　　　D. 黄色

30. 各种试剂按纯度从高到低的代号顺序是(　　　)。

A. G. R. > A. R. > C. P.　　　　　　B. G. R. > C. P. > A. R.

C. A. R. > C. P. > G. R.　　　　　　D. C. P. > A. R. > G. R.

31. 普通试剂按其纯度分为(　　　)。

A. 高纯试剂、分析纯、化学纯　　　　B. 优级纯、分析纯、化学纯

C. 基准试剂、高纯试剂、专用试剂

32. 下列试剂不能存放在一起的是(　　　)。

A. 高锰酸钾、浓硫酸、活性炭　　　　B. 乙醚、苯、四氯化碳

C. KOH、NaOH、Na_2CO_3

33. 把 4g NaOH 溶于 100mL 水中(假设固体的体积忽略不计),下列说法不正确的是(　　　)。

A. 该溶液的质量浓度是 $40g \cdot L^{-1}$　　　B. 该溶液的质量分数是 4%

C. 该溶液的物质的量浓度是 $1mol \cdot L^{-1}$

34. 实验室中不同化学试剂的保存方法不尽相同,浓硝酸应盛放在(　　　)。

A. 细口棕色试剂瓶中　　　　　　　B. 细口透明试剂瓶中

C. 广口棕色试剂瓶中

35. 下列试剂应储存于棕色瓶中避光保存的是(　　　)。

A. 碘、硝酸银、溴　　　　　　　　B. 浓硫酸、浓盐酸、乙酸

C. 氟化钠、氟化钾、氟化铵

36. HCl(1+1)表示浓盐酸与水的(　　　)为1:1。

A. 质量比　　　　　B. 体积比　　　　　C. 物质的量比

37. 配制好的碱溶液应储存于(　　　)。

A. 白色玻璃试剂瓶中　　　　　　　B. 塑料试剂瓶中

C. 棕色玻璃试剂瓶中

38. H_2O_2 应储存于( )。

    A. 不透明的塑料试剂瓶中   B. 透明的塑料试剂瓶中

    C. 不透明的玻璃试剂瓶中   D. 白色玻璃试剂瓶中

39. 下列液体闪点为 -4℃ 以下的是( )。

    A. 乙醇   B. 丙三醇   C. 甲苯   D. 苯

40. 下列各类水中,用于一般化学分析实验的是( )。

    A. 自来水   B. 三级水   C. 二级水   D. 一级水

41. 用离子交换法制得的水称为( )。

    A. 自来水   B. 蒸馏水   C. 天然水   D. 去离子水

42. 当用离子交换法制备的纯水经检验不合格时,可对阴阳离子交换树脂进行( )处理。

    A. 淋洗   B. 再生   C. 弃去

43. 用氨性缓冲溶液和铬黑 T 检验水样时,若溶液是蓝色,表示( )。

    A. Pb^{2+}、Cu^{2+}、Fe^{3+}、Zn^{2+}、Ca^{2+}、Mg^{2+} 等阳离子含量甚微

    B. 合格水   C. 不合格水

44. 下列说法不正确的是( )。

    A. 严格按实验要求,正确使用不同规格档次的化学药品(优级纯、分析纯、化学纯)

    B. 化学试剂是进行化学研究、成分分析相对标准的物质

    C. 化学试剂是在化学实验、化学分析、化学研究及其他实验中使用的各种纯度等级的化合物或单质

    D. 化学试剂若储存得当,可长期储存不会失效

45. 下列是基准物质的是( )。

    A. 乙二酸   B. 硫酸   C. 硝酸   D. 盐酸

46. 银氨溶液等为防变质应现配现用。( )

    A. 正确   B. 不正确

47. 用硝酸和硝酸银溶液检验水样时,若有白色浑浊现象,就能确定这是合格水。( )

    A. 正确   B. 不正确

48. 1L $40g \cdot L^{-1}$NaOH 溶液比 1L $1mol \cdot L^{-1}$ NaOH 溶液所含的 NaOH 质量多。( )

    A. 正确   B. 不正确

49. 把 10g NaOH 溶于水,再稀释至 250mL,所得溶液的质量浓度是 $40g \cdot L^{-1}$。( )

    A. 正确   B. 不正确

50. 某 $c(\frac{1}{2}H_2SO_4) = 0.1000mol \cdot L^{-1}$ 的硫酸溶液,其质量浓度为 $9.808g \cdot L^{-1}$。( )

    A. 正确   B. 不正确

51. 实验室取用药品时应注意的"三不"是:不能用手接触药品;不能尝任何药品的味道;不能把鼻孔凑到容器口去闻药品的气味。( )

    A. 正确   B. 不正确

52. 用剩的药品要做到"三不一要":不放回原瓶;不随意丢弃;不拿出实验室;要放入指定容器。( )

    A. 正确   B. 不正确

53. 使用乙醚时,必须检查有无过氧化物的存在。(　　)

A. 正确　　　　　　　B. 不正确

54. 氨水($\rho=0.90\mathrm{g\cdot mL^{-1}}$,$w=29\%$)的近似浓度为 $17\mathrm{mol\cdot L^{-1}}$。(　　)

A. 正确　　　　　　　B. 不正确

55. 乙酸($\rho=1.05\mathrm{g\cdot mL^{-1}}$,$w=99\%$)的近似浓度为 $15\mathrm{mol\cdot L^{-1}}$。(　　)

A. 正确　　　　　　　B. 不正确

56. 取用药品时,如果没有说明用量,一般是液体取 $1\sim2\mathrm{mL}$,固体取量是盖满试管底部即可。(　　)

A. 正确　　　　　　　B. 不正确

57. 取用钠、钾后余下部分要放回原瓶。(　　)

A. 正确　　　　　　　B. 不正确

58. 试剂的级别越高,纯度越高,分析结果的准确度越高,所以分析实验中选用的试剂的级别越高越好。(　　)

A. 正确　　　　　　　B. 不正确

59. 分析纯适用于一般分析实验和一般科研,用 A.R. 表示 。(　　)

A. 正确　　　　　　　B. 不正确

60. 氢氟酸保存在棕色玻璃试剂瓶中。(　　)

A. 正确　　　　　　　B. 不正确

(四) 意外事故的预防和处理选择题

1. 腐蚀性试剂宜放在(　　)的盘或桶中。

A. 塑料或搪瓷　　　B. 玻璃或金属　　　　C. 橡胶或有机玻璃　　　　D. 棕色或无色

2. 进行化学实验必须注意安全,下列说法正确的是(　　)。

A. 不慎将酸溅到眼中,应立即用稀碱冲洗,边洗边眨眼睛

B. 不慎将浓碱溶液沾到皮肤上,要立即用大量水冲洗,然后涂上硼酸溶液

C. 如果苯酚浓溶液沾到皮肤上,应立即用纸用力擦干净

D. 配制硫酸溶液时,可先在量筒中直接配制

3. 下列说法正确的是(　　)。

A. 强氧化性物质与还原性物质放在一起不会出现任何危险

B. 一氧化碳中毒立即施用兴奋剂急救

C. 一旦发生中毒,关键是能争分夺秒、正确地采取自救互救措施,力求在毒物被吸收前实现抢救

D. 废弃的有害固体化学废物只需用泥土掩埋,不必经过解毒处理

4. 皮肉被玻璃割伤,应先(　　)涂上碘酒,覆盖消毒纱布后去医院治疗。

A. 用水洗干净　　　B. 擦干净血水　　　C. 将玻璃屑取出　　　D. 撒上消炎粉

5. 安装仪器、电器设备的金属外壳必须(　　)。

A. 喷塑绝缘　　　B. 安装保险　　　C. 可靠接地　　　D. 与电路断开

6. 手不慎被酸灼伤,应立即用大量水冲洗,然后用(　　)洗涤。

A. 5%的碳酸氢钠溶液　　　　　　　B. 氯化钡溶液

C. 2%的乙酸溶液　　　　　　　　　D. 1%的硼酸溶液

7. 分析室接触毒物造成中毒可能,最易疏忽的是(　　)。

A. 生产设备的管道破裂或阀门损坏　　　B. 有机溶剂的萃取操作

C. 样品溶解时通风不良　　　D. 有排放有害气体设施时排放有毒气体

8. 一旦发生火灾,应根据具体情况选用(　　)灭火器进行灭火并报警。

A. 适当的　　　　B. 最好的　　　　C. 泡沫式　　　　D. 干粉

9. 扑灭木材、纸张和棉花等物质发生的火灾,最经济的灭火剂是(　　)。

A. 灭火器　　　　B. 干冰　　　　C. 砂子　　　　D. 水

10. (　　)中毒是通过皮肤进入皮下组织,不一定立即引起表面的灼伤。

A. 接触　　　　B. 摄入　　　　C. 呼吸　　　　D. 腐蚀性

11. 下列易燃易爆物存放不正确的是(　　)。

A. 分析实验室不应储存大量易燃的有机溶剂

B. 金属钠保存在水中

C. 存放药品时,应将氧化剂与有机化合物和还原剂分开保存

D. 爆炸性危险品残渣不能倒入废物桶

12. 下面有关高压气瓶存放不正确的是(　　)。

A. 性质相抵触的气瓶应隔离存放　　　B. 高压气瓶在露天暴晒

C. 空瓶和满瓶分开存放　　　D. 高压气瓶应远离明火及高温体

13. 使用时需倒转灭火器并摇动的是(　　)。

A. 1211 灭火器　　　B. 干粉灭火器

C. 二氧化碳灭火器　　　D. 泡沫灭火器

14. 当有人触电而停止呼吸,心脏仍跳动,应采取的抢救措施是(　　)。

A. 就地立即做人工呼吸　　　B. 做体外心脏按压

C. 立即送医院抢救　　　D. 请医生抢救

15. 存有精密仪器的场所发生火灾宜选用(　　)灭火。

A. 四氯化碳灭火器　　　B. 泡沫灭火器

C. 二氧化碳灭火器　　　D. 干粉灭火器

16. 氯气中毒的防护与急救不正确的是(　　)。

A. 给患者喝催吐剂,使其呕吐　　　B. 操作时戴好防毒口罩

C. 咽喉受刺激,可吸入 2% 的苏打水热蒸气　　　D. 重患者应保温,注射强心剂

17. 电器设备火灾宜用(　　)灭火。

A. 水　　　　B. 泡沫灭火器　　　C. 干粉灭火器　　　D. 湿抹布

18. 下列中毒急救方法错误的是(　　)。

A. 呼吸系统急性中毒时,应使中毒者离开现场,使其呼吸新鲜空气或做抗休克处理

B. H_2S 中毒立即进行洗胃,使之呕吐

C. 误食了重金属盐溶液立即洗胃,使之呕吐

D. 皮肤、眼、鼻受毒物侵害时立即用大量自来水冲洗

19. 若火灾现场空间狭窄且通风不良不宜选用(　　)灭火器灭火。

A. 四氯化碳　　　B. 泡沫　　　　C. 干粉　　　　D. 1211

20. 违背剧毒品管理的选项是(　　)。

A. 使用时应熟知其毒性以及中毒的急救方法

B. 未用完的剧毒品应倒入下水道,用水冲掉

C. 剧毒品必须由专人保管,领用必须经审核批准

D. 不准用手直接去拿取毒物

21. 违背了易燃易爆物使用规则的是( )。

A. 储存易燃易爆物品,要根据种类和性质设置相应的安全措施

B. 遇水分解或发生燃烧爆炸的危险品,不准与水接触或存放在潮湿的地方

C. 实验后含有燃烧、爆炸的废液、废渣应倒入废物桶

D. 蒸馏低沸点的液体时,装置应安装紧固,严密

22. 违背电器设备安全使用规则的是( )。

A. 电器设备起火,应立即切断电源

B. 电器设备着火应用泡沫灭火器灭火

C. 高温电炉在最高温度不宜工作时间太长

D. 不宜在电器设备附近堆放易燃易爆物

23. 常用酸中毒及急救不妥的是( )。

A. 溅到皮肤上立即用大量水或 $2\%NaHCO_3$ 溶液冲洗

B. 误食盐酸可用 2% 小苏打溶液洗胃

C. 口腔被酸灼伤可用 NaOH 溶液含漱

D. HF 溅到皮肤上,立即用大量水冲洗,再用 5% 小苏打水洗,再涂甘油-氧化镁糊

24. 下列强腐蚀性剧毒物保管不妥的是( )。

A. 容器必须密封好放于专门的柜子   B. 强酸强碱要分开存放

C. 氢氟酸应用陶瓷罐密封保存   D. 浓 H_2SO_4 不要与水接触

25. CO 中毒救护不正确的是( )。

A. 立即将中毒者转移到空气新鲜的地方,注意保暖

B. 对呼吸衰弱者立即进行人工呼吸或输氧

C. 发生循环衰竭者可注射强心剂

D. 立即给中毒者洗胃

26. 有关用电操作正确的是( )。

A. 人体直接触及电器设备带电体

B. 用湿手接触电源

C. 使用超过电器设备额定电压的电源供电

D. 电器设备安装良好的外壳接地线

27. 煤气液化石油气着火,应选用( )灭火。

A. 酸碱式灭火器   B. 泡沫灭火器

C. 干粉式 1211 灭火器   D. 水

28. 下列说法不正确的是( )。

A. 妥善保管好化学危险品

B. 稀释浓酸,特别是浓硫酸时,应把水慢慢注入酸中

C. 使用易燃试剂,一定要远离火源

D. 严防室内积聚高浓度易燃易爆气体

29. 实验室做化学实验,发生下列事故,处理方法不正确的是(　　)。

A. 金属钠着火,用泡沫灭火器扑灭

B. 实验台上的酒精灯碰翻着火,立即用湿抹布扑灭

C. 皮肤溅上浓 HNO_3,立即用大量水冲洗,再用小苏打水洗涤

D. 汞洒落地面,应立即撒上一层硫粉

30. 下列说法不正确的是(　　)。

A. 禁止在化学危险品储存区域内堆积可燃废弃物品

B. 按化学危险品特性,用化学的或物理的方法处理废弃物品,不得任意抛弃,污染环境

C. 发烟硫酸、氯磺酸、浓硝酸等发生火灾后,宜用雾状水、干砂土、二氧化碳灭火剂扑救

D. 氧化剂中的过氧化物起火后用水扑救

31. 当瓶塞不易开启时,用火加热瓶塞就可开启。(　　)

A. 正确　　　　　　B. 不正确

32. 油浴加热时应避免水滴溅入热油中。(　　)

A. 正确　　　　　　B. 不正确

33. 不慎将酸溅到眼中,应立即用水冲洗,边洗边眨眼睛。(　　)

A. 正确　　　　　　B. 不正确

34. 毒害品中的氰化物,不能用化学泡沫灭火,可用水及砂土扑灭。(　　)

A. 正确　　　　　　B. 不正确

35. 一旦烫伤,应立即用大量水冲洗,迅速降温避免深度烫伤。(　　)

A. 正确　　　　　　B. 不正确

36. 受酸腐蚀,先用大量水冲洗,以免深度烧伤,再用饱和碳酸氢钠溶液或稀氨水冲洗,最后再用水冲洗。(　　)

A. 正确　　　　　　B. 不正确

37. 凡涉及有气体的实验,都应在通风橱中进行。(　　)

A. 正确　　　　　　B. 不正确

38. 所有废液均可倒入同一废液回收桶中。(　　)

A. 正确　　　　　　B. 不正确

39. 强氧化剂及其混合物,不能研磨或撞击,否则易发生爆炸。(　　)

A. 正确　　　　　　B. 不正确

40. 银氨溶液可长久存放。(　　)

A. 正确　　　　　　B. 不正确

41. 有机溶剂苯、丙酮,使用时不必远离明火,用后把瓶塞塞严。(　　)

A. 正确　　　　　　B. 不正确

42. 比水密度小的有机溶剂着火,不能用水扑灭,否则会扩大燃烧面积。(　　)

A. 正确　　　　　　B. 不正确

43. 加热或倾倒液体时,为看清可俯视容器。(　　)

A. 正确　　　　　　B. 不正确

44. 不能直接用手取放化学药品,如手上有伤口一定要包扎后再进行实验。(　　)

A. 正确　　　　　　B. 不正确

45. 药品洒在皮肤上,用酒精擦洗。( )

A. 正确 B. 不正确

46. 一旦有溴沾到皮肤上,立即用 $Na_2S_2O_3$ 溶液冲洗,再用大量水冲洗干净,包上消毒纱布后就医。( )

A. 正确 B. 不正确

47. 误食酸者,要用催吐药或服用碳酸盐或碳酸氢盐。( )

A. 正确 B. 不正确

48. 不慎将苯酚溶液洒到皮肤上,立即用酒精清洗。( )

A. 正确 B. 不正确

49. 加热前一定要确保受热装置是密闭的,这样才不会漏气。( )

A. 正确 B. 不正确

50. 酒精灯不用时应吹灭。( )

A. 正确 B. 不正确

（五）实验室废物的预处理选择题

1. 《污水综合排放标准》对一些污染物规定了最高允许排放( )。

A. 时间 B. 浓度 C. 数量 D. 范围

2. 下列关于废液处理错误的是( )。

A. 废酸液可用生石灰中和后排放

B. 废酸液用废碱液中和后排放

C. 少量的含氰废液可先用 NaOH 调节 pH 大于 10 后再氧化

D. 大量的含氰废液可用酸化的方法处理

3. 下面有关废气的处理错误的是( )。

A. 少量有毒气体可通过排风设备排出实验室

B. 大量的有毒气体必须经过处理后再排出室外

C. 二氧化硫气体可以不排出室外

D. 一氧化碳可点燃转化成二氧化碳再排出

4. 下面有关废渣的处理错误的是( )。

A. 毒性小、稳定、难溶的废渣可深埋地下 B. 汞盐沉淀残渣可用焙烧法回收汞

C. 有机物废渣可倒掉 D. AgCl 废渣可送国家回收银部门

5. 下面有关说法错误的是( )。

A. 废溶剂的处理,绝对不要发生酸性液体和碱性液体,氧化性液体和还原性液体的混装

B. 最大限度消除或削减有害物质的排放,对通过预防不能解决的污染物,应采取源控制措施进行安全处理处置,使污染物达到国家或地方规定的排放标准

C. 把用过的酸类、碱类、盐类等各种废液、废渣,一并倒入回收容器内

D. 化学实验室应尽可能选择对环境无毒害的实验项目

6. 实验室"三废"通常指实验过程所产生的( )。

A. 废气、废液、废渣 B. 废气、废水、废酸

C. 废气、废水、废渣 D. 废气、废渣、废酸

7. 下列关于废液处理错误的是( )。

A. 洗涤玻璃仪器的废水可直接倒入水槽,不要倒入废液回收桶

B. 废液倒入废液回收桶时应注意避免发生可能的有害反应,无把握时应向指导教师咨询

C. 有毒无机溶液原液应倒入无机物废液回收桶,其他无毒无机废液如稀酸、碱和简单有机酸及相应碱金属、碱土金属盐溶液等可直接倒入水槽

D. 实验结束后将所有收集的废液倒入外面下水道,以免污染实验室

8. 下面所列的废液可以互相混合的是(　　　)。

A. 过氧化物与有机物　　　　　　　B. 氰化物与酸

C. 盐酸和盐酸盐　　　　　　　　　D. 铵盐挥发性胺与碱

9. 下面有关"三废"的处理错误的是(　　　)。

A. 用适当的液体吸收剂处理气体混合物

B. 废气中的污染物(吸收质)吸附在固体表面从而被分离出来

C. 废渣可直接掩埋在远离居民区的指定地点,掩埋地点应有记录

D. 含酚废水可以二甲苯作萃取剂,使其与废水充分混合,提取污染物

10. 下面有关"三废"的处理错误的是(　　　)。

A. 化学实验室剧毒、易爆废液应倒入废液回收桶,集中量较多时定期处理

B. 一般的酸、碱、盐(不含有重金属离子)废液,以相应的碱、酸中和处理至排放标准

C. 重金属离子的废液用碱液沉淀,加絮凝剂使沉淀完全,达标排放

D. 汞洒在地上,应及时用硫磺处理,并深埋地下

11. 实验室"三废"也要遵循"谁污染,谁治理"的原则。(　　　)

A. 正确　　　　　B. 不正确

12. 回收有机溶剂通常先在分液漏斗中洗涤,将洗涤后的有机溶剂进行蒸馏或分馏处理加以精制、纯化,所得有机溶剂纯度较高。(　　　)

A. 正确　　　　　B. 不正确

13. 有机溶剂废液应根据其性质尽可能回收;对高浓度废酸、废碱液则直接倒掉。(　　　)

A. 正确　　　　　B. 不正确

14. 实验过程中使用的有机溶剂,一般毒性较大、难处理,从保护环境和节约资源来看,应该采取积极措施回收利用,可供实验重复使用。(　　　)

A. 正确　　　　　B. 不正确

15. 我国已将实验室、化验室、试验场的污染纳入环境监管范围,并自 2005 年 1 月 1 日起正式按污染源进行管理。(　　　)

A. 正确　　　　　B. 不正确

16. 有毒气体可通过通风设备(通风橱或通风管道)排至室外,通风管道应有一定高度,使排出的气体易被空气稀释。(　　　)

A. 正确　　　　　B. 不正确

17. 大量的有毒气体必须经过处理如吸收处理或与氧充分燃烧,然后才能排到室外。(　　　)

A. 正确　　　　　B. 不正确

18. 实验过程中产生的废液要倒入专门的废液回收桶,固体废物和空试剂瓶则放到一般的生活垃圾桶即可。(　　　)

A. 正确　　　　　B. 不正确

19. 对于某些数量较少、浓度较高确实无法回收使用的有机废液,可采用活性炭吸附法、

过氧化氢氧化法处理,或在燃烧炉中供给充分的氧气使其完全燃烧。(　　)

　　A. 正确　　　　　　　B. 不正确

　　20. 切勿将易燃溶剂倒入废液回收桶中,更不能用敞口容器放易燃液体,倾倒易燃液体时应远离火源,最好在通风橱中进行。(　　)

　　A. 正确　　　　　　　B. 不正确

二、实验记录与实验报告要求

　　1. 测得某种新合成的有机酸 pK_a 值为 12.35,其 K_a 值应表示为(　　)。

　　A. 4.467×10^{-13}　　B. 4.47×10^{-13}　　C. 4.5×10^{-13}　　D. 4×10^{-13}

　　2. 实验数据 21.35、21.28、21.38、21.30、21.32 的相对平均偏差是(　　)。

　　A. 0.15%　　　B. 1.5%　　　　C. 0.032%　　　D. 3.2%

　　3. 下列各数中,有效数字位数为四位的是(　　)。

　　A. $[H^+] = 0.0005 mol \cdot L^{-1}$　　　　　B. $pH = 10.56$

　　C. $w(MgO) = 18.96\%$　　　　　　D. 3000

　　4. 为了提高分析结果的准确度,必须(　　)。

　　A. 消除系统误差　　B. 增加测定的次数　　C. 多人重复操作　　D. 增加样品量

　　5. 准确度、精密度、系统误差、偶然误差之间的关系正确的是(　　)。

　　A. 准确度高,精密度一定高　　　　　B. 偶然误差小,准确度一定高

　　C. 准确度高,系统误差、偶然误差一定小　　D. 精密度高,准确度一定高

　　6. 消除或减免偶然误差的方法有(　　)。

　　A. 进行对照实验　　B. 进行空白实验　　C. 增加测定次数　　D. 遵守操作规程

　　7. 下列四个数据中修改为四位有效数字后为 0.5624 的是(　　)。

　　(1) 0.56235　　(2) 0.562349　　(3) 0.56245　　(4) 0.562451

　　A. (1),(2)　　　B. (3),(4)　　　C. (1),(3)　　　D. (2),(4)

　　8. 不能提高分析结果准确度的方法有(　　)。

　　A. 对照实验　　　B. 空白实验　　　C. 一次测定　　　D. 仪器校正

　　9. 下列计算式的计算结果应取(　　)位有效数字。

$$x = \frac{0.3120 \times 48.12 \times (21.25 - 16.10)}{0.2845 \times 1000}$$

　　A. 一位　　　　B. 二位　　　　C. 三位　　　　D. 四位

　　10. 12.35 + 0.0056 + 7.8903,其结果是(　　)。

　　A. 20.2459　　B. 20.246　　　C. 20.25　　　D. 20.2

　　11. 下面做法中不能检查系统误差的是(　　)。

　　A. 空白实验　　B. 平行测定　　C. 对照实验　　D. 回收实验

　　12. 某一化验员称取 0.5003g 铵盐试样,用甲醛法测定其中 N 的含量,滴定耗用0.2800mol·L^{-1} 的 NaOH 溶液 18.30mL,结果正确的是(　　)[已知 $M(NH_3) = 17.03g \cdot mol^{-1}$]。

　　A. 17.442%　　B. 17.4%　　　C. 17.44%　　　D. 17%

　　13. 甲、乙、丙、丁分析者同时分析 SiO_2 的含量,测定分析结果如下。

　　甲:52.16%、52.22%、52.18%;乙:53.46%、53.46%、53.28%;丙:54.16%、54.18%、54.15%;丁:55.30%、55.35%、55.28%,其测定结果精密度最差的是(　　)。

　　A. 甲　　　　　B. 乙　　　　　C. 丙　　　　　D. 丁

14. 消除试剂误差的方法是(　　　)。

A. 对照实验　　　　　　　　　　　B. 校正仪器

C. 选择合适的分析方法　　　　　　D. 空白实验

15. 某分析人员在以邻苯二甲酸氢钾标定 NaOH 溶液浓度时,有如下四种记录,正确操作的记录是(　　　)。

滴定管终读数	49.11	24.08	49.10	24.0
滴定管初读数	25.11	0.00	25.05	0.00
$V(NaOH)/mL$	24	24.08	24.05	24.0
答案选项	A	B	C	D

16. 用 HCl 溶液滴定某碱液。滴定管的初始读数为(0.25 ± 0.01)mL,终读数为(32.25 ± 0.01)mL,则用去 HCl 溶液的准确体积为(　　　)。

A. (32.00 ± 0.02)mL　　　　　　B. (32.00 ± 0.01)mL

C. 32.00mL　　　　　　　　　　D. (32.0 ± 0.02)mL

17. 滴定分析的相对误差一般要求为 0.1%,使用 50mL 的滴定管滴定时,消耗标准溶液的体积应控制在(　　　)。

A. $15\sim20$mL　　B. $20\sim30$mL　　C. <10mL　　D. 50mL

18. 某铁矿中含有 40% 左右的铁,要求测定的相对误差为 0.2%,可选用下列(　　　)。

A. 重铬酸钾滴定法　　　　　　　　B. 邻二氮菲比色法

C. 磺基水杨酸比色法　　　　　　　D. 以上三种方法均可以

19. 欲取 50mL 某溶液进行滴定,要求量取体积的相对误差不大于 0.1%,应选择(　　　)。

A. 50mL 的量筒　　B. 50mL 的容量瓶　　C. 50mL 的移液管　　D. 25mL 的滴定管

20. 下列不是系统误差的特点的是(　　　)。

A. 大小可以估计　　　　　　　　　B. 误差可以测定

C. 多次测定可以使其减小　　　　　D. 对分析结果的影响比较恒定

21. 定量分析工作要求测定结果的误差(　　　)。

A. 没有要求　　B. 等于零　　C. 略大于允许误差　　D. 在允许误差范围内

22. 某分析人员在以碳酸钠标定盐酸溶液浓度时,有如下四种记录,正确操作的记录是(　　　)。

滴定管终读数	25	25.26	25.1	45.40
滴定管初读数	0	0.20	0.00	20.40
$V(NaOH)/mL$	25	25.06	25.1	25.00
答案选项	A	B	C	D

23. 下表是学生用 NaOH 溶液滴定 HCl 溶液的数据记录,下列说法不正确的是(　　　)。

项目/编号	1	2	3
$V(HCl)/mL$	25.00	25.00	25.00
$V(NaOH)/mL$	25.54	25.56	25.55
$V(HCl)/V(NaOH)$	0.978 8	0.971 81	0.978 5
相对偏差/%	0.030 66	−0.040 88	0.000 0
相对平均偏差/%		0.01	

A. 体积记录是正确的　　　　　　　B. 相对偏差的有效数字表示是正确的

C. 相对平均偏差的有效数字表示是正确的　D. 平均值的计算是正确的

24. 下列操作引起系统误差的是（　　）。

A. 天平零点稍有变动

B. 读取滴定管读数时，最后一位数字估计不准

C. 用含量为 98% 的金属锌标定 EDTA 溶液的浓度

D. 滴定时有少量溶液溅出

25. 用 $0.010mol \cdot L^{-1}$ EDTA 标准溶液测定水硬度时，100mL 水样消耗 EDTA 的体积约为 2.5mL，下列操作不正确的是（　　）。

A. 用 100mL 的量筒取水样　　　　　　B. 用 100mL 的移液管取水样

C. 用 50mL 的滴定管进行滴定　　　　　D. 用相对误差为 1% 的 EDTA 标准溶液滴定

26. 测得邻苯二甲酸的 $pK_{a_1} = 2.89$，$pK_{a_2} = 5.54$，则 K_{a_1} 与 K_{a_2} 的值分别为（　　）。

A. $K_{a_1} = 1.3 \times 10^{-3}$，$K_{a_2} = 2.9 \times 10^{-6}$　　B. $K_{a_1} = 1.3 \times 10^{-3}$，$K_{a_2} = 2.9 \times 10^{-4}$

C. $K_{a_1} = 1.3 \times 10^{-4}$，$K_{a_2} = 2.9 \times 10^{-5}$　　D. $K_{a_1} = 1.3 \times 10^{-4}$，$K_{a_2} = 2.9 \times 10^{-6}$

27. 某溶液的 H^+ 浓度为 $1.0 \times 10^{-5} mol \cdot L^{-1}$，则该溶液的 pH 为（　　）。

A. 5　　　　　　　B. 5.0　　　　　　　C. 5.00　　　　　　　D. 5.000

28. 下列表述不正确的是（　　）。

A. 偏差是测定值与真实值之差

B. 平均偏差常用来表示测量数据的精密度

C. 平均偏差表示精密度的缺点是缩小了大误差的影响

D. 平均偏差表示精密度的优点是比较简单

29. 某学生测定铜合金中铜含量，得到如下数据：62.54%、62.46%、62.50%、62.48%、62.52%，则测量结果的平均偏差为（　　）。

A. 0.014%　　　　B. 0.14%　　　　　C. 0.024%　　　　　D. 0.24%

30. 砝码被腐蚀是（　　）。

A. 系统误差　　　　B. 随机误差　　　　C. 过失误差

31. 容量瓶和移液管不配套是（　　）。

A. 系统误差　　　　B. 随机误差　　　　C. 过失误差

32. 试剂中含有微量的被测组分是（　　）。

A. 系统误差　　　　B. 随机误差　　　　C. 过失误差

33. 天平的零点有微小变动是（　　）。

A. 系统误差　　　　B. 随机误差　　　　C. 过失误差

34. 读取滴定体积时最后一位估计不准是（　　）。

A. 系统误差　　　　B. 随机误差　　　　C. 过失误差

35. 滴定时不慎从锥形瓶中溅出一滴溶液是（　　）。

A. 系统误差　　　　B. 随机误差　　　　C. 过失误差

36. 用移液管移取溶液时没润洗是（　　）。

A. 系统误差　　　　B. 随机误差　　　　C. 过失误差

37. 标定 HCl 溶液用的 NaOH 标准溶液中吸收了 CO_2 是（　　）。

A. 系统误差　　　　B. 随机误差　　　　C. 过失误差

38. 下列数据各包括了(　　)位有效数字。

$$0.0330,10.030$$

A. 2,4　　　　　B. 3,5　　　　　C. 4,5　　　　　D. 3,4

39. 下列数据各包括了(　　)位有效数字。

$$pK_a=4.74,pH=10.00$$

A. 2,2　　　　　B. 2,4　　　　　C. 3,4　　　　　D. 3,2

40. 下列各数中,有效数字位数为两位的是(　　)。

A. $[H^+]=0.0005mol \cdot L^{-1}$　　　　B. $pH=10.56$

C. $w(MgO)=18.96$　　　　D. 300

41. 重复观测时,如数据完全相同,则可不记录。(　　)

A. 正确　　　　　B. 不正确

42. 实验报告要保持整洁,但原始记录只要看得明白就可随意涂改。(　　)

A. 正确　　　　　B. 不正确

43. 因同学没带记录本,则在实验记录本撕页给同学记录。(　　)

A. 正确　　　　　B. 不正确

44. 记录和运算应确保不降低有效数字精度。(　　)

A. 正确　　　　　B. 不正确

45. 实验的内容一旦如实记入记录本之后,不允许再作改动。重复实验而获得的新数据应重新记录,不能修改上次实验的结果。(　　)

A. 正确　　　　　B. 不正确

46. 实验过程中,现象一旦发生,数据一旦测出,就应立即进行记录,不可等几天之后凭回忆作记录,以免错记。(　　)

A. 正确　　　　　B. 不正确

47. 实验中观察和测量的结果应记录下来,并作评论和解释。(　　)

A. 正确　　　　　B. 不正确

48. 原始记录要完整、真实,不得使用铅笔,但红笔书写则可。(　　)

A. 正确　　　　　B. 不正确

49. 每次实验结束前,应将实验记录本交指导教师审阅并签字后方可离开实验室。不得使用橡皮或其他涂改工具涂抹实验记录。(　　)

A. 正确　　　　　B. 不正确

50. 为了提高分析结果的准确度,必须增加测定的次数。(　　)

A. 正确　　　　　B. 不正确

三、常见简单仪器的用途及使用方法

1. 能在明火或电炉上直接烤干的仪器是(　　)。

A. 量筒　　　　　B. 烧杯　　　　　C. 表面皿　　　　　D. 蒸发皿

2. 分析天平的分度值是(　　)。

A. 0.01g　　　　　B. 0.001g　　　　　C. 0.0001g　　　　　D. 0.000 01g

3. 下列实验操作完全正确的是(　　　)。

编号	实验	操作
A	钠与水的反应	用镊子从煤油中取出金属钠,切成绿豆大小,小心放入装满水的烧杯中
B	配制一定浓度的氯化钾溶液 1000mL	准确称取氯化钾固体,放入 1000mL 的容量瓶中,加水溶解,振荡摇匀,定容
C	排除碱式滴定管尖嘴部分的气泡	将胶管弯曲使玻璃尖嘴斜向上,用两指捏住胶管,轻轻挤压玻璃珠,使溶液从尖嘴流出
D	取出分液漏斗中所需的上层液体	下层液体从分液漏斗下端管口放出,关闭活塞,换一个接收容器,上层液体继续从分液漏斗下端管口放出

4. 准确量取溶液 20.00mL,可以使用的仪器有(　　　)。

A. 量筒　　　　　　B. 滴定管　　　　　　C. 量杯

5. 图中所示仪器为(　　　)。

A. 电热箱　　　　　B. 水浴锅　　　　　　C. 气流烘干器

6. 放入布氏漏斗中的滤纸内径应(　　　)。

A. 等于漏斗内径　　B. 略小于漏斗内径,能完全盖住所有小孔　　C. 大于漏斗内径

7. 下列仪器中可以放在电炉上直接加热的是(　　　)。

A. 量杯　　　　　　B. 烧杯　　　　　　C. 瓷坩埚　　　　　　D. 锥形瓶

8. 若不慎将水银温度计打碎,可用(　　　)进行处理。

A. 漂白粉　　　　　B. 碘化钾溶液　　　　C. 氯化铁溶液　　　　D. 硫磺粉

9. 减压抽滤时,下述操作不正确的是(　　　)。

A. 布氏漏斗内滤纸盖严底部小孔为宜

B. 抽滤时先往布氏漏斗内倒入清液,后转入沉淀

C. 抽滤后滤液从抽滤瓶侧口倒出

D. 抽滤后滤液从抽滤瓶口倒出

10. 分液漏斗按其形状一般为(　　　)。

A. 酸式、碱式　　　B. 无色、棕色　　　　C. 球形、锥形　　　　D. 无塞、具塞

11. 分液漏斗放气的目的是(　　　)。

A. 有利于分层　　　　　　　　　　　　B. 有利于两相平衡

C. 解除分液漏斗的压力　　　　　　　　D. 无任何作用

12. 下列操作中,(　　　)是容量瓶不具备的功能。

A. 直接法配制一定体积准确浓度的标准溶液

B. 定容操作

C. 测量容量规格以下的任意体积的液体

D. 准确稀释某一浓度的溶液

13. 将固体溶质在小烧杯中溶解,必要时可加热,溶解后的溶液转移到容量瓶中,下列操作错误的是(　　　)。

A. 趁热转移

B. 使玻璃棒下端和容量瓶颈内壁相接触,但不能和瓶口接触

C. 缓缓使溶液沿玻璃棒和瓶颈内壁全部流入容量瓶内

D. 用洗瓶小心冲洗玻璃棒和烧杯内壁 3～5 次,并将洗涤液一并移至容量瓶内

14. 蒸发皿的制作材料一般为(　　　)。

A. 金属　　　　　　B. 玻璃　　　　　　C. 瓷　　　　　　D. 塑料

15. 蒸发皿的操作中,一般加入的液体量不超过深度的(　　　)。

A. 1/4　　　　　　B. 1/3　　　　　　C. 2/3　　　　　　D. 无所谓

16. 量取 400mL 液体时应选择量筒的规格为(　　　)。

A. 100mL　　　　B. 250mL　　　　C. 500mL　　　　D. 1000mL

17. 在使用分液漏斗进行分液时,首先要进行的操作是(　　　)。

A. 先打开分液漏斗的上口瓶塞

B. 先打开下端的活塞

C. 同时打开分液漏斗的上口瓶塞和下端的活塞

D. 打开顺序不分先后

18. 用量筒量取液体体积,其精度为(　　　)。

A. 很准确　　　　　　　　　　B. 很不准确

C. 有一定的准确度(误差约为 1%)　　D. 有 10% 的误差

19. 有 200mL 液体要进行加热反应,应选择的烧杯规格是(　　　)。

A. 250mL　　　　B. 500mL　　　　C. 1000mL　　　　D. 2000mL

20. 下列仪器不能用毛刷刷洗的是(　　　)。

A. 烧瓶、锥形瓶、试剂瓶　　　　　　B. 滴定管、容量瓶、吸液管

C. 量筒、量杯、烧杯

21. 下列实验仪器的选用合理的是(　　　)。

A. 用蒸发皿加热 NaCl 溶液

B. 用带橡胶塞的棕色瓶盛放溴水

C. 用碱式滴定管量取 20.00mL $KMnO_4$ 溶液

D. 用瓷坩埚熔化氢氧化钠固体

22. 下列叙述正确的是(　　　)。

A. 容量瓶、滴定管、烧杯、蒸馏烧瓶、量筒等仪器上都具体标明了使用温度

B. 冷的浓硫酸保存在敞口的铝制容器中

C. 为了使过滤速率加快,可用玻璃棒在过滤器中轻轻搅拌,加速液体流动

D. KNO_3 晶体中含有少量 NaCl,可利用重结晶的方法提纯

23. 下列实验操作中所用仪器合理的是(　　　)。

A. 用 25mL 的碱式滴定管量取 14.80mL NaOH 溶液

B. 用 10mL 量筒量取 5.20mL 盐酸

C. 用托盘天平称取 25.20g 氯化钠

D. 用 100mL 容量瓶配制 50mL 0.1mol·L^{-1} 盐酸

24. 下列叙述正确的是(　　　)。

A. 量筒可以量取热溶液

B. 容量瓶、移液管不能烘干,不能超声清洗

C. 为了保持过滤的温度,玻璃漏斗可直接加热

D. 反应液体可超过烧杯容量的 2/3

25. 下列实验操作方法合理的是（　　）。

A. 用容量瓶长期存放溶液

B. 用小烧杯直接称量 2.3500g 的氢氧化钠

C. 移液管上没有写"吹"字,所以最后半滴不要了

D. 用酸式滴定管盛放氢氧化钠

26. 蒸发溶液时,一定要放在石棉网上加热。（　　）

A. 正确　　　　　　B. 不正确

27. 蒸发皿能耐高温,但不宜骤冷骤热。（　　）

A. 正确　　　　　　B. 不正确

28. 分液漏斗可以代替滴液漏斗用来在特殊的、密闭的反应容器中滴加试剂或溶液。（　　）

A. 正确　　　　　　B. 不正确

29. 滴液漏斗长期不用时,应在瓶塞和活塞的磨口处垫一纸条。（　　）

A. 正确　　　　　　B. 不正确

30. 一次用 100mL 溶剂进行萃取的效果不如两次用 50mL 进行萃取的效果好。（　　）

A. 正确　　　　　　B. 不正确

31. 量筒有具塞和不具塞两种,可以在量筒中配制溶液。（　　）

A. 正确　　　　　　B. 不正确

32. 分液漏斗洗净后,部件要拆开放置以防黏结。（　　）

A. 正确　　　　　　B. 不正确

33. 量筒可放入烘箱中烘干。（　　）

A. 正确　　　　　　B. 不正确

34. 烧杯可以承受一定的温度,用酒精灯加热时不需在杯底垫石棉网。（　　）

A. 正确　　　　　　B. 不正确

35. 所有玻璃仪器均能用加热的方法进行干燥。（　　）

A. 正确　　　　　　B. 不正确

36. 玻璃仪器洗净的标志是器壁不挂水珠。（　　）

A. 正确　　　　　　B. 不正确

37. 滴定管中只要存在气泡对滴定就有影响。（　　）

A. 正确　　　　　　B. 不正确

38. 直接称量法适用于在空气中性质稳定,不吸水,不与二氧化碳等反应的物质,可以用小烧杯等敞口容器。（　　）

A. 正确　　　　　　B. 不正确

39. 滴定分析量器校准方法通常有相对校准和绝对校准两种。（　　）

A. 正确　　　　　　B. 不正确

40. 容量瓶的磨口是标准磨口,部件可以互换使用。(　　)
A. 正确　　　　　　　B. 不正确

41. 为保证萃取完全,一般可萃取两次。(　　)
A. 正确　　　　　　　B. 不正确

42. 用分液漏斗分液时,应先从下口放出下层液体于一干净容器中,然后再将上层液体从下口放入另一干净的容器中。(　　)
A. 正确　　　　　　　B. 不正确

43. 混匀容量瓶中的溶液后,发现液面低于刻度线,再向容量瓶中加蒸馏水至刻度线。(　　)
A. 正确　　　　　　　B. 不正确

44. 定容时,发现溶液液面超过刻度线,用吸管吸出少量水,使液面降至刻度线。(　　)
A. 正确　　　　　　　B. 不正确

45. 在广口试剂瓶内配制在操作过程中放出大量热量的溶液。(　　)
A. 正确　　　　　　　B. 不正确

四、样品分析的一般程序和方法

1. 分析化学样品前处理关系到(　　)的准确性和再现性。
A. 分析结果　　　B. 分析方法　　　C. 样品采集　　　D. 样品溶解

2. 试样处理是将分析试样制成适于分析方法的(　　)。
A. 存在形式　　　B. 分析结果　　　C. 样品溶解　　　D. 样品分离

3. 采取的固体试样进行破碎时,应注意避免(　　)。
A. 用人工方法　　B. 留有颗粒　　　C. 破得太细　　　D. 混入杂质

4. 一个总样所代表的工业物料数量称为(　　)。
A. 取样数量　　　B. 分析化验单位　C. 子样　　　　　D. 总样

5. (　　)是经过缩制能供分析实验用的试样。
A. 分析试样　　　B. 原始平均试样　C. 平均试样　　　D. 分析化验单位

6. 试样的采取和制备必须保证所取试样具有充分的(　　)。
A. 代表性　　　　B. 唯一性　　　　C. 针对性　　　　D. 准确性

7. 物料量较大时最好的缩分物料的方法是(　　)。
A. 四分法　　　　B. 使用分样器　　C. 棋盘法　　　　D. 用铁铲平分

8. 当水样中含较多油类或其他有机物时,选择(　　)盛装为宜。
A. 采样瓶　　　　B. 广口瓶　　　　C. 玻璃瓶　　　　D. 塑料瓶

9. 制备好的试样应储存于(　　)中,并贴上标签。
A. 广口瓶　　　　B. 烧杯　　　　　C. 称量瓶　　　　D. 干燥器

10. 固体化工制品,通常按袋或桶的单元数确定(　　)。
A. 总样数　　　　B. 总样量　　　　C. 子样数　　　　D. 子样量

11. 制得的分析试样应(　　),供测定和保留存查。
A. 一样一份　　　B. 一样两份　　　C. 一样三份　　　D. 一样多份

12. 有腐蚀性的液态物料,应使用(　　)等采样工具采样。
A. 塑料瓶或虹吸管　　　　　　　　B. 塑料袋或采样管

C. 玻璃瓶或陶瓷器皿　　　　　　　　　D. 玻璃管或长橡胶管

13. 自输送状态的固体物料流中采样,应首先确定一个分析化验单位要采取的(　　)。

A. 总样数目和子样数目　　　　　　　　B. 总样质量和子样数目

C. 总样数目和子样质量　　　　　　　　D. 总样质量和子样质量

14. 分析试样保留存查的时间为(　　)。

A. 3～6h　　　　　B. 3～6 天　　　　　C. 3～6 个月　　　　　D. 3～6 年

15. 自袋、桶内采取细粒状物料样品时,应使用(　　)。

A. 钢锹　　　　　B. 取样钻　　　　　C. 取样阀　　　　　D. 舌形铁铲

16. 保存水样选择(　　)盛装为宜。

A. 采样瓶　　　　　B. 广口瓶　　　　　C. 玻璃瓶　　　　　D. 塑料瓶

17. 属于均匀固体样品的是(　　)试样。

A. 金属　　　　　B. 煤炭　　　　　C. 土壤　　　　　D. 矿石

18. 选择合适的方法达到分离提纯下列混合物的目的(　　)。

卤代烃中含有少量水;甲苯和四氯化碳混合物

① 蒸馏　② 分液漏斗　③ 重结晶　④ 无水硫酸镁干燥

A. ④;①　　　　　B. ①;③　　　　　C. ②;④　　　　　D. ④;②

19. 选择合适的方法达到分离提纯下列混合物的目的(　　)。

醇中含有少量水;含 3% 杂质的肉桂酸固体

① 蒸馏　② 分液漏斗　③ 重结晶　④ 无水硫酸镁干燥　⑤ 无水氯化钙干燥

A. ④;①　　　　　B. ④;③　　　　　C. ①;③　　　　　D. ⑤;③

20. 通常使用的流水抽气泵法采取(　　)状态的气样。

A. 常压　　　　　B. 负压　　　　　C. 低负压　　　　　D. 正压

21. 检验溶剂中是否含有不饱和烃,可用 $KMnO_4$ 或 Br_2/CCl_4 溶液来检验,若溶液褪色,则含不饱和烃。(　　)

A. 正确　　　　　B. 不正确

22. 根据样品的性质和测定要求确定采样数量。(　　)

A. 正确　　　　　B. 不正确

23. 所有分析样品制成溶液在进行分离后都要进行分离与富集。(　　)

A. 正确　　　　　B. 不正确

24. 样品必须具有代表性,即样品的平均组成与整批物料的平均组成相一致。(　　)

A. 正确　　　　　B. 不正确

25. 将破碎后的样品通过同一孔径的筛网,将难破碎的颗粒丢弃。(　　)

A. 正确　　　　　B. 不正确

26. 采用的固体样品数量多、粒度不均匀,处理的步骤必须经过破碎、过筛、混合和缩分四步,反复进行。(　　)

A. 正确　　　　　B. 不正确

27. 为使样品更均匀,样品的破碎只能采用人工研磨的方式进行。(　　)

A. 正确　　　　　B. 不正确

28. 缩分的目的是使破碎后的样品质量减少,并保证缩分后试样中组分含量与原样品的

组成相同。（　　）

A. 正确　　　　　　B. 不正确

29. 简单随机取样适合任意样品总体。（　　）

A. 正确　　　　　　B. 不正确

30. 试样处理是将分析试样制成适于分析要求的形式。（　　）

A. 正确　　　　　　B. 不正确

31. 样品的预处理可有可无。（　　）

A. 正确　　　　　　B. 不正确

32. 对于溶液混合样，在采样结束后，随即进行充分搅拌，便可达到均化的目的。（　　）

A. 正确　　　　　　B. 不正确

33. 从统计学角度看，取样的方法有随机抽样和非随机抽样两种。（　　）

A. 正确　　　　　　B. 不正确

34. 取样即从目标事物中选择有代表性的样本。（　　）

A. 正确　　　　　　B. 不正确

35. 一个总样所代表的工业物料数量称为样本。（　　）

A. 正确　　　　　　B. 不正确

参 考 答 案

一、化学实验的一般知识

（一）学生守则选择题

1. B　2. A　3. B　4. A　5. A　6. B　7. A　8. A　9. A　10. A

（二）危险品的分类选择题

1. C　2. D　3. C　4. C　5. B　6. B　7. D　8. C　9. C　10. C

11. A　12. C　13. A　14. B　15. A　16. A　17. A　18. B　19. A　20. A

21. A　22. A　23. B　24. A　25. B　26. A　27. B　28. A　29. A　30. B

31. A　32. A　33. B　34. A　35. B

（三）试剂和药品的使用规则选择题

1. D　2. D　3. D　4. B　5. D　6. D　7. C　8. A　9. B　10. A

11. D　12. C　13. B　14. B　15. C　16. B　17. A　18. A　19. A　20. A

21. A　22. C　23. C　24. C　25. B　26. B　27. D　28. A　29. C　30. A

31. B　32. A　33. B　34. A　35. B　36. B　37. B　38. B　39. D　40. B

41. D　42. B　43. C　44. D　45. A　46. A　47. B　48. B　49. A　50. B

51. A　52. A　53. A　54. B　55. B　56. A　57. A　58. B　59. A　60. B

（四）意外事故的预防和处理选择题

1. A　2. B　3. C　4. C　5. C　6. A　7. C　8. A　9. D　10. A

11. B　12. B　13. D　14. A　15. C　16. A　17. C　18. B　19. A　20. B

21. C　22. B　23. C　24. C　25. D　26. D　27. C　28. A　29. A　30. D

31. B　32. A　33. A　34. A　35. A　36. A　37. B　38. B　39. A　40. B

41. B　42. A　43. B　44. A　45. A　46. A　47. B　48. A　49. B　50. B

（五）实验室废物的预处理选择题

1. B　2. D　3. C　4. C　5. C　6. A　7. D　8. C　9. C　10. A

11. A　12. A　13. B　14. A　15. A　16. B　17. A　18. B　19. A　20. A

二、实验记录与实验报告要求

1. C	2. A	3. C	4. A	5. C	6. C	7. C	8. C	9. C	10. C
11. B	12. C	13. B	14. D	15. B	16. A	17. B	18. A	19. C	20. C
21. D	22. B	23. B	24. C	25. B	26. A	27. C	28. A	29. C	30. A
31. A	32. A	33. B	34. B	35. B	36. C	37. A	38. B	39. A	40. B
41. B	42. B	43. B	44. A	45. A	46. A	47. B	48. B	49. A	50. B

三、常见简单仪器的用途及使用方法

1. D	2. C	3. C	4. B	5. C	6. B	7. C	8. D	9. C	10. C
11. C	12. C	13. A	14. C	15. C	16. C	17. A	18. C	19. B	20. B
21. A	22. D	23. A	24. B	25. C	26. B	27. A	28. A	29. A	30. A
31. B	32. B	33. B	34. B	35. B	36. A	37. B	38. A	39. A	40. B
41. B	42. B	43. B	44. B	45. B					

四、样品分析的一般程序和方法

1. A	2. A	3. D	4. B	5. A	6. A	7. B	8. D	9. A	10. C
11. B	12. C	13. B	14. C	15. B	16. D	17. A	18. A	19. B	20. C
21. A	22. A	23. B	24. A	25. B	26. A	27. B	28. A	29. B	30. A
31. B	32. A	33. A	34. A	35. B					

在线答疑

陈　睿　chenrui@zhku.edu.cn

李英玲　lyl95@sina.com

周红军　hongjunzhou@163.com

阎　杰　yanjie0001@126.com

第二章　灯的使用和简单的玻璃工技术

第一节　概　　述

玻璃在两汉时代称为琉璃(流离、瑠璃)，此称法一直沿用到清朝。古代玻璃成型方法有浇注法、模压法、拉制法、吹制法、自由成型法等。玻璃吹制技术由罗马传入，南北朝时，我国已能应用吹管制造玻璃碗等空心制品。这是我国玻璃制造中的重大转折。清代乾隆时期，玻璃制造在色彩、质地、工艺等方面达到高峰。1904 年国内用拉筒摊平法生产平板玻璃。20 世纪 50 年代后期到 60 年代中期，在生产平板玻璃的同时发展生产了钢化玻璃等技术玻璃，以及生产了各种型号电子管、玻璃纤维和玻璃钢。1971 年洛阳玻璃厂进行浮法生产性试验，1981 年通过国家鉴定，命名为"中国洛阳浮法工艺"，使我国平板玻璃向浮法生产迈进了重要一步。1989 年制定了《浮法玻璃》国家标准。

铅钡玻璃是我国古代特有的玻璃成分系统。高铅玻璃的料性比较长，黏度随温度改变比较小，而且难于析晶，适合无模吹制复杂形状的玻璃制品以及自由成形的要求。铅玻璃中引入 BaO 时，玻璃不易失透，并可以降低熔化温度，适合模压法加工。唐代除了高铅玻璃，还采用钠钙玻璃成分。钠钙玻璃成分主要是从西方引进，料性比高铅玻璃略短一些，有利于压铸成型。宋、辽、金时期，玻璃所用成分基本上为钾铅玻璃系统。元明时期，玻璃成分与传统的古玻璃不同，主要为钾钙玻璃成分，基本上不含 PbO。清朝时期，玻璃的成分以钾、钙、硅酸盐系统为主，特点是高碱、低钙，有的玻璃中还含有 B_2O_3，玻璃中添加少量的 B_2O_3 能降低膨胀系数，提高热稳定性。

玻璃中最常见的为钠玻璃，其成分的近似化学式为 $Na_2O \cdot CaO \cdot 6SiO_2$。若用碳酸钾部分代替原料中的碳酸钠，即可制成钾玻璃。钾玻璃质地较硬，较耐高温，热胀冷缩性较小，化学性质较稳定。化学实验室中使用的玻璃器皿多以钾玻璃制造。若用含铅化合物代替玻璃中的钠，可制成铅玻璃。铅玻璃密度高、折射率大，且可阻挡有害放射线，所以适合做光学玻璃及防辐射玻璃屏等。此外，若向玻璃中加少量着色剂，还可制成色彩各异的彩色玻璃。随着科学的发展，各种有特异功能的玻璃也相继问世，如隔热玻璃、防弹玻璃、防火玻璃、变色玻璃、生物玻璃、激光玻璃、光纤玻璃等。这些新型玻璃满足了人们生产生活中的各种需要。

第二节　试　　题

一、灯的构造和使用

(一)选择题

1. 酒精灯由(　　)组成;挂式酒精喷灯由(　　)组成;煤气灯由(　　)组成。

A. 灯芯　　　　　　B. 灯管　　　　　　C. 灯帽　　　　　　D. 空气调节器

E. 预热盘　　　　　F. 灯壶　　　　　　G. 酒精储罐　　　　H. 针阀

I. 灯座　　　　　　J. 瓷套管

2. 酒精灯的加热温度一般为（　　　）；酒精喷灯的加热温度一般为（　　　）

A. 200～300℃　　　B. 400～500℃　　　C. 500～800℃　　　D. 800～1000℃

3. 酒精灯灯壶内酒精储量应为容积的（　　　）。

A. 1/3～1/2　　　B. 1/3～2/3　　　C. <2/3　　　D. >2/3

4. 用酒精灯加热时，下列方式正确的是（　　　）。

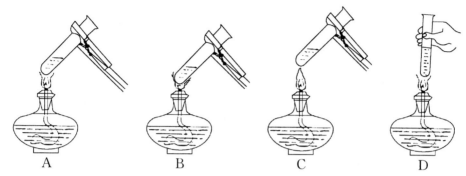

5. 酒精喷灯灯焰分为三部分：（　　　）、（　　　）和（　　　），其中（　　　）温度最高，而（　　　）温度最低。

A. 焰心　　　　　B. 还原焰　　　　　C. 氧化焰　　　　　D. 内焰

6. 酒精喷灯出现临空焰说明（　　　）；出现侵入焰则说明（　　　）。

A. 空气、酒精量过大　　　　　　B. 酒精量过小，空气量过大

C. 空气、酒精量过小　　　　　　D. 酒精量过大，空气量过小

7. 点燃酒精喷灯的操作是（　　　）。

A. 打开酒精储罐阀门，开启空气调节器，点燃灯管

B. 在预热盘中注入适量酒精，打开酒精储罐阀门，调节空气调节器，点燃预热盘中的酒精

C. 在预热盘中注入适量酒精，打开酒精储罐阀门，点燃预热盘中的酒精，待盘内酒精快烧完时，调节空气调节器

D. 在预热盘中注入适量酒精，点燃预热盘中的酒精，待盘内酒精快烧完时，打开酒精储罐阀门，调节空气调节器

（二）简答题

1. 为什么酒精灯、酒精喷灯中加入的酒精必须适量？

2. 应如何熄灭酒精喷灯？为什么不能用嘴吹灭？

3. 酒精灯和酒精喷灯的使用过程中，应注意哪些安全问题？

4. 煤气灯的使用过程中，应注意哪些问题？

二、玻璃管和玻璃棒的简单加工

（一）选择题

1. 有机实验室常用的塞子有（　　　）。（　　　）的优点是不易和有机物发生化学反应，缺点是容易漏气，容易被酸碱腐蚀；而（　　　）的优点是不易漏气，不易被碱腐蚀，缺点是容易被有机物侵蚀或溶胀。

A. 橡皮塞　　　　　B. 软木塞　　　　　C. 玻璃塞

2. 塞子的规格通常分为六种,即1号塞、2号塞、3号塞、4号塞、5号塞、6号塞。号数越大,塞子的直径就越大。塞子规格的选择要求是塞子的大小应与仪器的口径相适合,塞子进入瓶颈或管颈部分是塞子本身高度的(　　　),否则就不合用。使用新的软木塞时,只要能塞入(　　　)时就可以了,因为经过压软打孔后就可能塞入(　　　)左右了。

A. 1/3~2/3　　　　　B. 1/3~1/2　　　　　C. 2/3　　　　　D. 1/3

3. 钻孔器大小的选择应根据塞子的类型不同而不同。若要将温度计插入软木塞,钻孔时就应选用比温度计的外径(　　　)或(　　　)的钻孔器。如果是橡皮塞,则要选用比温度计的外径(　　　)的钻孔器。

A. 稍小　　　　　B. 稍大　　　　　C. 接近　　　　　D. 大得多

4. 玻璃成分中难熔组分(　　　)含量越高时,熔化越慢。

A. CaO　　　　　B. Al_2O_3　　　　　C. SiO_2　　　　　D. Na_2O

5. 制造滴定管、移液管、量筒等用的玻璃是(　　　);制造烧瓶、压力管等用的玻璃是(　　　)。

A. 硬质玻璃(硼硅酸盐玻璃)　　　　　B. 软质玻璃(钠钙玻璃)

C. 有机玻璃　　　　　D. 石英玻璃

6. 向玻璃中加少量着色剂,可制成色彩各异的彩色玻璃。绿色玻璃是玻璃中加了(　　　);蓝色玻璃是玻璃中加了(　　　);乳白色玻璃是玻璃中加了(　　　);黄绿色荧光玻璃是玻璃中加了(　　　)。

A. 氟化钙　　　　　B. 氧化铬

C. 氧化钴　　　　　D. 含铀化合物

(二) 简答题

1. 弯曲和拉细玻璃管时,软化玻璃管的温度有什么不同?

2. 弯曲玻璃管的操作中应注意什么?

3. 为什么玻璃管烧软后要移离火焰,还要稍等1~2s后才弯管?

4. 怎样拉细玻璃管?

5. 拉制滴管时,为什么不能拉断?

6. 把玻璃管插入塞子孔道中时要注意什么?

参 考 答 案

一、灯的构造和使用

(一) 选择题

1. ACFJ;BDEG;BHI　2. B;D　3. B　4. A　5. A;B;C;C;A　6. A;B　7. D

(二) 简答题

1. 灯壶内酒精太少,灯焰相对会较小,而且可供使用的时间也较短,酒精灯的灯芯还易烧焦;灯壶内酒精太多,移动灯体或灯体受热后都易导致壶内酒精外溢,有危险。

2. 对座式喷灯,将空气调节器调至最高,再用石棉网或木板盖在灯管口上。对挂式喷灯,先关闭酒精储罐开关,并将空气调节器调至最高,再用石棉网或木板盖在灯管口上。用嘴吹很难熄灭灯焰,而且易引起回火。

3. 使用酒精灯时应注意:①长时间未用的酒精灯,取下灯帽后,应提起灯芯瓷套管,使其中聚集的酒精蒸气散去;②燃着的酒精灯,若需添加酒精,应先熄灭火焰;③点燃酒精灯一定要用火柴或打火机点燃,绝不能用燃着的另一酒精灯对点;④熄灭酒精灯,不能用嘴吹;⑤不用酒精灯须将灯帽盖上,以免酒精挥发。

使用酒精喷灯时应注意:①挂式酒精喷灯在预热盘酒精快燃完,灯管加热后再打开酒精储罐;②座式酒精喷灯连续使用超过半小时,必须熄灭喷灯,待冷却后,再添加酒精继续使用;③若座式喷灯的酒精壶底部凸起时,不能再使用,以免发生事故;④要准备一块湿抹布放在喷灯旁,当酒精液滴洒落到实验台上引起小火时给予及时扑灭。

4.(1)煤气灯的使用步骤:①点燃(图 A),先划着火柴靠近灯管上口,再慢慢打开燃气阀,便可点燃灯焰;②调节灯焰(图 B),合适的灯焰靠调节空气和煤气的进入量获得,通过向上旋转灯管可使空气进入量增大,而向里拧针阀可使煤气进入量减少,反之亦然;③熄灭煤气灯(图 C),向里拧紧针阀,并关上煤气开关,灯焰便熄灭。

(2)图 D 中火焰为异常火焰,左边为临空火焰(煤气量、空气量均过大造成),右边为侵入火焰(煤气量过小、空气量过大造成),遇到这种情况应把灯熄灭,待冷却后重新调节空气和煤气的进入量,再点燃。

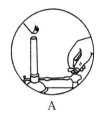 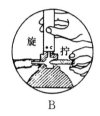  

A B C D

二、玻璃管和玻璃棒的简单加工

(一)选择题

1. ABC;B;A 2. A;B;C 3. A;C;B 4. BC 5. B;A 6. B;C;A;D

(二)简答题

1. 弯曲玻璃管时,只要玻璃管刚烧到发黄变软时就可以了,而拉细玻璃管则要将玻璃管烧到足够红软。

2. ①玻璃管加热面积要大些,两手旋转玻璃管的速度必须均匀一致,否则玻璃管会出现歪扭;②玻璃管受热程度应掌握好,受热不够则不易弯曲,受热过度则在弯曲处的管壁出现厚薄不均匀和瘪陷;③不能边加热边弯管,一定要等玻璃管烧软离开火焰后再弯,弯曲时,两手用力要均匀,不能有扭力、拉力和推力;④玻璃管弯曲角度较大时,不能一次弯成,先弯曲一定角度,再将加热中心部位稍偏离原中心部位,再加热弯曲,直至达到所要求的角度为止;⑤弯制好的玻璃管不能立即和冷的物料接触,要把它放在石棉网上自然冷却。

3. 玻璃管烧软移离火焰 1～2s 后,玻璃管燃烧部位的温度趋于均匀而且软硬适中,易于弯成里外均匀平滑的弯头。

4. 首先双手持玻璃管,把要拉的位置斜放入氧化焰中,尽量增大玻璃管的受热面积,缓慢转动玻璃管。当玻璃管烧到足够红软时,离开火焰稍停 1～2s,按竖直方向拉到所需要的细度,然后一手持玻璃管使其竖直下垂冷却,再放在石棉网上冷却至室温。

5. 玻璃管拉断后,断口是封闭的,因为嘴壁很薄,要在断口一端再截去一小截以获得一定口径的整齐滴嘴是相当困难的。

6. ①塞子的孔道过大,玻璃管很容易插入,不能用,若塞子孔道过小,可先用圆锉将孔锉大;②玻璃管插入端用水润湿;③手握管的位置应靠近塞子;④用力不要过猛,以免折断玻璃管把手扎伤;⑤边转动边把玻璃管插入塞子中合适的位置。

在线答疑

徐 莱 xulai_62@126.com

胡仲禹 zyhu@126.com

王静岚 jxncwjl@163.com

于艳红 592869760@qq.com

陈帅华 1592962316@qq.com

黄庆华 llwang787223@163.com

第三章　物质的分离与提纯技术

第一节　概　　述

科学技术发展到今天,不少领域仍然存在着分离与提纯的瓶颈问题。通常,不是没有好的检测手段,而是没有好的分离方法。当前,对复杂混合物的分离,单从效果来看,最好的分离手段为色谱法,有关色谱技术在第十章专述,本章重点讨论沉淀、蒸馏、萃取、升华等分离方法。

1) 沉淀分离与结晶

沉淀是从液相中产生一个可分离的固相的过程,或是从过饱和溶液中析出难溶物质。沉淀作用表示一个新的凝结相的形成过程或由于加入沉淀剂,某些离子成为难溶化合物而沉积的过程。物质的沉淀和溶解是一个平衡过程,通常用溶度积常数或竞争平衡常数来判断难溶盐是沉淀还是溶解。

沉淀的类型:

(1) 按晶体的形貌特点,可分为晶形沉淀和非晶形沉淀。晶形沉淀内部排列较规则,结构紧密,颗粒较大,易于沉降和过滤,硫酸钡是典型的晶形沉淀。非晶形沉淀颗粒很小,没有明显的晶格,排列杂乱,结构疏松,体积庞大,易吸附杂质,难以过滤,难以洗干净,氧化铁是典型的非晶形沉淀。

(2) 按水中悬浮颗粒的浓度、性质及其絮凝性能不同,沉淀可分为自由沉淀、絮凝沉淀(也称干涉沉淀)、区域沉淀(也称成层沉淀)、压缩沉淀。

沉淀和结晶本质上同属一个过程,都是新相析出的过程,主要是物理变化,通常统称为固相析出技术,都是先形成晶核,晶核再长大。按照习惯,沉淀是向溶液中加入沉淀剂,同类分子或者离子以无规则的紊乱排列形式析出;而结晶是改变溶液的物理化学状态使其同类分子或离子过饱和以有规则排列形式析出。可见,两者的区别在于构成单位的排列方式不同,晶体的原子、离子或分子排列是规则的,而沉淀是不规则的。若析出的是晶体,则称为结晶;若析出的是无定形物质,则称为沉淀。

近年来,结晶分离技术发展很快,传统结晶分离方法进一步得到完善,同时产生了一些新型结晶分离方法,如反应结晶、蒸馏结晶、萃取结晶、磁处理结晶、声结晶等。

2) 蒸馏与分馏

蒸馏的基本原理:液体的蒸气压随着温度的升高而增大,当液体蒸气压增大到与外界压力相等时液体沸腾,这时的温度称为该液体的沸点。在同一温度下,不同沸点的物质具有不同的蒸气压,低沸点物质的蒸气压大,高沸点物质的蒸气压小。当两种沸点不同的化合物在一起时,由于在一定的温度下混合物中各组分的蒸气压不同,因此当加热至沸腾时,其蒸气的组成与液体的组成各不相同,在蒸气中低沸点组分的含量将大于原混合液中的含量,而高沸点组分的情况则相反。所以,对液体混合物蒸馏,先蒸出的主要含低沸点组分,后蒸出的主要含高沸点组分,不挥发的则留在蒸馏瓶中,从而实现了各组分的分离。

分馏的基本原理:将二元理想溶液的混合液蒸馏后得到的蒸馏液,主要含低沸点组分,同时含一定量的高沸点组分,是一种混合物。要想获得纯低沸点组分,就必须多次重复进行蒸馏,即气化、冷凝和再气化、再冷凝等,才能逐渐地从二元混合液中分离出较纯的低沸点组分。将较高沸点的馏分进行相似的重蒸馏,才能在最后的馏分中分离出纯高沸点组分。显然,这种重复的再蒸馏是一种费时费力的操作。

分馏可以看作多次重复的蒸馏,它用来提高蒸馏操作效率。它是由分馏柱来实现的,分馏柱是由一支垂直的管子和填充物所组成。当热的蒸馏混合液蒸气上升通过分馏柱时,由于受柱外空气的冷却,挥发性较低的成分易冷凝为液体流回蒸馏瓶内,在流回途中与上升的热蒸气相互接触进行热交换,使液体中易挥发组分受热气化再上升,难挥发组分仍被冷凝下来。如此在分馏柱内反复进行,从而使低沸点成分不断蒸出。

随着生物技术、中药现代化等领域的不断发展,尤其是基于对能源和环境的关注,以及特定热敏物质的分离,人们对蒸馏技术提出了很多新的要求。并由此开发出了许多新型蒸馏分离技术,如萃取精馏、共沸精馏、反应蒸馏、吸附蒸馏、膜蒸馏、惰性气体蒸馏和分子蒸馏等。

3）萃取与升华

萃取指利用化合物在两种互不相溶的溶剂中溶解度或分配系数的不同,使化合物从一种溶剂转移到另外一种溶剂中,经过反复多次萃取,将绝大部分的化合物提取出来的方法。原理:向待分离溶液(料液)中加入与之不相溶(最多是部分互溶)的萃取剂,形成共存的两个液相。利用原溶剂与萃取剂对各组分的溶解度(包括经化学反应后产物的溶解度)的差别,使它们不等同地分配在两液相中,然后通过两液相的分离,实现组分间的分离。例如,碘的水溶液用四氯化碳萃取,几乎所有的碘都移到四氯化碳中,碘得以与大量的水分开。沿革:1842 年佩利若研究了用乙醚从硝酸溶液中萃取硝酸铀酰。1903 年埃迪兰努用液态二氧化硫从煤油中萃取芳烃,这是萃取的第一次工业应用。20 世纪 40 年代后期,生产核燃料的需要促进了萃取的研究开发。现今萃取已应用于石油馏分的分离和精制,铀、钍、钚的提取和纯化,有色金属、稀有金属、贵重金属的提取和分离,抗生素、有机酸、生物碱的提取,以及废水处理等。

在三相点的压强以下加热物体时,物体由固态不经过液态而直接转变为气态的过程称为升华。相反的过程称为凝华。在升华过程中,外界要对固态物质中的分子做功,使其一方面克服与周围分子间的结合力,一方面克服固态物质的环境压强。单位质量物质升华时所吸收的热量称为升华热,在三相点等于熔解热与气化热之和。升华和凝华的例子是很常见的。例如,实验室中封闭在圆底烧瓶中的碘,加热使其升华,继而它又凝华在烧瓶壁上。还有樟脑的升华,大气中的水蒸气凝华成霜或雪等。

随着科学技术的发展,一些新型萃取技术,如超临界萃取、液膜萃取、双水相萃取及反胶束萃取等引起了人们的关注,并取得了一些成果。

第二节　试　题

一、沉淀分离与结晶

（一）选择题

1. 在 Fe^{3+}、Al^{3+}、Ca^{2+}、Mg^{2+} 的混合溶液中用 EDTA 法测定 Ca^{2+}、Mg^{2+},要消除 Fe^{3+}、Al^{3+} 的干扰,在下列方法中,(1)适用的方法是(　　);(2)最简单的方法是(　　);(3)最有效、可靠的方法是(　　)。

A. 沉淀分离法　　　B. 控制酸度法　　　C. 配位掩蔽法

D. 离子交换法　　　E. 溶剂萃取法

2. 将 $BaSO_4$ 与 $PbSO_4$ 分离,宜采用(　　)。

A. $NH_3 \cdot H_2O$　　　　B. HCl　　　　C. H_2S　　　　D. NH_4Ac

3. 有一种白色硝酸盐固体,溶于水后,用下列试剂分别处理:①加 HCl 生成白色沉淀;②加 H_2SO_4 析出白色沉淀;③加氨水后析出白色沉淀,但不溶于过量氨水,这种硝酸盐的阳离子是(　　)。

A. Ag^+　　　　B. Ba^{2+}　　　　C. Hg^{2+}　　　　D. Pb^{2+}

4. 用布氏漏斗和吸滤瓶接抽水泵过滤沉淀后,正确的操作是(　　)。

A. 先关水龙头,拔下抽滤瓶上的橡皮管,再取下布氏漏斗

B. 先取下布氏漏斗,再关上水龙头

C. 先把沉淀和滤纸一起取出,再关上水龙头

D. 先拔下抽滤瓶上橡皮管,再关上水龙头

5. $Fe(OH)_3$ 沉淀完全后过滤时间是(　　)。

A. 放置过夜　　　B. 热沉化后　　　C. 趁热　　　D. 冷却后

6. 在重量分析中,洗涤无定形沉淀的洗涤液是(　　)。

A. 冷水　　　　　　　　　　　　B. 含沉淀剂的稀溶液

C. 热的电解质溶液　　　　　　　D. 热水

7. 重量分析中过滤 $BaSO_4$ 沉淀应选用的滤纸是(　　)。

A. 慢速定量滤纸　　　　　　　　B. 快速定性滤纸

C. 慢速定性滤纸　　　　　　　　D. 快速定量滤纸

8. 用洗涤方法可除去的沉淀杂质是(　　)。

A. 混晶共沉淀杂质　　　　　　　B. 包藏共沉淀杂质

C. 吸附共沉淀杂质　　　　　　　D. 后沉淀杂质

9. 下面减压过滤装置图中,仪器名称依次正确的是(　　)。

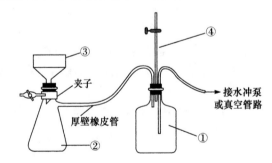

A. ①抽滤瓶 ②缓冲瓶 ③布氏漏斗 ④二通阀

B. ①缓冲瓶 ②抽滤瓶 ③布氏漏斗 ④二通阀

C. ①缓冲瓶 ②抽滤瓶 ③短颈漏斗 ④二通阀

D. ①缓冲瓶 ②抽滤瓶 ③布氏漏斗 ④三通阀

10. 热过滤的目的是(　　)。

A. 仅防止产物结晶析出

B. 除去可溶性杂质,防止产物结晶析出

C. 除去不溶性杂质,同时防止产物结晶析出

D. 除去可溶性杂质,同时防止产物结晶析出

11. 下列对溶解或结晶叙述正确的是（　　）。

A. 溶液一旦达到饱和，就能自发地析出晶体

B. 过饱和溶液的温度与饱和溶液的温度差称为过饱和度

C. 过饱和溶液可通过冷却饱和溶液来制备

D. 对一定的溶液和溶剂，其超溶解度曲线只有一条

12. 在蒸发结晶操作中，有利于得到颗粒大而少的晶体的措施是（　　）。

A. 增大过饱和度 　　　　　　　　　B. 迅速降温

C. 强烈搅拌 　　　　　　　　　　　D. 加入少量晶体

13. 结晶操作不具有的特点是（　　）。

A. 能分离出高纯度晶体

B. 能分离高熔点混合物、相对挥发度小的物系、热敏性物质等

C. 操作能耗低

D. 操作速度快

14. 下列不一定能加快成核速率的因素是（　　）。

A. 增大过饱和度 　　　　　　　　　B. 强烈搅拌

C. 加快蒸发或冷却速率 　　　　　　D. 杂质的存在

15. 下列不利于生产大颗粒结晶产品的是（　　）。

A. 过饱和度小 　　　　　　　　　　B. 冷却速率慢

C. 加大搅拌强度 　　　　　　　　　D. 加入少量晶种

16. 适用于溶解度随温度降低而显著下降物系的结晶方法是（　　）结晶。

A. 冷却 　　　　B. 蒸发 　　　　C. 盐析 　　　　D. 真空冷却

17. 下列关于结晶和晶体的说法，错误的是（　　）。

A. 饱和溶液降温析出晶体后的溶液仍是饱和溶液

B. 降低饱和溶液的温度，不一定有晶体析出

C. 从溶液中析出的晶体不一定含结晶水

D. 胆矾因含结晶水，因此是混合物

18. 下列各组混合物，通过溶解、过滤、蒸发三步操作不能提纯的是（　　）。

A. 氧化铜中混有少量炭粉 　　　　　B. 氯化钠中混有少量泥沙

C. 氯化钾中混有少量二氧化锰 　　　D. 氯化钡中混有少量硫酸钡

19. 使用 70% 乙醇重结晶萘粗产物时，加入溶剂至恰好溶解后，为使热过滤顺利进行，溶剂还应过量（　　）。

A. 1% 　　　　　B. 5% 　　　　　C. 10% 　　　　　D. 20%

20. 以下说法不正确的是（　　）。

A. 提纯物经重结晶操作纯度不一定变好

B. 分液漏斗中下层液体应从下口放出

C. 在薄层色谱实验中，点样后应使样点溶剂挥发后再放入展开剂中展开

D. 活性炭通常在非极性溶剂中的脱色效果较好

21. 在水溶液中欲析出较好的结晶，宜采用的条件是（　　）。

A. 溶液浓度很大　　B. 迅速冷却　　　C. 用力搅拌　　　D. 浓度适宜，缓慢降温

22. 区分晶体与非晶体的常用方法是(　　　)。

A. 差热分析法　　　　　　　　　　B. 分光光度计

C. X射线衍射法　　　　　　　　　D. 色谱法

23. 重结晶时,活性炭所起的作用是(　　　)。

A. 脱色　　　　　　B. 脱水　　　　　　C. 促进结晶　　　　　　D. 脱脂

24. 在乙酰苯胺重结晶时,需要配制其热饱和溶液,这时常出现油状物,此油滴是(　　　)。

A. 杂质　　　　　　B. 乙酰苯胺　　　　C. 苯胺　　　　　　D. 正丁醚

25. 乙酰苯胺的重结晶不易把水加热至沸,控制温度在(　　　)℃以下。

A. 67　　　　　　　B. 83　　　　　　　C. 50　　　　　　　D. 90

26. 重结晶提纯法的基本操作步骤是(　　　)。

A. 制热饱和溶液,脱色,热过滤,冷却结晶,过滤

B. 制热饱和溶液,冷却结晶,过滤,脱色

C. 加热溶解,热过滤,脱色,冷却结晶

D. 加热溶解,脱色,冷却结晶,过滤

27. 重结晶时,选用的溶剂应具备的性质中不包含(　　　)。

A. 与被提纯的有机化合物不发生化学反应

B. 重结晶物质与杂质的溶解度在此溶剂中有较大的差别

C. 溶剂与重结晶物质容易分离

D. 与水能够混溶

28. 为了精制粗盐(其中含 K^+、Ca^{2+}、Mg^{2+}、SO_4^{2-} 及泥沙等杂质),可将粗盐溶于水后,进行操作:①过滤;②加 NaOH 溶液调 pH 为 11 左右并煮沸一段时间;③加 HCl 溶液中和至 pH 为 5～6;④加过量 $BaCO_3$ 粉末并保持微沸一段时间;⑤蒸发浓缩至黏稠;⑥炒干;⑦冷却结晶。则最佳的操作步骤是(　　　)。

A. ①④①②①③⑤①　　　　　　　　B. ④②①③⑤⑦①⑥

C. ④②①③⑤①⑥　　　　　　　　　D. ②①③④①③⑥

29. 在乙酰苯胺重结晶的溶解步骤出现了油状物,是因为(　　　)。

A. 存在熔点低于100℃的有机杂质　　　B. 溶剂加入量不足

C. 部分乙酰苯胺水解成苯胺　　　　　　D. 溶液温度达到乙酰苯胺的熔点

30. 重结晶的常压热过滤常用的仪器是(　　　)。

A. 有颈漏斗　　　　　　　　　　　B. 短颈漏斗

C. 玻璃漏斗　　　　　　　　　　　D. 布氏漏斗

31. 分离、纯化、重结晶的一般步骤是(　　　)。

A. ①溶解　②脱色　③热过滤　④冷却结晶　⑤减压过滤、干燥

B. ①溶解　②热过滤　③脱色　④冷却结晶　⑤减压过滤、干燥

C. ①溶解　②热过滤　③冷却结晶　④减压过滤　⑤干燥

D. ①溶解　②热过滤　③脱色　④减压过滤　⑤干燥

32. 粗产品苯甲酸经过分离、纯化、重结晶,自然冷却后的晶形为(　　　)。

A. 片状　　　　　B. 三角形　　　　　C. 针状　　　　　　D. 四边形

33. 选择理想的溶剂是重结晶中的一个关键环节,下列对溶剂的叙述,正确的是(　　　)。

A. 可与被提纯物质发生化学反应

B. 在较高温度时能溶解较多的被提纯物质;而在室温或较低温度时,只能溶解很少量的
   该种物质

C. 任何时候对杂质的溶解度都应该非常大

D. 溶剂的沸点较高,不易挥发

34. 粗产品乙酰苯胺经过分离、纯化、重结晶,自然冷却后的晶形为(　　)。

A. 片状　　　　　　　B. 三角形　　　　　　　C. 针状　　　　　　　D. 四边形

35. 重结晶后的产物需要通过测定(　　)来检验其纯度。

A. 密度　　　　　　　B. 沸点　　　　　　　C. 溶解度　　　　　　　D. 熔点

36. 在提纯粗产品苯甲酸后,晶体颜色是黄色,最可能的原因是(　　)。

A. 溶剂选择不当　　　　　　　　　B. 趁热过滤时,滤纸划破

C. 活性炭的量过少　　　　　　　　D. 冷却速率过快

37. 要使重结晶得到的产品纯度和回收率高,溶剂的用量是个关键,一般可比需要量多加
的溶剂量是(　　)

A. 20%　　　　　　　B. 30%　　　　　　　C. 10%　　　　　　　D. 40%

(二)判断题

1. 减压过滤是指在与过滤漏斗密闭连接的接受器中形成真空,过滤表面的两面发生压力
差,使过滤能加速进行的一种过程。(　　)

A. 正确　　　　　　　B. 不正确

2. 减压过滤装置主要由减压系统、过滤装置与接受器组成。(　　)

A. 正确　　　　　　　B. 不正确

3. 在趁热过滤时使用的是长颈漏斗和折叠滤纸,目的是加快过滤速度。(　　)

A. 正确　　　　　　　B. 不正确

4. 在停止抽滤时,先关闭减压真空泵,再打开安全瓶上的二通活塞,然后取出布氏漏
斗。(　　)

A. 正确　　　　　　　B. 不正确

5. 共沉淀分离根据共沉淀剂性质可分为混晶共沉淀分离和胶体凝聚共沉淀分离。(　　)

A. 正确　　　　　　　B. 不正确

6. 在分析化学中,共沉淀和后沉淀对分析总是起消极作用。(　　)

A. 正确　　　　　　　B. 不正确

7. 重结晶实验中,加入活性炭的目的是脱色。(　　)

A. 正确　　　　　　　B. 不正确

8. 进行乙酰苯胺的重结晶时,一般来说,热滤液迅速冷却可以得到较纯的晶体。(　　)

A. 正确　　　　　　　B. 不正确

9. 重结晶过程中,可用玻璃棒摩擦容器内壁来诱发结晶。(　　)

A. 正确　　　　　　　B. 不正确

10. 在重结晶操作中,溶解样品时要判断是否存在难溶性杂质,可以先热过滤,再对滤渣
进行处理。(　　)

A. 正确　　　　　　　B. 不正确

11. "相似相溶"是重结晶过程中溶剂选择的一个基本原则。(　　)

A. 正确　　　　　　　B. 不正确

12. 重结晶时,晶体越大越好,洗涤晶体以除去吸附的溶剂,最好使用热溶剂。(　　)

A. 正确　　　　　　　B. 不正确

13. 用水重结晶乙酰苯胺时,在溶解过程中一般无油状物出现。(　　)

A. 正确　　　　　　　B. 不正确

14. 重结晶中折叠滤纸的作用是增大滤纸与母液的接触面积,加快过滤速度。(　　)

A. 正确　　　　　　　B. 不正确

15. 在布氏漏斗中用溶剂洗涤结晶时,一般选用热溶剂。(　　)

A. 正确　　　　　　　B. 不正确

16. 重结晶一般只适用纯化杂质含量在 10% 以下的固体有机物。(　　)

A. 正确　　　　　　　B. 不正确

17. 将滤液在冷水浴中迅速冷却并剧烈搅动,可得到颗粒很小的晶体。小晶体包含杂质较少,但其表面积较大,吸附于其表面的杂质较少。(　　)

A. 正确　　　　　　　B. 不正确

18. 有时重结晶过滤后,滤液不析出结晶,在这种情况下,可用玻璃棒摩擦器壁或者投入晶种使其析出结晶。(　　)

A. 正确　　　　　　　B. 不正确

(三) 简答题

1. 沉淀和结晶一样吗?

2. 氯化钠中混合有少量硝酸钾,怎样提纯氯化钠?

3. 不确定 A 物质在 B 溶剂中的溶解度时,若用 B 溶剂对 A 物质进行重结晶,怎样确定合适的溶剂用量?

4. 重结晶的目的是什么? 怎样进行重结晶?

5. 如何除去液体化合物中的有色杂质? 如何除去固体化合物中的有色杂质? 除去固体化合物中的有色杂质时应注意什么?

6. 重结晶时,如果溶液冷却后不析出晶体怎么办?

7. 重结晶时,溶剂的用量为什么不能过量太多,也不能过少? 正确的应该如何?

8. 重结晶的原理是什么? 主要步骤有哪些?

9. 做重结晶时应如何控制溶剂的使用量?

10. 什么是重结晶? 其作用是什么? 何种操作可检测重结晶后产品的纯度?

11. 重结晶操作中,活性炭起什么作用? 为什么不能在溶液沸腾时加入?

(四) 计算题

计算在制备乙酰苯胺重结晶用水量为 150mL,25℃时,留在母液中的乙酰苯胺的量[已知乙酰苯胺 25℃的溶解度为 $0.563g \cdot (100g 水)^{-1}$]。

二、蒸馏与分馏

（一）选择题

1. 为使反应体系温度控制在$-10 \sim -15$℃应采用（　　）。
A. 冰/水浴　　　　　B. 冰/氯化钙浴　　　　C. 丙酮/干冰浴　　　D. 乙醇/液氮浴

2. 水蒸气蒸馏时,被蒸馏的化合物一般要求在100℃时的饱和蒸气压不小于（　　）。
A. 1000Pa　　　　　B. 1330Pa　　　　　　C. 133Pa　　　　　　D. 266Pa

3. 在蒸馏操作中,下列温度计位置正确的是（　　）。

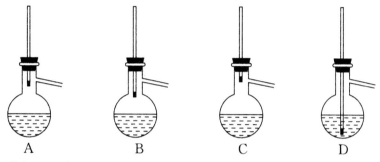

A　　　　　　　　　B　　　　　　　　　C　　　　　　　　　D

4. 在减压蒸馏过程中,为了获得较低的压力,应选用（　　）。
A. 短颈、粗支管的克氏蒸馏瓶　　　　　　B. 长颈、细支管的克氏蒸馏瓶
C. 短颈、细支管的克氏蒸馏瓶　　　　　　D. 长颈、粗支管的克氏蒸馏瓶

5. 在减压蒸馏时为了防止暴沸,应向反应体系（　　）。
A. 加入玻璃毛细管引入气化中心　　　　　B. 通过毛细管向体系引入微小气流
C. 加入沸石引入气化中心　　　　　　　　D. 控制较小的压力

6. 用蒸馏操作分离混合物的基本依据是（　　）差异。
A. 密度　　　　　　　B. 挥发度　　　　　　C. 溶解度　　　　　　D. 化学性质

7. 以下说法不正确的是（　　）。
A. 提纯多硝基化合物通常不采用蒸馏操作
B. 减压蒸馏能用来分离固体混合物
C. 液体有机物干燥完全与否可根据是否由浑浊变澄清来判断
D. 在测熔点时,通常在接近熔点时要求升温低于$1℃ \cdot min^{-1}$

8. 在蒸馏操作中,对温度计位置描述正确的是（　　）。
A. 温度计水银球的上端与蒸馏头支管下侧相平
B. 温度计水银球的中心处与蒸馏头支管口的中心位置一致
C. 温度计水银球的上端与蒸馏头支管口的中心位置一致
D. 温度计水银球的中心处与蒸馏头支管口下侧相平

9. 减压蒸馏结束时,正确的操作是（　　）。
A. 关闭冷却水,移走热源,毛细管通大气和打开缓冲瓶,关闭真空泵
B. 关闭冷却水,毛细管通大气和打开缓冲瓶,移走热源,关闭真空泵
C. 移走热源,关闭冷却水,毛细管通大气和打开缓冲瓶,关闭真空泵
D. 移走热源,关闭冷却水,关闭真空泵,毛细管通大气和打开缓冲瓶

10. 进行简单蒸馏操作时发现忘记加沸石,应该(　　　)。

A. 停止加热后,马上加入沸石

B. 关闭冷却水后,加入沸石即可

C. 停止加热后,待体系充分冷却,再加入沸石

D. 不需停止加热和关闭冷却水,即可加入沸石

11. 通过简单蒸馏方法能较好地分离两种不共沸的有机物,要求这两种化合物的沸点相差不小于(　　　)。

A. 10℃　　　　　　B. 20℃　　　　　　C. 30℃　　　　　　D. 40℃

12. 旋转蒸发仪主要是用于(　　　)。

A. 搅拌反应物,使反应加速进行　　　　　B. 旋转仪器使反应顺利进行

C. 蒸发并得到产物　　　　　　　　　　　D. 蒸发溶剂和浓缩溶液

13. 水蒸气蒸馏应用于分离和纯化时,其分离对象的适用范围为(　　　)。

A. 从大量树脂状杂质或不挥发性杂质中分离有机物

B. 从挥发性杂质中分离有机物

C. 从液体多的反应混合物中分离固体产物

14. 减压蒸馏装置中蒸馏部分由蒸馏瓶、(　　　)、毛细管、温度计及冷凝管、接受器等组成。

A. 克氏蒸馏头　　B. 毛细管　　　　C. 温度计套管　　D. 普通蒸馏头

15. 蒸馏瓶的选用与被蒸液体量的多少有关,通常装入液体的体积应为蒸馏瓶容积的(　　　)。

A. 1/4～2/3　　　　B. 1/3～1/2　　　　C. 1/2～2/3　　　　D. 1/3～2/3

16. 在水蒸气蒸馏操作时,要随时注意安全管中的水柱是否发生不正常的上升现象,以及烧瓶中的液体是否发生倒吸现象。一旦发生这种现象,应(　　　),方可继续蒸馏。

A. 立刻关闭夹子,移去热源,找出发生故障的原因

B. 立刻打开夹子,移去热源,找出发生故障的原因

C. 加热圆底烧瓶

17. 进行简单蒸馏时,冷凝水应从(　　　),蒸馏前加入沸石,以防暴沸。

A. 上口进,下口出　　　B. 下口进,上口出　　　C. 无所谓从哪儿进水

18. 在苯甲酸的碱性溶液中,含有(　　　)杂质,可用水蒸气蒸馏方法除去。

A. $MgSO_4$　　　　B. CH_3COONa　　　　C. C_6H_5CHO　　　　D. NaCl

19. 久置的苯胺呈红棕色,用(　　　)方法精制。

A. 过滤　　　　　B. 活性炭脱色　　　C. 蒸馏　　　　　　D. 水蒸气蒸馏

20. 减压蒸馏操作前,需估计在一定压力下蒸馏物的(　　　)。

A. 沸点　　　　　B. 形状　　　　　　C. 熔点　　　　　　D. 溶解度

21. 在减压蒸馏时,加热的顺序是(　　　)。

A. 先减压再加热　　　　　　　　　B. 先加热再减压

C. 同时进行　　　　　　　　　　　D. 无所谓

22. 在环己酮的制备过程中,最后产物的蒸馏应使用(　　　)。

A. 直形冷凝管　　　　　　　　　　B. 球形冷凝管

C. 空气冷凝管　　　　　　　　　　　　D. 刺形分馏柱

23. 乙酸乙酯中含有(　　)杂质时,可用简单蒸馏的方法提纯乙酸乙酯。

A. 丁醇　　　　　B. 有色有机杂质　　　C. 乙酸　　　　　D. 水

24. 在减压操作结束时,首先应该执行的操作是(　　)。

A. 停止加热　　　B. 停泵　　　　　　　C. 接通大气　　　D. 继续加热

25. 测定熔点时,温度计的水银球部分应放在(　　)。

A. 提勒管上下两支管口之间　　　　　　B. 提勒管上支管口处

C. 提勒管下支管口处　　　　　　　　　D. 提勒管中任一位置

26. 某化合物熔点为250~280℃时,应采用(　　)热浴测定其熔点。

A. 浓硫酸　　　　B. 石蜡油　　　　　　C. 磷酸　　　　　D. 水

27. 正溴丁烷最后一步蒸馏提纯前采用(　　)作干燥剂。

A. Na　　　　　　B. 无水 $CaCl_2$　　　　C. 无水 CaO　　　D. KOH

28. 在乙酸乙酯的合成实验中,若操作不慎,用饱和氯化钙溶液洗去醇时,可能产生的絮状沉淀是(　　)。

A. 硫酸钙　　　　B. 碳酸钙　　　　　　C. 氢氧化钙　　　D. 机械杂质

29. 蒸馏苯甲醇应当选用(　　)。

A. 直形冷凝管　　B. 球形冷凝管　　　　C. 蛇形冷凝管　　D. 空气冷凝管

30. 蒸馏时,应该调节加热温度使馏出液(　　)滴·s^{-1}为宜。

A. 1~2　　　　　B. 2~3　　　　　　　C. 3~4　　　　　D. 4~5

31. 直形冷凝管的进水口在(　　)。

A. 下端支管口　　B. 上端支管口　　　　C. 都可以

32. 蒸馏实验中,仪器安装顺序为(　　)。

A. 自下而上,自左到右　　　　　　　　B. 自上而下,自左到右

33. 蒸馏有机物时,应该用(　　)接收。

A. 广口瓶　　　　B. 三角锥瓶　　　　　C. 圆底烧瓶　　　D. 烧杯

34. 常压蒸馏装置中冷凝管的选择,蒸馏硝基苯(沸点210℃)用(　　)。

A. 空气冷凝管　　B. 直形冷凝管　　　　C. 球形冷凝管　　D. 蛇形冷凝管

35. 在以溴苯、镁、苯甲酸甲酯为原料制备三苯甲醇的实验中,水蒸气蒸馏时不被蒸出的是(　　)。

A. 三苯甲醇　　　B. 苯甲酸甲酯　　　　C. 溴苯　　　　　D. 联苯

36. 蒸馏操作中,应选择合适的冷凝管,用水冷凝,蒸馏液体的沸点应低于(　　)。

A. 100℃　　　　 B. 130℃　　　　　　 C. 140℃　　　　　D. 200℃

37. 普通蒸馏操作中,不正确的步骤是(　　)。

A. 液体沸腾后,加入沸石,以防止暴沸

B. 蒸馏装置应严格密闭

C. 不能将烧瓶中的液体蒸干

D. 蒸馏物质沸点高于140℃时,换用空气冷凝管

38. 蒸馏前,至少要准备(　　)个接受瓶。

A. 1 个　　　　　B. 2 个　　　　　　　C. 3 个　　　　　D. 4 个

39. 蒸馏装置的正确拆卸顺序为(　　　)。

A. 先取下接受瓶,然后拆接液管,冷凝管,蒸馏瓶

B. 先取下蒸馏瓶,然后拆接液管,冷凝管,接受瓶

C. 先拆接液管,然后取下接受瓶,冷凝管,蒸馏瓶

D. 先取下冷凝管,然后拆接液管,接受瓶,蒸馏瓶

40. 下列不符合水蒸气蒸馏条件的是(　　　)。

A. 被分离和提纯的物质与水不反应

B. 被分离和提纯的物质不溶或微溶于水

C. 100℃左右时蒸气压很小(小于 1.33kPa)

D. 混合物中有大量固体,用一般方法难以分离

41. 冷凝管的选择和操作正确的是(　　　)。

A. 沸点在 140℃以上的,应用直形冷凝管

B. 蒸气温度 140℃以下的,应用空气冷凝管

C. 球形冷凝管用于回流

D. 用水冷凝时,从上口通入冷水,水自下口流出

42. 关于沸点的说法正确的是(　　　)。

A. 纯物质具有一定的沸点

B. 不纯的物质沸点不恒定

C. 具有一定沸点的液体一定是纯物质

D. 沸点相同,组成相同

43. 普通蒸馏装置,应用不正确的仪器是(　　　)。

A. 蒸馏头　　　　　　B. 温度计　　　　　　C. 冷凝管　　　　　　D. 缓冲瓶

44. 使用沸石时,操作错误的是(　　　)。

A. 在液体未被加热时加入沸石

B. 液体接近沸腾温度时加入沸石

C. 液体冷却后补加沸石

D. 在液体经沸腾、冷却并重新加热操作,补充新的沸石

45. 蒸馏操作中,沸点读数偏高的步骤是(　　　)。

A. 调节蒸馏速度为 $1\sim 2$ 滴·s^{-1}

B. 加热的热源温度太高,在瓶的颈部造成过热现象

C. 蒸馏进行得太慢

D. 温度计的位置偏高

46. 下列液体化合物需要用分馏来进行纯化的是(　　　)。

A. 互相溶解

B. 被分离的组分沸点相差较大

C. 沸点较低,不易冷却

D. 沸点相差较小或沸点接近的液体化合物

47. 分馏实验中,馏出液速度应控制在(　　　)滴·s^{-1}为宜。

A. $1\sim 2$　　　　　　B. $2\sim 3$　　　　　　C. $3\sim 4$　　　　　　D. $4\sim 5$

48. 在 1-溴丁烷的制备过程中,回流时采用了(　　　)。
A. 直形冷凝管　　　B. 球形冷凝管　　　C. 空气冷凝管　　　D. 刺形分馏柱

49. 碘值是用碘与不饱和烃分子中的双键进行(　　　)反应而测定的。
A. 取代　　　　　　B. 置换　　　　　　C. 加成　　　　　　D. 脱氢

50. 分馏过程中,雾沫夹带较严重时会使产物(　　　)。
A. 脱空　　　　　　B. 清晰分割　　　　C. 重叠　　　　　　D. 变轻

51. 蒸馏操作属于(　　　)。
A. 传热　　　　　　B. 传热加传质　　　C. 传质

52. 采用水蒸气蒸馏法提取玫瑰精油时,馏出液是(　　　)。
A. 纯水　　　　　　　　　　　　　　B. 纯精油
C. 精油和水的混合物　　　　　　　　D. 水及部分水溶性杂质

(二)判断题

1. 在蒸馏低沸点液体时,选用长颈蒸馏瓶,而蒸馏高沸点液体时,选用短颈蒸馏瓶。(　　　)
A. 正确　　　　　　B. 不正确

2. 蒸馏及分馏效果好坏与操作条件有直接关系,其中最主要的是控制馏出液流出速度,不能太快,否则达不到分离要求。(　　　)
A. 正确　　　　　　B. 不正确

3. 温度计水银球下限应和蒸馏头侧管的上限在同一水平线上。(　　　)
A. 正确　　　　　　B. 不正确

4. 减压蒸馏是分离和提纯有机化合物的常用方法之一。它特别适用于在常压蒸馏时未达沸点即已受热分解、氧化或聚合的物质。(　　　)
A. 正确　　　　　　B. 不正确

5. 具有固定沸点的液体一定是纯粹的化合物。(　　　)
A. 正确　　　　　　B. 不正确

6. 不纯液体有机化合物沸点一定比纯净物高。(　　　)
A. 正确　　　　　　B. 不正确

7. 样品管中的样品熔融后再冷却固化仍可用于第二次测熔点。(　　　)
A. 正确　　　　　　B. 不正确

8. 在正溴丁烷的合成实验中,蒸馏出的馏出液中正溴丁烷通常应在下层。(　　　)
A. 正确　　　　　　B. 不正确

9. 对于那些与水共沸腾时会发生化学反应的或在 100℃ 左右时蒸气压小于 1.3kPa 的物质,水蒸气蒸馏仍然适用。(　　　)
A. 正确　　　　　　B. 不正确

10. 水蒸气蒸馏时安全玻璃管不能插到水蒸气发生器底部。(　　　)
A. 正确　　　　　　B. 不正确

11. 沸点是物质的物理常数,相同的物质其沸点恒定。(　　　)
A. 正确　　　　　　B. 不正确

12. 用蒸馏法测沸点,烧瓶内装被测化合物的量会影响测定结果。(　　　)
A. 正确　　　　　　B. 不正确

13. 进行化合物的蒸馏时,可以用温度计测定纯化合物的沸点,温度计的位置不会对所测定的化合物产生影响。（　　）

A. 正确　　　　　　　B. 不正确

14. 在水蒸气蒸馏实验中,当馏出液澄清透明时,一般可停止蒸馏。（　　）

A. 正确　　　　　　　B. 不正确

15. 用蒸馏法测定沸点,馏出物的馏出速度影响测得沸点值的准确性。（　　）

A. 正确　　　　　　　B. 不正确

16. 减压蒸馏时,不得使用机械强度不大的仪器(如锥形瓶、平底烧瓶、薄壁试管等)。必要时,要戴上防护面罩或防护眼镜。（　　）

A. 正确　　　　　　　B. 不正确

17. 在进行蒸馏操作时,液体样品的体积通常为蒸馏烧瓶体积的 $1/2 \sim 3/4$。（　　）

A. 正确　　　　　　　B. 不正确

18. 蒸馏时发现液体的温度已经超过其沸点而液体仍未沸腾,原因是忘记加沸石。此时应立即加入沸石。（　　）

A. 正确　　　　　　　B. 不正确

19. 纯净的有机化合物一般都有固定的熔点。（　　）

A. 正确　　　　　　　B. 不正确

20. 有固定熔点的有机化合物一定是纯净物。（　　）

A. 正确　　　　　　　B. 不正确

21. 蒸馏时,物料最多为蒸馏烧瓶容积的 $2/3$。（　　）

A. 正确　　　　　　　B. 不正确

22. 安装蒸馏装置时,要先下后上,从左至右。（　　）

A. 正确　　　　　　　B. 不正确

23. 蒸馏前,先加热,后通水,蒸馏后则相反。（　　）

A. 正确　　　　　　　B. 不正确

24. 蒸馏可分离沸点相差 30℃ 以上的多种有机化合物。（　　）

A. 正确　　　　　　　B. 不正确

25. 测定纯化合物的沸点,用分馏法比蒸馏法准确。（　　）

A. 正确　　　　　　　B. 不正确

26. 用蒸馏法、分馏法测定液体化合物的沸点,馏出物的沸点恒定,此化合物一定是纯化合物。（　　）

A. 正确　　　　　　　B. 不正确

27. 要使有相当量的液体沿柱流回烧瓶中,即要选择合适的回流比,使上升的气流和下降液体充分进行热交换,使易挥发组分尽量上升,难挥发组分尽量下降,分馏效果更好。（　　）

A. 正确　　　　　　　B. 不正确

(三) 简答题

1. 列举常用的三种冷凝管,并说出它们的使用范围。

2. 蒸馏低沸点有机物(如乙醚)时通常应采取哪三个措施?

3. 简述减压蒸馏操作的理论依据。当减压蒸馏结束时,应如何停止减压蒸馏? 为什么?

4. 为什么蒸馏时最好控制馏出液的速度为 $1\sim2$ 滴·s^{-1} 为宜?

5. 水蒸气蒸馏用于分离和纯化有机物时,被提纯物质应该具备什么条件?

6. 蒸馏时加入沸石的作用是什么? 如果蒸馏前忘记加沸石,能否立即将沸石加至将近沸腾的液体中? 当重新蒸馏时,用过的沸石能否继续使用?

7. 水蒸气发生器通常盛水量为多少? 安全玻璃管的作用是什么?

8. 水蒸气蒸馏时,所装液体体积应为蒸馏瓶容积的多少? 何时需停止蒸馏?

9. 怎样判断水蒸气蒸馏是否完成? 蒸馏完成后,如何结束实验操作?

10. 什么是水蒸气蒸馏? 其用途是什么? 和常压蒸馏相比,有何优点? 其原料必须具备什么条件? 如何判断需蒸出的物质已经蒸完?

11. 什么是蒸馏? 利用蒸馏能将沸点相差至少多大的液态混合物分开? 如果液体具有恒定的沸点,能否认为它是纯物质?

12. 蒸馏时加热得快慢,对实验结果有何影响? 为什么?

13. 什么情况下需要采用水蒸气蒸馏?

14. 通过学习《大学通用化学实验技术》,你了解了哪些分离提纯的方法?

15. 什么是分馏? 它的基本原理是什么?

16. 进行分馏操作时应注意什么?

17. 什么是共沸物? 为什么不能用分馏法分离共沸混合物?

18. 分馏和蒸馏在原理及装置上有哪些异同? 如果是两种沸点很接近的液体组成的混合物能否用分馏来提纯呢?

19. 在分离两种沸点相近的液体时,为什么装有填料的分馏柱比不装填料的效率高?

20. 在分馏时通常用水浴或油浴加热,它比直接用火加热有什么优点?

21. 用分馏柱提纯液体时,为了取得较好的分离效果,为什么分馏柱必须保持回流液?

22. 说出三类实验室常用的有机产物的提纯方法。

23. 若加热太快,馏出液 $>1\sim2$ 滴·s^{-1}(每秒钟的滴数超过要求量),用分馏分离两种液体的能力会显著下降,为什么?

三、萃取与升华

(一)选择题

1. 液-液萃取过程的本质是(   )。
   A. 各组分在溶剂中溶解度的差异　　　B. 将水合离子改为配合物
   C. 将物质由疏水性转为亲水性　　　　D. 将沉淀在有机相中转化为可溶性物质

2. 在合成正丁醚的反应中,反应物倒入 10mL 水中,是为了(   )。
   A. 萃取　　　　　B. 色谱分离　　　　C. 冷却　　　　D. 结晶

3. 萃取溶剂的选择根据被萃取物质在此溶剂中的溶解度而定,一般水溶性较小的物质用(   )萃取。
   A. 氯仿　　　　　B. 乙醇　　　　　C. 石油醚　　　　D. 水

4. 萃取和洗涤是利用物质在不同溶剂中的(   )不同来进行分离的操作。
   A. 溶解度　　　　B. 亲和性　　　　C. 吸附能力

5. 在萃取时,可利用(   ),即在水溶液中先加入一定量的电解质(如氯化钠),以降低有机物在水中的溶解度,从而提高萃取效果。

    A. 配位效应　　　　B. 盐析效应　　　　C. 溶解效应　　　　D. 沉淀效应

6. 用下列溶剂提取稀水溶液中的有机化合物,有机层在下层的是(　　)。

    A. 氯仿　　　　　　B. 环己烷　　　　　C. 乙醚　　　　　　D. 石油醚

7. 在进行咖啡因的升华中应控制的温度为(　　)。

    A. 140℃　　　　　B. 80℃　　　　　　C. 220℃　　　　　D. 390℃

8. 在下列(　　)实验中,采用了升华操作。

    A. 黄连素的提取　　B. 烟碱的提取　　　C. 咖啡因的提取　　D. 菠菜色素的提取

9. 实验室液-液萃取常用的工具有(　　)。

    A. 分液漏斗　　　　B. 烧杯　　　　　　C. 滴液漏斗　　　　D. 量筒

10. 适宜的分液漏斗应选择(　　)。

    A. 与萃取液体积约等　　　　　　　　　B. 为萃取液体积 8 倍以上

    C. 为萃取液体积 2～3 倍　　　　　　　D. 为萃取液体积 5 倍以上

11. 在化学实验中使用液-液萃取方法时,要求(　　)

    A. 溶质与萃取剂不相溶,且不反应　　　B. 溶质与萃取剂相溶,且不反应

    C. 溶质与萃取剂不相溶,但可以反应　　D. 溶质与萃取剂相溶,且可以反应

12. 液-液萃取分离后,上层从分液漏斗(　　)倒出来,下层液体从(　　)放出。

    A. 上口,下口　　　　　　　　　　　　B. 上口,上口

    C. 下口,下口　　　　　　　　　　　　D. 下口,上口

13. 萃取是利用各组分间的(　　)差异来分离液体混合液的。

    A. 挥发度　　　　　B. 离散度　　　　　C. 溶解度　　　　　D. 密度

14. 进行萃取操作时应使溶质的(　　)。

    A. 分配系数大于 1　　　　　　　　　　B. 分配系数小于 1

    C. 选择性系数大于 1　　　　　　　　　D. 选择性系数小于 1

15. 一般情况下,稀释剂 B 组分的分配系数 $K(B)$ 值(　　)。

    A. 大于 1　　　　　B. 小于 1　　　　　C. 等于 1　　　　　D. 难以判断,都有可能

16. 若在溴水与 CCl_4 已达平衡的体系中,滴加溴,则(　　)

    A. CCl_4 层溴的浓度不变　　　　　　　B. 水层溴的浓度增加

    C. CCl_4 层溴的浓度变小　　　　　　　D. 水层溴的浓度减小

17. 若在溴水与 CCl_4 已达平衡的体系中,滴加溴,则 CCl_4 层与水层溴的浓度之比(　　)。

    A. 不变　　　　　　B. 变大　　　　　　C. 变小　　　　　　D. 可能变大,也可能变小

18. 在单次液-液萃取中,体系已达到平衡,若用含有少量溶质的萃取剂代替纯溶剂,则所得体系上下两层的浓度之比将(　　)。

    A. 增加　　　　　　B. 减少　　　　　　C. 不变　　　　　　D. 不一定

19. 在液-液萃取中,体系已达到平衡,若所加的萃取剂主要在上层,此时,若继续加入纯溶剂为萃取剂,则上层溶质的物质的量将(　　)。

    A. 增加　　　　　　B. 减少　　　　　　C. 不变　　　　　　D. 不一定

20. 在液-液萃取中,体系已达到平衡,若所加的萃取剂主要在上层,此时,继续加入纯溶剂为萃取剂,则下层溶质的物质的量将(　　　)。

　　A. 减少　　　　　　B. 增加　　　　　　C. 不变　　　　　　D. 不一定

21. 在液-液萃取中,体系已达到平衡,若所加的萃取剂主要在上层,此时,继续加入纯溶剂为萃取剂,则萃取效率将(　　　)。

　　A. 下降　　　　　　B. 提高　　　　　　C. 不变　　　　　　D. 不一定

22. 从萃取效率上看,与单次萃取相比,多次萃取效率将(　　　)。

　　A. 下降　　　　　　B. 不变　　　　　　C. 提高　　　　　　D. 不一定

23. 如果所用萃取剂体系相同,与单次萃取相比,多次萃取效率将(　　　)。

　　A. 下降　　　　　　B. 不变　　　　　　C. 提高　　　　　　D. 不一定

24. 在液-液萃取中,体系已达到平衡,若所加的萃取剂主要在上层,此时,继续加入纯溶剂为萃取剂,则上层溶质的物质的量浓度将(　　　)。

　　A. 减小　　　　　　B. 增加　　　　　　C. 不变　　　　　　D. 不一定

25. 在液-液萃取中,体系已达到平衡,若所加的萃取剂主要在上层,此时,继续加入纯溶剂为萃取剂,则下层溶质的物质的量浓度将(　　　)。

　　A. 减小　　　　　　B. 增加　　　　　　C. 不变　　　　　　D. 不一定

26. 在单次液-液萃取中,体系已达到平衡,若继续加入纯溶剂,则所得体系上下两层的浓度之比将(　　　)。

　　A. 增加　　　　　　B. 减少　　　　　　C. 不变　　　　　　D. 不一定

27. 在单次萃取过程中,若萃取剂用量减少,则萃取相中溶质的物质的量浓度将(　　　)。

　　A. 增大　　　　　　B. 减小　　　　　　C. 不变　　　　　　D. 不确定

28. 分液漏斗在振摇过程中,漏斗下端的活塞部分应(　　　)。

　　A. 向上　　　　　　B. 向下　　　　　　C. 水平　　　　　　D. 任意方向

29. 萃取剂 S 与稀释剂 B 的互溶度越大,得到萃取液中溶质的浓度(　　　)。

　　A. 越大　　　　　　B. 越小　　　　　　C. 不变　　　　　　D. 不确定

30. 稀释剂与萃取剂的互溶度越小,选择性系数(　　　)。

　　A. 越大　　　　　　B. 越小　　　　　　C. 不变　　　　　　D. 不确定

31. 关于萃取剂选择应考虑的主要因素:①萃取剂的溶解度与选择性;②溶剂与萃取剂的互溶度;③萃取剂回收的难易;④其他物性。则正确的说法是(　　　)。

　　A. ①、②正确　　　　　　　　　　　B. ①、④正确

　　C. ①、②、④正确　　　　　　　　　D. ①、②、③、④正确

32. 为了从皂化反应后的混合物中分离出高级脂肪酸钠,最适宜的分离方法是(　　　)。

　　A. 蒸发　　　　　　B. 萃取　　　　　　C. 渗析　　　　　　D. 盐析

33. 青蒿素是从中药黄花蒿中提取的一种抗疟有效成分,具有抗白血病和免疫调节功能,其分离方法是(　　　)。

　　A. 蒸发　　　　　　B. 萃取　　　　　　C. 渗析　　　　　　D. 盐析

34. 以适当的溶剂将花生中的油脂溶解并分离的操作为(　　　)。

　　A. 吸收　　　　　　B. 蒸馏　　　　　　C. 蒸发　　　　　　D. 萃取

35. 对于共沸物,下列分离方法最有效的是(　　　)。

　　A. 蒸发　　　　　　B. 蒸馏　　　　　　C. 萃取　　　　　　D. 过滤

36. 液-液萃取时,所加入的溶剂对于待分离溶质的溶解度,一定要比原溶液中稀释剂对该溶质的溶解度(　　　)。

　　A. 大　　　　　　　B. 小　　　　　　　C. 不一定　　　　　D. 相等

37. 下列因素中,对固-液萃取效果影响最大是(　　　)。

　　A. 温度　　　　　B. 溶剂的选择　　　C. 固体的粒径　　　D. 溶剂的用量

38. 与一般流体的最大差别在于超临界流体是(　　　)。

　　A. 气体　　　　　　　　　　　　　　B. 液体

　　C. 既非气体,也非液体　　　　　　　D. 半固体

39. 常用的超临界萃取溶剂为(　　　)。

　　A. CO_2　　　　　B. 水　　　　　　　C. 丙酮　　　　　　D. 乙醇

40. 植物精油不适宜用(　　　)方法制取。

　　A. 水蒸气蒸馏　　B. 超临界 CO_2 萃取　　C. 乙醚萃取　　D. 水萃取

41. 固-液萃取法从薄荷叶中提取薄荷油,最适宜的溶剂为(　　　)。

　　A. 水　　　　　　　B. 氯仿　　　　　　C. 乙醚　　　　　　D. 石油醚

42. 超临界流体用于萃取,其优越性在于它具有(　　　)。

　　A. 气体的黏度和渗透能力　　　　　　B. 液体的密度

　　C. 液体的溶解能力　　　　　　　　　D. 以上说法都对

43. 2011 年 9 月,中国女药学家屠呦呦因创制新型抗疟药——青蒿素和双氢青蒿素的贡献,获得被誉为诺贝尔奖"风向标"的拉斯克奖。青蒿素在氯仿、苯及冰醋酸中易溶,在乙醇和乙醚中可溶解,但在高于 60℃时就完全分解。据此,你认为采用索氏法提取青蒿素的最佳溶剂是(　　　)。

　　A. 氯仿　　　　　　B. 苯　　　　　　　C. 乙醇　　　　　　D. 乙醚

(二)判断题

1. 用同样体积溶剂萃取时,分多次萃取和一次萃取效率相同。(　　　)

　　A. 正确　　　　　　B. 不正确

2. 若用苯萃取水溶液,苯层在下。(　　　)

　　A. 正确　　　　　　B. 不正确

3. 萃取某些含有碱性或表面活性较强的物质时,常会产生乳化现象。(　　　)

　　A. 正确　　　　　　B. 不正确

4. 根据分配律,如用定量溶剂萃取时,一次萃取比多次萃取效率高。(　　　)

　　A. 正确　　　　　　B. 不正确

5. 萃取包括固-液萃取和液-液萃取。(　　　)

　　A. 正确　　　　　　B. 不正确

6. 当分液漏斗内液体分层明显后,下层液体从下口流出,上层液体从漏斗上口倒出。(　　　)

　　A. 正确　　　　　　B. 不正确

7. 用分液漏斗分离与水不相溶的有机液体时,水层必定在下,有机溶剂在上。(　　　)

　　A. 正确　　　　　　B. 不正确

8. 凡固体有机化合物都可以采用升华的方法来进行纯化。（　　）

A. 正确　　　　　　B. 不正确

9. 升华过程中,始终都需用小火直接加热。（　　）

A. 正确　　　　　　B. 不正确

10. 升华前必须把待精制的物质充分干燥。（　　）

A. 正确　　　　　　B. 不正确

11. 升华只能适用于在高温下有足够大蒸气压力[高于 $2.666kPa(20mmHg)$]的固体物质。（　　）

A. 正确　　　　　　B. 不正确

（三）简答题

1. 什么是萃取? 什么是洗涤? 说明两者的异同点。

2. 在萃取振荡过程中,若出现乳化现象,通常可采取什么措施?

3. 在分液萃取层时,如不知哪一层是萃取层,通常可采用什么方法来判断?

4. 简述索氏提取器的工作原理,索氏提取比普通加热回流提取有什么优越性?

参 考 答 案

一、沉淀分离与结晶

（一）选择题

1. AC;C;A　　2. D　　3. D　　4. D　　5. C　　6. C　　7. A　　8. C　　9. B　　10. C

11. C　12. D　13. D　14. D　15. C　16. A　17. D　18. A　19. D　20. D　21. D

22. C　23. A　24. B　25. B　26. A　27. D　28. C　29. B　30. B　31. A　32. C

33. B　34. A　35. D　36. C　37. A

（二）判断题

1. A　2. A　3. B　4. B　5. B　6. B　7. A　8. B　9. A　10. A

11. A　12. B　13. B　14. A　15. B　16. B　17. B　18. A

（三）简答题

1. 沉淀和结晶本质一样,不同的是沉淀物的形态,在沉淀过程中同类分子或离子以无规则的紊乱排列形式析出,而结晶是以规则的排列形式析出。

2. 应采用蒸发结晶法。首先将混合物配制成氯化钠饱和溶液,然后将它高温蒸发浓缩,由于溶剂减少,氯化钠形成晶体析出,趁热过滤,分离出氯化钠晶体。

3. 先用较少量溶剂 B,在接近溶剂 B 的沸点温度下溶解物质 A,若未全溶,加少量溶剂 B 摇匀,让其充分溶解,观察物质 A 是否全溶,若未全溶,继续添加 B,直到全溶。

4. 从有机反应中得到的固体化合物往往不纯,其中夹杂一些副产物、未反应的原料及催化剂等,纯化这类物质的有效方法就是选择合适的溶剂进行重结晶,其目的在于获得最大回收率的精制品。

进行重结晶的一般过程是:①将待重结晶的物质在溶剂沸点或接近沸点的温度下溶解在合适的溶剂中,制成饱和溶液,若待重结晶物质的熔点较溶剂的沸点低,则应制成在熔点以下的过饱和溶液;②若待重结晶物质含有色杂质,可加活性炭煮沸脱色;③趁热过滤以除去不溶物质和活性炭;④冷却滤液,使晶体从过饱和溶液中析出,而可溶性杂质仍留在溶液中;⑤减压过滤,把晶体从母液中分离出来,洗涤晶体以除去吸附在晶体表面上的母液。

5. 除去液体化合物中的有色杂质,通常采用蒸馏的方法,因为杂质的相对分子质量大,故留在残液中。除去固体化合物中的有色杂质,通常采用在重结晶过程中加入活性炭,有色杂质吸附在活性炭上,再热过滤一步除去。除去固体化合物中的有色杂质时应注意：①加入活性炭要适量,加多会吸附产物,加少颜色脱不掉；②不能在沸腾或接近沸腾的温度下加入活性炭,以免暴沸；③加入活性炭后应煮沸几分钟后才能热过滤。

6. 可采用下列方法诱发结晶：①用玻璃棒摩擦容器内壁；②用冰水冷却；③投入"晶种"。

7. 过量太多,不能形成热饱和溶液,冷却时析不出结晶或结晶太少。过少,有部分待结晶的物质热溶时未溶解,热过滤时和不溶性杂质一起留在滤纸上,造成损失。考虑到热过滤时,有部分溶剂被蒸发损失掉,使部分晶体析出留在滤纸上或漏斗颈中,造成结晶损失,所以适宜用量是制成热饱和溶液后,再多加20%左右。

8. 重结晶的原理是纯化固体有机物的常用方法之一,它是利用混合物中各组分在某溶剂或混合溶剂中溶解度的不同而使它们互相分离。主要步骤有：①称样溶解；②脱色；③热过滤；④冷却析出结晶；⑤抽滤干燥称量。

9. 根据该物质的溶解度或书中给的大概量,先少加一部分溶剂,加热至沸,观察溶解情况,如未全溶,可酌情适当补加,直至刚刚全溶,再补加过量10%～20%的溶剂即可。

10. (1)将欲提纯的物质在较高温度下溶于合适的溶剂中制成饱和溶液,趁热将不溶物滤去,在较低温度下结晶析出,而可溶性杂质留在母液中,这一过程称为重结晶。重结晶能起到进一步分离提纯的效果。

(2)利用物质中各组分在同一溶剂中的溶解性能不同而将杂质除去得到纯净的有机物。

(3)测定重结晶后的熔程。一般纯物质熔程为1～2℃。

11. (1)重结晶操作中,活性炭起脱色和吸附作用。

(2)千万不能在溶液沸腾时加入,否则会引起暴沸,使溶液溢出,造成产品损失。

(四)计算题

乙酰苯胺晶体在室温25℃时,100g水溶解0.563g,在重结晶时所加的水量为150mL,所以母液中乙酰苯胺的量为0.563×150/100＝0.8445(g)。

二、蒸馏与分馏

(一)选择题

1. B　2. B　3. A　4. A　5. B　6. B　7. B　8. A　9. C　10. C
11. C　12. D　13. A　14. A　15. D　16. B　17. B　18. C　19. C　20. A
21. A　22. C　23. B　24. A　25. B　26. C　27. B　28. B　29. D　30. A
31. A　32. A　33. B　34. A　35. B　36. C　37. AB　38. B　39. A　40. C
41. C　42. A　43. D　44. B　45. B　46. D　47. A　48. B　49. C　50. C
51. B　52. C

(二)判断题

1. A　2. A　3. B　4. A　5. B　6. B　7. B　8. B　9. B　10. B
11. B　12. B　13. A　14. A　15. A　16. A　17. B　18. B　19. A　20. B
21. A　22. A　23. B　24. B　25. B　26. B　27. A

(三)简答题

1. 直形冷凝管用于低于150℃时的蒸馏冷凝；球形冷凝管通常用于沸点低于150℃时的回流冷凝；空气冷凝管通常用于高于140℃的冷凝。

2. 远离明火；接受瓶用冰水浴或冷水浴冷却；支管接引管处连一橡皮管通入水槽或引到室外。

3. 液体的沸点是指它的蒸气压等于外界压力时的温度,因此液体的沸点是随外界压力的变化而变化的,如果借助于真空泵降低系统内压力,就可以降低液体的沸点,这就是减压蒸馏操作的理论依据。蒸馏完毕,除去热源,慢慢旋开夹在毛细管上的橡皮管的螺旋夹,待蒸馏瓶稍冷后再慢慢开启安全瓶上的活塞,平衡内外压力(若开得太快,水银柱很快上升,有冲破测压计的可能),然后再关闭抽气泵。否则,发生倒吸。

4. 在蒸馏时,是利用温度气化被分离的物质,达到分离的目的。一般馏分的滴液是1～2滴·s⁻¹为宜,这个数据是经过很多化学工作者实验当中积累出来的经验数据。如果蒸馏速度快,温度一定会高于某种馏分的沸点,其他的馏分因为温度上升也会被蒸出,达不到最佳的分离效果。当温度高于被分离馏分的沸点,也有可能某种馏分与其他的馏分形成恒沸物(单一物质的沸点可能大于或小于恒沸点),更难以分离。在整个蒸馏过程中,应使温度计水银球上常有被冷凝的液滴,让水银球上液滴和蒸气温度达到平衡。所以要控制加热温度,调节蒸馏速度,通常以 1~2 滴·s^{-1}为宜,否则不成平衡。蒸馏时加热的火焰不能太大,否则会在蒸馏瓶的颈部造成过热现象,使一部分液体的蒸气直接受到火焰的热量,这样由温度计读出的沸点会偏高;另外,蒸馏也不能进行得太慢,否则由于温度计的水银球不能为馏出液蒸气充分浸润而使温度计上所读出的沸点偏低或不规则。

5. 水蒸气蒸馏是分离和纯化与水不相混溶的挥发性有机物常用的方法。

适用范围:①从大量树脂状杂质或不挥发性杂质中分离有机物;②除去不挥发性的有机杂质;③从固体多的反应混合物中分离被吸附的液体产物;④水蒸气蒸馏常用于蒸馏那些沸点很高且在接近或达到沸点温度时易分解、变色的挥发性液体或固体有机物,除去不挥发性的杂质。但是对于那些与水共沸时会发生化学反应的或在 100℃左右时蒸气压小于 1.3kPa 的物质,这一方法不适用。

6. 加入沸石的作用是起助沸作用,防止暴沸,因为沸石表面均有微孔,内有空气,所以可起助沸作用。不能将沸石加至将近沸腾的液体中,那样溶液猛烈暴沸,液体易冲出瓶口,若是易燃液体,还会引起火灾,要等沸腾的液体冷却后再加。用过的沸石一般不能再继续使用,因为它的微孔中已充满或留有杂质,孔径变小或堵塞,不能再起助沸作用。

7. 水蒸气发生器通常盛水量为其容积的 3/4。安全玻璃管的作用主要是起压力指示计的作用,调节体系压力,通过观察管中水柱高度判断水蒸气的压力;同时有安全阀的作用,当水蒸气蒸馏系统堵塞时,水蒸气压力急剧升高,水就可从安全玻璃管的上口冲出,使系统压力下降,保护了玻璃仪器免受破裂。

8. 把要蒸馏的物质倒入蒸馏瓶中,其量约为蒸馏瓶容积的 1/3。当馏出液澄清透明,不再含有有机物质的油滴时,一般可停止蒸馏。

9. 当馏出液澄清透明,不再含有有机物质的油滴时,即可断定水蒸气蒸馏结束(也可用盛有少量清水的锥形瓶或烧杯来检查是否有油滴存在)。实验结束后,先打开螺旋夹,连通大气,再移去热源。待体系冷却后,关闭冷凝水,按顺序拆卸装置。

10. (1)水蒸气蒸馏就是以水作为混合液的一种组分,将在水中基本不溶的物质以其与水的混合态在低于 100℃时蒸馏出来的一种过程。

(2)用途是分离和提纯有机化合物。

(3)优点:使所需要的有机物在较低的温度下从混合物中蒸馏出来,可以避免在常压蒸馏时所造成的损失。

(4)原料必须具备:①不溶或难溶于水;②共沸时与水不发生化学反应;③在 100℃时必须具备一定的蒸气压(不小于 10mmHg,1mmHg=133.3Pa)。

(5)当馏出液无明显油滴,澄清透明时,即可判断需蒸出的物质已经蒸完。

11. (1)蒸馏是利用有机物质的沸点不同,在蒸馏过程中低沸点的组分先蒸出,高沸点的组分后蒸出,从而达到分离提纯的目的。

(2)组分的沸点至少要相差 30℃以上,才可以进行分离。

(3)纯净物的沸程一般不超过 1℃,但恒沸物也有一定的沸点和组成,因此不能单凭沸点判断是否是纯物质。

12. 蒸馏时加热过猛,火焰太大,易造成蒸馏瓶局部过热现象,使实验数据不准确,而且馏分纯度也不高。加热太慢,蒸气达不到支口处,不仅蒸馏进行得太慢,而且因温度计水银球不能被蒸气包围或瞬间蒸气中断,使得温度计的读数不规则,读数偏低。

13. 下列情况需要采用水蒸气蒸馏:①混合物中含有大量的固体,通常的蒸馏、过滤、萃取等方法都不适用;②混合物中含有焦油状物质,采用通常的蒸馏、萃取等方法都不适用;③在常压下蒸馏会发生分解的高沸点有机物质。

14. 常压蒸馏、分馏、重结晶、水蒸气蒸馏、索氏提取等。

15. 利用分馏柱使几种沸点相近的混合物得到分离和纯化,这种方法称为分馏。利用分馏柱进行分馏,实际上就是在分馏柱内使混合物进行多次气化和冷凝。当上升的蒸气与下降的冷凝液互相接触时,上升的蒸气部分冷凝放出热量使下降的冷凝液部分气化,两者之间发生热量交换。其结果,上升蒸气中易挥发组分增加,而下降的冷凝液中高沸点组分增加。如果继续多次,就等于进行多次的气液平衡,即达到多次蒸馏的效果。这样,靠近分馏柱顶部易挥发物质组分的比例高,而在烧瓶中高沸点组分的比例高,当分馏柱的效率足够高时,开始从分馏柱顶部出来的几乎是纯净的易挥发组分,而最后烧瓶中残留的几乎是纯净的高沸点组分。

16. ①在仪器装配时应使分馏柱尽可能与桌面垂直,以保证上面冷凝下来的液体与下面上升的气体进行充分的热交换和质交换,提高分离效果。②根据分馏液体的沸点范围,选用合适的热浴加热,不要在石棉网上直接用火加热。用小火加热热浴,以便使浴温缓慢而均匀地上升。③液体开始沸腾,蒸气进入分馏柱中时,要注意调节浴温,使蒸气缓慢而均匀地沿分馏柱壁上升。若室温低或液体沸点较高,应将分馏柱用石棉绳或玻璃布包裹起来,以减少柱内热量的损失。④当蒸气上升到分馏柱顶部,开始有液体馏出时,应密切注意调节浴温,控制馏出液的速度为 $1\sim2$ 滴·s^{-1}。如果分馏速度太快,产品纯度下降;若速度太慢,会造成上升的蒸气时断时续,馏出温度波动。⑤根据实验规定的要求,分段集取馏分,实验结束时,称量各段馏分。

17. 当某两种或三种液体以一定比例混合,可组成具有固定沸点的混合物。将这种混合物加热至沸腾时,在气液平衡体系中,气相组成和液相组成相同,故不能使用分馏法将其分离出来,只能得到按一定比例组成的混合物,这种混合物称为共沸混合物或恒沸混合物。

18. 利用蒸馏和分馏来分离混合物的原理是相同的,实际上分馏就是多次的蒸馏。分馏是借助于分馏柱使一系列的蒸馏不需多次重复,一次得以完成的蒸馏。现在,最精密的分馏设备已能将沸点相差仅 $1\sim2℃$ 的混合物分开,所以两种沸点很接近的液体组成的混合物能用分馏来提纯。

19. 装有填料的分馏柱上升蒸气和下降液体(回流)之间的接触面加大,更有利于它们充分进行热交换,使易挥发的组分和难挥发组分更好地分开,所以效率比不装填料的要高。

20. 在分馏时通常用水浴或油浴,使液体受热均匀,不易产生局部过热,这比直接用火加热要好得多。

21. 保持回流液的目的在于让上升的蒸气和回流液体充分进行热交换,促使易挥发组分上升,难挥发组分下降,从而达到彻底分离它们的目的。

22. 蒸馏、重结晶、色谱方法。

23. 因为加热太快,馏出速度太快,热量来不及交换(易挥发组分和难挥发组分),致使水银球周围液滴和蒸气未达平衡,一部分难挥发组分也被气化上升而冷凝,来不及分离就一起被蒸出,所以分离两种液体的能力会显著下降。

三、萃取与升华

(一) 选择题

1. A　2. A　3. C　4. A　5. B　6. A　7. C　8. C　9. A　10. C
11. B　12. A　13. C　14. C　15. B　16. B　17. A　18. C　19. A　20. A
21. B　22. C　23. C　24. A　25. A　26. C　27. A　28. A　29. B　30. A
31. D　32. D　33. B　34. D　35. C　36. A　37. B　38. C　39. A　40. D
41. C　42. D　43. D

(二) 判断题

1. B　2. B　3. A　4. B　5. A　6. A　7. B　8. B　9. B　10. A
11. B

(三) 简答题

1. 萃取是从混合物中抽取所需要的物质;洗涤是将混合物中所不需要的物质除掉。萃取和洗涤均是利用物质在不同溶剂中的溶解度不同来进行分离操作,两者原理及操作相同,只是目的不同。萃取是将需要的物质溶于萃取层中,萃取得到产品;洗涤是将不需要的物质溶于洗涤层中,洗涤除去杂质。

2. 可加入强电解质(如食盐)破乳。

3. 可在任一层液体中加入少量萃取剂,若分层则另一层液体为萃取层,若不分层,则此层液体为萃取层。

4. 索氏提取器是利用溶剂的回流和虹吸原理,对固体混合物中所需成分进行连续提取。当提取桶中回流下的溶剂的液面超过索氏提取器的虹吸管时,提取桶中的溶剂流回圆底烧瓶内,即发生虹吸。随温度升高,再次回流开始,每次虹吸前,固体物质都能被纯的热溶剂所萃取,溶剂反复利用,缩短了提取时间,所以萃取效率较高。

在线答疑

阎　杰　yanjie0001@126.com

丁　姣　chj. ding@163.com

宋光泉　13922193919@163.com

陈　睿　chenrui@zhku. edu. cn

第四章 物质理化性质的检验技术

第一节 概　　述

任何化合物都有其特有的理化性质,而且理化性质的内涵也非常丰富。要研究一个化合物,不论是有机物还是无机物,首先都要进行定性鉴定。定性鉴定是借助化合物本身所具有的熔点、沸点、活化能、相对分子质量、颗粒大小、状态、颜色、气味、酸碱性等性质及与其他试剂的特征反应来完成的。在完成对物质的定性鉴定后,再根据需要研究它的电学性质、光学性质、动力学性质和热化学反应等。因此,物质理化性质的检验技术涉及面宽,交叉点多。本章仅按照物质的定性鉴定技术和物质理化性质的测定技术两方面的习题加以介绍。

本章内容主要涉及常见阴阳离子的鉴定,解离和解离平衡,化学反应速率和化学平衡,碘和碘离子反应平衡常数的测定,酸碱反应与缓冲溶液,氧化还原反应,配合物的生成、性质和应用,烃、卤代烃、醇和醛、酮的性质(鉴定),胺、酰胺、碳水化合物、氨基酸和蛋白质的性质(鉴定),葡萄糖燃烧焓的测定,凝固点降低法测定蔗糖的摩尔质量,黏度法测高聚物的相对分子质量,高聚物溶度参数的测定,密度法测定聚合物结晶度,乙醇/环己烷饱和蒸气压的测定,双液体系气-液平衡相图,物质的热性质分析,溶液偏摩尔体积的测定,二组分金属相图的绘制,联机测定 B-Z 化学振荡反应,表面张力的测定,比表面测定——溶液吸附法,溶胶聚沉值的测定,磺基水杨酸合铁(Ⅲ)配合物的组成及稳定常数的测定,阿贝折射仪测定乙醇的含量和旋光仪测定蔗糖水解反应的速率常数等。

本章所涉及的选择题、简答题及计算题紧密围绕《大学通用化学实验技术》实验内容,涵盖了实验目的、实验原理、实验用品、实验操作与步骤、数据记录与处理、实验结果及讨论等方面的问题。通过习题,使学生掌握定性鉴定技术和物质理化性质的测定技术的基本原理与方法、常用仪器设备的操作和使用、实验条件的判断和选择,学会观测实验现象、分析实验结果以及正确记录数据和处理数据等。通过习题,培养学生对物质的定性鉴定技术和物质理化性质的测定技术的理解和掌握,培养学生利用多种物理测量仪器,并利用物理方法来研究化学系统的变化规律,培养学生在物质的定性鉴定技术和物质理化性质的测定技术领域的基本综合的实验能力、科学思维及严肃的科学态度,为后续的专业实验与科学研究建立必要的基础。

第二节 试　　题

一、常见阴阳离子的鉴定

(一)选择题

1. 在允许加热的条件下,只用一种试剂就可以鉴别硫酸铵、氯化钾、氯化镁、硫酸铝和硫酸铁溶液,这种试剂是(　　　)。

    A. $NaOH$　　　　　　　B. $NH_3 \cdot H_2O$　　　　　C. $AgNO_3$　　　　　　　D. $BaCl_2$

2. 对某酸性溶液(可能含有 Br^-、SO_4^{2-}、H_2SO_3、NH_4^+)分别进行如下实验:①加热时放出的气体可以使品红溶液褪色;②加碱调至碱性后,加热时放出的气体可以使润湿的红色石蕊试纸变蓝;③加入氯水时,溶液略显黄色,再加入 $BaCl_2$ 溶液,产生的白色沉淀不溶于稀硝酸。对于下列物质不能确认其在原溶液中是否存在的是( )。

A. Br^- B. SO_4^{2-} C. H_2SO_3 D. NH_4^+

3. 下列四组物质,如果把某组物质中的后者逐滴加入前者中至过量,将出现"先产生白色沉淀,后白色沉淀溶解"的现象,这组物质是( )。

A. 稀硫酸、氯化钡溶液   B. 硫酸亚铁溶液、氢氧化钠溶液

C. 氯化钠溶液、硝酸银溶液   D. 氯化铝溶液、氢氧化钠溶液

4. 以下阴离子的钠盐水溶液,用稀 H_2SO_4 酸化,并加入 KI 溶液,没有反应的是( )。

A. Cl^- B. NO_2^- C. S^{2-} D. $S_2O_3^{2-}$

5. 以下阴离子在稀 H_2SO_4 介质中,不能与 $KMnO_4$ 溶液作用的是( )。

A. Cl^- B. NO_2^- C. S^{2-} D. $S_2O_3^{2-}$

6. 有一无色未知溶液中检验出有 Ba^{2+}、Ag^+,同时又测得其酸性很强。某学生还要鉴定此溶液中是否大量存在①Cu^{2+}、②Fe^{3+}、③Cl^-、④NO、⑤S^{2-}、⑥CO_3^{2-}、⑦NH_4^+、⑧Mg^{2+}、⑨Al^{3+}、⑩AlO_2^-。其实这些物质中有一部分不必再鉴定就能加以否定,你认为不必鉴定的物质是( )。

A. ③⑤⑥⑦⑩   B. ①②⑤⑥⑧⑨

C. ③④⑦⑧⑨   D. ①②③⑤⑥⑩

7. 下列各组离子在指定环境下能大量共存的是( )。

A. pH＝1 的溶液中:Na^+、S^{2-}、K^+、MnO_4^-

B. pH＝7 的溶液中:Al^{3+}、Cl^-、SO_4^{2-}、HCO_3^-

C. pH＞7 的溶液中:Na^+、AlO_2^-、SO_4^{2-}、K^+

D. pH＝0 的溶液中:Na^+、K^+、Fe^{2+}、ClO^-

8. 下列实验仪器中,需在使用前检查气密性的是( )。

A. 酸式滴定管   B. 碱式滴定管   C. 容量瓶   D. 上述三者均要

9. 化学纯试剂的标签颜色是( )。

A. 玫瑰红色   B. 中蓝色   C. 深绿色   D. 金光红色

(二) 简答题

1. 如何鉴定一瓶无色溶液是盐酸?

2. 今有 $NaCl$、$CuCl_2$、$NaOH$、$Mg(NO_3)_2$ 四种失去标签的溶液,在不外加试剂的条件下,如何把它们鉴别出来?

3. Br^- 和 I^- 的鉴定为什么首先要用新制氯水?

4. 已知某试液中存在 SO_4^{2-}、Cl^-、NO_3^-,下列阳离子中哪些不可能共存?

阳离子有:NH_4^+、Ba^{2+}、Cr^{3+}、Mg^{2+}、Ag^+、Fe^{2+}、Fe^{3+}。

5. 配制 $FeSO_4$ 溶液时,常加些 H_2SO_4 及铁钉,试说明其原因。

6. 根据硫化氢系统分组法,依据各离子的硫化物溶解度的明显不同,将常见阳离子分为

五个组。现有含多种阳离子的试液,按硫化氢系统第一组的分组条件,加入 HCl 组试剂,反应完全后,获得少量白色沉淀。分析确定在原试液中是否含有 Pb^{2+}、Ag^+ 和 Hg_2^{2+} 等第一组阳离子,对所得沉淀应如何进行分离和鉴定? 并写出所采用鉴定方法的化学反应式。

7. 已知一试液只含有硫化氢系统分组的第二组阳离子,将此试液分成三份,分别得到以下实验结果,试判断可能有哪些离子?

(1) 用水稀释,得到白色沉淀,加入 HCl 则溶解。

(2) 加入 $SnCl_2$ 无任何沉淀产生。

(3) 与第二组试剂作用,生成黄色沉淀,此沉淀一部分溶于 Na_2S,另一部分则不溶,仍保持为黄色。

8. 对一阴离子未知液进行初步实验时,得到下列结果:

(1) 试液酸化时无气体产生。

(2) 中性溶液中加 $BaCl_2$ 无沉淀。

(3) 用 HNO_3 酸化后加 $AgNO_3$ 有黄色沉淀。

(4) 酸性溶液中加 $KMnO_4$ 褪色,加 I_2-淀粉溶液不褪色。

(5) 与 KI-淀粉溶液无反应。

试推测哪些阴离子可能存在,哪些阴离子不可能存在,并拟出分析方案。

9. 某试液含有 S^{2-}、SO_3^{2-} 和 $S_2O_3^{2-}$。试设计分析方案以鉴定该三种阴离子。

10. 有酸性未知液 5 种,定性分析报告如下,试判断其是否合理。

(1) Ba^{2+}、NH_4^+、SO_4^{2-}、Cl^-

(2) Ag^+、Cu^{2+}、NO_3^-、I^-

(3) Hg^{2+}、Sn^{2+}、Cl^-、Br^-

(4) Na^+、Mg^{2+}、NO_3^-、SO_3^{2-}

(5) Pb^{2+}、NH_4^+、AsO_4^{3-}、I^-

11. 如何鉴别下列各对离子?

(1) SO_4^{2-} 和 SO_3^{2-}　　　　　(2) SO_3^{2-} 和 CO_3^{2-}

(3) S^{2-} 和 CO_3^{2-}　　　　　　(4) $S_2O_3^{2-}$ 和 SO_3^{2-}

(5) AsO_4^{3-} 和 AsO_2^-　　　　　(6) Br^- 和 I^-

(7) NO_3^- 和 NO_2^-　　　　　　(8) SiO_3^{2-} 和 PO_4^{3-}

(三) 计算题

请根据下列实验数据确定某水合含 Fe(II)盐的化学式。

(1) 将 0.784g 该含亚铁的盐强烈加热至质量恒定,得到 0.160g Fe_2O_3。

(2) 将 0.784g 该盐溶于水,加入过量的 $BaCl_2$ 溶液,得到 0.932g $BaSO_4$。

(3) 将 0.392g 该盐溶于水,加入过量的 NaOH 溶液后煮沸,释放出的氨气用 50.0mL 0.10mol·L^{-1}盐酸吸收后,吸收液需要 30.0mL 0.10mol·L^{-1} NaOH 溶液恰好中和。

二、化学平衡及平衡常数

(一) 选择题

1. 某弱酸 HA 的 $K_a = 2.0 \times 10^{-5}$,若需配制 pH=5.00 的缓冲溶液,与 100mL 1.0mol·L^{-1}

的 NaAc 相混合的 1.0mol·L^{-1}HA 的体积应为（　　　）。

A. 200mL B. 50mL C. 100mL D. 150mL

2. 已知相同浓度的盐 NaA、NaB、NaC、NaD 的水溶液的 pH 依次增大,则相同浓度的下列溶液中解离度最大的是（　　　）。

A. HA B. HB C. HC D. HD

3. pH＝3 和 pH＝5 的两种 HCl 溶液,以等体积混合后,溶液的 pH 是（　　　）。

A. 3.0 B. 3.3 C. 4.0 D. 8.0

4. 已知 $K_b^{\ominus}(NH_3)＝1.8\times10^{-5}$,其共轭酸的 $K_a^{\ominus}$ 值为（　　　）。

A. 1.8×10^{-9} B. 1.8×10^{-10} C. 5.6×10^{-10} D. 5.6×10^{-5}

5. 欲使 NH_3 解离度减小,且 pH 升高,应在 NH_3 溶液中加入（　　　）。

A. 少量 H_2O B. 少量 NaOH C. 少量 NH_4Cl D. 少量 KCl

6. 下列物质中,既是质子酸,又是质子碱的是（　　　）。

A. HS^- B. NH_4^+ C. S^{2-} D. PO_4^{3-}

7. 欲配制 pH＝13.00 的 NaOH 溶液 10.0L,所需 NaOH 固体的质量是（　　　）(Na 的相对原子质量＝23)。

A. 40g B. 4.0g C. 4.0×10^{-11}g D. 4.0×10^{-12}g

8. $H_2AsO_4^-$ 的共轭碱是（　　　）。

A. H_3AsO_4 B. $HAsO_4^{2-}$ C. AsO_4^{3-} D. $H_2AsO_3^-$

9. 为使反应中生成的水能及时脱出,使用的方法是（　　　）。

A. 用分馏柱蒸出反应中生成的水 B. 用分水器分出反应中生成的水

C. 用无水 $CuSO_4$ 吸附 D. 用无水 $CaCl_2$ 吸附

10. 可作基准物质的是（　　　）。

A. HCl B. NaOH C. $KMnO_4$ D. $AgNO_3$

11. 增大反应物浓度,能加快反应速率的原因是（　　　）。

A. 增加了活化分子总数 B. 改变了反应途径

C. 降低了反应活化能 D. 增加了活化分子百分数

12. 给定反应升温,能加快反应速率的原因是（　　　）。

A. 增加了活化分子总数 B. 改变了反应途径

C. 降低了反应活化能 D. 增加了活化分子百分数

13. 下列因素:(a)浓度,(b)压力,(c)温度,(d)催化剂,都能影响化学反应,其中能影响速率常数 k 的是（　　　）。

A. (a)(b) B. (b)(c) C. (c)(d) D. (a)(d)

14. 等压过程是指（　　　）。

A. 系统的始态和终态压力相同的过程

B. 系统对抗外压力恒定的过程

C. 外压力时刻与系统压力相等的过程

D. 外压力时刻与系统压力相等且等于常数的过程

15. 下列说法正确的是（　　　）。

A. 正、逆反应的活化能数值相等,符号相反

B. 能够发生有效碰撞的分子一定是活化分子

C. 活化分子的碰撞是有效碰撞

D. 在同一条件下,反应物浓度越大,含活化分子数越多,活化能越大,反应速率越快

16. 公式 $dG = -SdT + Vdp$ 可适用下述过程的是(　　)。

A. 在 298K、100kPa 下水蒸气凝结成水的过程

B. 理想气体膨胀过程

C. 电解水制 $H_2(g)$ 和 $O_2(g)$ 的过程

D. 在一定温度压力下,由 $N_2(g) + 3H_2(g)$ 合成 $NH_3(g)$ 的过程

17. 对于只做膨胀功的封闭系统 $\left(\dfrac{\partial A}{\partial V}\right)_T$ 的值是(　　)。

A. 大于零　　　　　B. 小于零　　　　　C. 等于零　　　　　D. 不能确定

18. 某反应在一定条件下的转化率为 33.5%,当加入催化剂后,其平衡转化率为(　　)。

A. 33.5%　　　　　B. 35.5%　　　　　C. 48.5%

D. 63.5%　　　　　E. 100%

19. 在等温条件下,若化学平衡发生移动,其平衡常数(　　)。

A. 增大　　　　　　B. 减小　　　　　　C. 不变　　　　　　D. 难以判断

20. 若移走某反应体系中的催化剂,可使平衡(　　)移动。

A. 向左　　　　　　B. 向右　　　　　　C. 先左后右　　　　　D. 无法判定

21. 将固体 NH_4I 置于密闭容器中,在某温度下发生下列反应:$NH_4I(s) \Longleftrightarrow NH_3(g) +$ $HI(g)$,$2HI(g) \Longleftrightarrow H_2(g) + I_2(g)$,当达到平衡时,$[H_2] = 0.5mol \cdot L^{-1}$,$[HI] = 4mol \cdot L^{-1}$,则 NH_3 的浓度为(　　)。

　　A. $3.5mol \cdot L^{-1}$　　B. $4mol \cdot L^{-1}$　　C. $4.5mol \cdot L^{-1}$　　D. $5mol \cdot L^{-1}$

22. 在一定温度下,可逆反应:$A_2(气) + B_2(气) \Longleftrightarrow 2AB(气)$,达到平衡的标志是(　　)。

A. 容器的总压强不随时间而变化

B. 单位时间内有 $n$mol A_2 生成的同时有 $n$mol B_2 生成

C. 单位时间内有 $n$mol B_2 发生反应的同时有 $n$mol AB 分解

D. 单位时间内生成 $n$mol A_2 的同时有 $2n$mol AB 生成

23. 在一密闭容器中,用等物质的量的 A 和 B 发生如下反应:$A(g) + 2B(g) \Longleftrightarrow 2C(g)$,反应达到平衡时,若混合气体 A 和 B 的物质的量之和与 C 的物质的量相等,则这时 A 的转化率为(　　)。

　　A. 40%　　　　　B. 50%　　　　　C. 60%　　　　　D. 70%

24. 一定条件下,在 2L 密闭容器中加入一定量 A 发生变化并建立如下平衡:

$$A(g) \Longleftrightarrow 2B(g),\ 2B(g) \Longleftrightarrow C(g) + 2D(g)$$

测得平衡时 $c(A) = 0.3mol \cdot L^{-1}$,$c(B) = 0.2mol \cdot L^{-1}$,$c(C) = 0.05mol \cdot L^{-1}$,则最初向容器中加入的 A 是(　　)。

　　A. 0.6mol　　　　B. 0.9mol　　　　C. 1.2mol　　　　D. 1.5mol

25. 反应 $A + B \Longleftrightarrow L + M$ 和 $L + M \Longleftrightarrow A + B$ 的平衡常数之间的关系为(　　)。

A. 彼此相同　　　B. 彼此无关　　　C. 互为倒数　　　D. 两者相差一个负号

26. 已知某反应 $2A(g) + B(l) \Longleftrightarrow 2C(g)$ 的 $K^\ominus = 0.14$,在同一温度下反应 $C(g) \Longleftrightarrow A(g)$ $+ \dfrac{1}{2}B(l)$ 的 $K^\ominus = ($　　$)$。

　　A. 7.14　　　　　B. 2.67　　　　　C. 0.14　　　　　D. -0.07

27. 反应 $2NaHCO_3(s) \rightleftharpoons Na_2CO_3(s) + H_2O(g) + CO_2(g)$ 在温度 T 时的标准平衡常数为 90,该反应的压力平衡常数是(　　)。

A. 9119.25(kPa)　　B. 924 008(kPa)^2　　C. 9119.25　　D. 924 008

28. 在恒温恒压下,化学反应体系达到平衡时,一定成立的关系式是(　　)。

A. $(\Delta G/\Delta \xi)_{T,p} = 0$　　B. $\Delta_r G_m^{\ominus} = 0$　　C. $\Delta_r H_m = 0$　　D. $\Delta_r G_m < 0$

29. 某体系存在如下平衡:

$$CO(g) + H_2O(g) \rightleftharpoons CO_2(g) + H_2(g) \quad K_1^{\ominus}$$

$$CH_4(g) + 2H_2O(g) \rightleftharpoons CO_2(g) + 4H_2(g) \quad K_2^{\ominus}$$

$$CH_4(g) + H_2O \rightleftharpoons CO(g) + 3H_2(g) \quad K_3^{\ominus}$$

它们的平衡常数存在何种关系(　　)。

A. $K_1^{\ominus} = K_2^{\ominus} \times K_3^{\ominus}$　　　　　　　　B. $K_3 = K_1^{\ominus} \times K_2^{\ominus}$

C. $K_2^{\ominus} = K_1^{\ominus} \times K_3^{\ominus}$　　　　　　　　D. $K_1^{\ominus} \times K_2^{\ominus} \times K_3^{\ominus} = 1$

30. 合成氨反应:$N_2(g) + 3H_2(g) \rightleftharpoons 2NH_3(g)$ 的标准平衡常数 $K_p^{\ominus} = \dfrac{[p(NH_3)]^2 (p^{\ominus})^2}{p(N_2)[p(H_2)]^3}$,当体系总压力增大一倍时,同温下重新建立平衡,此时标准平衡常数为 $K_p^{\ominus'}$,$K_p^{\ominus}$ 与 $K_p^{\ominus'}$ 的关系为(　　)。

A. $K_p^{\ominus} = 1/4 K_p^{\ominus'}$　　B. $K_p^{\ominus} = 4K_p^{\ominus'}$　　C. $K_p^{\ominus} = K_p^{\ominus'}$　　D. $K_p^{\ominus} = \dfrac{1}{2} K_p^{\ominus'}$

31. 影响条件电位的因素有(　　)。

A. 溶液的离子强度　　　　B. 溶液中有配位体存在　　　　C. 待测离子浓度

D. 溶液的 pH(H$^+$ 不参加反应)　　　　E. 溶液中存在沉淀剂

32. $Na_2S_4O_6$、$(NH_4)_2S_2O_8$ 中 S 元素的氧化值分别为(　　)。

A. 2.5 和 7　　B. 2.5 和 6　　C. 2 和 7

D. 2 和 6　　E. 4 和 6

33. 若两电对在反应中电子转移数分别为 1 和 2,为使反应完全程度达到 99.9%,两电对的条件电位之差至少应大于(　　)。

A. 0.09V　　B. 0.27V　　C. 0.36V　　D. 0.18V

34. 对于 $2A^+ + 3B^{4+} \rightleftharpoons 2A^{4+} + 3B^{2+}$ 的滴定反应,等量点时的电极电势是(　　)。

A. $\dfrac{3\varphi_A^{\ominus} + \varphi_B^{\ominus}}{5}$　　B. $\dfrac{3\varphi_A^{\ominus} + 2\varphi_B^{\ominus}}{6}$　　C. $\dfrac{3\varphi_A^{\ominus} - 2\varphi_B^{\ominus}}{5}$　　D. $\dfrac{3\varphi_A^{\ominus} + 2\varphi_B^{\ominus}}{5}$

35. 影响氧化还原反应方向的因素有(　　)。

A. 压力　　B. 温度　　C. 离子强度　　D. 催化剂

36. 在 1mol · L^{-1} 的 HCl 中,$\varphi^{\ominus}(Sn^{4+}/Sn^{2+}) = 0.14V$,$\varphi^{\ominus}(Fe^{3+}/Fe^{2+}) = 0.70V$,在此条件下,以 Fe^{3+} 滴定 Sn^{2+},计量点的电势为(　　)。

A. 0.25V　　B. 0.23V　　C. 0.33V　　D. 0.52V

37. 在 1mol · L^{-1} 的 H_2SO_4 溶液中,用 0.1000mol · L^{-1} Ce^{4+} 滴定 0.1000mol · L^{-1} Fe^{2+} 溶液,最恰当的氧化还原指示剂是(　　)。

A. 次甲基蓝　　B. 邻苯氨基苯甲酸　　C. 邻二氮菲-亚铁　　D. KSCN

38. 在 1mol · L^{-1} H_2SO_4 溶液中,$E^{\ominus}(Ce^{4+}/Ce^{3+}) = 1.44V$,$E^{\ominus}(Fe^{3+}/Fe^{2+}) = 0.68V$,以

Ce^{4+} 滴定 Fe^{2+} 时,最适宜的指示剂为( )。

　　A. 二苯胺磺酸钠$[E^{\ominus}(In)=0.84V]$　　　B. 邻苯氨基苯甲酸$[E^{\ominus}(In)=0.89V]$

　　C. 邻二氮菲-亚铁$[E^{\ominus}(In)=1.06V]$　　D. 硝基邻二氮菲-亚铁$[E^{\ominus}(In)=1.25V]$

39. 用碘量法测定 Cu^{2+} 时,加入 KI 是作为( )。

　　A. 氧化剂　　　　　B. 还原剂　　　　　C. 配位剂　　　　　D. 沉淀剂

40. 下列各电对中,电极电势值最大的是( )。

　　A. $E^{\ominus}([Cu(OH)_4]^{2-}/Cu)$　　　　　　B. $E^{\ominus}([Cu(NH_3)_4]^{2+}/Cu)$

　　C. $E^{\ominus}([Cu(en)_2]^{2+}/Cu)$　　　　　　D. $E^{\ominus}(Cu^{2+}/Cu)$

41. 已知:$E^{\ominus}(Fe^{3+}/Fe^{2+})>E^{\ominus}(Cu^{2+}/Cu)>E^{\ominus}(Fe^{2+}/Fe)$,下列物质可以共存的是( )。

　　A. Fe^{3+}、Cu　　　B. Fe^{2+}、Cu^{2+}　　　C. Cu^{2+}、Fe　　　D. Fe^{3+}、Fe

42. 随着氢离子浓度的增大,下列电对的电极电势不增大的是( )。

　　A. O_2/H_2O　　　B. NO_3^-/NO　　　C. Pb^{2+}/Pb　　　D. MnO_2/Mn^{2+}

43. 用能斯特方程式计算 MnO_4^-/Mn^{2+} 的电极电势 E,下列叙述不正确的是( )。

　　A. 温度应为 298K　　　　　　　　B. E 和得失电子数无关

　　C. $[Mn^{2+}]$增大、E 减小　　　　　D. $[MnO_4^-]$增大、E 增大

44. 下列反应:$2MnO_4^-+6H^++5H_2C_2O_4 \Longleftrightarrow 2Mn^{2+}+10CO_2+8H_2O$,在 298K 时,平衡常数与标准电动势之间的关系是( )。

　　A. $\lg K^{\ominus}=\dfrac{2E^{\ominus}_{MF}}{0.0592}$　　　　　　　B. $\lg K^{\ominus}=\dfrac{5E^{\ominus}_{MF}}{0.0592}$

　　C. $\lg K^{\ominus}=\dfrac{10E^{\ominus}_{MF}}{0.0592}$　　　　　　D. $\lg K^{\ominus}=\dfrac{6E^{\ominus}_{MF}}{0.0592}$

45. 在一个氧化还原反应中,如果两个电对的电极电势值相差越大,则该氧化还原反应符合( )。

　　A. 反应速率越大　　B. 反应速率越小　　C. 反应能自发进行　D. 反应不能自发进行

46. $[Cu(NH_3)_4]SO_4$ 在溶液中的存在形式为( )。

　　A. $[Cu(NH_3)_4]SO_4$　　　　　　　B. $[Cu(NH_3)_4]^{2+}$,SO_4^{2-}

　　C. Cu^{2+},NH_3,SO_4^{2-}　　　　　　D. $CuSO_4$,NH_3

47. 衣服上沾有铁锈时,可以用( )洗去。

　　A. 乙二酸　　　　　B. 高锰酸钾　　　　　C. 汽油　　　　　D. 盐酸

48. 欲使$[Fe(SCN)_6]^{3-}$的红色褪去,可加入的试剂是( )。

　　A. 乙二酸　　　　　B. KCN　　　　　C. NH_4F　　　　　D. $NH_3 \cdot H_2O$

49. AgBr 可溶于( )。

　　A. 水　　　　　B. $Na_2S_2O_3$ 溶液　　　C. HCl 溶液　　　D. $NH_3 \cdot H_2O$

50. 配合物的生成对电对的电极电势( )。

　　A. 有影响　　　　B. 无影响　　　　C. 无法判断　　　　D. 可能有也可能没有

51. 在 EDTA 配位滴定实验中,消除 Al^{3+}、Fe^{2+} 干扰的常用试剂是( )。

　　A. 巯基乙酸　　　　B. 硫化钠　　　　C. 三乙醇胺　　　　D. NaOH

52. 当 0.01mol 的 $CrCl_3 \cdot 6H_2O$ 在水溶液中用过量硝酸银处理时,有 0.02mol 的 AgCl

沉淀出来,此样品中配离子的可能表示式为(　　)。

A. $[Cr(H_2O)_6]^{2+}$　　　B. $[CrCl(H_2O)_6]^{2+}$　　　　　C. $[CrCl_2(H_2O)_4]^+$

D. $[CrCl(H_2O)_3]^{2+}$　　　E. $[CrCl_2(H_2O)_2]^+$

53. 对下列各组配离子稳定性判断正确的是(　　)。

A. $[Cu(NH_3)_4]^{2+}<[Cu(en)_2]^{2+}$　　　B. $[Ag(S_2O_3)_2]^{3-}<[Ag(NH_3)_2]^+$

C. $[FeF_6]^{3-}>[Fe(CN)_6]^{3-}$　　　　　D. $[Co(NH_3)_6]^{3+}>[Co(NH_3)_6]^{2+}$

54. 下列配合物可能是平面四方形,也可能是八面体构型,其中 CO_3^{2-} 起螯合作用的是(　　)。

A. $[Co(NH_3)_4CO_3]^+$　　　B. $[Pt(en)(NH_3)CO_3]^+$　　　　　C. $[Pt(en)_2(NH_3)CO_3]^+$

D. $[Co(NH_3)_5CO_3]^+$　　　E. $[Pt(en)CO_3]^+$

(二) 简答题

1. 若 HAc 溶液的浓度相同,温度不同,解离度和解离常数有何变化?

2. 以下哪些是酸碱质子理论的酸? 哪些是碱? 哪些具有酸碱两性?

SO_4^{2-},S^{2-},$H_2PO_4^-$,NH_3,HSO_4^-,$[Al(H_2O)_5OH]^{2+}$,CO_3^{2-},NH_4^+,H_2S,H_2O,OH^-,H_3O^+,HS^-,HPO_4^{2-}

3. 同离子效应对弱电解质的解离度及难溶电解质的溶解度有何影响?

4. 水解和解离的不同之处是什么? Na_2CO_3 溶液和 $Al_2(SO_4)_3$ 溶液混合能反应的原因是什么?

5. 写出下列分子或离子的共轭酸。

SO_4^{2-},S^{2-},$H_2PO_4^-$,NH_3,HNO_3,H_2O

6. 为什么反应速率通常随反应时间的增加而减慢?

7. 什么是有效碰撞? 反应物分子发生有效碰撞的条件是什么?

8. 什么是催化剂? 催化剂为什么能改变反应速率?

9. 举例说明接触面对化学反应速率的影响。

10. 在怎样的条件下会发生化学平衡移动? 有何规律?

11. 实验测定反应平衡常数可采用哪几种方法? 何种方法好一些?

12. 实验测定反应平衡常数实质上就是测定反应时各物质的浓度,这种说法是否正确? 为什么?

13. 用硫代硫酸钠溶液滴定碘时,能否在滴定前加入淀粉指示剂?

14. H_2O_2 为什么既可作氧化剂,又可作还原剂? 写出有关电极反应,说明 H_2O_2 在什么情况下可作氧化剂,在什么情况下可作还原剂。

15. 配位化学创始人维尔纳发现,将等物质的量的黄色 $CoCl_3 \cdot 6NH_3$、紫红色 $CoCl_3 \cdot 5NH_3$、绿色 $CoCl_3 \cdot 4NH_3$ 三种配合物溶于水,加入硝酸银,立即沉淀的氯化银分别为 3mol、2mol、1mol,请根据实验事实推断它们所含的配离子的组成。

(三) 计算题

1. 若配制 pH 为 5.0 的缓冲溶液,需称取多少克 $NaAc \cdot 3H_2O$ 固体溶解于 300mL 0.500mol·L^{-1} 的 HAc 中? [已知:$K(HAc)=1.8\times10^{-5}$,$NaAc \cdot 3H_2O$ 的摩尔质量为

$136g \cdot mol^{-1}$]

2. $0.010 mol \cdot L^{-1}$ HAc 溶液的解离度为 4.2%,求其解离常数和该溶液的[H^+]。

3. $0.10 mol \cdot L^{-1}$ 的氨水溶液中加入固体氯化铵,使氯化铵的浓度也为 $0.10 mol \cdot L^{-1}$(忽略体积变化),计算溶液中 H^+ 浓度及氨水的解离度。[已知:$K_b^\ominus(NH_3 \cdot H_2O)=1.76 \times 10^{-5}$]

4. $0.20 mol \cdot L^{-1}$ HAc 和 $0.10 mol \cdot L^{-1}$ NaOH 溶液等体积混合,求混合溶液的 pH。

5. 某气体混合物含 H_2S 的体积分数为 51.3%,其余是 CO_2,在 298.15K 和 101.325kPa 下,将 1.75L 此混合气体通入 623K 的管式高温炉中发生反应,然后迅速冷却。当反应流出的气体通过盛有 $CaCl_2$ 的干燥管(吸收水气)时,该管的质量增加了 34.7mg。试求反应 $2H_2S(g)+CO_2(g) \rightleftharpoons CS_2(g)+2H_2O(g)$ 的平衡常数 $K_p^\ominus$。

6. 已知反应 $N_2O_4(g) \rightleftharpoons 2NO_2(g)$ 在 298.15K 时,$\Delta_r G_m^\ominus=4.75J \cdot mol^{-1}$,试判断在此温度及下列条件下反应进行的方向:

(1) N_2O_4(100kPa),NO_2(1000kPa)

(2) N_2O_4(1000kPa),NO_2(100kPa)

(3) N_2O_4(303.975kPa),NO_2(202.65kPa)

7. 可逆反应 $PCl_3(g)+Cl_2(g) \rightleftharpoons PCl_5(g)$,$\Delta_r H_{m,298}^\ominus=-22.2kJ \cdot mol^{-1}$。已知 298K 时反应的标准平衡常数为 0.562,试计算 473K 时反应的标准平衡常数。

三、缓冲溶液的组成及配制

(一)选择题

1. 相同浓度的下列物质溶液离子强度大小顺序正确的是(　　)。

A. $MgSO_4 > MgCl_2 > NaCl > HAc$　　　　B. $MgCl_2 > MgSO_4 > NaCl > HAc$

C. $MgSO_4 > MgCl_2 > HAc > NaCl$　　　　D. $HAc > MgCl_2 > NaCl > MgSO_4$

2. 在室温下,$0.0001 mol \cdot L^{-1}$ NH_3 水溶液中的 pK_w 是(　　)。

A. 14　　　　　B. 10　　　　　C. 4　　　　　D. 8　　　　　E. 6

3. 下列物质按碱性由强到弱排列顺序正确的是(　　)。

A. $NaHCO_3 > Na_2CO_3 > HAc > NH_4Ac$　　B. $Na_2CO_3 > NaHCO_3 > NH_4Ac > HAc$

C. $NaHCO_3 > HAc > NH_4Ac > Na_2CO_3$　　D. $HAc > NH_4Ac > NaHCO_3 > Na_2CO_3$

4. 下列离子中碱性最强的是(　　)。

A. CN^-　　　　　B. Ac^-　　　　　C. NO_3^-　　　　　D. NH_4^+

5. 在饱和 H_2S 溶液中(　　)。

A. [H^+]>[S^{2-}]　　B. [H^+]=2[S^{2-}]　　C. [H^+]<[S^{2-}]　　D. [H^+]<[HS^-]

6. 下列缓冲溶液中,缓冲能力最强的是(　　)。

A. $0.5 mol \cdot L^{-1}$ HAc-$0.5 mol \cdot L^{-1}$ NaAc　　B. $2.0 mol \cdot L^{-1}$ HAc-$0.1 mol \cdot L^{-1}$ NaAc

C. $0.1 mol \cdot L^{-1}$ HAc-$2.0 mol \cdot L^{-1}$ NaAc　　D. $0.1 mol \cdot L^{-1}$ HAc-$0.1 mol \cdot L^{-1}$ NaAc

7. 影响缓冲能力的主要因素是(　　)。

A. 缓冲溶液的 pH 与缓冲比　　　　B. pK_a 与缓冲比　　C. 总浓度与缓冲比

D. 缓冲溶液的总浓度与 pH　　　　E. pK_a 与总浓度

8. 已知在 100℃ 的温度下(本题涉及的溶液温度均为 100℃),水的离子积 $K_w=1 \times 10^{-12}$。

下列说法正确的是(　　)。

A. $0.05mol \cdot L^{-1}$ 的 H_2SO_4 溶液 pH=1

B. $0.001mol \cdot L^{-1}$ 的 NaOH 溶液 pH=11

C. $0.005mol \cdot L^{-1}$ 的 H_2SO_4 溶液与 $0.01 mol \cdot L^{-1}$ 的 NaOH 溶液等体积混合,混合溶液 pH 为 6,溶液显酸性

D. 完全中和 pH=3 的 H_2SO_4 溶液 50 mL,需要 pH=11 的 NaOH 溶液 50mL

9. 在 pH=6.0 的土壤溶液中,下列物质浓度最大的为(　　)。

A. H_3PO_4 　　　　B. $H_2PO_4^-$ 　　　　C. HPO_4^{2-} 　　　　D. PO_4^{3-}

10. 下列具有缓冲性质的溶液是(　　)。

A. 乙酸(过量)+氢氧化钠　　　　B. 氨水+乙酸钠

C. 乙酸钠+乙酸铵　　　　D. 乙酸+氢氧化钠(过量)

（二）简答题

1. 将适量的 $NaHCO_3$ 和 Na_2CO_3 溶液混合后所形成的溶液是否具有缓冲作用?

2. 影响盐类水解的因素有哪些?

3. 什么是缓冲溶液?

4. 什么是缓冲容量? 影响缓冲容量的因素有哪些?

5. 如何配制 $SbCl_3$ 溶液、$SnCl_2$ 溶液和 $Bi(NO_3)_3$ 溶液? 写出它们水解反应的方程式。

6. 缓冲溶液的 pH 由哪些因素决定? 其中主要的决定因素是什么?

（三）计算题

1. 测定血液中的钙时,常将钙以 CaC_2O_4 的形式沉淀,过滤洗涤后,溶于硫酸中,然后用 $KMnO_4$ 标准溶液滴定。现将 2.00mL 血液稀释至 50.00mL,取此溶液 20.00mL 进行上述处理后,用 $0.002\,000mol \cdot L^{-1}$ 的 $KMnO_4$ 溶液滴定至终点用去 2.45mL。求血液中钙的浓度 $(mol \cdot L^{-1})$。

2. 将 $0.20mol \cdot L^{-1}$ 的 NaOH 溶液与 $0.30mol \cdot L^{-1}$ 的 NH_4Cl 溶液等体积混合,计算该溶液的 pH。

3. 在 250mL 容量瓶中配制 pH=5.0 的缓冲溶液,已经取用 100mL 浓度为 $1.0mol \cdot L^{-1}$ 的乙酸钠溶液,则应再取用浓度为 $6.0mol \cdot L^{-1}$ 的 HAc 溶液多少毫升置于容量瓶中稀释至刻度? 已知 HAc 的解离常数 $K_a=1.8 \times 10^{-5}mol \cdot L^{-1}$。

4. 由 $NH_3 \cdot H_2O$ 和 NH_4Cl 配制的缓冲溶液,其中 $NH_3 \cdot H_2O$ 和 NH_4Cl 的浓度分别为 $0.80mol \cdot L^{-1}$ 和 $1.0mol \cdot L^{-1}$。已知 $NH_3 \cdot H_2O$ 的解离常数 $K_b=1.8 \times 10^{-5}mol \cdot L^{-1}$,求算:(1)此缓冲溶液的 pH;(2)若在该溶液中加入浓的 NaOH,使其浓度为 $0.10mol \cdot L^{-1}$,这时溶液的 pH。

四、常见有机化合物的性质鉴定

（一）选择题

1. 下列化合物与溴加成反应时,速率最快的是(　　),速率最慢的是(　　)。

A. $(CH_3)_2C=CH_2$ 　　　　B. $CH_2=CH_2$

C. $CH_2=CH-CH_2Cl$　　　　　　　　D. $CH_2=CH-F$

2. 下列四个化合物与 HBr 加成反应活性大小次序为(　　)。

A. $CF_3CH=CH_2$　　　　　　　　　B. $Br-CH=CH_2$

C. $CH_3OCH=CHCH_3$　　　　　　　D. $CH_3CH=CHCH_3$

3. 比较下列各化合物进行硝化反应时由易到难的次序(　　)。

A. 苯　　　　　　B. 1,2,3-三甲苯　　C. 甲苯　　　　　　　D. 间二甲苯

4. 将下列化合物按其硝化反应由易到难次序排列为(　　)。

A. 甲苯　　　　　　B. 氯苯　　　　　　C. 苯酚　　　　　　　D. 乙酰苯胺

5. 下列化合物与 NaI-丙酮溶液反应由易到难的顺序为(　　)。

A. $CH_3-\overset{|}{\underset{Br}{CH}}-CH_3$　　　　　　　　B. CH_3Br

C. CH_3CH_2Br　　　　　　　　　　D. $BrCH=CHCH_3$

6. 下列化合物能发生碘仿反应的是(　　)。

A. $CH_3CH_2CH_2OH$　　　　　　　　B. CH_3CH_2CHO

C. $CH_3CH_2CHOHCH_3$　　　　　　　D. $C_6H_5COCH_3$

7. 下列羰基化合物与 $NaHSO_3$ 加成,反应速率由快到慢的顺序为(　　)。

A. 苯乙酮　　　　B. 苯甲醛　　　　C. 2-氯乙醛　　　　D. 乙醛

8. 下列醇类化合物最易脱水的是(　　)。

A. 正丁醇　　　　B. 异丁醇　　　　C. 叔丁醇　　　　D. 仲丁醇

9. 乙酰乙酸乙酯有烯醇式和酮式两种互变异构体,下列试剂中能用于检验烯醇式存在的是(　　)。

A. $NaHSO_3$　　　　B. $FeCl_3$　　　　C. $Ph-NH-NH_2$　　　D. $I_2/NaOH$

10. 下列化合物不能使 $KMnO_4$ 水溶液褪色而能使溴水褪色的是(　　)。

A. 环丙烷　　　　B. 环戊烷　　　　C. 环戊烯　　　　D. 环己烯

(二) 简答题

1. 1-溴丁烷中含有少量的正丁醇和正丁醚,如何获得纯的 1-溴丁烷?

2. 实验室常用 $AgNO_3$-乙醇溶液检验卤代烃,能否用 $AgNO_3$-乙醇溶液检出氯乙烯($H_2C=CHCl$)中的氯呢? 为什么?

3. Lucas 试剂只适于鉴别含 3~6 个碳的伯、仲、叔醇,为什么?

4. 为什么乙醇也能发生碘仿反应? 能发生碘仿反应的化合物应具备怎样的结构特征?

5. 用简单的化学方法鉴别下列物质。

(A) 乙醇　(B) 乙醛　(C) 丙酮　(D) 苯酚　(E) 丁醛　(F) 3-戊酮

6. 引起蛋白质变性的因素有哪些? 若要保持蛋白质的生理活性,采用什么方法从生物材料中分离蛋白质?

7. 蛋白质主要有哪些颜色反应? 产生颜色反应的原因是什么?

五、物化性质实验

(一) 选择题

1. 在环境恒温式热量计中,内筒的水与外筒的水,哪个更高? 为什么? (　　)

A. 内筒的高,反应后体系放热会使内筒的温度升高,使体系与环境的温度差更大,体系的热损耗也就最少

B. 内筒的高,反应后体系放热会使内筒的温度升高,使体系与环境的温度差保持较小程度,体系的热损耗也就最少

C. 外筒的高,反应后体系放热会使内筒的温度升高,使体系与环境的温度差保持较小程度,体系的热损耗也就最少

D. 外筒的高,反应后体系放热会使内筒的温度升高,使体系与环境的温度差更大,体系的热损耗也就最少

2. 恒压燃烧热与恒容燃烧热的关系是(　　　)。

A. $Q_p = Q_V + \Delta nRT$ B. $Q_p = Q_V$

C. $Q_V = Q_p + \Delta nRT$ D. 其他

3. 在燃烧热的测定实验中,若要测定样品在 293K 时的燃烧热,则在实验时应该(　　　)。

A. 将环境温度调至 293K   B. 将内筒中 3L 水调至 293K

C. 将外筒中水温调至 293K   D. 无法测定指定温度下的燃烧热

4. 关于开关高压钢瓶,下列说法正确的是(　　　)。

A. 打开钢瓶的操作:打开调压阀门(手柄顶紧)→打开钢瓶总阀门→打开调压阀门,至压力表读数最大

B. 打开钢瓶的操作:关好调压阀门(手柄松开)→打开钢瓶总阀门→打开调压阀门,至压力表读数最大

C. 关闭钢瓶的操作:关好钢瓶总阀门→压力表降至零→关好调压阀门(手柄松开)

D. 关闭钢瓶的操作:关好调压阀门(手柄松开)→关好钢瓶总阀门

5. 在燃烧热的测定实验中,按下点火按钮后,通过电脑采集数据,发现温度并没有升高。此时能较快地判断出产生该故障的方法是(　　　)。

A. 打开氧弹,检查里面的燃烧情况

B. 继续点火,看电脑是否还继续绘图

C. 不做任何措施,等待电脑自动绘图

D. 用万能表检查两电极是否通路

6. 在燃烧热的测定实验中,用电脑绘图后,如图所示,下列说法错误的是(　　　)。

A. AA' 为开始燃烧到温度上升至环境温度这一段时间内,由环境辐射和搅拌引进的能量而造成体系温度的升高值

B. CC' 为温度由环境温度升高到最高点 D 这一段时间内,体系向环境辐射能量而造成体系温度的降低

C. H 点(T_1)为开始燃烧点,D 点(T_2)为最高温度点,其平均温度($T_1 + T_2$)/2 就是 J 点的温度

D. $A'C'$ 线段所代表的温度差为所求的 ΔT

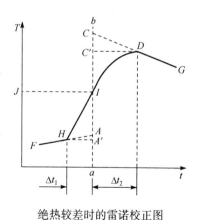

绝热较差时的雷诺校正图

7. 欲测定有机物的燃烧热 Q_p,一般使反应在氧弹中进行,实测得热效应为 Q_V。由公式得:$Q_p = Q_V + \Delta nRT$,式中 T 应为(　　　)。

A. 氧弹中的最高燃烧温度   B. 氧弹所浸泡的水的温度

C. 外筒的水温度   D. 298.2K

8. 欲测定有机物的燃烧热 Q_p，一般使反应在氧弹中进行，实测得热效应为 Q_V。由公式得：$Q_p = Q_V + \Delta nRT = Q_V + p\Delta V$，式中 p 应为（　　　）。

　　A. 氧弹中氧气压力　　　　　　　　　B. 钢瓶中氧气压力

　　C. $p^{\ominus}$　　　　　　　　　　　　　D. 实验室大气压力

9. 在燃烧热的测定实验中，需用作图法求取反应前后真实的温度改变值 ΔT，主要是因为（　　　）。

　　A. 温度变化太快，无法准确读取

　　B. 校正体系和环境热交换的影响

　　C. 消除由于有酸形成放出的热而引入的误差

　　D. 氧弹计绝热，必须校正所测温度值

10. 在燃烧热的测定实验中，若测得 $\Delta_c H_m = -5140.7 \text{kJ} \cdot \text{mol}^{-1}$，$\Delta|\Delta H|_{最大} = 25.47 \text{kJ} \cdot \text{mol}^{-1}$，则实验结果的正确表示应为（　　　）。

　　A. $\Delta_c H_m = -5140.7 \text{kJ} \cdot \text{mol}^{-1}$

　　B. $\Delta_c H_m = (-5140.7 \pm 25.47) \text{kJ} \cdot \text{mol}^{-1}$

　　C. $\Delta_c H_m = -(5.1407 \pm 0.025\,47) \times 10^3 \text{kJ} \cdot \text{mol}^{-1}$

　　D. $\Delta_c H_m = (-5140.7 \pm 25.5) \text{kJ} \cdot \text{mol}^{-1}$

11. 氧气钢瓶外表的油漆颜色是（　　　）。

　　A. 天蓝　　　　　　B. 深绿　　　　　　C. 黑

12. 氢气钢瓶外表的油漆颜色是（　　　）。

　　A. 天蓝　　　　　　B. 黄　　　　　　　C. 深绿

13. 燃烧热的测定实验中采用（　　　）。

　　A. 多功能热量计　　　　　　　　　　B. 环境恒温式热量计

　　C. 锥形热量计　　　　　　　　　　　D. 绝热式热量计

14. 关于氧弹的性能，下列说法不正确的是（　　　）。

　　A. 氧弹必须要耐高压　　　　　　　　B. 氧弹的密封性要好

　　C. 氧弹要具备一定的抗腐蚀性　　　　D. 氧弹的绝缘性能要好

15. 为减少测量燃烧焓的实验误差，下列说法不正确的是（　　　）。

　　A. 确保样品在氧弹内完全燃烧

　　B. 样品需要精确称量

　　C. 在标定热量计热容和测定样品燃烧焓的前后两次实验中，内筒的盛水量应保持一致

　　D. 氧弹内的充氧量越多越好

16. 萘在氧弹内燃烧结束后，（　　　）时不会对测量结果产生影响。

　　A. 氧弹内有大量水蒸气　　　　　　　B. 氧弹内壁有黑色残余物

　　C. 氧弹内有未燃烧的点火丝　　　　　D. 氧弹内出现了硝酸酸雾

17. 溶质在溶剂中发生缔合、解离、配合物生成或溶剂化等现象会影响测定结果。下面（　　　）在水溶液中可用凝固点降低法测定其摩尔质量。

　　A. 尿素　　　　　B. 硫酸铜　　　　　C. 氢氧化钠　　　　D. 乙酸

18. 下面方法中不能控制过冷度的是（　　　）。

　　A. 调节寒剂的用量　　　　　　　　　B. 调节搅拌速度

C. 将冷冻管从冰浴中交替取出和浸入　　　D. 脱去空气套管

19. 下面冷却曲线图能反映纯溶剂的温度随时间的变化的是(　　)。

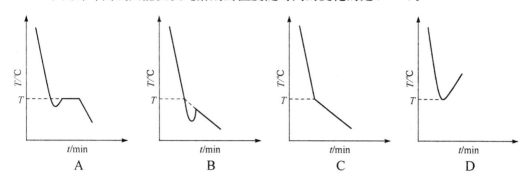

A　　　　　　　　B　　　　　　　　C　　　　　　　　D

20. 影响沸点升高常数和凝固点降低常数值的主要因素是(　　)。

A. 溶质本性　　　　B. 温度和压力　　　　C. 溶剂本性　　　　D. 温度和溶剂本性

21. 用凝固点法测得蔗糖溶液中蔗糖的摩尔质量为 337.0g·mol^{-1},已知水的凝固点降低常数 K_f 为 1.86K·kg·mol^{-1},溶剂质量不变,则下表数据中,序号 2 的溶质质量 X 为(　　)g。

不同浓度的蔗糖溶液部分数据(水为 25mL)。

序号	溶质质量/g	ΔT_f/℃
1	1.0635	0.235
2	X	0.209

A. 0.9458　　　　B. 1.1958　　　　C. 0.1262　　　　D. 0.1130

22. 下列现象中不属于稀溶液的依数性的是(　　)。

A. 凝固点降低　　　B. 沸点升高　　　C. 渗透压　　　D. 蒸气压升高

23. 凝固点降低法测摩尔质量仅适用(　　)。

A. 浓溶液　　　　　　　　　　　　　B. 稀溶液

C. 非挥发性溶质的稀溶液　　　　　　D. 非挥发性非电解质的稀溶液

24. 用凝固点降低法测定溶质的摩尔质量,用到贝克曼温度计,本实验需要精确测定(　　)。

A. 纯溶剂的凝固点　　　　　　　　　B. 溶液的凝固点

C. 溶液和纯溶剂凝固点的差值　　　　D. 可溶性溶质的凝固点

25. 常利用稀溶液的依数性来测定溶质的摩尔质量,其中最常用来测定高分子溶质摩尔质量的是(　　)。

A. 蒸气压降低　　　B. 沸点升高　　　C. 凝固点降低　　　D. 渗透压

26. 已知环己烷、乙酸、萘、樟脑的摩尔凝固点降低常数 K_f 分别为 6.5K·kg·mol^{-1}、16.60K·kg·mol^{-1}、80.25K·kg·mol^{-1} 及 173K·kg·mol^{-1},今有一未知物能在上述四种溶剂中溶解,欲测定该化合物的摩尔质量,最适宜的溶剂是(　　)。

A. 萘　　　　　　B. 樟脑　　　　　C. 环己烷　　　　D. 乙酸

27. 在 20℃室温和大气压力下,用凝固点降低法测摩尔质量,若所用的纯溶剂是苯,其正常凝固点为 5.5℃,为使冷却过程在比较接近平衡的情况下进行,作为寒剂的恒温介质浴比较合适的是(　　)。

A. 冰-水　　　　B. 冰-盐水　　　　C. 干冰-丙酮　　　D. 液氮

28. 配制萘的稀苯溶液,利用凝固点降低法测定萘的摩尔质量,在凝固点时析出的物质是( )。

    A. 萘　　　　　　　B. 水　　　　　　　C. 苯　　　　　　　D. 萘、苯

29. 下列有关利用凝固点降低法测定摩尔质量的说法不正确的是( )。

    A. 理想的溶剂在凝固点时,系统温度维持不降,直至全部溶剂都变为固相,温度又开始降低

    B. 理想的冷却实际操作上做不到,一定会出现过冷现象,即到了凝固点仍为液态

    C. 溶液的冷却曲线在理想测定中在凝固点时出现拐点,观察凝固点比较困难

    D. 过冷使溶液的凝固点观察变得容易,温度降到最低点是凝固点

    E. 过冷严重将会造成较大误差,应该加以控制

30. 用凝固点降低法测定稀溶液溶质的摩尔质量时,选用的温度计是( )。

    A. 贝克曼温度计　　B. 普通水银温度计　C. 水银接触温度计

31. 用凝固点降低法测定萘的摩尔质量时,下列溶剂中应选用( )。

    A. 水　　　　　　　B. 乙醇　　　　　　C. 环己烷

32. 在"黏度法测定高聚物的相对分子质量"的实验中,通过测定液体的流出时间,最先得到的黏度是( )。

    A. 相对黏度　　　B. 增比黏度　　　C. 比浓黏度　　　D. 比浓对数黏度

33. 高分子溶液的黏度是它在流动过程中分子间内摩擦的反映,仅反映溶剂与溶质之间内摩擦的黏度是( )。

    A. 相对黏度　　　　B. 增比黏度　　　C. 比浓黏度　　　D. 特性黏度

34. 通过测量黏度而获得高聚物的相对分子质量是( )。

    A. 数均分子量　　　　　　　　　　　B. 质均分子量

    C. Z 均分子量　　　　　　　　　　　D. 黏均分子量

35. 用同一黏度计测定纯溶剂、稀释 $\frac{1}{3}$、$\frac{1}{4}$、$\frac{1}{5}$ 的溶液的流出时间时,流出时间最长的是( )。

    A. 纯溶剂　　　　　　　　　　　　　B. 稀释 $\frac{1}{5}$ 的溶液

    C. 稀释 $\frac{1}{3}$ 的溶液　　　　　　　　D. 稀释 $\frac{1}{4}$ 的溶液

36. 如图是乌氏黏度计的示意图。测定液体在此黏度计中流出时间的长短与( )球的体积大小有关。

    A. D　　　　　　　B. E　　　　　　　C. F　　　　D. G

37. 关于乌氏黏度计侧管 C 的作用,下列说法正确的是( )。

    A. 使溶剂的流出时间为 100~130s

    B. 使测量不受溶液体积多少的影响

    C. 让液体仅凭重力作用流下

乌氏黏度计　　 D. 可以将被测液体抽吸,从而实现对同一样品进行多次测量

38. 用乌氏黏度计测量某溶液的流出时间时,发现三次测量结果重复性不好,出现这种情况的原因有多种可能性,但可以排除（　　　）。

　　A. 温度波动　　　　　　　　　　　B. 恒温槽的搅拌马达不稳

　　C. 溶液未混合均匀　　　　　　　　D. 用移液管量取溶液体积不准

39. 当液体在重力作用下流经毛细管时,其黏度可按泊肃叶（Poiseuille）公式计算。用同一黏度计分别测量溶剂和溶液的黏度时,其中不相同的两个量是（　　　）。

　　A. 流经毛细管液体的体积和流出时间　　B. 流出时间与液体的平均液柱高度

　　C. 液体的密度与流出时间　　　　　　　D. 流经毛细管液体的体积与液体的密度

40. 下列关系式中正确的一组是（　　　）。

　　A. $\eta_r < \eta_{sp}, \dfrac{\eta_{sp}}{c} < \dfrac{\ln\eta_r}{c}$　　　　　　B. $\eta_r < \eta_{sp}, \dfrac{\eta_{sp}}{c} > \dfrac{\ln\eta_r}{c}$

　　C. $\eta_r > \eta_{sp}, \dfrac{\eta_{sp}}{c} > \dfrac{\ln\eta_r}{c}$　　　　　　D. $\eta_r > \eta_{sp}, \dfrac{\eta_{sp}}{c} < \dfrac{\ln\eta_r}{c}$

41. 某固体样品质量为1g左右,估计其相对分子质量在10 000以上,可用（　　　）测定相对分子质量较简便。

　　A. 沸点升高　　　B. 凝固点降低　　　C. 蒸气压降低　　　D. 黏度法

42. 某高分子化合物的相对分子质量为$10^5 \sim 10^6$,预准确测其相对分子质量,下列实验方法不能采用的是（　　　）。

　　A. 渗透压法　　　B. 光散射法　　　C. 黏度法　　　D. 凝固点降低法

43. 聚合物的溶剂选择遵循（　　　）。

　　A. 极性相似原则　　B. 溶度参数相近原则　　C. 溶剂化原则

　　D. Huggins参数原则　　　　　　E. 以上都是

44. 在用浊度法测定聚合物的溶度参数中,聚合物溶液的浓度对溶剂和沉淀剂体积分数的影响是（　　　）。

　　A. 增大　　　　B. 减小　　　　C. 基本没影响　　　D. 不确定

45. 溶剂与聚合物之间溶度参数相近（　　　）保证二者相溶。

　　A. 一定能　　　B. 不一定能　　　C. 一定不能　　　D. 无关系

46. 溶度参数相近原则仅适用于（　　　）。

　　A. 非极性或弱极性聚合物和溶剂体系　　B. 强极性聚合物和溶剂体系

　　C. 聚合物和溶剂体系　　　　　　　　　D. 非极性或极性聚合物和溶剂体系

47. 下列不是测定聚合物溶度参数的方法是（　　　）。

　　A. 浊度法　　　　　　　　　　　　B. 稀溶液黏度法

　　C. 测定交联网络溶胀度　　　　　　D. 测定气化热

48. 溶剂化原则实质上就是电子的接受体与电子的给予体之间的相互作用。与高分子和溶剂相关的亲电、亲核基团强弱次序错误的是（　　　）。

　　A. $-SO_2OH > -C_6H_4OH$　　　　　B. $-CH_2NH_2 > -CONH-$

　　C. $-CH_2Cl > =CHNO_2$　　　　　　D. $-C_6H_4NH_2 > -CH_2OCOCH_2-$

49. 高聚物的溶度参数常被用于判别(　　　)。

　　A. 聚合物与溶液的互溶性　　　　　　B. 聚合物与溶质的互溶性

　　C. 聚合物与溶剂的互溶性　　　　　　D. 以上都可以

50. 在聚合物的聚集态结构中,有序程度越高,分子堆积越紧密,聚合物密度(　　　),或者说比体积越小。

　　A. 越小　　　　　　B. 越大　　　　　　C. 不变　　　　　　D. 不确定

51. 以下因素中,(　　　)是影响密度法测聚合物结晶度的因素。

　　A. 两种液体是否混合均匀　　　　　　B. 比重瓶的液体是否装满

　　C. 是否有气泡　　　　　　　　　　　D. 以上都是

52. 如果采用两相结构模型,即假定结晶聚合物由晶区和非晶区两部分组成,且聚合物晶区密度与非晶区密度具有线性加和性,有 $f_c^V = \dfrac{\rho - \rho_a}{\rho_c - \rho_a}$,其中 f_c^V 表示(　　　)。

　　A. 用体积分数表示的结晶度　　　　　B. 用质量分数表示的结晶度

　　C. 用相对分子质量表示的结晶度　　　D. 用浓度表示的结晶度

53. 测定聚合物试样的密度,即在恒温条件下,在加有聚合物试样的试管中,调节能完全互溶的两种液体的比例,待聚合物试样(　　　)时,根据阿基米德定律可知,此时混合液体的密度与聚合物试样的密度相等,用比重瓶测定该混合液体的密度,即可得聚合物试样的密度。

　　A. 沉在混合液底部　　　　　　　　　B. 漂浮在混合液表面

　　C. 不沉也不浮,并悬浮在混合液中部　　D. 无明确规定

54. 密度法测聚合物结晶度实验中比重瓶的液体应(　　　)。

　　A. 装满　　　　　　B. 装一半　　　　　　C. 装至 2/3　　　　　　D. 无明确规定

55. 密度法测定聚合物结晶度的依据是分子链在晶区排列规则紧密,所以(　　　)。

　　A. 晶区的密度大于非晶区的密度

　　B. 晶区的比容小于非晶区的比容

　　C. 部分结晶聚合物的密度应介于晶区的密度和非晶区的密度之间

　　D. 以上都是

56. 密度法测定聚合物结晶度需要的数据是(　　　)。

　　A. 试样密度　　　　B. 晶区密度　　　　C. 非晶区密度　　　　D. 以上都需要

57. 混合液体密度的测定中,正确顺序是(　　　)。

　　A. 先称装满蒸馏水的质量,再称装满混合液体的质量,最后称空瓶的质量

　　B. 先称装满混合液体的质量,再称空瓶的质量,最后称装满蒸馏水的质量

　　C. 先称空瓶的质量,再称装满混合液体的质量,最后称装满蒸馏水的质量

　　D. 先称空瓶的质量,再称装满蒸馏水的质量,最后称装满混合液体的质量

58. 在测定纯水的饱和蒸气压的实验中,若是通过测定不同外压下纯水的沸点来进行,这种测定饱和蒸气压的方法是属于(　　　)。

　　A. 静态法　　　　　B. 动态法　　　　　C. 饱和气流法　　　　D. 流动法

59. 压力低于大气压力的系统,称为真空系统,属于高真空系统的压力范围是( )。

A. $10^5 \sim 10^3 Pa$ B. $10^3 \sim 10^{-1} Pa$ C. $10^{-1} \sim 10^{-6} Pa$

60. 在玻璃真空系统中安置稳压瓶的作用是( )。

A. 加大系统的真空度   B. 降低系统的真空度

C. 降低真空系统真空度的波动范围

61. 福廷式压力计是用以测量( )。

A. 大气压   B. 真空度   C. 压力差

62. 温度是影响蒸气压的主要因素,液体的蒸气压随温度的变化而变化,即( )。

A. T升高,p减小   B. T减小,p增大

C. T升高,p增大   D. T减小,p不变

63. 在 U 形管水银压差计中的液面上常加有隔离液,如石蜡油、甘油等,其作用是( )。

A. 增大测量时的压力差   B. 降低测量时的压力差

C. 防止汞的蒸发扩散

64. 为了测定乙醇的黏度,所采用的恒温槽中使用的介质应该用( )。

A. 硅油   B. 甘油   C. 水

65. 以 $\lg p$ 对 $1/T$ 作图,直线的斜率 m 为( )。

A. $\Delta H_{m,气化}$ B. $\dfrac{-\Delta H_{m,气化}}{2.303R}$ C. $\dfrac{2.303R}{-\Delta H_{m,气化}}$ D. $\dfrac{\Delta H_{m,气化}}{2.303R}$

66. 系统气密性检查是:(1)关闭阀 1,启动真空泵,然后( ),抽气至 $100 \sim 200$ kPa,数字压力表的显示值即为压罐中的压力值。(2)关闭进气阀,停止气泵工作,并检查阀 2 是否开启,阀 1 是否完全关闭。观察数字压力表,若显示数字下降值在标准范围内(小于 0.01 kPa · s^{-1}),说明整体气密性良好。

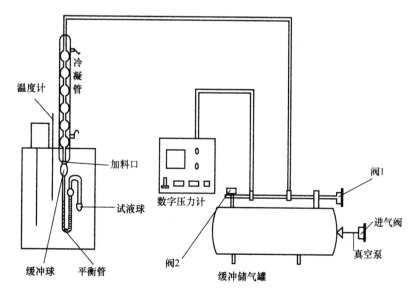

A. 打开进气阀、阀 2   B. 打开阀 1、阀 2、进气阀

C. 打开进气阀、阀 1,关闭阀 2   D. 关闭阀 1、阀 2、进气阀

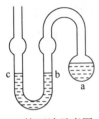

等压计示意图

67. 左图为等压计的示意图,将此等压计置于恒温槽,在不放气的情况下,开始升温时,所发生的现象是(   )。

A. c 液面升高,b 液面下降

B. c 液面下降,b 液面升高

C. a、b、c 三液面均不变

D. a、b、c 三液面均下降

68. 在测定液体饱和蒸气压实验中,在升温放气时由于操作不慎,使放气量稍大一点,出现了 c 液面低于 b 液面的情况(如等压计示意图),但空气尚未进入到 a、b 之间的管内。有下列四种解决办法:①使温度少许升高,再调整 b、c 两液面平齐;②用泵进行少许抽气,使 c 液面高过 b 液面后停止抽气,再调整 b、c 两液面平齐;③摇晃等压计,使样品池 a 中的液体溅入等压计内,再调整 b、c 两液面平齐;④继续放气,使 b 液面多余的液体进入样品池 a 中后,再调整 b、c 两液面平齐。上述解决办法中正确的是(   )。

A. ①和②   B. ②和③

C. ①和④   D. ②和④

69. 在饱和蒸气测定的实验中,第一个温度的蒸气压记录完之后,要求在此温度下重新抽气,再进行一次测量,这样做的目的是(   )。

A. 因为只经过一次抽气不可能抽净空气

B. 测定两个数据取平均值

C. 比较两个数据大小,判断空气是否被抽净

D. 因等压计内的乙醇量太多,影响等压计内液面的调整

70. 在液体饱和蒸气压测定的实验中,所求得的 $\Delta H_{m,气化}$ 与标准值相比,存在 2% 左右的偏差。下列因素不会导致这种偏差的是(   )。

A. 公式 $\lg p = \dfrac{-\Delta H_{m,气化}}{2.303}\dfrac{1}{T}+C$ 本身的近似性   B. 作图法求直线的斜率

C. 测定时没有严格按着温度间隔 4℃进行测定   D. 空气未被抽净

71. 在液体饱和蒸气压测定的实验中,下列说法正确的是(   )。

A. 当等压计 U 形管内的液体被抽干后,必须要从加料口重新加入液体

B. 为提高实验结果的精确度,测量每个温度的蒸气压时都要重新抽气

C. 测定完一个温度的蒸气压之后,在升温过程中可随时放气以保持等压计内液面平齐

D. 每个温度下的蒸气压都要重复测定两次

72. 对于真空机械泵的使用,下面错误的说法是(   )。

A. 抽气结束时,先将泵与真空系统隔断,停机后,再打开进气口

B. 抽气结束时,先将泵与真空系统隔断,打开进气口,然后停机

C. 开始抽气时,先将泵与被抽系统连接后,然后开机,再打开抽气口

D. 抽易挥发性液体时,要在泵的进气口前面接上吸收瓶或冷阱

73. 在测定纯液体饱和蒸气压的实验过程中,需读取当天的大气压力,其主要目的是(   )。

A. 只是实验记录的内容,没有其他用处

B. 用于计算液体饱和蒸气压

C. 本实验所得的沸点不是正常沸点,需看一下外压对蒸气的影响到底有多大

D. 通过外压的大小就可以知道真空泵所能达到的真空度

74. 在液体饱和蒸气压测定的实验中,如果空气未被抽净,则由此产生的后果是(　　　)。

A. 蒸气压偏低,沸点偏高　　　　　　　　B. 蒸气压偏高,沸点偏低

C. 蒸气压和沸点均偏低　　　　　　　　　D. 蒸气压和沸点均偏高

75. 如右图,下列说法不正确的是(　　　)。

A. bc 线为两相平衡的连接线

B. 体系在 o 点具有最小自由度,数值为 -1

C. 体系的最大自由度数 F 为 3

D. aboca 区域为气液平衡,自由度数 F^* 为 1

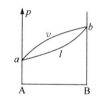

76. 在相图上,当体系处于下列(　　　)时只存在一个相。

A. 恒沸点　　　　　B. 熔点　　　　　C. 临界点　　　　　D. 低共熔点

77. 对恒沸混合物的描述,下列各种叙述不正确的是(　　　)。

A. 与化合物一样,具有确定的组成　　　　B. 不具有确定的组成

C. 平衡时,气相和液相的组成相同　　　　D. 其沸点随外压的改变而改变

78. 下面关于恒沸物特点的描述不正确的是(　　　)。

A. 压力恒定时,其组成一定

B. 若其在 T-x 图上是最低点,那么在 p-x 图上是最高点

C. 有确定的组成

D. 能形成恒沸物的双液体系蒸馏时不能同时得到两个纯组分

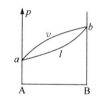

79. A-B 溶液系统 p-x 图如左图所示,下列叙述不正确的是(　　　)。

A. avb 为液相线,alb 为气相线

B. A 的沸点低于 B 的沸点

C. a 点和 b 点的 $F=0$

D. 液相线和气相线之间为二相平衡区,$F=1$

80. 在下列二元双液体系的 T-x 图中,能用蒸馏法从溶液中分离出两种纯组分的是(　　　)。

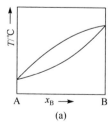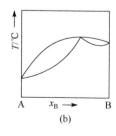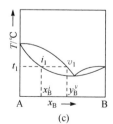

（a）　　　　　　　　　　（b）　　　　　　　　　　（c）

A. (a)　　　　　B. (b)　　　　　C. (c)　　　　　D. (b)和(c)

81. 在双液体系气-液平衡相图实验中,对实验测得的外界压力和用沸点仪测得的温度应进行(　　　)。

A. 露茎校正　　　　　　　　　　　　　B. 大气压力校正

    C. 大气压力校正和露茎校正　　　　　　D. 不需校正

82. 若 A、B 二组分可形成具有最低恒沸点的 T-x 图,则此二组分的蒸气压对拉乌尔定律的偏差情况是(　　)。

    A. A 发生正偏差,B 发生负偏差　　　　B. A 发生负偏差,B 发生正偏差

    C. A 和 B 均发生正偏差　　　　　　　　D. A 和 B 均发生负偏差

83. 在双液体系气-液平衡相图实验中,某学生原想加入 5mL 环己烷,由于看错刻度,结果加入了 5.5mL 环己烷,对这一后果正确的处理方法是(　　)。

    A. 不会影响测量结果,直接进行升温回流操作

    B. 因为液相的组成改变,所以需将溶液倒掉,重新加样测量

    C. 为保持溶液组成不变,需精确补加一部分异丙醇后,再进行下一步操作

    D. 再补加环己烷 4mL,做下一个实验点

84. 某学生从气相冷凝液取样品测量折射率时,不慎将样品撒掉,无法测量出气相组成,对这一情况正确处理办法是(　　)。

    A. 将沸点仪内的液体全部倒掉,重新开始实验

    B. 重新加热回流至平衡后,再取样测定

    C. 用移液管加料,做下一个实验点

    D. 只测量出液相组成,气相组成用相邻两个气相组成的平均值代替

85. 在双液体系气-液平衡相图实验中,在加样回流平衡后,需要记录沸点和测定气、液相的组成。记录这三个量的先后顺序是(　　)。

    A. 温度、气相组成、液相组成　　　　　B. 气相组成、温度、液相组成

    C. 液相组成、气相组成、温度　　　　　D. 温度、液相组成、气相组成

86. 在双液体系气-液平衡相图实验中,常选择测定折射率来确定混合物的组成。下列选择的根据错误的是(　　)。

    A. 测定折射率操作简单　　　　　　　　B. 对任何双液体系都能适用

    C. 测定所需的试样量少　　　　　　　　D. 测量所需时间少,速度快

87. 用阿贝折射仪测量液体的折射率时,下列操作中不正确的是(　　)。

    A. 折射仪的零点事先应当用标准液进行校正

    B. 折射仪应与超级恒温槽串接以保证恒温测量

    C. 折射仪的棱镜镜面用滤纸擦净

    D. 应调节补偿镜使视场内呈现清晰的明暗界线

88. 在双液体系气-液平衡相图实验中,有时会出现沸腾后温度一直在变化,造成这种现象有多种可能的因素,但不可能是(　　)。

    A. 装置的密封性不好　　　　　　　　　B. 沸腾十分激烈,且冷凝效果不好

    C. 冷凝蒸气的凹形储槽体积过大　　　　D. 样品的加入量不准确

89. 已知 $CuSO_4 \cdot 5H_2O$ 的热重曲线如下图,下列说法正确的是(　　)。

    A. 物质 A 为 $CuSO_4 \cdot 3H_2O$,物质 B 为 $CuSO_4 \cdot H_2O$

    B. 物质 A 为 $CuSO_4 \cdot 4H_2O$,物质 B 为 $CuSO_4 \cdot H_2O$

    C. 物质 A 为 $CuSO_4 \cdot 4H_2O$,物质 B 为 $CuSO_4 \cdot 3H_2O$

D. 物质 A 为 $CuSO_4 \cdot 3H_2O$,物质 B 为 $CuSO_4 \cdot 2H_2O$

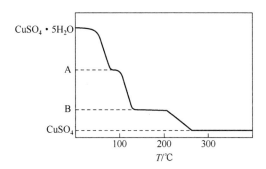

90. 已知受热分解情况如下:

$$CaC_2O_4 \cdot H_2O \xrightarrow{100\sim200℃} CaC_2O_4 + H_2O$$

$$CaC_2O_4 \xrightarrow{400\sim500℃} CaCO_3 + CO$$

$$CaCO_3 \xrightarrow{600\sim800℃} CaO + CO_2$$

那么理论上 $CaC_2O_4 \cdot H_2O$ 的 TG 分析曲线将会出现平台的数量为(　　)。

A. 3 B. 4 C. 2 D. 5

91. 物质热性质分析过程中,热天平周围气氛的改变对 TG 曲线影响显著。$CaCO_3$ 在下列(　　)气氛中的分解温度最高。

A. N_2 B. 空气 C. 真空 D. CO_2

92. 关于影响热重法测定结果的因素,下列说法正确的是(　　)。

A. 升温速率越大,易导致分解起始温度和终止温度偏低

B. 升温速率越大,易导致分解起始温度和终止温度不变

C. 升温速率越大,易导致分解起始温度和终止温度偏高

D. 升温速率越大,易导致分解起始温度偏高,终止温度偏低

93. 下图为某物质的 TG 曲线,从图中可以看出该物质受热分解的起始温度为(　　)。

A. T_1 B. T_2 C. T_3 D. T_4

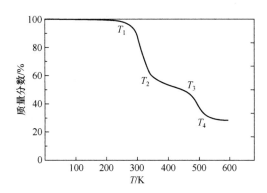

94. 题 93 中图为某物质的 TG 曲线,从图中可以看出该物质受热分解的终止温度为(　　)。

A. T_1 B. T_2 C. T_3 D. T_4

95. 在物质热性质分析过程中,装填样品的粒度越细,反应的起始分解和终止分解温度将会(　　)。

　　A. 偏高　　　　　　B. 偏低　　　　　　C. 不变　　　　　　D. 无法确定

96. 若在 H_2 气氛中对 $Cu(OH)_2$ 进行热性质分析,最终分解产物将会是(　　)。

　　A. CuO　　　　　　B. Cu_2O　　　　　　C. Cu　　　　　　D. 无法确定

97. 用差热分析仪测定固体样品的相变温度,选用(　　)作基准物较合适。

　　A. 无水氯化钙　　　B. 三氧化二铝　　　C. 苯甲酸　　　　　D. 水杨酸

98. 在差热分析中,都需选择符合一定条件的参比物,对参比物的要求叙述不正确的是(　　)。

　　A. 在整个实验温度范围是热稳定的

　　B. 其导热系数与比热尽可能与试样接近

　　C. 其颗粒度与装填时的松紧度尽量与试样一致

　　D. 使用前不能在实验温度下预灼烧

99. 定义偏摩尔量时规定的条件是(　　)。

　　A. 等温等压　　　　　　　　　　　　B. 等熵等压

　　C. 等温,溶液浓度不变　　　　　　　D. 等温等压,溶液浓度不变

100. 关于偏摩尔量,下面说法正确的是(　　)。

　　A. 偏摩尔量的绝对值都可求算

　　B. 系统的容量性质才有偏摩尔量

　　C. 同一系统的各个偏摩尔量之间彼此无关

　　D. 没有热力学过程就没有偏摩尔量

101. 关于偏摩尔量,下面的叙述中不正确的是(　　)。

　　A. 偏摩尔量是状态函数,其值与物质的数量无关

　　B. 系统的强度性质无偏摩尔量

　　C. 纯物质的偏摩尔量等于它的物质的量

　　D. 偏摩尔量的数值只能为整数或零

102. 在等温等压下,在 A 和 B 组成的均相体系中,若 A 的偏摩尔体积随浓度的改变而增加,则 B 的偏摩尔体积将(　　)。

　　A. 增加　　　　　　B. 减小　　　　　　C. 不变　　　　　　D. 不确定

103. 恒温时 B 溶解于 A 形成溶液,若纯 B 的摩尔体积大于溶液中 B 的偏摩尔体积,则增加压力将使 B 在 A 中的溶解度(　　)。

　　A. 增加　　　　　　B. 减小　　　　　　C. 不变　　　　　　D. 不确定

104. 2mol A 物质和 1mol B 物质在等温等压下混合形成液体混合物,若系统中 A 和 B 的偏摩尔体积分别为 $1.79 \times 10^{-5} \, m^3 \cdot mol^{-1}$ 和 $2.15 \times 10^{-5} \, m^3 \cdot mol^{-1}$,则混合物的体积为(　　)。

　　A. $9.67 \times 10^{-5} \, m^3$　　　　　　　　B. $9.85 \times 10^{-5} \, m^3$

　　C. $5.73 \times 10^{-5} \, m^3$　　　　　　　　D. $8.95 \times 10^{-5} \, m^3$

105. 为了提高溶液密度测量精度,下面的叙述中不正确的是(　　)。

　　A. 准确测量溶液的物质的量浓度

　　B. 多次测量同一组成溶液的质量,结果取其平均值

C. 每次称量瓶都要烘干

D. 实验应在恒温槽中进行

E. 为减少称量误差,动作要非常缓慢

106. 任何一个偏摩尔量均是( )的函数。

A. 温度　　　　　B. 压力　　　　　C. 组成　　　　　D. 以上都是

107. 二元合金处于低共熔温度时,物系的自由度为( )。

A. 0　　　　　B. 1　　　　　C. 3　　　　　D. 2

108. 三组分恒压相图的自由度最多为( )。

A. 1　　　　　B. 2　　　　　C. 3　　　　　D. 4

109. 对于二组分系统能平衡共存的最多相数为( )。

A. 1　　　　　B. 2　　　　　C. 3　　　　　D. 4

110. 对于二组分系统的最大自由度为( )。

A. 1　　　　　B. 2　　　　　C. 3　　　　　D. 4

111. 向处于 A、B 二组分固-液相图的区域 2 中的某系统投入一块结晶 A(s),发生的现象是( )。

A. A(s)很快熔化

B. B(s)量增加

C. A(s)量增加

D. 液相中 B 的浓度变化

112. 如果只考虑温度和压力的影响,纯物质最多可共存的相是( )。

A. $P=1$　　　　　B. $P=2$　　　　　C. $P=3$　　　　　D. $P=4$

113. 用热分析法测绘锡-铋二组分合金相图。为了测定系统的温度随时间变化,可选用的温度计是( )。

A. 普通水银温度计　　　B. 热电偶　　　C. 贝克曼温度计

114. 在二组分金属相图绘制的实验中,若选择具有低共熔点的铅-锡体系,已知纯铅和纯锡的熔点分别为327℃和232℃,则比较合适的测温元件为( )。

A. 铂-铂铑热电偶　　　　　　　B. 镍铬-镍硅热电偶

C. 玻璃水银温度计　　　　　　　D. 铜-康铜热电偶

115. 关于杠杆规则的适用对象,下面的说法中不正确的是( )。

A. 不适用于单组分系统　　　　　B. 适用于二组分系统的任何相区

C. 适用于二组分系统的两个平衡相　　　D. 适用于三组分系统的两个平衡相

116. 区别单相系统和多相系统的主要根据是( )。

A. 化学性质是否相同　　　　　　B. 物理性质是否相同

C. 物质组成是否相同　　　　　　D. 化学性质和物理性质是否都相同

117. 对定压下的二组分固-液体系的"步冷曲线",下列阐述不正确的是( )。

A. "步冷曲线"是熔融物在均匀降温过程中,体系温度随时间的变化曲线

B. "步冷曲线"上出现"拐点"或"平阶"转折变化时,说明有相变化发生

C. "步冷曲线"上出现"拐点"时体系处于两相平衡,出现"平阶"时为三相平衡

D. 每条"步冷曲线"都是先出现"拐点",再出现"平阶"

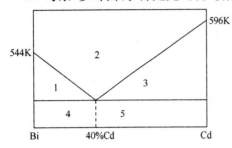

118. 左图为 Bi-Cd 二组分相图,若将 80%Cd 的样品加热,则差热记录仪上(　　　)。

A. 只出现一个 Cd 的吸热峰

B. 先出现 Bi 的吸热峰,后出现 Cd 的吸热峰

C. 先出现 Cd 的吸热峰,后出现 Bi 的吸热峰

D. 先出现低共熔物的吸热峰,再出现 Cd 的吸热峰

119. 题 118 中图是 Bi-Cd 二组分相图,若将 Cd 质量分数为 80% 的熔融混合物冷却,则"步冷曲线"上将(　　　)。

A. 只出现一个"拐点"

B. 只出现一个"平阶"

C. 先出现一个"拐点",后出现一个"平阶"

D. 先出现一个"平阶",后出现一个"拐点"

120. 题 118 中图是 Bi-Cd 二组分相图,图中"1"所在相区的相态是(　　　)。

A. 熔液 L　　　　　B. 熔液 L+Bi(s)　　　C. 熔液 L+Cd(s)　　　D. Bi(s)+Cd(s)

121. 根据"步冷曲线"确定体系的相变温度时,经常因过冷现象而使"步冷曲线"变形。右图是铅-锡混合物的步冷曲线,其"拐点"和"平阶"所对应的温度点分别是(　　　)。

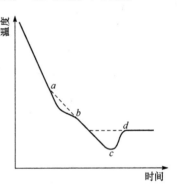

A. a 和 d　　　　　B. a 和 c

C. b 和 c　　　　　D. b 和 d

122. 二组分合金体系的"步冷曲线"上的"平阶"长短与下列(　　　)无关。

A. 样品的质量　　　　B. 样品的组成

C. 样品的降温速率　　D. 样品开始降温的温度

123. 关于二组分体系"步冷曲线"上的"拐点"和"平阶",所呈现的相数分别是(　　　)。

A. "拐点"处为两相,"平阶"处为三相　　　B. "拐点"处为一相,"平阶"处为两相

C. "拐点"和"平阶"处均为两相　　　　　D. "拐点"和"平阶"处均为三相

124. "热分析法"绘制相图是根据"步冷曲线"的转折变化来确定体系的相变温度。发生转折变化的原因是,从熔液中析出固相时(　　　)。

A. 体系放热,降温速率减慢　　　　　B. 体系吸热,降温速率减慢

C. 体系放热,降温速率增加　　　　　D. 体系吸热,降温速率增加

125. 对 Pb-Sn 二组分固-液体系,其低共熔组成为 61.9%(Sn 的质量分数)。现配制 Sn 质量分数分别为 20%、30%、50% 的样品各 100g,在其他条件均相同的条件下,其"步冷曲线"上"平阶"长度由大到小的顺序是(　　　)。

A. 20%>30%>50%　　　　　　　B. 30%>50%>20%

C. 50%>30%>20%　　　　　　　D. 50%>20%>30%

126. 在"步冷曲线"上,"拐点"不如"平阶"明显,其原因是(　　　)。

A. 出现"拐点"时的温度比较高

B. 有"拐点"的"步冷曲线"所对应的样品都是二组分体系

C. 有过冷现象存在

D. 在"拐点"处只析出一种固相,所产生的相变热较少

127. 下列说法正确的是(　　　)。

A. 诱导期中进行的反应速率与反应温度成正比,反应温度越高,其反应的诱导期越小

B. 诱导期中进行的反应速率与反应温度成正比,反应温度越高,其反应的诱导期越大

C. 诱导期中进行的反应速率与反应温度成反比,反应温度越高,其反应的诱导期越小

D. 诱导期中进行的反应速率与反应温度成反比,反应温度越高,其反应的诱导期越大

128. B-Z 化学振荡体系中,振荡的控制物种是(　　　)。

A. Ce^{4+} 　　　　　B. Ce^{3+} 　　　　　C. BrO_3^- 　　　　　D. Br^-

129. 用甘汞电极接负极,铂电极接正极,B-Z 反应的电位振荡曲线反映的是(　　　)。

A. 与正极相连接的甘汞电极的电位变化

B. 与正极相连接的铂电极的电位变化

C. 与负极相连接的甘汞电极的电位变化

D. 与负极相连接的铂电极的电位变化

E. 整个反应体系的电位变化

130. 反应周期随温度的升高而(　　　)。

A. 不变　　　　　　B. 增大　　　　　　C. 减小　　　　　　D. 无法确定

131. 理论上,在敞开体系中,B-Z 振荡反应的振荡周期随时间的推移将会(　　　)。

A. 长期持续振荡　　B. 加快　　　　　　C. 减慢　　　　　　D. 无法确定

132. 下图为 33.0℃时的 B-Z 振荡曲线,下列说法正确的是(　　　)。

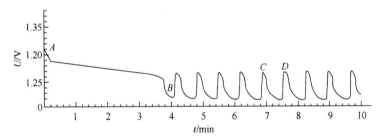

A. *AB* 为反应的诱导期,*BC* 为反应的振荡周期

B. *AB* 为反应的振荡周期,*BC* 为反应的诱导期

C. *AB* 为反应的振荡周期,*CD* 为反应的诱导期

D. *AB* 为反应的诱导期,*CD* 为反应的振荡周期

133. 对于活化能的说法,正确的是(　　　)。

A. 同一温度下,活化能越大,反应速率越快

B. 同一温度下,活化能越小,反应速率越快

C. 同一温度下,活化能的大小与反应速率无关

D. 不同温度下,活化能的大小与反应速率无关

134. 在联机测定 B-Z 化学振荡反应实验中,应注意的问题有(　　　)。

A. 实验所用试剂均需用不含 Cl^- 的去离子水配制,而且参比电极不能直接使用甘汞电极。可用 217 型甘汞电极时,要用 $1mol \cdot L^{-1} H_2SO_4$ 作液接,外面夹套中充饱和 KNO_3 溶液,这是因为其中所含 Cl^- 会抑制振荡的发生和持续

B. 配制 $4 \times 10^{-3} mol \cdot L^{-1}$ 的硫酸铈铵溶液时,一定要在 $0.20mol \cdot L^{-1}$ 硫酸介质中配制

C. 实验中溴酸钾试剂纯度要求高,所使用的反应容器一定要冲洗干净,磁力搅拌器中转子位置及速度都必须加以控制

D. 以上都是

135. 产生化学振荡需满足的条件是(　　　)。

A. 反应必须远离平衡态。化学振荡只有在远离平衡态,具有很大的不可逆程度时才能发生

B. 反应机理中应包含有自催化的步骤。产物之所以能加速反应,是因为自催化反应,如 B-Z 反应过程中的产物 $HBrO_2$,同时又是反应物

C. 体系必须有两个稳态存在,即具有双稳定性

D. 以上都是

136. 最大气泡法测定液体表面张力是利用表面张力 σ 与最大液柱差 Δh_m 的正比关系: $\sigma = K\Delta h_m$。在推导此式时,必须用到的关系式是(　　　)。

A. $\Gamma = -\dfrac{c}{RT}\left(\dfrac{\mathrm{d}\sigma}{\mathrm{d}c}\right)_T$ 　　B. $\Gamma = \Gamma_\infty \dfrac{Kc}{1+Kc}$ 　　C. $\Delta p_{max} = \dfrac{2\sigma}{R}$ 　　D. $\sigma = \dfrac{\sigma(H_2O)}{\Delta h_m(H_2O)}\Delta h_m$

137. 在最大气泡法测定液体表面张力的实验中,从毛细管中逸出气泡的过程中,气泡的曲率半径的变化过程是(　　　)。

A. 逐渐变大 　　　　　　　　　　B. 逐渐变小

C. 先逐渐变大再逐渐变小 　　　　D. 先逐渐变小再逐渐变大

138. 朗格缪尔吸附等温式为 $\Gamma = \Gamma_\infty \dfrac{Kc}{1+Kc}$。为了从实验数据来计算 Γ_∞ 及 c,常将该式改成线性方程。当以 c 为横坐标,以 $\dfrac{c}{\Gamma}$ 为纵坐标作图时可得一直线,则(　　　)。

A. 斜率为 $\dfrac{1}{\Gamma_\infty}$,截距为 $\dfrac{1}{K\Gamma_\infty}$ 　　　　B. 斜率为 $\dfrac{1}{K\Gamma_\infty}$,截距为 $\dfrac{1}{\Gamma_\infty}$

C. 斜率为 $\dfrac{1}{\Gamma_\infty}$,截距为 $\dfrac{1}{K}$ 　　　　　　D. 斜率为 Γ_∞,截距为 K

139. 在最大气泡法测定溶液表面张力的实验中,对实际操作的规定叙述不正确的是(　　　)。

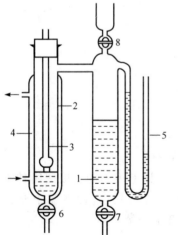

A. 毛细管壁必须严格清洗,保证干净

B. 毛细管口必须平整

C. 毛细管应垂直放置并刚好与液面相切

D. 毛细管垂直插入液体内部,每次浸入深度尽量保持不变

140. 左图是最大气泡法测量液体表面张力的装置。欲调节气泡从毛细管 3 中的逸出速率,应调节(　　　)。

A. 活塞 6 　　　　　　　　　　　B. 活塞 7

C. 活塞 8 　　　　　　　　　　　D. U 形管 5 中的液体量

141. 在最大气泡法测定液体表面张力实验中,由最大压力差 Δh_m 计算表面张力 σ 的公式为: $\sigma = K\Delta h_m$,式中的 K 与

（   ）无关。

　　A. 室温　　　　　　　　　　　B. 毛细管半径

　　C. U 形管压力计内液体的密度　　D. 待测液体的浓度

　　142. 在最大气泡法测定液体表面张力的实验中，在调节系统减压时，发现无气泡逸出，且U 形管压力计两液面的高度不变，产生这一现象的原因是（   ）。

　　A. 系统漏气　　　　　　　　　　B. 毛细管堵塞

　　C. 抽气瓶内的水量不足　　　　　D. 毛细管被油污染

　　143. 在最大气泡法测定液体表面张力的实验中，选择 U 形管压力计内的液体，可不必考虑（   ）。

　　A. 密度　　　　B. 水溶性　　　　C. 蒸气压　　　　D. 流动性

　　144. 利用最大气泡法测量水的表面张力时，甲同学测量得到 $\Delta h_m = 10.53$ cm，乙同学用另外一套装置测量得到 $\Delta h_m = 12.56$ cm。然而甲、乙两同学经数据处理后却发现，所得乙醇溶液的表面张力、表面吸附量等其他结果却完全一样。则测量结果不同的原因可能是（   ）。

　　A. 读数的误差　　　　　　　　　B. 气泡逸出速率的不同

　　C. 毛细管半径的不同　　　　　　D. U 形管内液体量的不同

　　145. 表面浓度与溶液内部浓度不同的现象称为表面吸附，当 $\Gamma > 0$ 时，称为（   ）。

　　A. 正吸附　　　　B. 负吸附　　　　C. 零吸附

　　146. 表面张力受浓度和温度等因素的影响，溶液浓度越大则表面张力（   ）。

　　A. 越大　　　　B. 越小　　　　C. 先变大后变小　　　D. 先变小后变大

　　147. 表面张力受浓度和温度等因素的影响，溶液温度升高则表面张力（   ）。

　　A. 越大　　　　B. 降低　　　　C. 先变大后变小　　　D. 先变小后变大

　　148. 表面活性物质能使溶剂的表面张力（   ）。

　　A. 升高　　　　B. 不变　　　　C. 降低

　　149. 在指定的温度和压力下，溶质的吸附量和溶液的表面张力与溶液的浓度有关，它们之间遵守（   ）。

　　A. 朗伯-比尔定律　　B. 吉布斯吸附方程　　C. 拉普拉斯公式

　　150. Γ 为溶质在表层的吸附量，其单位是（   ）。

　　A. $mol \cdot m^{-1}$　　　　B. $mol \cdot m^{-2}$　　　　C. $mol \cdot m^{-3}$

　　151. 根据拉普拉斯公式，当曲率半径（   ）毛细管半径时，气泡表面膜承受的压力差最大。

　　A. 等于　　　　　　B. 小于　　　　　　C. 大于

　　152. 在比表面测定——溶液吸附法实验中朗格缪尔吸附模型是（   ）。

　　A. 双分子层　　　B. 单分子层　　　C. 平面型　　　　D. 立体型

　　153. 在比表面测定——溶液吸附法实验中所有仪器均需洁净的原因是（   ）。

　　A. 实验习惯　　　　　　　　　　B. 防止杂质也有吸附作用

　　C. 会稀释溶液　　　　　　　　　D. 干扰终点的观察

　　154. 亚甲基蓝染料水溶液吸附法在一定条件下为（   ）吸附，符合（   ）吸附。

　　A. 单分子层，吉布斯　　　　　　B. 双分子层，BET 多层

　　C. 单分子层，朗格缪尔　　　　　D. 双分子层，吉布斯

155. 下列不会影响吸附作用的是(　　　)。

A. 吸附剂的性质　　　　　　　　　　B. 吸附时间

C. 操作时的条件　　　　　　　　　　D. 颗粒的形状

156. 在比表面测定——溶液吸附法实验中要使用不含有 CO_2 的蒸馏水的原因是(　　　)。

A. 蒸馏水易得

B. 排除其他离子的干扰

C. 防止 CO_2 酸性气体溶解在溶液中带来误差

D. 实验习惯

157. 在比表面测定——溶液吸附法实验中朗格缪尔吸附常数 K 与(　　　)有关。

A. 吸附剂的种类　　　　　　　　　　B. 温度和气压

C. 吸附剂表面结构　　　　　　　　　D. 吸附时间的长短

158. 固体吸附剂吸附气体和从液体中吸附溶质情况(　　　)。

A. 相同　　　　　　　　　　　　　　B. 有时相同,有时不同

C. 不同　　　　　　　　　　　　　　D. 不确定

159. 在亚甲基蓝染料水溶液吸附法测定微球硅胶比表面的实验中,吸附剂和吸附质分别是(　　　)。

A. 微球硅胶,亚甲基蓝分子　　　　　B. 微球硅胶,微球硅胶

C. 亚甲基蓝分子,亚甲基蓝分子　　　D. 亚甲基蓝分子,微球硅胶

160. 亚甲基蓝水溶液在可见光区一般有两个吸收峰,是(　　　)和(　　　),因工作波长应选择在吸光度 A 值最大时所对应的波长,本实验所用的工作波长为(　　　)。

A. 400nm 和 560nm,560nm　　　　　B. 445nm 和 665nm,665nm

C. 445nm 和 560nm,560nm　　　　　D. 400nm 和 665nm,665nm

161. 根据单分子层吸附理论,1g 吸附剂所吸附的吸附质分子所占的表面积等于所吸附的(　　　)的分子数与每个分子在(　　　)所占面积的乘积。

A. 吸附质,表面层　　　　　　　　　B. 吸附质,溶液中

C. 物质,溶液中　　　　　　　　　　D. 物质,表面层

162. 以下各图中,(　　　)图可反映出朗格缪尔吸附等温式。

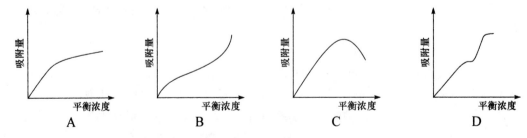

A　　　　　　　　B　　　　　　　　C　　　　　　　　D

163. 以下叙述不属于朗格缪尔吸附理论的假设的是(　　　)。

A. 固体表面对气体的吸附是多分子层的

B. 固体表面是均匀的,表面上所有部位的吸附能力相同

C. 被吸附的气体分子间无相互作用力,吸附或脱附的难易与邻近有无吸附分子无关

D. 吸附平衡是动态平衡,达到吸附平衡时,吸附和脱附过程速率相同

164. 用亚甲基蓝水溶液测定微球硅胶比表面时,如果原始溶液浓度过高,则会(　　)。

A. 表面为饱和单层吸附　　　　　　　B. 表面吸附不能达到饱和

C. 表面为多层吸附　　　　　　　　　D. 表面的吸附情况不可确定

165. 在溶液吸附法测定比表面的实验中,常采用简便快捷的方法,如(　　)可获得吸附后的平衡溶液浓度 c。

A. 气相色谱法　　　B. 电子显微镜法　　　C. 比色法　　　　　D. BET 低温吸附法

166. 根据单分子层吸附理论,当吸附达到饱和时,1g 吸附剂吸附吸附质分子所占的表面积为(　　)。

A. $S = 1000 \dfrac{\Delta m N_A}{Mm} A$　　　　　　　B. $S = \dfrac{\Delta m N_A}{Mm} A$

C. $S = \dfrac{1000 \Delta m}{Mm} A$　　　　　　　D. $S = \dfrac{\Delta m N_A}{Mm}$

167. 溶胶胶粒大小是(　　)。

A. 小于 1nm　　　B. 1~100nm　　　C. 大于 100nm　　　D. 不确定

168. 溶胶是热力学(　　)体系。

A. 不稳定　　　　B. 稳定　　　　　C. 分散　　　　　D. 集中

169. 溶胶的制备方法包括(　　)。

A. 分散法和凝聚法　　　　　　　　B. 机械法和分散法

C. 电弧法和超声波法　　　　　　　D. 电弧法和凝结法

170. 当一束光通过溶胶时,会出现(　　)。

A. 无明显变化　　　B. 聚沉现象　　　C. 电泳现象　　　D. 丁铎尔现象

171. 聚沉能力越强,聚沉值(　　)。

A. 越小　　　　　　B. 越大　　　　　C. 不变　　　　　D. 不确定

172. 温度越高,聚沉值(　　)。

A. 增大　　　　　　B. 不确定　　　　C. 减小　　　　　D. 无影响

173. 溶胶有三个最基本的特征,下列不属其中的是(　　)。

A. 高度分散性　　　　　　　　　　B. 多相性

C. 动力学稳定性　　　　　　　　　D. 热力学不稳定性

174. 对带正电的 $Fe(OH)_3$ 和带负电的 Sb_2S_3 溶胶体系的相互作用,下列说法正确的是(　　)。

A. 混合后一定发生聚沉

B. 混合后不可能聚沉

C. 聚沉与否取决于 Fe 和 Sb 结构是否相似

D. 聚沉与否取决于正、负电量是否接近或相等

175. 当在溶胶中加入大分子化合物时,(　　)。

A. 一定使溶胶更容易为电解质所聚沉　　B. 一定使溶胶更加稳定

C. 对溶胶稳定性影响视其加入量而定　　D. 对溶胶的稳定性没有影响

176. 在 $Fe(OH)_3$、As_2S_3、$Al(OH)_3$ 和 AgI(含过量 $AgNO_3$)四种溶胶中,有一种不能与其他溶胶混合,否则会引起聚沉。该种溶胶是(　　)。

A. $Fe(OH)_3$　　　B. As_2S_3　　　　C. $Al(OH)_3$　　　D. AgI(含过量 $AgNO_3$)

177. 为了将不同的蛋白质分子分离,通常采用的方法是(　　)。

A. 电泳　　　　　　B. 电渗　　　　　　C. 沉降　　　　　　D. 扩散

178. 对 As_2S_3 水溶胶,当以 H_2S 为稳定剂时,下列电解质中聚沉能力最强的是(　　)。

A. KCl　　　　　　B. NaCl　　　　　　C. $CaCl_2$　　　　　　D. $AlCl_3$

179. 外加电解质可以使溶胶聚沉,直接原因是(　　)。

A. 降低了胶粒表面的热力学电位 φ_0　　B. 降低了胶粒的电动电势 ζ

C. 同时降低了 φ_0 和 ζ　　　　　　D. 降低了 $|\varphi_0|$ 和 $|\zeta|$ 的差值

180. 溶胶的稳定性与温度的关系是(　　)。

A. 随温度升高而增加　　　　　　B. 随温度升高而降低

C. 不能稳定　　　　　　　　　　D. 与温度无关

181. 溶胶的聚沉速率与电动电势有关,即(　　)。

A. 电动电势越大,聚沉越快　　　　B. 电动电势越小,聚沉越快

C. 电动电势为零,聚沉越快　　　　D. 电动电势越负,聚沉越快

182. 对由各种方法制备的溶胶进行半透膜渗析或电渗析的目的是(　　)。

A. 除去杂质,提高纯度　　　　　　B. 除去小胶粒,提高均匀性

C. 除去过多的电解质离子,提高稳定性　　D. 除去过多的溶剂,提高浓度

183. 由 0.01L 0.05mol·kg^{-1}的 KCl 和 0.1L 0.002mol·kg^{-1}的 $AgNO_3$ 溶液混合生成 AgCl 溶胶,为使其聚沉,所用下列电解质的聚沉值由小到大的顺序为(　　)。

A. $AlCl_3<ZnSO_4<KCl$　　　　　B. $KCl<ZnSO_4<AlCl_3$

C. $ZnSO_4<KCl<AlCl_3$　　　　　D. $KCl<AlCl_3<ZnSO_4$

184. 磺基水杨酸与 Fe^{3+} 形成的配合物的组成和颜色因 pH 不同而异,下列说法错误的是(　　)。

A. 溶液 pH=3 时,形成紫红色的配合物　　B. 溶液 pH=5 时,生成红色的配合物

C. 溶液 pH=7 时,形成橙色的配合物　　　D. 溶液 pH≈10 时,生成黄色的配合物

185. 采用等物质的量系列法的要求是(　　)。

A. 溶液中的金属离子与配体都是无色的

B. 形成的配合物是有色的

C. 溶液的吸光度与配合物本身的浓度成正比

D. 以上都是

186. 当溶液中金属离子的物质的量与配位体的物质的量之比与配合物组成相同时,下列说法正确的是(　　)。

A. 配合物的浓度最大　　　　　　B. 吸光度最小

C. 配合物的浓度最小　　　　　　D. 吸光度无影响

187. 符合朗伯-比尔定律的一种有色溶液,当有色物质的浓度增加时,最大吸收波长和吸光度分别是(　　)。

A. 增加、不变　　B. 减少、不变　　C. 不变、增加　　D. 不变、减少

188. 朗伯-比尔定律成立的前提是(　　)。

A. 吸光物质为均匀非散射体系　　　B. 入射光为平行单色光且垂直照射

C. 辐射与物质之间的作用仅限于光吸收,无荧光和光化学现象发生

D. 吸光质点之间无相互作用　　　　E. 以上都是

189. 以下说法正确的是( )。

A. 吸光度 A 随浓度增大而增大　　　B. 摩尔吸光系数 ε 随浓度增大而增大

C. 透光率 T 随浓度增大而增大　　　D. 透光率 T 随比色皿加厚而增大

190. ( )系列法就是保持每份溶液中金属离子的浓度(c_M)与配体的浓度(c_R)之和不变的前提下,改变这两种溶液的相对量,配制一系列溶液并测定每份溶液的吸光度。

A. 等物质的量　　B. 等浓度　　　C. 等质量　　　　D. 等体积

191. 下列因素对朗伯-比尔定律不产生偏差的是( )。

A. 改变吸收光程长度　　　　　　B. 溶质的解离作用

C. 溶液的折射指数增加　　　　　D. 杂散光进入检测器

192. 用实验方法测定某金属配合物的摩尔吸光系数 ε,测定值的大小取决于( )。

A. 入射光强度　　B. 比色皿厚度　　C. 配合物的稳定性　　D. 配合物的浓度

193. 下列说法错误的是( )。

A. 纯物质具有恒定的折射率

B. 折射法常被用来鉴定未知物的纯度

C. 折射法常被用来鉴定物质的纯度

D. 折射法仅被用来鉴定未知物或鉴定物质的折射率

194. 阿贝折射仪就是专门用于测量( )的折射率的仪器。

A. 固体　　　　　B. 不透明液体　　C. 气体　　　　　D. 透明或半透明液体

195. 液体的折射率除了与入射光的波长有关,而且也受( )等因素的影响。

A. 液体结构、温度、压力　　　　B. 温度、电场强度、压力

C. 液体结构、电场强度、温度　　D. 液体结构、电场强度、压力

196. 折射率 $n_D^{20}=1.3330$ 中的 20 表示( )。

A. 湿度　　　　　B. 压力　　　　　C. 温度　　　　　D. 其他

197. 如右图目镜上有一个十字交叉线,若十字交叉线与明暗分界线重合,就表示光线由被测液体进入棱镜时的入射角正好为( )。

A. 30°

B. 45°

C. 60°

D. 90°

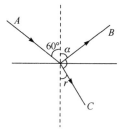

198. 仪器校正:旋开棱镜锁紧扳手,开启辅助棱镜,用( )蘸少量( )轻轻揩拭镜面。

A. 定性滤纸,甲醇或乙醇

B. 擦镜纸,乙醇或丙酮

C. 滤纸,甲醇或丙酮

D. 以上均可

199. 如左图,一条单色光线由空气入射某介质时,入射角是 60°,折射光线与反射光线垂直,该介质的折射率为( )。

A. $\sqrt{3}$　　　　　B. $\sqrt{6}$　　　　　C. $\sqrt{2}$　　　　　D. 0

200. 阿贝折射仪的关键部位是(　　　),必须注意保护。滴加液体时,滴管的末端切不可触及棱镜,擦洗(　　　)时要单向擦,不要来回擦,以免在镜面上造成痕迹。在每次滴加样品前应洗净镜面,测完样品后也要用丙酮或 95% 乙醇擦洗镜面,待晾干后再关闭棱镜。

A. 目镜,棱镜　　　　　　　　　　B. 目镜,反光镜

C. 棱镜,棱镜　　　　　　　　　　D. 棱镜,目镜

201. 阿贝折射仪严禁使用(　　　)。

A. 腐蚀性液体　　　B. 强酸　　　　　C. 强碱

D. 氟化物　　　　　E. 以上都是

202. 对一级反应特征的描述,下列叙述不正确的是(　　　)。

A. 以 $\ln c$ 对时间 t 作图可得一条直线,其斜率为 $-k$

B. 半衰期与起始浓度无关

C. 速率常数 k 的量纲为:时间 $^{-1}$

D. 半衰期与反应的速率系数成正比

203. 蔗糖水解反应为:$C_{12}H_{22}O_{11}$(蔗糖)$+H_2O \xrightarrow{\text{催化剂}} C_6H_{12}O_6$(葡萄糖)$+C_6H_{12}O_6$(果糖),已知蔗糖、葡萄糖和果糖的比旋光度分别为 $66.65°$、$52.5°$ 和 $-91.9°$(正值表示右旋,负值表示左旋)。则蔗糖水解反应体系的旋光度在反应过程中(　　　)。

A. 逐渐减小　　　B. 逐渐增加　　　C. 先减小后增加　　　D. 先增加后减小

204. 蔗糖水解反应体系适合于旋光度测量,并通过定量推导得到如下线性方程:

$$\ln(\alpha_t - \alpha_\infty) = -kt + \ln(\alpha_0 - \alpha_\infty)$$

此结果成立需要满足诸多条件,下面与此条件无关的是(　　　)。

A. 蔗糖的浓度远小于水的浓度　　　　　B. 旋光度与浓度成正比

C. 旋光度具有加和性　　　　　　　　　D. 反应需用 H^+ 作催化剂

205. 对于给定的旋光性物质,其比旋光度 $[\alpha]_D^t$ 与下列因素无关的是(　　　)。

A. 温度　　　　　　　　　　　　　　　B. 溶液的浓度

C. 光源的波长　　　　　　　　　　　　D. 溶剂的性质

206. 研究蔗糖水解反应动力学,需要将浓度用反应体系的旋光度代替,下面正确的关系式是(　　　)。

A. $\dfrac{c_0}{c} = \dfrac{\alpha_t - \alpha_\infty}{\alpha_0 - \alpha_\infty}$　　　B. $\dfrac{c_0}{c} = \dfrac{\alpha_\infty - \alpha_t}{\alpha_0 - \alpha_\infty}$　　　C. $\dfrac{c_0}{c} = \dfrac{\alpha_0 - \alpha_\infty}{\alpha_t - \alpha_\infty}$　　　D. $\dfrac{c_0}{c} = \dfrac{\alpha_0 - \alpha_t}{\alpha_t - \alpha_\infty}$

207. 以下叙述不正确的是(　　　)。

A. 蔗糖溶液可粗配制,原因是蔗糖本身就不纯净

B. 反应中,允许蔗糖溶液倒入盐酸溶液中

C. 一级反应的半衰期与初始浓度无关而与速率常数成反比

D. 必须对旋光仪调零校正,若调不到零,需要进行校正

208. 在蔗糖水解反应速率常数测定的实验中,在用旋光仪进行测量之前,先用蒸馏水校正旋光度的零点,若不校正零点,对(　　　)的测量结果没有影响。

A. α_0　　　　　　B. α_t　　　　　　C. α_∞　　　　　　D. k

209. 手动式旋光仪的外形如下图所示。通过调节刻度盘旋转手轮"3",可以从目镜中观察到四种交替出现的视场图。当测量旋光度时,应调节到( )视场下进行读数。

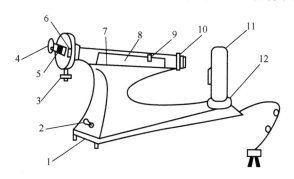

旋光仪外形图

1. 底座;2. 电源开关;3. 刻度盘旋转手轮;4. 放大镜盘;5. 视度调节螺旋;6. 刻度盘游标;

7. 镜筒;8. 镜筒盖;9. 镜盖手柄;10. 镜盖连接圈;11. 灯罩;12. 灯座

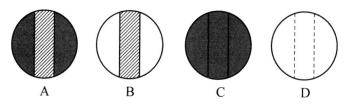

A　　　　　B　　　　　C　　　　　D

210. 在蔗糖水解反应速率常数测定的实验中,为了测量反应结束时的旋光度 α_∞,通常采用的方法是将反应液( )。

A. 在 25℃水浴中放置 100min　　　　B. 在 60℃水浴中放置 30min

C. 在 80℃水浴中放置 20min　　　　D. 在 100℃水浴中放置 10min

211. 在蔗糖水解反应实验中,对时间作图时,常出现反应初期的几个实验点偏离直线,可能的原因是( )。

A. 因为实验原理的近似性,即对时间作图近似呈线性关系

B. 因为反应为吸热反应,反应初期温度发生了改变

C. 因为蔗糖没有精确称量

D. 因为盐酸的浓度配制不准确

212. 在使用旋光仪的过程中,一般先用少量液体润洗旋光管,然后倒掉,再重新装满,但在装满加盖之后,会发现旋光管内有一个气泡,此时( )。

A. 将气泡转移到旋光管内较粗的位置　　B. 将气泡转移到底部

C. 无所谓　　　　　　　　　　　　　　D. 将气泡转移到顶部

(二)简答题

1. 使用高压气体钢瓶要注意哪些事项?

2. 使用减压阀时要注意哪些事项?

3. 用氧弹热量计测定有机化合物的燃烧热实验,有的实验教材上要求在量热测定时,在氧弹中加几滴纯水,然后再充氧气、点火,请说明加这几滴水的作用是什么。

4. 什么是凝固点? 凝固点降低的公式在什么条件下才适用? 它能否用于电解质溶液?

5. 为什么测定溶剂的凝固点时,过冷程度大一些对测定结果影响不大,而测定溶液凝固点时却要尽量减小过冷现象?

6. 黏度计毛细管的粗细对实验结果有何影响?

7. 黏度法测定高聚物的摩尔质量有何局限性? 该法适用的高聚物摩尔质量范围是多少?

8. 在浊度法测定聚合物溶度参数时,应根据什么原则考虑选择适当的溶剂及沉淀剂? 若溶剂与聚合物之间溶度参数相近,是否一定能保证二者相溶? 为什么? 举例说明。

9. 在用浊度法测定聚合物的溶度参数时,聚合物溶液的浓度有何影响? 为什么?

10. 测定纯液体饱和蒸气压的方法有哪些? 常采用的实验方法是哪种?

11. 压力计读数为何在不漏气时也会时常跳动?

12. 测定一定沸点下的气-液相折射率时为什么要将待测液冷却?

13. 测定溶液的沸点和气-液二相组成时,是否要把沸点仪每次都烘干?

14. 阿贝折射仪的使用应注意什么?

15. 热重分析的基本原理是什么?

16. 升温速率对热重曲线有什么影响?

17. 偏摩尔量和化学势有何异同?

18. 使用比重瓶应注意哪些问题?

19. 如何使用比重瓶测量粒状固体物的密度?

20. 系统达到平衡时,偏摩尔量是否为一个确定的值?

21. 绘制二组分金属相图常用的实验方法及原理?

22. 在二组分金属相图的绘制实验中,为什么要在样品上方覆盖石墨粉或石蜡油?

23. 总质量相同但组成不同的 Bi-Cd 混合物的步冷曲线,其水平段的长度有什么不同? 为什么?

24. 有一失去标签的 Bi-Sn 合金样品,用什么方法可以确定其组成?

25. 影响诱导期和振荡周期的主要因素有哪些?

26. 振荡体系有许多类型,除化学振荡还有哪些振荡? 举例说明。

27. 最大气泡法测定表面张力时为什么要读最大压力差? 如果气泡逸出得很快,或几个气泡一起逸出,对实验结果有无影响?

28. 用分光光度计测定亚甲基蓝溶液的浓度时,为什么还要将溶液再稀释后才能进行测定?

29. 什么是聚沉值?

30. 两种溶胶相互完全聚沉时,需满足的条件是什么? 溶胶聚沉时的外观标志有哪些?

31. 对等体积的 $0.1mol \cdot L^{-1}KI$ 和 $0.08mol \cdot L^{-1}AgNO_3$ 溶液混合制成 AgI 溶胶,下列电解质的聚沉能力大小次序如何?

(1) Na_2SO_4　　　(2) $MgSO_4$　　　(3) $K_3[Fe(CN)_6]$　　　(4) $FeCl_3$

32. 试解释:

(1) 江河入海处,为何常形成三角洲?

(2) 加明矾为何能使浑浊的水变澄清?

(3) 使用不同型号的墨水,为什么常会使钢笔堵塞?

(4) 重金属离子中毒的患者,为什么喝了牛奶可使症状减轻?

33. 若入射光不是单色光,能否准确测出配合物的组成与稳定常数?

34. 用等物质的量系列法测定配合物组成时,为什么溶液中金属离子的物质的量与配位体的物质的量之比正好与配合物组成相同时,配合物的浓度最大?

35. 折射率的定义是什么? 它与哪些因素有关?

36. 在阿贝折射仪两棱镜间没有液体或液体已挥发时,是否能观察到临界折射现象?

37. 如何进行阿贝折射仪读数的校正?

38. 阿贝折射仪设计所依据的原理是什么?

39. 在旋光仪测定蔗糖水解反应的速率常数实验中,应注意哪些问题?

(三) 计算题

1. 在 291K 和 102.28kPa 下,在氧弹热量计中用镍丝作引火丝燃烧 0.9250g 苯甲酸,该样品在燃烧前后温度上升了 1.70K,引火丝被燃烧的长度为 4.8cm;在同样的条件下,同一个氧弹内,燃烧 0.6160g 蔗糖,该样品温度上升了 0.71K,引火丝被燃烧的长度为 6.3cm。

(1) 计算蔗糖的燃烧焓,并换算成标准摩尔燃烧焓。

(2) 将所测得蔗糖的燃烧焓与文献值相比较,求出误差。

(已知苯甲酸的恒容燃烧热为 $-26446J \cdot g^{-1}$,镍丝的燃烧热为 $-14.0J \cdot cm^{-1}$,蔗糖标准摩尔燃烧焓 $\Delta_c H_m^\ominus$ 为 $5640.9kJ \cdot mol^{-1}$)

2. 取 0.1265g 蔗糖在弹式热量计中燃烧,起始温度为 298K,燃烧后温度升高了。经测定升高同样温度要消耗电能 2082.3J。(1) 计算蔗糖的燃烧焓;(2) 计算蔗糖的生成焓。

3. 0.500g 正庚烷放在弹式热量计中,燃烧后温度升高 2.94K。若热量计本身及其附件的热容量为 $8.177kJ \cdot K^{-1}$,计算 298K 时正庚烷的燃烧焓(热量计的平均温度为 298K)。

4. 在 25.0g 苯中溶入 0.245g 苯甲酸,测得凝固点降低 $\Delta T_f = 0.2048K$。试求苯甲酸在苯中的分子式。已知苯的 $K_f = 5.10K \cdot kg \cdot mol^{-1}$。

5. 按溶液的凝固点由高到低的顺序排列下列溶液。

① $0.100mol \cdot kg^{-1}$ 的葡萄糖溶液　　② $0.100mol \cdot kg^{-1}$ 的 NaCl 溶液

③ $0.100mol \cdot kg^{-1}$ 的尿素溶液　　④ $0.100mol \cdot kg^{-1}$ 的萘的苯溶液

6. 溶解 0.1130g 磷于 19.04g 苯中,苯的凝固点降低 0.245℃,求此溶液中的磷分子是由几个磷原子组成的。(已知苯的 $K_f = 5.10K \cdot kg \cdot mol^{-1}$,磷的相对原子质量为 30.97)

7. 温度对黏度的影响很大,在室温下,水的黏度温度系数为 $d\eta_0/dT = 2 \times 10^{-5}Pa \cdot s \cdot K^{-1}$,若恒温槽的温度波动 $\Delta T = \pm 0.1℃$,用误差传递说明对测量结果的误差大小。

8. 设有一聚合物样品,其中摩尔质量为 $10.0kg \cdot mol^{-1}$ 的分子有 10mol,摩尔质量为 $100.0kg \cdot mol^{-1}$ 的分子有 2mol,试分别计算该样品的 $\overline{M_n}$、$\overline{M_w}$、$\overline{M_z}$。

9. 在黏度法测定高聚物的相对分子质量实验中,所测实验数据如下表,求聚乙烯醇的相对分子质量。[注:恒温槽温度调至 $(25.0 \pm 0.1)℃$]

溶剂和溶液	流出时间三次测量值		
高纯度水 10mL	1′12″50	1′12″28	1′12″39
聚乙烯醇 10mL	1′50″47	1′50″94	1′50″72
再加水 5mL	1′36″81	1′36″92	1′37″00
再加水 10mL	1′26″66	1′26″47	1′26″25

10. 苯乙烯-丁二烯共聚物($\delta = 16.7$)难溶于戊烷($\delta = 14.4$)和乙酸乙烯酯($\delta = 17.8$),若选

用上述两种溶剂的混合物,以什么配比时对共聚物的溶解能力最佳? $\left[\delta\right.$ 的单位为 $\left.(J \cdot cm^3)^{\frac{1}{2}}\right]$

参 考 答 案

一、常见阴阳离子的鉴定

(一)选择题

1. A　　2. A　　3. D　　4. A　　5. A　　6. D　　7. C　　8. D　　9. B

(二)简答题

1. 盐酸在 H_2O 中解离 $HCl \Longrightarrow H^+ + Cl^-$,因此在水中存在 H^+ 和 Cl^-,鉴定 HCl 其实就是鉴定 H^+ 和 Cl^- 的存在。对 H^+ 可用酸的通性鉴定,如 Zn、指示剂、碱性氧化物等。

(1)用试管取 1~2mL 溶液,加入少量石蕊,溶液变红,则原溶液中含 H^+。

(2)用试管取 1~2mL 溶液,滴加 $AgNO_3$ 的 HNO_3 溶液,有白色沉淀生成,则原溶液含 Cl^-。

综上所述,原溶液为盐酸。

2. 不外加试剂鉴别物质的一般方法是,先考查所给物质的物理性质,特别是颜色、气味等,有无特殊,若有,则以此物质为试剂逐一进行鉴别;若没有,就用两两反应的方法,根据不同的现象进行鉴别。

本题四种溶液中,首先可确定,呈蓝色的为 $CuCl_2$ 溶液,然后再分别取三种无色溶液少量置于试管中,分别向其中滴入适量的 $CuCl_2$ 溶液,有蓝色沉淀的原溶液为 NaOH,再分别取剩下的两种无色溶液少量置于试管中,分别向其中滴入适量 NaOH 溶液,有白色沉淀的原溶液为 $Mg(NO_3)_2$,无现象的原溶液为 NaCl。

3. 因为久置的氯水中,Cl_2 的物质的量会减少(最后完全变为盐酸),所以必须要用带有足量氯气分子的新制氯水。

变质原因:　　　　$Cl_2 + H_2O \Longrightarrow HClO + HCl$　　　$2HClO \Longrightarrow 2HCl + O_2$

鉴定时:　　　　　　$Cl_2 + 2Br^- \Longrightarrow Br_2 + 2Cl^-$

　　　　　　　　　　$Cl_2 + 2I^- \Longrightarrow I_2 + 2Cl^-$

4. Ba^{2+}、Ag^+、Fe^{2+} 不能共存。

5. 加 H_2SO_4 是为了抑制 Fe^{2+} 的水解;加铁钉是为了防止 Fe^{2+} 氧化,或将已氧化的 Fe^{3+} 还原成 Fe^{2+}。

6. (1)鉴定和判断在原有试液中是否含有 Pb^{2+}。根据离子的分析特性得知,在 $PbCl_2$、AgCl 和 Hg_2Cl_2 三种沉淀中,$PbCl_2$ 的溶解度最大且易溶于热水。于是将所得沉淀加少量蒸馏水,煮沸,离心分离出所得溶液,将溶液用 HAc 酸化,以 K_2CrO_4 试剂鉴定,如析出黄色沉淀 $PbCrO_4$,则表示原试液中有 Pb^{2+},否则表明无 Pb^{2+}。此时,还应想到如原试液中含有 Ba^{2+},当加入 HCl 进行氯化物沉淀时,则沉淀上可能吸附少量 Ba^{2+},用热水溶解时 Ba^{2+} 与 Pb^{2+} 均可进入溶液,Ba^{2+} 与 K_2CrO_4 试剂也生成黄色沉淀 $BaCrO_4$,但当对黄色沉淀加入 NaOH 试剂时,$PbCrO_4$ 可以溶解,而 $BaCrO_4$ 则不能。故当以 K_2CrO_4 鉴定初步表明有 Pb^{2+},还应加入 NaOH 试剂进行确证。

鉴定 Pb^{2+} 的反应方程式:　　　　$Pb^{2+} + CrO_4^{2-} \Longrightarrow PbCrO_4 \downarrow$

　　　　　　　　$PbCrO_4 + 4OH^- \Longrightarrow Pb(OH)_4^{2-} + CrO_4^{2-}$

(2)鉴定判断是否含有 Ag^+ 或 Hg_2^{2+}。以沸水溶解氯化物沉淀,如沉淀全部溶解并无残留,则表明无 Ag^+ 或 Hg_2^{2+} 存在,如还有白色氯化物沉淀残留,则在原试液中仍可能有 Ag^+ 或 Hg_2^{2+}。此时应以氨水处理剩下的沉淀,AgCl 形成 $Ag(NH_3)_2^+$,Hg_2Cl_2 则变成不溶解的 $HgNH_2Cl$ 和 Hg,使 AgCl 与 Hg_2Cl_2 分开,取离心分离后的清液加入 HNO_3 酸化,如重新产生白色沉淀,表明有 Ag^+ 存在。其鉴定化学反应式为

　　　　　$AgCl + 2NH_3 \Longrightarrow Ag(NH_3)_2^+ + Cl$

　　　$Ag(NH_3)_2^+ + Cl^- + 2H^+ \Longrightarrow AgCl \downarrow + 2NH_4^+$

以氨水处理氯化物沉淀如产生黑色残渣就足以说明有 Hg_2^{2+} 存在。但偶尔因 AgCl 见光或暴露在 H_2S 气氛中,用氨水处理时也可得到一些 Ag 的黑色残渣,故还需做 Hg_2^{2+} 存在的确认实验。

首先将黑色残渣用王水溶解,再向溶液中逐滴加入 $SnCl_2$ 试剂,如出现白色沉淀,并逐渐变灰、变黑,则确证有 Hg_2^{2+} 存在,其化学反应为

$$3Hg+2NO_3^-+12Cl^-+8H^+ \!=\!=\!= 3HgCl_4^{2-}+2NO\uparrow+4H_2O$$
$$2HgNH_2Cl+2NO_3^-+6Cl^-+4H^+ \!=\!=\!= 2HgCl_4^{2-}+N_2\uparrow+2NO\uparrow+4H_2O$$
$$2HgCl_4^{2-}+SnCl_4^{2-} \!=\!=\!= Hg_2Cl_2(白)+SnCl_6^{2-}+4Cl^-$$
$$Hg_2Cl_2+SnCl_4^{2-} \!=\!=\!= 2Hg(黑)+SnCl_6^{2-}$$

7.(1)容易水解的 Bi^{3+}、Sb^{3+}、Sn^{2+} 和 Sn^{4+} 可能存在。

(2)能与 Sn^{2+} 产生沉淀反应的 Hg^{2+} 可能不存在。

(3)其硫化物为黑色的 Pb^{2+}、Bi^{3+}、Cu^{2+}、Hg^{2+} 等可能不存在。

综合以上,推断该试液中可能含有的离子为:Cd^{2+}、Sn^{2+}、As^{3+}、As^{5+}、Sb^{3+} 和 Sb^{5+}。

8.(1)试液酸化时无气体产生,故肯定无 SO_3^{2-}、$S_2O_3^{2-}$、CO_3^{2-}、S^{2-} 和 NO_2^-。

(2)中性溶液中加 $BaCl_2$ 无沉淀,故肯定无 SO_4^{2-}、SO_3^{2-}、CO_3^{2-}、PO_4^{3-}、AsO_4^{3-}、SiO_3^{2-}。

(3)用 HNO_3 酸化后加 $AgNO_3$ 有黄色沉淀,故不可能有 S^{2-},肯定有 Br^- 和 I^- 或其中之一,但也不能排除 Cl^-,因黄色沉淀可能掩盖 AgCl 的白色。

(4)酸性溶液中加 $KMnO_4$ 褪色;加 I_2-淀粉溶液不褪色。可能有 Br^-、I^-、NO_2^-,而不可能有 $S_2O_3^{2-}$、SO_3^{2-} 和 S^{2-}。但也不能完全排除 Cl^-,因 Cl^- 往往也可被 $KMnO_4$ 所氧化从而使其褪色。

(5)与 KI-淀粉溶液无反应,故不可能有 NO_2^-、AsO_4^{3-}。

根据上述初步实验的结果,可以作出这样的判断:该试液不可能存在 SO_4^{2-}、SO_3^{2-}、$S_2O_3^{2-}$、CO_3^{2-}、PO_4^{3-}、AsO_4^{3-}、SiO_3^{2-}、NO_2^- 和 S^{2-}。可能存在 Cl^-、Br^-、I^- 和 NO_3^-。为确证是否存在上述可能存在的离子,设计分析方案如下:①NO_3^- 的鉴定。将试液用 H_2SO_4 酸化,加二苯胺的浓 H_2SO_4 溶液,如 NO_3^- 存在,溶液呈蓝紫色。②Cl^- 的鉴定。加入 $AgNO_3$ 溶液,使 Cl^-、Br^-、I^- 均沉淀为银盐。分离后在沉淀上加 $(NH_4)_2CO_3$ 溶液,AgCl 溶解生成 $Ag(NH_3)_2^+$,而 AgBr 和 AgI 则不溶。分离后将溶液酸化,重新析出 AgCl 白色沉淀。③I^- 与 Br^- 的鉴定。在 $(NH_4)_2CO_3$ 处理后的 AgBr 和 AgI 沉淀上加水和锌粉并加热,使 AgBr 和 AgI 中的 Ag^+ 还原为 Ag 沉淀而 Br^- 和 I^- 进入溶液。将与沉淀分离后的溶液用 H_2SO_4 酸化,加入 CCl_4 后,逐滴加入氯水,并振荡。CCl_4 层先显 I_2 的紫红色,再依次变为无色(HIO_3),红棕色(Br_2)和酒黄色(BrCl)。可根据 CCl_4 层先后呈现的颜色来判断 I^- 和 Br^- 是否存在。

9.设计方案如下:

(1)S^{2-} 的鉴定。共存的 SO_3^{2-} 和 $S_2O_3^{2-}$ 对 S^{2-} 的鉴定一般无干扰,故可直接对试液中的 S^{2-} 进行鉴定。在碱性溶液中,加亚硝酰铁氰化钠($Na_2[Fe(CN)_5NO]$),溶液显紫色,示有 S^{2-}。

(2)S^{2-} 的分离。S^{2-} 对 SO_3^{2-} 和 $S_2O_3^{2-}$ 的鉴定有干扰,故需将其分离。在试液中加入 $CdCO_3$ 固体,使 S^{2-} 沉淀为 CdS,分离除去。

(3)$S_2O_3^{2-}$ 的鉴定。在除去 S^{2-} 的试液中加入 HCl,加热出现白色沉淀,示有 $S_2O_3^{2-}$。应说明的是 S^{2-} 本来对 $S_2O_3^{2-}$ 的鉴定反应无干扰,但实际上 S^{2-} 溶液中常含有多硫离子 S_x^{2-},酸化时析出 S 沉淀:

$$S_x^{2-}+2H^+ \!=\!=\!= H_2S+(x-1)S\downarrow$$

从而对 $S_2O_3^{2-}$ 的鉴定产生干扰。另外,当 S^{2-} 与 SO_3^{2-} 共存时,加酸后也会析出 S 沉淀:$2S^{2-}+SO_3^{2-}+6H^+ \!=\!=\!= 3S\downarrow+3H_2O$,故鉴定 $S_2O_3^{2-}$ 之前必须除去 S^{2-}。

(4)$S_2O_3^{2-}$ 的分离。$S_2O_3^{2-}$ 对 SO_3^{2-} 的鉴定有干扰,故需将其分离。在分离 S^{2-} 以后的试液中加入 Sr^{2+} 溶液,使 SO_3^{2-} 沉淀为 $SrSO_3$ 而与 $S_2O_3^{2-}$ 分离。

(5)SO_3^{2-} 的鉴定。在 $SrSO_3$ 上加 HCl 使之溶解,再加 I_2-淀粉溶液,蓝紫色褪去,示有 SO_3^{2-}。由于 S^{2-} 和 $S_2O_3^{2-}$ 均可使 I_2-淀粉溶液褪色,从而干扰 SO_3^{2-} 的鉴定,故必须事先除去。

10.(1)不合理。Ba^{2+} 与 SO_4^{2-} 不可能稳定共存,它们将生成 $BaSO_4$ 沉淀。

(2)不合理。在酸性溶液中 Ag^+ 与 I^- 不可能稳定共存,它们将生成 AgI 沉淀。

(3)不合理。Hg^{2+} 与 Sn^{2+} 不可能稳定共存,它们之间将发生氧化还原反应。

(4) 不合理。SO_3^{2-} 在酸性溶液中不可能稳定存在。

(5) 不合理。AsO_4^{3-} 与 I^- 在酸性溶液中不可能稳定共存，它们之间要发生氧化还原反应。

11. (1) SO_4^{2-} 和 SO_3^{2-}：在酸性条件下加 $BaCl_2$，有白色沉淀者为 SO_4^{2-}。

(2) SO_3^{2-} 和 CO_3^{2-}：在酸性条件下加 $KMnO_4$，褪色者为 SO_3^{2-}。

(3) S^{2-} 和 CO_3^{2-}：在酸性条件下加 $KMnO_4$，褪色者为 S^{2-}。

(4) $S_2O_3^{2-}$ 和 SO_3^{2-}：酸化后有白色沉淀者为 $S_2O_3^{2-}$。

(5) AsO_4^{3-} 和 AsO_3^{3-}：酸性条件下加 KI-淀粉溶液，变蓝者为 AsO_4^{3-}。

(6) Br^- 和 I^-：加 CCl_4 和氯水，CCl_4 层中显紫色者为 I^-，显黄色者为 Br^-。

(7) NO_3^- 和 NO_2^-：在酸性条件下加 KI-淀粉溶液，变蓝者为 NO_2^-。

(8) SiO_3^{2-} 和 PO_4^{3-}：在 NH_3-NH_4Cl 溶液中加 $MgCl_2$，得白色沉淀（$MgNH_4PO_4$）者为 PO_4^{3-}。

（三）计算题

$$n(Fe^{2+}) = \left(\frac{112g}{160g} \times 0.160g\right) \div 56g \cdot mol^{-1} = 0.002mol$$

$$n(SO_4^{2-}) = \frac{0.932g}{233g \cdot mol^{-1}} = 0.004mol$$

$$n(NH_4^+) = (50.0mL - 30.0mL) \times 10^{-3}L \cdot mL^{-1} \times 0.10mol \cdot L^{-1} \times \frac{0.784g}{0.392g} = 0.004mol$$

$$n(H_2O) = \frac{0.784g - 56g \cdot mol^{-1} \times 0.002mol - 96g \cdot mol^{-1} \times 0.004mol - 18g \cdot mol^{-1} \times 0.004mol}{18g \cdot mol^{-1}} = 0.012mol$$

$$n(NH_4^+) : n(Fe^{2+}) : n(SO_4^{2-}) : n(H_2O) = 0.004 : 0.002 : 0.004 : 0.012 = 2 : 1 : 2 : 6$$

所以该盐的化学式为 $(NH_4)_2Fe(SO_4)_2 \cdot 6H_2O$。

二、化学平衡及平衡常数

（一）选择题

1. B　2. A　3. B　4. C　5. B　6. A　7. A　8. B　9. B　10. D
11. A　12. D　13. C　14. D　15. B　16. B　17. B　18. A　19. C　20. D
21. D　22. A　23. A　24. B　25. C　26. B　27. B　28. B　29. C　30. C
31. ABE　32. A　33. B　34. D　35. B　36. C　37. C　38. C　39. BCD　40. D
41. B　42. C　43. B　44. C　45. C　46. B　47. A　48. C　49. B　50. A
51. C　52. BD　53. AD　54. AE

（二）简答题

1. 解离常数和其他平衡常数一样，受温度影响，温度不同，其数值也不同。乙酸的 K_a 随温度升高而增加，然后再随温度的升高而减小，在 298K（25℃）附近有最大值。在室温（298K）时常采用 K_a(HAc)$=1.75 \times 10^{-5}$。温度对解离度也有一定影响。

2. 基于酸碱质子理论，凡能给出质子（H^+）的物质都是酸，凡能接受质子的物质都是碱。故 NH_4^+、H_2S、H_3O^+ 是酸；SO_4^{2-}、S^{2-}、NH_3、CO_3^{2-}、OH^- 是碱；$H_2PO_4^-$、HSO_4^-、$[Al(H_2O)_5OH]^{2+}$、H_2O、HS^-、HPO_4^{2-} 为两性。

3. 同离子效应的存在会使弱电解质的解离度下降，使难溶电解质的溶解度降低。

4. 解离是物质分子在水分子作用下解离为离子的过程。水解是盐的离子和水作用生成弱电解质的过程。Na_2CO_3 溶液和 $Al_2(SO_4)_3$ 溶液反应的原因是：Na_2CO_3 易水解生成 OH^- 和 CO_2，$Al_2(SO_4)_3$ 易水解生成 $Al(OH)_3$ 和 H^+，两者水解产物 OH^- 和 H^+ 相互作用生成弱电解质 H_2O，从而进一步促进了两者的水解，使反应逐渐向生成产物方向转化。

5. 共轭酸分别为 HSO_4^-，HS^-，H_3PO_4，NH_4^+，$H_2NO_2^+$，H_3O^+。

6. 除零级反应和少数反应外，大多数化学反应的反应速率都与反应物的浓度有关，反应物的浓度越大，化学反应速率越快。随着反应时间的增加，反应物的浓度降低，因此化学反应速率减慢。

7. 反应物分子之间能够发生化学反应的碰撞称为有效碰撞。反应物分子发生有效碰撞的条件是:

(1) 反应物分子必须具有足够高的能量,即反应物分子必须是活化分子。

(2) 反应物分子彼此间的取向必须适当,即恰好碰撞在能发生化学反应的部位上。

8. 能改变反应速率,而本身的质量和化学性质在反应前后均保持不变的物质称为催化剂。这是由于催化剂改变了反应历程,从而改变了反应的活化能,因此能改变化学反应速率。

9. 煤的燃烧反应,将煤制成蜂窝状,可使反应速率加快。

10. 改变平衡的条件,平衡就被破坏而发生移动。增加反应物的浓度,平衡就向减小反应物浓度即增大生成物浓度的方向移动。升高温度,平衡就向降低温度即吸热的方向移动。

11. 实验测定反应平衡常数的方法主要有①物理方法:通过测定反应平衡系统的物理性质的改变,从而确定平衡浓度的方法;②化学方法:利用化学分析的方法测定反应平衡系统中各物质的浓度。这两种方法中,物理方法要好一些,它不扰乱系统的平衡状态,而化学方法由于要向平衡系统中加入试剂而会扰乱平衡,使测得的浓度不是指定平衡时的浓度(浓度失真),所以,采用化学方法测平衡常数时,在进行浓度分析前需采用某种方法使平衡"冻结",而物理方法往往不需要这一步骤。

12. 上述说法不对,由于平衡常数表达式中的浓度(或压力)是平衡时的浓度(或压力),故实验测平衡常数实质上是测反应达平衡时各物质的浓度。

13. 不能,因滴定前加入淀粉指示剂,会使大量的碘与淀粉生成配合物,影响碘被滴定的速率及滴定终点的判断。

14. 在酸性介质中是一种强的氧化剂:

$$2KI + H_2O_2 + 3H_2SO_4 = I_2 + K_2SO_4 + 2H_2O$$

在碱性介质中只有中等强度的还原性($\varphi^{\ominus} = -0.8V$)。

$$Ag_2O + HO_2^- = 2Ag + OH^- + O_2 \uparrow$$

15. $[Co(NH_3)_4(H_2O)_2]^{3+}$;$[Co(NH_3)_4(H_2O)Cl]^{2+}$;$[Co(NH_3)_4Cl_2]^+$。

(三) 计算题

1. 设需 m g NaAc·3H_2O,由 $pH = pK_a - \lg \dfrac{c(酸)}{c(盐)}$ 得

$$5.00 = -\lg(1.8 \times 10^{-5}) - \lg 0.500 \times 0.3 \times \dfrac{136}{m}$$

$$\lg m = 1.57 \qquad m = 37g$$

2. 解离度 $\qquad \alpha = [H^+]/c(酸) \times 100\% = 4.2\%$

$[H^+] = c\alpha = 4.2 \times 10^{-4} mol·L^{-1}$,一元弱酸的解离平衡常数为

$$K_a^{\ominus} = ([H^+][A^-])/[HA] = [H^+]^2/c(酸)$$

即 $K_a^{\ominus} = [H^+]^2/c(酸) = 1.76 \times 10^{-7}/(1.0 \times 10^{-2}) = 1.76 \times 10^{-5}$。

3. $\qquad$ NH_3·H_2O $\rightleftharpoons$ NH_4^+ + OH^-

起始 $\qquad$ 0.10 $\qquad\qquad$ 0.10

平衡 $\quad$ 0.10−[OH^-] $\qquad$ 0.10+[OH^-] $\qquad$ [OH^-]

$$K_b^{\ominus}(NH_3·H_2O) = \dfrac{[OH^-] \times (0.10 + [OH^-])}{0.10 - [OH^-]} = 1.76 \times 10^{-5}$$

因为在溶液中 NH_3·H_2O 和 NH_4^+ 大量存在,所以 $0.10 + [OH^-] \approx 0.1$,$0.10 - [OH^-] \approx 0.1$。

解得 $\qquad [OH^-] = 1.76 \times 10^{-5} mol·L^{-1}$,$[H^+] = 5.68 \times 10^{-10} mol·L^{-1}$

$$\alpha = \dfrac{[OH^-]}{0.10} \times 100\% = 0.0176\%$$

4. 0.20 mol·L^{-1} HAc 和 0.10 mol·L^{-1} NaOH 溶液等体积混合,反应后,NaAc 的浓度为 0.05 mol·L^{-1},HAc 的浓度为 0.05 mol·L^{-1},此溶液是由 NaAc 和 HAc 组成的缓冲溶液。

根据缓冲溶液 pH 计算公式可得：$pH=pK_a+\lg\dfrac{[NaAc]}{[HAc]}=4.75$。

5. 设该气体混合物为理想气体，反应前气体总物质的量为 n：

$$n=\frac{pV}{RT}=\frac{101\,325\times1.75\times10^{-3}}{8.314\times298.15}=0.071\,53\,(mol)$$

反应前 H_2S 和 CO_2 的物质的量分别为 $n(H_2S)$、$n(CO_2)$，则

$$n(H_2S)=0.071\,53\times51.3\%=0.036\,69\,(mol)$$
$$n(CO_2)=0.071\,53\times(1-51.3\%)=0.034\,84\,(mol)$$

平衡时各物质的物质的量分别为

$$n^{\ominus}(H_2O)=0.0347\div18=0.001\,92\,(mol)$$
$$n^{\ominus}(COS)=n^{\ominus}(H_2O)=0.001\,92\,(mol)$$
$$n^{\ominus}(H_2S)=0.036\,69-0.001\,92=0.034\,77\,(mol)$$
$$n^{\ominus}(CO_2)=0.034\,84-0.001\,92=0.032\,92\,(mol)$$

因 $\sum \nu_B=0$，所以

$$K_p^{\ominus}=K_p=K_n=\frac{(0.001\,92)^2}{0.034\,77\times0.032\,92}=3.22\times10^{-3}$$

6. $\Delta_r G_m=\Delta_r G_m^{\ominus}+RT\ln J_p$

(1) $\Delta_r G_m=4.75+8.314\times298.15\ln\left[\dfrac{(1000/100)^2}{(100/100)}\right]=1140\,(J\cdot mol^{-1})$

$\Delta_r G_m>0$，故反应逆向（朝反应物方向）进行。

(2) $\Delta_r G_m=4.75+8.314\times298.15\ln\left[\dfrac{(100/100)^2}{(1000/100)}\right]=-5700\,(J\cdot mol^{-1})$

$\Delta_r G_m<0$，故反应正向（朝生成物方向）进行。

(3) $\Delta_r G_m=4.75+8.314\times298.15\ln\left[\dfrac{(202.65/100)^2}{(303.975/100)}\right]=750\,(J\cdot mol^{-1})$

$\Delta_r G_m>0$，故反应逆向（朝反应物的方向）进行。

7. 根据公式 $\ln\dfrac{K_2^{\ominus}}{K_1^{\ominus}}=\dfrac{\Delta_r H_m^{\ominus}}{R}\left(\dfrac{T_2-T_1}{T_1 T_2}\right)$ 得

$$\ln\frac{K_{473}^{\ominus}}{0.562}=-\frac{22.2\times1000}{8.314}\left(\frac{473-298}{473\times298}\right)$$

得 $K_{473}^{\ominus}=2.04\times10^{-2}$。

三、缓冲溶液的组成及配制

(一) 选择题

1. A　　2. A　　3. B　　4. A　　5. A　　6. A　　7. C　　8. A　　9. B　　10. A

(二) 简答题

1. 是，因为组成的溶液含有适量的 HCO_3^- -CO_3^{2-} 缓冲对。

2. 盐类水解时，所加入的酸或者碱溶液与盐水解后溶液的酸碱性相同，而且如果酸或者碱中氢离子或者氢氧根离子浓度大于盐水解产生的相应离子浓度，则抑制盐的水解。所加入的酸或者碱溶液与盐水解后溶液的酸碱性相同，而且酸或者碱溶液中的氢离子或者氢氧根离子浓度小于盐水解产生的氢离子或者氢氧根离子浓度，稀释了溶液，则促进盐的水解。如果所加入的酸或者碱溶液与盐水解后溶液的酸碱性相反，则始终促进盐的水解。

对于铁离子水解平衡，加入碱溶液，促进水解；加入酸溶液，酸中氢离子浓度大于原溶液的，抑制水解；酸

中氢离子浓度小于原溶液的,稀释了溶液,促进水解。

3. 能抵抗少量外来强酸、强碱,而保持溶液 pH 基本不变的溶液称为缓冲溶液。

4. 缓冲容量是衡量缓冲溶液缓冲能力大小的尺度,表示单位体积缓冲溶液 pH 发生一定变化时,所能抵抗的外加一元强酸或一元强碱的物质的量。影响缓冲容量的主要因素是缓冲系的总浓度和缓冲比。缓冲比一定时,总浓度越大,缓冲容量越大;总浓度一定时,缓冲比越接近于1,缓冲容量越大。

5. 配制易水解盐溶液时,应先用相应的酸溶液溶解,以抑制水解。例如,$SbCl_3$、$SnCl_2$ 先用 HCl 溶液溶解,$Bi(NO_3)_3$ 先用 HNO_3 溶液溶解。

水解反应方程式:

$$SbCl_3 + 3H_2O = Sb(OH)_3 + 3HCl$$
$$SnCl_2 + 2H_2O = Sn(OH)_2 + 2HCl$$
$$Bi(NO_3)_3 + 3H_2O = Bi(OH)_3 + 3HNO_3$$

6. 缓冲溶液的缓冲能力与组成缓冲溶液的弱酸(或弱碱)及其共轭碱(或共轭酸)的浓度有关,当弱酸(或弱碱)与它的共轭碱(或共轭酸)浓度较大时,其缓冲能力较强。此外,缓冲能力还与 c(酸)/c(盐)或 c(碱)/c(盐)的比值有关,当比值接近 1 时,其缓冲能力最强。

(三) 计算题

1. ① 各量之间的关系

$$n(Ca) : n(C_2O_4^{2-}) = 1 : 1, n(KMnO_4) : n(C_2O_4^{2-}) = 2 : 5, n(Ca) = \frac{5}{2}n(KMnO_4)$$

② $c(Ca) = \frac{5}{2} \times \frac{c(KMnO_4)V(KMnO_4)}{V(Ca)} \times \frac{50.00}{2.00} = 62.5 \times \frac{0.002\,000 \times 2.45}{20.00} = 0.0153(mol \cdot L^{-1})$

2. 　　　　　　　　　$NaOH + NH_4Cl = NH_3 \cdot H_2O + NaCl$

NH_4Cl 过量,反应后

$$[NH_4Cl] = \frac{0.3 - 0.2}{2} = 0.05(mol \cdot L^{-1})$$

反应后生成的 $NH_3 \cdot H_2O$ 的浓度为

$$[NH_3 \cdot H_2O] = \frac{0.20}{2} = 0.10(mol \cdot L^{-1})$$

两溶液混合后形成 $0.05mol \cdot L^{-1}$ 的 NH_4Cl 和 $0.10mol \cdot L^{-1}$ 的 $NH_3 \cdot H_2O$ 构成的缓冲溶液

$$[OH^-] = K_b \cdot \frac{[NH_3 \cdot H_2O]}{[NH_4Cl]} = 1.8 \times 10^{-5} \times \frac{0.10}{0.05} = 3.6 \times 10^{-5}$$

则　　　　　　　　　$[H^+] = \frac{K_w}{[OH^-]} = \frac{10^{-14}}{3.6 \times 10^{-5}} = 2.78 \times 10^{-10}$

$$pH = -lg[H^+] = -lg(2.78 \times 10^{-10}) = 9.56$$

3. 设需取用 $6.0mol \cdot L^{-1}$ 的 HAc 溶液 x mL,则混合后

$$[NaAc] = \frac{1.0 \times 100}{250}mol \cdot L^{-1}$$

$$[HAc] = \frac{6.0x}{250}mol \cdot L^{-1}$$

$$pH = -lg[H^+] = 5.0 \qquad [H^+] = 1 \times 10^{-5}mol \cdot L^{-1}$$

$$[H^+] = K_a \cdot \frac{[HAc]}{[NaAc]}$$

$$10^{-5} = 1.8 \times 10^{-5} \times \frac{6.0x/250}{1.0 \times 100/250}$$

解得 $\qquad\qquad\qquad\qquad x=9.26\text{mL}$

4.（1）$\qquad [OH^-]=K_b \cdot \dfrac{[NH_3 \cdot H_2O]}{[NH_4Cl]}=1.8\times10^{-5}\times\dfrac{0.80}{1.0}=1.44\times10^{-5}(\text{mol}\cdot\text{L}^{-1})$

$$[H^+]=\dfrac{K_w}{[OH^-]}=\dfrac{10^{-14}}{1.44\times10^{-5}}=6.94\times10^{-10}(\text{mol}\cdot\text{L}^{-1})$$

$$pH=-\lg[H^+]=-\lg(6.94\times10^{-10})=9.16$$

（2）溶液中加入 NaOH 后

$$[NH_3 \cdot H_2O]=0.80+0.10=0.90(\text{mol}\cdot\text{L}^{-1})$$

$$[NH_4Cl]=1.0-0.10=0.90(\text{mol}\cdot\text{L}^{-1})$$

$$[OH^-]=K_b \cdot \dfrac{[NH_3 \cdot H_2O]}{[NH_4Cl]}=1.8\times10^{-5}\times\dfrac{0.90}{0.90}=1.8\times10^{-5}(\text{mol}\cdot\text{L}^{-1})$$

$$[H^+]=\dfrac{K_w}{[OH^-]}=\dfrac{10^{-14}}{1.8\times10^{-5}}=5.56\times10^{-10}(\text{mol}\cdot\text{L}^{-1})$$

$$pH=-\lg[H^+]=-\lg(5.56\times10^{-10})=9.26$$

四、常见有机化合物的性质鉴定

（一）选择题

1. AD　2. D＞C＞B＞A　3. B＞D＞C＞A　4. C＞D＞A＞B　5. B＞C＞A＞D

6. CD　7. C＞D＞B＞A　8. C　9. B　10. A

（二）简答题

1. 先用 H_2SO_4 洗,酸层为正丁醇和正丁醚,有机层经水洗,再用 $NaHCO_3$ 洗,后经水洗,分出有机层(用分液漏斗),经 $CaCl_2$ 干燥,蒸馏,得纯 1-溴丁烷。

2. 不能。由于氯乙烯分子中,存在 p-π 共轭,使得氯原子难以解离。

3. 醇的活性次序:烯丙式醇＞叔醇＞仲醇＞伯醇＞CH_3OH。

例如,醇与 Lucas 试剂(浓盐酸和无水氯化锌)的反应:

$$(CH_3)_3COH \xrightarrow[\text{rt.}]{\text{Lucas}} (CH_3)_3CCl$$

1min 后浑浊,静置分层

$$(CH_3)_2CHCH_3\underset{\overset{|}{OH}}{} \xrightarrow[\text{rt.}]{\text{Lucas}} (CH_3)_2CHCH_3\underset{\overset{|}{Cl}}{}$$

10min 后浑浊,静置分层

$$CH_3CH_2CH_2CH_2OH \xrightarrow[\text{rt.}]{\text{Lucas}} CH_3CH_2CH_2CH_2Cl$$

久置后仍为清液,无反应;加热后出现先浑浊后分层的现象。(rt. 指室温条件)

Lucas 试剂可用于区别伯、仲、叔醇,但一般仅适用于 3～6 个碳原子的醇,其原因是大于 6 个碳的醇(苄醇除外)不溶于 Lucas 试剂,易混淆实验现象。

4. 由于乙醇分子具有 $CH_3\overset{\overset{\text{OH}}{|}}{CH}-$ 结构,次碘酸是氧化剂,它能将具有此结构的醇氧化成含有 $CH_3\overset{\overset{\text{O}}{\|}}{C}-$ 结构的醛或酮,因此可以发生碘仿反应。具有上述两种结构的化合物均能发生碘仿反应。

5. 与 2,4-二硝基苯肼试剂作用,B、C、E、F 均产生 2,4-二硝基苯腙黄色沉淀,而 A、D 没有沉淀;向 A、D 中分别加入 $FeCl_3$ 溶液,D 出现紫色;向 B、C、E、F 中分别加入 Fehling 试剂,B、E 均产生 Cu_2O 砖红色沉淀,而 C、F 没有沉淀;将 B、E 和 C、F 分成两组,分别加入 $I_2/NaOH$ 溶液,E、F 不反应,而 B、C 反应生成 CHI_3 黄色沉淀。

6. 蛋白质的变性是指天然蛋白质受物理或化学因素的影响,使蛋白质原有的特定的空间结构发生改变,从而导致蛋白质性质的改变和生物活性的丧失。亚基解聚和氢键破坏都会使蛋白质的空间结构发生改变,使蛋白质变性;蛋白质变性时,次级键断裂,肽键并不断裂,肽键的断裂则是蛋白质的降解。破坏水化层和中和电荷会使蛋白质胶体溶液不稳定,使蛋白质容易沉淀,但沉淀的蛋白质并不是变性的蛋白质,如盐析后的蛋白质通常并不变性。所以可以通过盐析从生物材料中分离蛋白质。

7. 蛋白质主要的颜色反应有茚三酮实验、双缩脲实验、黄蛋白实验、米伦(Millon)实验等。蛋白质和 α-氨基酸(除脯氨酸与羟脯氨酸外)与茚三酮水合物溶液共热生成蓝紫色化合物;蛋白质与 $CuSO_4$ 在 NaOH 溶液中反应生成紫色或紫红色配合物,表明蛋白质分子中含有多个肽键,可区分氨基酸与蛋白质;蛋白质分子中含有苯环,遇浓硝酸加热则变黄,用此可用于鉴别蛋白质中含有酪氨酸、色氨酸和苯丙氨酸;米伦试剂显色反应,主要是含酚羟基的蛋白质与浓硝酸发生硝化反应,可用于鉴别蛋白质中酪氨酸的存在。

五、物化性质实验

(一)选择题

1. C	2. A	3. C	4. C	5. D	6. D	7. C	8. D	9. B	10. D
11. A	12. C	13. B	14. D	15. D	16. C	17. A	18. D	19. A	20. C
21. A	22. D	23. D	24. C	25. D	26. B	27. A	28. C	29. D	30. A
31. C	32. A	33. D	34. D	35. C	36. D	37. C	38. D	39. C	40. C
41. D	42. D	43. E	44. C	45. B	46. A	47. D	48. C	49. C	50. B
51. D	52. C	53. C	54. A	55. D	56. D	57. C	58. B	59. B	60. C
61. A	62. C	63. C	64. C	65. B	66. A	67. C	68. A	69. C	70. C
71. C	72. C	73. B	74. D	75. C	76. C	77. A	78. C	79. B	80. A
81. C	82. C	83. A	84. B	85. A	86. B	87. C	88. D	89. A	90. B
91. D	92. C	93. A	94. D	95. B	96. C	97. B	98. D	99. D	100. B
101. D	102. B	103. A	104. C	105. E	106. C	107. A	108. C	109. D	110. C
111. C	112. C	113. B	114. B	115. B	116. B	117. D	118. C	119. C	120. B
121. A	122. D	123. A	124. A	125. C	126. C	127. A	128. D	129. E	130. C
131. A	132. D	133. B	134. D	135. D	136. C	137. D	138. A	139. D	140. B
141. D	142. A	143. C	144. C	145. A	146. C	147. C	148. C	149. B	150. D
151. A	152. B	153. C	154. C	155. D	156. C	157. B	158. C	159. A	160. B
161. C	162. B	163. C	164. C	165. C	166. C	167. C	168. C	169. C	170. C
171. A	172. C	173. C	174. D	175. C	176. B	177. A	178. D	179. B	180. B
181. C	182. C	183. C	184. C	185. C	186. C	187. C	188. E	189. A	190. A
191. A	192. C	193. D	194. D	195. A	196. C	197. D	198. B	199. A	200. C
201. E	202. D	203. A	204. D	205. B	206. C	207. B	208. C	209. C	210. B
211. B	212. A								

(二)简答题

1. 高压气体钢瓶的安全使用:

(1)钢瓶应放在阴凉,远离电源、热源(如阳光、暖气、炉火等)的地方,并加以固定。可燃性气体钢瓶必须与氧气钢瓶分开存放。

(2)搬运钢瓶时要戴上瓶帽、橡皮腰圈。要轻拿轻放,不要在地上滚动,避免撞击和突然摔倒。

(3)高压钢瓶必须要安装好减压阀后方可使用。一般,可燃性气体钢瓶上阀门的螺纹为反扣的(如氢、乙炔),不燃性或助燃性气瓶(如 N_2、O_2)为正扣的。各种减压阀绝不能混用。

（4）开、闭气阀时，操作人员应避开瓶口方向，站在侧面，防止万一阀门或压力表冲出伤人并缓慢操作。

（5）氧气瓶的瓶嘴、减压阀都严禁沾污油脂。在开启氧气瓶时还应特别注意手上、工具上不能有油脂，扳手上的油应用酒精洗去，待干后再使用，以防燃烧和爆炸。

（6）氧气瓶与氢气瓶严禁在同一实验室内使用。

（7）钢瓶内气体不能完全用尽，应保持在 0.05MPa 表压以上的残留压力，以防重新灌气时发生危险。

（8）钢瓶需定期送交检验，合格钢瓶才能充气使用。氧气瓶在开总阀前要检查减压阀是否关好，实验后要关上钢瓶总阀，要注意排气，使指针回零，再关闭减压阀。

2. 安装减压阀时，应先确定尺寸规格是否与钢瓶和工作系统的接头相符，用手拧紧螺纹后，再用扳手上紧，防止漏气。若有漏气，应再旋紧螺纹或更换皮垫。

在打开钢瓶总阀之前，首先必须仔细检查调压阀门是否已关好（手柄松开是关）。切不能在调压阀处于开放状态（手柄顶紧是开）时，突然打开钢瓶总阀，否则会出事故。只有当手柄松开（处于关闭状态）时，才能开启钢瓶总阀，然后再慢慢打开调压阀门。

停止使用时，应先关钢瓶总阀，到压力表下降到零时，再关调压阀门（松开手柄）。

3. 产物 H_2O 尽快凝聚为液态水。

4. 固体溶剂与溶液成平衡的温度称为溶液的凝固点。溶剂溶质的纯度都直接影响实验的结果。用凝固点降低法测摩尔质量往往与所用溶剂类型和溶液浓度有关。如被测物质在溶剂中产生缔合、解离、配合物生成或溶剂化等现象都会得出不正确的结果，会影响溶质在溶剂中的表观摩尔质量。不能简单地运用公式化计算溶质的摩尔质量。不能用于电解质溶液。

5. 过冷度大，可以测出纯溶剂的凝固点。而对于溶液，过冷程度大，凝结的溶剂过多，溶液的浓度变化过大，所得溶液的凝固点低，必将影响测定结果。

6. 黏度计毛细管过粗，液体流出时间就会过短，那么使用 Poiseuille 公式时就无法近似，也就无法用时间的比值来代替黏度；如果毛细管过细，容易造成堵塞，导致实验失败。

7. 黏度法是利用大分子化合物溶液的黏度和摩尔质量间的某种经验方程来计算摩尔质量，适用于各种摩尔质量的范围。局限性在于不同的摩尔质量范围有不同的经验方程。

8. 高聚物的溶度参数在两个互溶的溶剂的溶度参数范围内。

溶剂与聚合物之间溶度参数相近，不一定能保证二者相溶，因为聚合物的溶剂选择有以下原则，如极性相似原则、溶度参数相近原则、溶剂化原则等，溶度参数只是其中的一个影响因素。例如，PAN 不能溶解于与它 δ 值相近的乙醇、甲醇等。

9. 基本没影响，尽管聚合物溶液浓度变化，但对溶剂和沉淀剂的体积分数没有影响。

10. 测定饱和蒸气压常用的方法有动态法、静态法和饱和气流法等。

（1）静态法：将被测液体放在一密闭容器中，在不同的恒定温度下直接测量其平衡的气相压力，此法适用于蒸气压比较大的液体。对较高温度下的蒸气压测定，由于温度难以控制而准确度较差。

（2）动态法：利用当液体的蒸气压与外压相等时液体沸腾的原理，测定液体在不同外压时的沸点就可求出不同温度下的蒸气压。其优点是对温度的控制要求不高。

（3）饱和气流法：在一定温度和压力下通过一定体积已被待测液体所饱和的气流，用某物质完全吸收，然后称量吸收物质增加的质量，便可计算蒸气的分压，这个分压就是该温度下被测液体的饱和蒸气压。此法一般适用于蒸气压比较小的液体。常采用的实验方法是用静态法测量纯液体饱和蒸气压。

11. 因为体系未达到气-液平衡。

12. 因为折射率与被测物的温度有关。阿贝折射仪测折射率时，温度是恒定在 30℃，故要冷却待测液。

13. 不需要，因为后面还要测沸点和组分，所以不需要烘干沸点仪，只需吹干即可以。

14. 不能测定强酸、强碱等对仪器有强腐蚀性的物质。

15. 热重分析是在程序控制温度下,测量物质的质量与温度关系的一种分析技术。它是测定在温度变化时由于物质发生某种热效应(如分解、氧化还原、失水等)而引起质量的增加或减少,从而研究物质的物理化学过程。

16. 升温速率对热重曲线有明显的影响。升温速率太快时,热重曲线往往向高温移动,热失重曲线的起始温度和终止温度偏高,并且热重曲线的拐点不明显,或掩盖掉某些变化过程。升温速率慢时,有利于中间体的鉴定与解析,但测定时间长,曲线变得平坦。

17. 这两个概念都是用热力学解决敞开系统或组成有变化的封闭系统的问题时引入的,但针对性不同,偏摩尔量是由于在指定温度、压力下系统的广延性质如热力学能 U、熵 H、体积 V 等不能简单加和,并且与组分浓度有关时提出的,而化学势则是为解决系统发生相变化、化学变化时的方向和平衡提出的,化学势的下角标随函数而异,而偏摩尔量的下角标总是恒温、恒压。

18. (1)比重瓶务必洗净干燥,称量前后都要烘干,要避免用手直接拿瓶操作。

(2)比重瓶装填液体时,注满比重瓶,轻轻塞上塞子,让瓶内液体经由塞子毛细管溢出,注意瓶内不得留有气泡,比重瓶外如沾有溶液,称量前必须用滤纸擦干,然后再放到天平上称量。

(3)称量操作要迅速,且抓住瓶颈处,不要抓瓶体,以免使温度升高,液体外溢。

19. 比重瓶法也可以测量不溶于水的小颗粒状固体的密度。实验时,比重瓶内盛满蒸馏水,用天平称出瓶和水的质量 m_1,称出粒状固体的质量为 m_2,称出在装满水的瓶内投入粒状固体后的总质量为 m_3,则被测粒状固体将排出比重瓶内水的质量是 $m=m_1+m_2-m_3$,而排出水的体积就是质量为 m_2 的粒状固体的体积,所以待测粒状固体的密度为

$$\rho=\frac{m_2}{m_1+m_2-m_3}\cdot\rho_0$$

20. 否,不同相中的偏摩尔量一般不相同。

21. 绘制金属相图常用的实验方法是热分析法,其原理是将一种金属或两种金属混合物熔融后,使之均匀冷却,每隔一定时间记录一次温度,表示温度与时间关系的曲线称为步冷曲线。利用步冷曲线所得到的一系列组成和所对应的相变温度数据,以横轴表示混合物的组成,纵轴上标出开始出现相变的温度,把这些点连接起来,就可绘出相图。

22. 本实验所用体系一般为 Sn-Bi、Cd-Bi、Pb-Zn 等低熔点金属体系,但它们的蒸气对人体健康有危害,因而要在样品上方覆盖石墨粉或石蜡油,防止样品的挥发和氧化。石蜡油的沸点较低(大约为 300℃),故电炉加热样品时注意不宜升温过高,特别是样品近熔化时所加电压不宜过大,以防止石蜡油的挥发和碳化。

23. 总质量相同但组成不同的 Bi-Cd 混合物的步冷曲线相似,主要不同的是:Cd 组分越多的,先析出的固体是纯 Cd。Cd 组分越少的,先析出的固体是纯 Bi;40% Cd 的混合物,从液态步冷,到达低共熔点时两种金属同时析出。一般来讲,越接近低共熔点组成的步冷曲线,其水平线段越长。

24. 先将金属或合金全部熔化,然后让其在一定的环境中自行冷却,画出冷却温度随时间变化的步冷曲线。根据步冷曲线和二组分平衡相图确定组成。

25. 温度、酸度、催化剂、离子活性、各离子的浓度和抑制剂等。

26. 振荡体系有许多类型,除化学振荡还有液膜振荡、生物振荡、萃取振荡等。表面活性剂在穿越油水界面自发扩散时,经常伴随有液膜(界面)物理性质的周期变化,这种周期变化称为液膜振荡。另外在溶剂萃取体系中也发现了振荡现象。生物振荡现象在生物中很常见,如在新陈代谢过程中占重要地位的酶降解反应中,许多中间化合物和酶的浓度是随时间周期性变化的。生物振荡也包括微生物振荡。

27. 用最大气泡法测定溶液表面张力时,要从与液面相切的毛细管口鼓出空气泡,需要高于外部大气压的附加压力。

根据表面张力的计算公式:$\Delta p_{max}=\rho g\cdot\Delta h_m=\frac{2\sigma}{R}$,要测定溶液表面张力,就要知道最大压力差。所以在

做最大气泡法测定溶液表面张力实验时,要读最大压力差。

如果气泡逸出得很快,或几个气泡一起逸出,对实验室结果有影响。它会无法准确地读出最大压力差,从而影响实验结果的准确性。

28. 因为吸附前后溶液吸光度的变化在标准工作曲线范围内,所以可以减小测定误差。

29. 在一定的温度、压力下,要使溶胶在一定的时间内发生明显聚沉,所需电解质的最低浓度称为聚沉值,单位为 mmol·L^{-1}。聚沉值是电解质对溶胶聚沉能力的衡量,聚沉能力越强,聚沉值越小。

30. (1)胶粒所带电荷相反,两者的用量比例适当(总电荷量相等)。

(2)颜色的改变,产生浑浊,静置后出现沉淀。

31. 在形成 AgI 的过程中,I^- 过量,胶粒吸附 I^- 带负电。根据感胶离子序及叔尔兹-哈迪价数规则:$FeCl_3 > MgSO_4 > K_3[Fe(CN)_6] > Na_2SO_4$。

32. (1) 江河中有部分泥土胶粒,在入海处遇电解质聚沉,日久天长而形成三角洲。

(2) 明矾加入水中后形成 $Al(OH)_3$ 絮状沉淀,它有大的表面积,吸附水中的杂质而使水澄清,本身则同杂质一起沉淀下来。

(3) 不同型号的墨水是两种不同的胶体,当所带电荷相反,遇到一块时聚沉,聚沉的物质使钢笔发生堵塞。

(4) 重金属中毒的患者,喝了牛奶后,牛奶(胶体)遇重金属而聚沉,聚沉后的牛奶把金属离子"包"起来,暂时不被人体所吸收,从而达到减轻症状的目的。

33. 若入射光不是单色光,则不能准确测出配合物的组成与稳定常数。这是因为非单色光作为入射光,会导致朗伯-比尔定律的偏离。

34. 用等物质的量系列法测定配合物组成时,在实验过程配制的系列溶液中,有一些溶液的金属离子是过量的,而另一些溶液的配体是过量的,在这两部分溶液中,配合物的浓度都不可能达到最大值,只有当溶液中金属离子的物质的量与配位体的物质的量之比正好与配合物组成相同时,配合物的浓度才能最大。此时,溶液的吸光度也最大。

35. 光线从真空进入某介质时,入射角的正弦和折射角的正弦之比就是这个介质的折射率。通常测定的折射率都是以空气作为比较标准的。折射率除与物质的结构有关外,还受测定条件的影响,它随入射光波长和测定温度变化而变化。

36. 不能。

37. ①将阿贝折射仪置于普通白炽灯前或靠近窗户的桌子上。但不要放在直射的阳光下,以免液体试样迅速蒸发。将温度计插入金属匣中,然后接通恒温水,恒温 20min 左右。恒温温度可以从温度计中读出。②旋开棱镜锁紧扳手,开启辅助棱镜,用按镜纸蘸少量乙醇(或丙酮)轻轻揩拭镜。待镜面干燥后,滴加 1～2 滴蒸馏水于辅助棱镜面上,旋紧棱镜锁紧扳手,使蒸馏水均匀地充满视场,注意不要有气泡。③调节反光镜,使从测量目镜中观察到的视场最亮。调节目镜,使视场"十"字线最清晰。调整消色散棱镜手轮,使视场中呈现黑白分界线。转动棱镜转动手轮,使黑白分界线恰与"十"字的交点重合。④记下蒸馏水的折射率,重复操作 2～3 次,与标准值比较,得到零点的校正值。

38. 参看阿贝折射仪测定乙醇的含量实验的原理部分。

39. ①装上溶液后的样品管内不能有气泡产生,样品管要密封好,不要发生漏液现象。②混合液酸度大,实验完毕应立即清洗样品管。样品管洗涤及装液时要保管好玻璃片和橡皮垫圈,防止摔碎或丢失。③配制蔗糖溶液时要注意使蔗糖固体全部溶解,并充分混匀溶液。④测定 α_∞ 时,要注意被测样品在 50～60℃ 条件恒温 30min 后(但不能超过 60℃,否则有副反应发生),移到超级恒温器中再恒温 20min。⑤必须对旋光仪调零校正,若调不到零,需要进行数据校正。

(三) 计算题

1. 　　　　　　$Q(总热量) = Q_V(苯甲酸) + Q(燃烧丝) = W\Delta T$

$$(-26\ 446J \cdot g^{-1}) \times (0.9250g) - (14.0J \cdot cm^{-1}) \times (4.8cm) = W \times (1.70K)$$

计算得
$$W = -144\ 29.3J \cdot K^{-1}$$

$$Q(总热量) = Q_V(蔗糖) \cdot (m/M) + Q(燃烧丝) = W\Delta T$$

$$Q_V(蔗糖) \times \frac{0.6160g}{342.3g \cdot mol^{-1}} - (14.0J \cdot cm^{-1}) \times (6.3cm) = -144\ 29.3 \times (0.71K)$$

计算得
$$Q_V(蔗糖) = -564.4 \times 10^4 J \cdot mol^{-1}$$

由热力学第一定律可知,在不做非膨胀功情况下,$Q_V = \Delta_c U_m$。

又因
$$\Delta_c H_m = \Delta_c U_m + \Delta nRT, \Delta n = 0$$

所以
$$\Delta_c H_m = \Delta_c U_m = -564.4 \times 10^4 J \cdot mol^{-1}$$

相对误差 $\varepsilon = \left| \frac{\Delta_c H_m - \Delta_c H_m^{\ominus}}{\Delta_c H_m^{\ominus}} \right| \times 100\% = |-5644 - (-5640.9)|/5640.9 \times 100\% = 0.05\%$

由此可见,实验结果与文献值比较接近,说明实验是很成功的。

2. (1)蔗糖燃烧方程式为

$$C_{11}H_{22}O_{11}(s) + 12O_2(g) == 12CO_2(g) + 11H_2O(l)$$

蔗糖的摩尔质量为342.3g·mol^{-1},反应的

$$Q_V = -2082.3J \times \frac{342.3g \cdot mol^{-1}}{0.1265g} = -563.5 \times 10^4 J \cdot mol^{-1}$$

由 $Q_p = Q_V + \Delta nRT$,得

$$Q_p = -563.5 \times 10^4 J \cdot mol^{-1} + (12-12)RT = -563.5 \times 10^4 J \cdot mol^{-1}$$

此即蔗糖的燃烧焓。

(2)
$$\Delta_r H_m^{\ominus} = \sum_B (\nu_B \Delta_f H_m^{\ominus})_{产物} - \sum_B (\nu_B \Delta_f H_m^{\ominus})_{反应物}$$

查表,得知$\Delta_f H_m^{\ominus}(CO_2) = -393.5 \times 10^3 J \cdot mol^{-1}$,$\Delta_f H_m^{\ominus}(H_2O) = -285.8 \times 10^3 J \cdot mol^{-1}$,则

$$\Delta_r H_m^{\ominus} = -563.5 \times 10^4 J \cdot mol^{-1}$$

$$= 12 \times (-393.5 \times 10^3 J \cdot mol^{-1}) + 11 \times (-285.8 \times 10^3 J \cdot mol^{-1}) - \Delta_f H_m^{\ominus}(蔗糖)$$

故蔗糖的生成焓

$$\Delta_f H_m^{\ominus}(蔗糖) = (563.5 \times 10^4 - 12 \times 393.5 \times 10^3 - 11 \times 285.8 \times 10^3)J \cdot mol^{-1} = -2230kJ \cdot mol^{-1}$$

3. 0.500g正庚烷燃烧后放出的恒容热效应为

$$Q_V = (8.177kJ \cdot K^{-1})(-2.94K) = -24.04kJ$$

1mol正庚烷燃烧后放出的恒容热效应为

$$\Delta_c U_m = \frac{Q_V}{m/M} = -\frac{24.04kJ}{0.500g/(100.2g \cdot mol^{-1})} = -4818kJ \cdot mol^{-1}$$

$$C_7H_{16}(l) + 11O_2(g) == 7CO_2(g) + 8H_2O(l)$$

正庚烷的燃烧焓为

$$\Delta_c H_m^{\ominus}(C_7H_{16}, T) = \Delta_c U_m + \sum_B \nu_B RT$$

$$= -4818kJ \cdot mol^{-1} + (7-11) \times (8.314 \times 10^{-3}kJ \cdot K^{-1} \cdot mol^{-1})(298K)$$

$$= -4828kJ \cdot mol^{-1}$$

4. 由
$$\Delta T_f = K_f b_B$$

$$\Delta T_f = \frac{K_f m_B/M_B}{m_A}$$

所以
$$M_B = \frac{K_f m_B}{m_A \Delta T_f} = \frac{5.10K \cdot kg \cdot mol^{-1} \times 0.245g}{25.0g \times 0.2048K} = 0.244kg \cdot mol^{-1}$$

已知苯甲酸 C_6H_5COOH 的摩尔质量为 0.122kg·mol^{-1},故苯甲酸在苯中的分子式为:$(C_6H_5COOH)_2$。

5. 这里要考虑多种因素:溶剂的凝固点、溶剂的摩尔凝固点降低常数、溶液的质量摩尔浓度、溶质是电解质还是非电解质。

①②③的溶剂为水,$T_f^0 = 0℃$,$K_f = 1.86 K \cdot kg \cdot mol^{-1}$。

$$\Delta T_f(葡萄糖) = \Delta T_f(尿素) = 0.100 mol \cdot kg^{-1} \times 1.86 K \cdot kg \cdot mol^{-1} = 0.186 K$$

$$T_f(葡萄糖) = T_f(尿素) = -0.186℃。$$

④的溶剂为苯,$T_f^0 = 5.50℃$,$K_f = 5.10 K \cdot kg \cdot mol^{-1}$。

$$\Delta T_f(萘) = 0.100 mol \cdot kg^{-1} \times 5.10 K \cdot kg \cdot mol^{-1} = 0.510 K$$

$$T_f(萘) = 5.50 - 0.510 = 4.99(℃)$$

②为强电解质溶液,其他为非电解质溶液。

$$\Delta T_f(NaCl) = 2 \times 0.100 mol \cdot kg^{-1} \times 1.86 K \cdot kg \cdot mol^{-1} = 0.372 K$$

$$T_f(NaCl) = -0.372℃。$$

综合以上因素,凝固点由高到低的顺序为④＞①＝③＞②。

6. 因

$$\Delta T_f = K_f b_B , \Delta T_f = \frac{K_f m_B / M_B}{m_A}$$

所以

$$M_B = \frac{K_f m_B}{m_A \Delta T_f} = \frac{5.10 K \cdot kg \cdot mol^{-1} \times 0.1130 g}{19.04 g \times 0.245 K} = 0.1235 kg \cdot mol^{-1} = 123.5 g \cdot mol^{-1}$$

磷分子中含磷原子数为

$$\frac{123.5}{30.97} = 3.99 \approx 4$$

7. 因为

$$\eta_r = \frac{\eta}{\eta_0} , d\eta_r = (\eta_0 d\eta - \eta d\eta_0)/\eta_0^2$$

则

$$|d\eta_r|/\eta_r = |d\eta|/\eta + |d\eta_0|/\eta_0 = 2|d\eta_0|/\eta_0$$

因为

$$d\eta_0/dT = 2 \times 10^{-5} Pa \cdot s \cdot K^{-1} , dT = 0.2 K$$

所以

$$d\eta_0 = 0.4 \times 10^{-2} mPa \cdot s$$

又 30℃时

$$\eta_0 = 0.9 mPa \cdot s$$

故

$$|d\eta_r|/\eta_r = 2|d\eta_0|/\eta_0 = 2 \times \frac{0.4 \times 10^{-2}}{0.9} = 0.9 \times 10^{-2}$$

即精确到 0.9%。

8. $n_1 = 10 mol, M_1 = 10.0 kg \cdot mol^{-1} ; n_2 = 2 mol, M_2 = 100 kg \cdot mol^{-1}$

$$\overline{M_n} = \frac{\sum_i n_i M_i}{\sum_i n_i} = \frac{n_1 M_1 + n_2 M_2}{n_1 + n_2} = \frac{10 mol \times 10.0 kg \cdot mol^{-1} + 2 mol \times 100.0 kg \cdot mol^{-1}}{10 mol + 2 mol}$$

$$= \frac{300.0}{12} kg \cdot mol^{-1} = 25.0 kg \cdot mol^{-1}$$

$$\overline{M_w} = \frac{\sum_i n_i M_i^2}{\sum_i n_i M_i} = \frac{n_1 M_1^2 + n_2 M_2^2}{n_1 M_1 + n_2 M_2} = \frac{10 mol \times (10.0 kg \cdot mol^{-1})^2 + 2 mol \times (100.0 kg \cdot mol^{-1})^2}{10 mol \times 10.0 kg \cdot mol^{-1} + 2 mol \times 100.0 kg \cdot mol^{-1}}$$

$$= \frac{210\ 00.0}{300.0} kg \cdot mol^{-1} = 70.0 kg \cdot mol^{-1}$$

$$\overline{M_z} = \frac{\sum_i n_i M_i^3}{\sum_i n_i M_i^2} = \frac{n_1 M_1^3 + n_2 M_2^3}{n_1 M_1^2 + n_2 M_2^2} = \frac{10 mol \times (10.0 kg \cdot mol^{-1})^3 + 2 mol \times (100.0 kg \cdot mol^{-1})^3}{10 mol \times (10.0 kg \cdot mol^{-1})^2 + 2 mol \times (100.0 kg \cdot mol^{-1})^2}$$

$$= \frac{2.01 \times 10^6}{2.1 \times 10^4} kg \cdot mol^{-1} = 95.7 kg \cdot mol^{-1}$$

9.

项	流出时间 t 平均值	溶液浓度 $c/[\text{g} \cdot (100\text{mL})^{-1}]$	η_r	η_{sp}	$\dfrac{\eta_{sp}}{c}$	$\ln \eta_r$	$\dfrac{\ln \eta_r}{c}$
t_0	1'12"39	0					
t_1	1'50"71	0.50	1.5294	0.5294	1.06	0.4249	0.86
t_2	1'36"78	0.33	1.3386	0.3386	1.02	0.2916	0.88
t_3	1'26"46	0.20	1.1944	0.1944	0.97	0.1776	0.89

根据实验数据,以 $\dfrac{\eta_{sp}}{c}$ 和 $\dfrac{\ln \eta_r}{c}$ 对 c 作图:

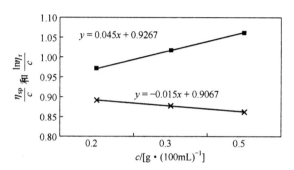

由图可知 $[\eta]=0.9167$,$[\eta]=KM^a$ 可求出 M。

又查表在 $T=25℃$ 时 $K=0.0002$,$a=0.76$,则

$$M=([\eta]/K)^{1/a}=(0.9167/0.0002)^{1/0.76}=656\,75.49$$

10. 根据 $\delta_{sm}=\varphi_1\delta_1+\varphi_2\delta_2$,即可求得最佳配比。

假设戊烷体积分数为 φ,乙酸乙烯酯的体积分数为 $1-\varphi$。

$$14.4\times\varphi+17.8\times(1-\varphi)=16.7$$

所以
$$\varphi=0.32$$

即戊烷体积分数为 0.32,乙酸乙烯酯的体积分数为 0.68。

在线答疑

刘弋潞　lyl1300@sina.com

杨　婕　760643104@qq.com

彭　滨　wyuchempb@126.com

陈　红　chenh113@hfuu.edu.cn

李英玲　lyl95@sina.com

毛淑才　maoshucai@126.com

穆筱梅　bypmu@163.com

第五章 滴定分析技术

第一节 概　述

分析化学成为一门独立的学科始于 20 世纪初,它包括化学分析与仪器分析。滴定分析在化学分析中占有重要的基础性地位。

法国物理学家兼化学家盖·吕萨克是滴定分析的创始人,他所提出的银量法至今仍在应用。1853 年赫培尔应用高锰酸钾标准溶液滴定乙二酸,这一方法的建立为以后一些重要的间接法和回滴法打下了基础。配位滴定法产生于 19 世纪中叶。酸碱滴定法的确立归功于酸碱指示剂的发现及相关研究。1884 年,汤姆孙研究了一些常用的指示剂,他为指示剂提供了一套实用的辨色标准。1914 年,比约鲁姆发表了有关指示剂理论的专著。当人工合成指示剂问世后,它们可在一个很宽的 pH 范围内变色,才使酸碱滴定的应用范围显著地扩大。

滴定分析是将已知准确浓度的标准溶液滴加到被测物质的溶液中直至所加溶液物质的量按化学计量关系恰好反应完全,然后根据所加标准溶液的浓度和所消耗的体积,计算出被测物质含量的分析方法。由于这种测定方法是以测量溶液体积为基础,故又称为容量分析。

滴定分析法对滴定反应的要求:①反应必须定量进行,具有确定的化学计量关系,不发生副反应;②要求反应完全程度≥99.9%;③反应速率快;④有可靠确定终点的方法。

滴定分析法根据滴定反应分类有:酸碱滴定法,是以酸、碱之间质子传递反应为基础的一种滴定分析法,可用于测定酸、碱和两性物质;配位滴定法,是以配位反应为基础的一种滴定分析法,可用于对金属离子进行测定;氧化还原滴定法,是以氧化还原反应为基础的一种滴定分析法,可用于对具有氧化还原性质的物质进行测定;沉淀滴定法,是以沉淀生成反应为基础的一种滴定分析法,可用于对 Ag^+、CN^-、SCN^- 及类卤素等离子进行测定。

第二节 试　题

一、分析天平和电子天平简介

(一) 选择题

1. 已知某物品实际质量是 1g,现用分析天平称量,则应记录(　　)。

A. 1.0g　　　　　　B. 1.00g　　　　　　C. 1.000g　　　　　　D. 1.0000g

2. 称取固体氢氧化钠,宜采用(　　)。

A. 分析天平　　　　　　　　　　　　B. 万分之一的电子天平

C. 托盘天平　　　　　　　　　　　　D. 直接称量法

3. 分析天平称量,下述正确的是(　　)。

A. 准确至 0.0001g,前 3 位是准确值,最后 1 位是估计值

B. 准确至 0.0001g,4 位均是准确值

C. 准确至 0.001g,3 位均是准确值

D. 准确至 0.001g,前 2 位是准确值,最后 1 位是估计值

4. 关于固定质量称量法,下述错误的是(　　)。

A. 用于称取某一固定质量的试剂

B. 要求被称物在空气中稳定、不吸潮、不吸湿

C. 试样可以是丝状或片状

D. 样品易吸潮也可以采用此法

5. 关于递减(差减)称样法,下述错误的是(　　)。

A. 用于称取某一固定质量的药品

B. 被称物在空气中稳定可以采用此法称量

C. 样品易氧化可以采用此法称量

D. 样品易吸潮可以采用此法称量

6. 递减称样法称量过程中,瓶盖应敲击(　　)。

A. 称量瓶口的下沿　　　　　　　　B. 称量瓶口的上沿

C. 称量瓶的瓶身　　　　　　　　　D. 称量瓶的瓶底

7. 递减称样法称量过程中,瓶盖应(　　)。

A. 直接手拿　　　　　　　　　　　B. 戴手套拿

C. 用纸条拿　　　　　　　　　　　D. B、C 均可

8. 递减称样法称量过程中,最佳的操作是(　　)。

A. 左手拿称量瓶,右手拿称量瓶盖,用盖敲击瓶口

B. 右手拿称量瓶,左手拿称量瓶盖,用盖敲击瓶口

C. 左手拿称量瓶,右手拿称量瓶盖,用瓶口敲击盖

D. 右手拿称量瓶,左手拿称量瓶盖,用瓶口敲击盖

9. 下列关于称量瓶的叙述,错误的是(　　)。

A. 称量瓶的瓶盖不能互换

B. 称量时应戴指套或垫以洁净纸条

C. 可用于烘干试样

D. 称量瓶平时不宜洗涤

10. 在分析天平的称量过程中,下述正确的是(　　)。

A. 称量瓶放入干燥器中冷却至室温再称

B. 称量瓶应在空气中冷却至室温再称

C. 不用冷却可以直接称量

D. 以上都不对

11. 使用称量瓶时,下列操作错误的是(　　)。

A. 用手拿　　　　　　　　　　　　B. 用洁净纸条

C. 戴手套　　　　　　　　　　　　D. 用完后及时放置在干燥器中

12. 下列不是称量瓶的主要用途的是(　　)。

A. 称量样品　　　　　　　　　　　B. 烘干基准物

C. 测定固体试样中的水分　　　　　D. 称量易挥发的液体试样

13. 称量次数较多且称样量较大时,应选用的称量瓶是(　　)。

A. 扁形小规格　　B. 扁形大规格　　C. 高形小规格　　D. 高形大规格

14. 称量次数较少且称样量较小时应选用的称量瓶是(　　)。

　　A. 扁形小规格　　　B. 扁形大规格　　　C. 高形小规格　　　D. 高形大规格

15. 杠杆(　　)时,杠杆的重心位于支点的下方。

　　A. 不稳定平衡　　　B. 相对平衡　　　C. 稳定摆动　　　D. 稳定平衡

16. 采用单次替代法用 TG328 型天平衡量某物体,其最终衡量结果应该是指被检物体的(　　)。

　　A. 引力质量　　　B. 惯性质量　　　C. 实际质量　　　D. 实际修正量

17. 电子天平传感器中直接感受负荷的元件是(　　)。

　　A. 敏感元件　　　B. 不敏感元件　　　C. 称量元件　　　D. 电子元件

18. (　　)是传感器的核心部分。应变片由敏感栅、基线、引线等组成。

　　A. 弹性体和外形尺寸　　　　　　　　B. 应变片额定容量

　　C. 弹性体和应变片　　　　　　　　　D. 应变片的阻值变化

19. 制造砝码材料的重要条件之一是(　　)。

　　A. 磁性　　　B. 较小磁性　　　C. 强磁性　　　D. 非磁性

20. 各地的海拔各不相同,高原地区的空气稀薄,各地的实际空气密度(　　)标准空气密度 $1.2mg \cdot cm^{-3}$。

　　A. 都小于　　　B. 都大于　　　C. 不是都等于　　　D. A、B、C 选项都可能

21. 替代衡量法可消除机械杠杆式天平的不等臂性误差,(　　)两臂不均匀受热所引起的不等臂性误差。

　　A. 不减少　　　B. 减少　　　C. 可减少可不减少　　　D. 增大

22. 交换衡量法可消除机械杠杆式天平的横梁不等臂性误差,(　　)两臂不均匀受热所引起的不等臂性误差。

　　A. 不减少　　　B. 减少　　　C. 可减少可不减少　　　D. 增大

23. 某二等砝码的折算质量为 200.0003g,该砝码折算质量修正值是(　　)。

　　A. ±0.3mg　　　B. −0.3mg　　　C. 0.03mg　　　D. 0.3mg

24. 当杠杆式等臂天平的横梁上挂上秤盘后,要使横梁在原来的平衡位置上达到平衡,必须使对支点的力矩之和等于零。此状态的前提条件是(　　)。

　　A. 两臂严格相等　　　　　　　　　　B. 两臂相等或不相等

　　C. 两臂不相等　　　　　　　　　　　D. 两臂大于 9 分度

25. 在杠杆式等臂天平的衡量原理和结构不变的前提下,当它的线灵敏度提高时,则其分度值(　　)。

　　A. 相应变大　　　B. 相应变小　　　C. 不变　　　D. 等于零

26. 在杠杆式等臂天平的衡量原理和结构不变的前提下,当它的角灵敏度提高时,则其线灵敏度(　　)。

　　A. 相应降低　　　B. 不变　　　C. 相应提高　　　D. 等于零

27. 杠杆式等臂天平的分度值是(　　)的倒数。

　　A. 分度灵敏度　　　B. 角灵敏度　　　C. 分度值误差　　　D. 示值变动性

28. 判断杠杆处于何种平衡状态的直观方法是:当扰动杠杆的外力消失后,杠杆自动回到原来的平衡位置,此杠杆则是(　　)。

　　A. 稳定平衡　　　B. 不稳定平衡　　　C. 随遇平衡　　　D. 弹性平衡

29. 使机械单盘天平迅速达到平衡,减少摆动次数的装置是( )。

A. 阻尼片 B. 盘托 C. 平衡铊 D. 重心铊

30. 机械单盘天平的( )安装在天平横梁的后下方,它的作用是平衡前面整个悬挂系统的质量。

A. 平衡铊 B. 配重铊 C. 重心铊 D. 盘托

31. ①级电子天平在 $0 \leqslant m \leqslant 5 \times 10^4$ 称量范围内,新生产、修理后的最大允许误差为( )。

A. ±1.0e B. ±0.5e C. ±3.0e D. ±2.0e

32. 对于热的或过冷的被称物,应置于干燥器中直至其温度同天平室温度一致后才能进行称量。( )

A. 正确 B. 不正确

33. 天平的前门仅供安装、检修和清洁时使用,通常不要打开。( )

A. 正确 B. 不正确

34. 在称量过程中,为了取放物品方便,可以打开分析天平的前门。( )

A. 正确 B. 不正确

35. 在分析天平称量过程中,动作要轻、缓,并时常检查水平是否改变。( )

A. 正确 B. 不正确

36. 在分析天平称量过程中,开、关天平侧门,取、放被称物,动作都要轻、缓,切不可用力过猛、过快。( )

A. 正确 B. 不正确

37. 电子天平在称量过程中,可以开天平门读数。( )

A. 正确 B. 不正确

38. 电子天平称量过程中,宜开启天平前门,将被称物置于天平载物盘中央。( )

A. 正确 B. 不正确

39. 分析天平称量过程中,放入被称物时应戴手套或用带橡皮套的镊子镊取,不应直接用手接触。( )

A. 正确 B. 不正确

40. 电子天平称量时,若天平已自动显示被测物质的质量,则应立即读数。( )

A. 正确 B. 不正确

41. 电子天平称量前,一定要先接通电源预热。( )

A. 正确 B. 不正确

42. 称量物品不能直接放在电子天平的称量盘内。( )

A. 正确 B. 不正确

43. 同一物品在称量过程中,不宜更换分析天平。( )

A. 正确 B. 不正确

44. 称量瓶可以用于烘干试样。( )

A. 正确 B. 不正确

45. 称量瓶可以用火直接加热。( )

A. 正确 B. 不正确

46. 称量过程中,称量瓶可以直接用手拿取。(　　)
A. 正确　　　　　　B. 不正确

47. 烘干称量瓶时,为防止灰尘等杂质,应将瓶塞盖紧。(　　)
A. 正确　　　　　　B. 不正确

48. 在称量时,粘在瓶口上的试样应敲回瓶中,以免在打开瓶盖时洒落。(　　)
A. 正确　　　　　　B. 不正确

49. 称量操作应选用高形称量瓶,干燥样品时一般选用扁形称量瓶。(　　)
A. 正确　　　　　　B. 不正确

(二) 简答题

1. 将国家公斤原器从北京运到西藏,在其准确度级别范围内,哪些量发生变化? 哪些量不变?

2. 使用电子天平时,为什么要经常查看水平仪,确定天平是否水平? 如不水平,如何调节水平?

3. 开启天平后,为什么要等出现称量模式 0.0000g 后方可称量?

4. 电子天平显示屏上的数字不稳定,可能的原因有哪些?

5. 电子天平称量前,应做哪些检查?

二、滴定分析量器的操作

(一) 选择题

1. 酸碱滴定中选择指示剂的原理是(　　)。
A. 指示剂的变色范围与化学计量点完全符合
B. 指示剂应在 pH=7.00 时变色
C. 指示剂变色范围应全部落在 pH 突跃范围内
D. 指示剂的变色范围应全部或部分落在 pH 突跃范围内

2. 进行中和滴定时,事先不应该用所盛溶液洗涤的仪器是(　　)。
A. 锥形瓶　　　B. 酸式滴定管　　　C. 碱式滴定管　　　D. 移液管

3. 下列有关滴定的操作正确的顺序是(　　)。
①用标准溶液润洗滴定管　②往滴定管中注入标准溶液　③检查滴定管是否漏水　④滴定　⑤洗涤
A. ⑤①③②④　　B. ③⑤①②④　　C. ⑤②③①④　　D. ②①③⑤④

4. 下列几种情况,对中和滴定结果无影响的是(　　)。
A. 滴定管用水冲洗后即注入标准溶液
B. 滴定管尖端未充满液体
C. 滴定前标准溶液在"0"刻度以上
D. 锥形瓶中有少量水

5. 下面关于中和滴定的实验操作叙述不正确的有(　　)。
① 取 20mL 未知浓度的盐酸溶液,注入锥形瓶中
② 将锥形瓶用蒸馏水和待测酸液进行洗涤
③ 向锥形瓶中加入几滴酚酞试液为指示剂

④ 碱式滴定管用蒸馏水洗涤后,直接注入标准的 NaOH 溶液

⑤ 进行中和滴定时,一旦瓶内溶液由无色变成粉红色,即可停止滴定

⑥ 记录数据,进行必要的数据处理和得出结论

A. ①③⑥　　　B. ②④⑥　　　C. ①②④⑤　　　D. ②③⑤

6. 某学生用碱式滴定管量取 $0.1mol \cdot L^{-1}$ NaOH 溶液,开始时仰视液面读数为 1.00mL,取出部分溶液后,俯视液面,读数为 11.00mL,该同学在操作中实际取出的液体体积为(　　)。

A. 大于 10.00mL

B. 小于 10.00mL

C. 等于 10.00mL

D. 等于 11.00mL

（二）简答题

1. NaOH 标准溶液能否用直接配制法配制? 为什么? 配制 NaOH 溶液时,为什么用台秤取 NaOH(s),而不是用分析天平?

2. 用容量瓶配制溶液时,是否先把容量瓶干燥? 是否要用被稀释溶液洗 2～3 次? 为什么?

3. 标准溶液装入滴定管之前,为什么要用该溶液润洗滴定管 2～3 次? 而锥形瓶是否也需先用该溶液润洗或烘干,为什么?

4. 滴定至临近终点时加入半滴的操作是怎样进行的?

5. 在 HCl 滴定 NaOH 中,当指示剂甲基橙变色时,pH 是什么范围? 此时是否为该反应的化学计量点?

6. 在酸碱滴定中,指示剂仅用 1～2 滴,为什么不可多用?

7. 微量分析天平可称准至 $\pm 0.001mg$,要使称量误差不大于 0.1%,至少应称取多少试样?

（三）计算题

用 $0.10mol \cdot L^{-1}$ NaOH 溶液滴定同浓度邻苯二甲酸氢钾（简写成 KHB）。计算化学计量点及其前后 0.1% 的 pH。应选用何种指示剂?（已知 H_2B 的 $pK_{a_1} = 2.95$,$pK_{a_2} = 5.41$）

三、酸碱滴定

（一）选择题

1. 以下溶液稀释 10 倍时 pH 改变最大的是(　　)。

A. $0.1mol \cdot L^{-1}$ NaAc-$0.1mol \cdot L^{-1}$ HAc 溶液

B. $0.1mol \cdot L^{-1}$ NaAc 溶液

C. $0.1mol \cdot L^{-1}$ NH_4Ac-$0.1mol \cdot L^{-1}$ HAc 溶液

D. $0.1mol \cdot L^{-1}$ NH_4Ac 溶液

2. 等量的苛性钠溶液分别用 pH 为 2 和 3 的乙酸溶液中和,设消耗乙酸溶液的体积依次为 V_a 和 V_b,则它们之间的关系是(　　)。

A. $V_a > 10V_b$

B. $V_b = 10V_a$

C. $V_a < 10V_b$

D. $V_b > 10V_a$

3. 下列几种情况,对滴定结果无影响的是( )。

A. 滴定管用水冲洗后即注入标准溶液

B. 滴定管尖端末充满液体

C. 滴定前标准溶液在"0"刻度以上

D. 锥形瓶中有少量水

（二）简答题

1. 液体样品的组分含量通常用什么方式表示?

2. 食醋的主要成分是什么? 为什么用 NaOH 滴定所得的分析结果称为食醋的总酸量?

3. 若待测的样品为红醋,用酸碱测定方法进行测定,你该怎么办?

4. 什么是混合碱? Na_2CO_3 和 $NaHCO_3$ 的混合物能不能采用"双指示剂法"测定其含量? 写出测定结果的计算公式。

5. 采用双指示剂法测定混合碱,试判断下列五种情况下混合碱的组成。

(1) $V_1=0, V_2>0$　(2) $V_1>0, V_2=0$　(3) $V_1>V_2$　(4) $V_1<V_2$　(5) $V_1=V_2$

6. 取等体积的同一烧碱试液两份,一份加酚酞指示剂,另一份加甲基橙指示剂,分别用 HCl 标准溶液滴定,怎样确定 NaOH 和 $NaHCO_3$ 所消耗 HCl 标准溶液的体积?

7. 用双指示剂法测定混合碱组成的方法原理是什么?

（三）计算题

1. 计算 pH=4.00 时,$0.10mol \cdot L^{-1}$ HAc 溶液中的 $[HAc]$ 和 $[Ac^-]$。已知 $K_a(HAc)=1.8 \times 10^{-5}$。

2. 已知 HAc 的 $pK_a=4.74$,$NH_3 \cdot H_2O$ 的 $pK_b=4.74$。计算下列各溶液的 pH。

(1) $0.10mol \cdot L^{-1}$ HAc　　　(2) $0.10mol \cdot L^{-1}$ $NH_3 \cdot H_2O$

(3) $0.15mol \cdot L^{-1}$ NH_4Cl　　(4) $0.15mol \cdot L^{-1}$ NaAc

3. 工业用 NaOH 常含有 Na_2CO_3,今取试样 0.8000g,溶于新煮沸除去 CO_2 的水中,用酚酞作指示剂,用 $0.3000mol \cdot L^{-1}$ HCl 溶液滴至红色消失,需 30.50mL,再加入甲基橙作指示剂,用上述 HCl 溶液继续滴至橙色,消耗 2.50mL,求试样中 $w(NaOH)$ 和 $w(Na_2CO_3)$。

四、沉淀滴定

（一）选择题

1. 莫尔法测定 Cl^- 时,要求介质 pH 为 6.5~10,若酸度过高,则会产生( )。

A. AgCl 沉淀不完全　　　　　　　B. AgCl 吸附 Cl^- 的作用增强

C. Ag_2CrO_4 的沉淀不易形成　　　D. AgCl 的沉淀易胶溶

2. 莫尔法测定食品中氯化钠含量时,最适宜 pH 为( )。

A. 3.5~11.5　　　B. 6.5~10.5　　　C. 小于 3　　　D. 大于 12

3. 某微溶化合物 AB_2C_3 的饱和溶液平衡式是:$AB_2C_3 \Longrightarrow A+2B+3C$,今测得 $c=3 \times 10^{-3}mol \cdot L^{-1}$,则 AB_2C_3 的 K_{sp} 为( )。

A. 6×10^{-9}　　　B. 2.7×10^{-8}　　　C. 5.4×10^{-8}　　　D. 1.08×10^{-16}

4. 银量法中用铬酸钾作指示剂的方法又称(　　)。

A. 福尔哈德法　　　　B. 莫尔法　　　　　　C. 法扬司法　　　　　D. 沉淀法

5. 福尔哈德法测定银离子以(　　)为指示剂。

A. 铬酸钾　　　　　　B. 铁铵矾　　　　　　C. 荧光黄　　　　　　D. 单质碘

6. 莫尔法测定氯离子时,铬酸钾的实际用量最接近(　　)。

A. 1.0mol • L^{-1}　　B. 0.02mol • L^{-1}　　C. 0.01mol • L^{-1}　　D. 0.005mol • L^{-1}

7. 硝酸银标准溶液需保存在(　　)。

A. 玻璃瓶中　　　　　B. 棕色瓶中　　　　　C. 塑料瓶中　　　　　D. 任何容器中

8. 标定硝酸银溶液需用(　　)。

A. 分析纯氯化镁　　　B. 氯化钾　　　　　　C. 氯化钙　　　　　　D. 基准氯化钠

（二）简答题

1. 什么是沉淀滴定法? 沉淀滴定法所用的沉淀反应必须具备哪些条件?

2. 用银量法测定下列试样中的 Cl^- 时,选用什么指示剂指示滴定终点比较合适?

(1) $CaCl_2$　　　(2) $BaCl_2$　　　(3) $FeCl_2$　　　(4) $NaCl+Na_3PO_4$

(5) NH_4Cl　　　(6) $NaCl+Na_2SO_4$　　　(7) $Pb(NO_3)_2+NaCl$

3. 写出莫尔法、福尔哈德法测定 Cl^- 的主要反应,并指出各种方法选用的指示剂和酸度条件。

4. 在下列情况下,测定结果是偏高、偏低,还是无影响? 并说明其原因。

(1) 在 pH=4 的条件下,用莫尔法测定 Cl^-。

(2) 用福尔哈德法测定 Cl^- 既没有将 AgCl 沉淀滤去或加热促其凝聚,又没有加有机溶剂。

(3) 同(2)的条件下测定 Br^-。

（三）计算题

1. 称取 NaCl 基准试剂 0.1173g,溶解后加入 30.00mL $AgNO_3$ 标准溶液,过量的 Ag^+ 需要 3.20mL NH_4SCN 标准溶液滴定至终点。已知 20.00mL $AgNO_3$ 标准溶液与 21.00mL NH_4SCN 标准溶液能完全作用,计算 $AgNO_3$ 和 NH_4SCN 溶液的浓度。

2. 称取 NaCl 试液 20.00mL,加入 K_2CrO_4 指示剂,用 0.1023mol • L^{-1} $AgNO_3$ 标准溶液滴定,用去 27.00mL,则每升溶液中含 NaCl 若干克?

3. 称取银合金试样 0.3000g,溶解后加入铁铵矾指示剂,用 0.1000mol • L^{-1} NH_4SCN 标准溶液滴定,用去 23.80mL,计算银的质量分数。

4. 称取可溶性氯化物试样 0.2266g,用水溶解后,加入 0.1121mol • L^{-1} $AgNO_3$ 标准溶液 30.00mL。过量的 Ag^+ 用 0.1185mol • L^{-1} NH_4SCN 标准溶液滴定,用去 6.50mL,计算试样中氯的质量分数。

五、配位滴定

（一）选择题

1. EDTA 与金属离子配位时,真正起作用的是(　　)。

A. 二钠盐　　　　　　　　　　　　　B. EDTA 分子

C. 四价酸根离子　　　　　　　　　　　　D. EDTA 的所有形态

2. 配位滴定法测定水的总硬度,被测体系酸度的调节和控制应选用(　　)。

A. 稀盐酸　　　　　　　　　　　　B. pH＝6 的 NaAc-HAc 缓冲溶液

C. pH＝10 的 NH_4^+-NH_3 缓冲溶液　　　D. 六次甲基四胺溶液

3. 二甲酚橙和铬黑 T 的使用酸度范围分别是(　　)。

A. pH＝6～9,pH＝8　　　　　　　　B. pH＜6,pH＝6.3～11.5

C. pH＝7.8,pH＝8～12　　　　　　　D. pH＝6.3～12

4. 在配位滴定中,用返滴法测定 Al^{3+} 时,在 pH＝5～6,下列金属离子标准溶液中适用于返滴定过量 EDTA 的是(　　)。

A. Zn^{2+}　　　　　B. Mg^{2+}　　　　　C. Ag^+　　　　　D. Bi^{3+}

5. 用 EDTA 滴定 Mg^{2+} 时,采用铬黑 T 为指示剂,溶液中少量 Fe^{3+} 的存在将导致(　　)。

A. 在化学计量点前指示剂即开始游离出来,使终点提前

B. 使 EDTA 与指示剂作用缓慢,终点延长

C. 终点颜色变化不明显,无法确定终点

D. 与指示剂形成沉淀,使其失去作用

6. EDTA 配位滴定中,Fe^{3+}、Al^{3+} 对铬黑 T 有(　　)。

A. 封闭作用　　　　　　　　　　　　B. 僵化作用

C. 沉淀作用　　　　　　　　　　　　D. 氧化作用

7. EDTA 二钠盐(Na_2H_2Y)水溶液 pH 约是(　　)。

(已知 EDTA 的各级解离常数分别为 $10^{-0.9}$、$10^{-1.6}$、$10^{-2.0}$、$10^{-2.67}$、$10^{-6.16}$ 和 $10^{-10.26}$)

A. 1.25　　　　　B. 1.8　　　　　C. 2.34　　　　　D. 4.42

8. 六次甲基四胺$[(CH_2)_6N_4]$缓冲溶液的缓冲 pH 范围是(　　)。

(已知六次甲基四胺 pK_b＝8.85)

A. 4～6　　　　　B. 6～8　　　　　C. 8～10　　　　　D. 9～11

9. 下列叙述中结论错误的是(　　)。

A. EDTA 的酸效应使配合物的稳定性降低

B. 金属离子的水解效应使配合物的稳定性降低

C. 辅助配位效应使配合物的稳定性降低

D. 各种副反应均使配合物的稳定性降低

10. EDTA 滴定金属离子时,若使 EDTA 与金属离子浓度均增大 10 倍,pM 突跃改变(　　)。

A. 1 个单位　　　　B. 2 个单位　　　　C. 10 个单位　　　　D. 不变化

11. 用 EDTA 直接滴定有色金属离子,终点所呈现的颜色是(　　)。

A. EDTA-金属离子配合物的颜色

B. 指示剂-金属离子配合物的颜色

C. 游离指示剂的颜色

D. 上述 A 与 C 的混合颜色

(二) 简答题

1. 什么是水的总硬度?

2. 为什么滴定 Ca^{2+}、Mg^{2+} 总量时要控制 pH≈10,而滴定 Ca^{2+} 分量时要控制 pH 为 12~13? 若 pH>13 时测 Ca^{2+} 对结果有何影响?

3. 如果只有铬黑 T 指示剂,能否测定 Ca^{2+} 的含量? 如何测定?

4. 配位滴定中为什么加入缓冲溶液?

5. 用 Na_2CO_3 为基准物,以钙指示剂为指示剂标定 EDTA 浓度时,应控制溶液的酸度为多大? 为什么? 如何控制?

6. 以二甲酚橙为指示剂,用 Zn^{2+} 标定 EDTA 浓度的实验中,溶液的 pH 为多少?

7. 配位滴定法与酸碱滴定法相比,有哪些不同点? 操作中应注意哪些问题?

（以下简答针对"铅、铋混合液中铅、铋含量的连续测定"实验）

8. 按本实验操作,滴定 Bi^{3+} 的起始酸度是否超过滴定 Bi^{3+} 的最高酸度? 滴定至 Bi^{3+} 的终点时,溶液中酸度为多少? 此时再加入 10mL 200g·L^{-1} 六次甲基四胺后,溶液 pH 约为多少?

9. 能否取等量混合试液两份,一份控制 pH≈1.0 滴定 Bi^{3+},另一份控制 pH 为 5~6 滴定 Bi^{3+}、Pb^{2+} 总量? 为什么?

10. 滴定 Pb^{2+} 时要调节溶液 pH 为 5~6,为什么加入六次甲基四胺而不加入乙酸钠?

11. 当 Pb^{2+}、Bi^{3+} 两种离子共存时,能否在同一份试液中先滴定 Pb^{2+},再滴定 Bi^{3+}?

（三）计算题

用 EDTA 标准溶液滴定试样中的 Ca^{2+}、Mg^{2+}、Zn^{2+} 时的最小 pH 是多少? 实际分析中应控制 pH 在多大?

由于 $M+H_2Y \Longrightarrow MY+2H^+$,在实际分析中 pH 应控制在比滴定金属离子允许的最低 pH 高一点。

六、氧化还原滴定

（一）选择题

1. 用同一 $KMnO_4$ 标准溶液分别滴定体积相等的 $FeSO_4$ 和 $H_2C_2O_4$ 溶液,耗用的标准溶液体积相等,则 $FeSO_4$ 与两种溶液浓度之间的关系为（　　）。

A. $2c(FeSO_4)=c(H_2C_2O_4)$　　　B. $c(FeSO_4)=2c(H_2C_2O_4)$

C. $c(FeSO_4)=c(H_2C_2O_4)$　　　D. $5c(FeSO_4)=c(H_2C_2O_4)$

2. Fe^{3+} 与 Sn^{2+} 反应的平衡常数对数值(lgK)为（　　）。
[已知:$\varphi^{\ominus}(Fe^{3+}/Fe^{2+})=0.77V,\varphi^{\ominus}(Sn^{4+}/Sn^{2+})=0.15V$]

A. (0.77-0.15)/0.059　　　B. 2×(0.77-0.15)/0.059

C. 3×(0.77-0.15)/0.059　　　D. 2×(0.15-0.77)/0.059

3. 下列有关氧化还原反应的叙述不正确的是（　　）。

A. 反应物之间有电子转移

B. 反应物中的原子或离子有氧化数的变化

C. 反应物和生成物的反应系数一定要相等

D. 电子转移的方向由电极电势的高低来决定

4. 在用重铬酸钾标定硫代硫酸钠时,由于 KI 与重铬酸钾反应较慢,为了使反应能进行完全,下列措施不正确的是(　　　)。

　　A. 增加 KI 的量　　　B. 适当增加酸度　　　C. 使反应在较浓溶液中进行

　　D. 加热　　　　　　　E. 溶液在暗处放置 5min

　　5. 当两电对的电子转移数均为 2 时,为使反应完全度达到 99.9%,两电对的条件电位差至少应大于(　　　)。

　　A. 0.09V　　　　　　B. 0.18V　　　　　　C. 0.27V　　　　　　D. 0.36V

　　6. 下列物质可以用直接法配制标准溶液的是(　　　)。

　　A. 重铬酸钾　　　　B. 高锰酸钾　　　　C. 碘　　　　　　　D. 硫代硫酸钠

　　7. 下列(　　　)在读取滴定管读数时,读液面周边的最高点。

　　A. NaOH 标准溶液　　　　　　　　　B. 硫代硫酸钠标准溶液

　　C. 碘标准溶液　　　　　　　　　　　D. 高锰酸钾标准溶液

　　8. 配制 I_2 标准溶液时,正确的是(　　　)。

　　A. 碘溶于浓碘化钾溶液中　　　　　　B. 碘直接溶于蒸馏水中

　　C. 碘溶解于水后,加碘化钾　　　　　　D. 碘能溶于酸性中

　　9. 若两电对的电子转移数分别为 1 和 2,为使反应完全度达到 99.9%,两电对的条件电位差至少应大于(　　　)。

　　A. 0.09V　　　　　　B. 0.18V　　　　　　C. 0.24V　　　　　　D. 0.27V

　　10. 反应 $2A^+ + 3B^{4+} \longrightarrow 2A^{4+} + 3B^{2+}$ 到达化学计量点时,电位是(　　　)。

　　A. $[\varphi^{\ominus}(A) + \varphi^{\ominus}(B)]/2$　　　　　　B. $[2\varphi^{\ominus}(A) + 3\varphi^{\ominus}(B)]/5$

　　C. $[3\varphi^{\ominus}(A) + 2\varphi^{\ominus}(B)]/5$　　　　　　D. $6[\varphi^{\ominus}(A) - \varphi^{\ominus}(B)]/0.059$

　　11. 为使反应 $2A^+ + 3B^{4+} = 2A^{4+} + 3B^{2+}$ 完全度达到 99.9%,两电对的条件电位差至少大于(　　　)。

　　A. 0.1V　　　　　　B. 0.12V　　　　　　C. 0.15V　　　　　　D. 0.18V

　　12. 某铁矿试样含铁约 50%,现以 0.016 67mol·L^{-1} $K_2Cr_2O_7$ 溶液滴定,欲使滴定时,标准溶液消耗的体积在 20~30mL,应称取试样的质量范围是[$M_r(Fe) = 55.847$](　　　)。

　　A. 0.22~0.34g　　　　　　　　　B. 0.037~0.055g

　　C. 0.074~0.11g　　　　　　　　　D. 0.66~0.99g

　　13. 已知在 1mol·L^{-1} HCl 中 $\varphi^{\ominus\prime}(Cr_2O_7^{2-}/Cr^{3+}) = 1.00V$, $\varphi^{\ominus\prime}(Fe^{3+}/Fe^{2+}) = 0.68V$。以 $K_2Cr_2O_7$ 滴定 Fe^{2+} 时,下列指示剂中最合适的是(　　　)。

　　A. 二苯胺($\varphi^{\ominus\prime} = 0.76V$)　　　　　B. 二甲基邻二氮菲-$Fe^{2+}$($\varphi^{\ominus\prime} = 0.97V$)

　　C. 次甲基蓝($\varphi^{\ominus\prime} = 0.53V$)　　　　　D. 中性红($\varphi^{\ominus\prime} = 0.24V$)

　　14. 间接碘量法对植物油中碘进行测定时,指示剂淀粉溶液应在(　　　)。

　　A. 滴定开始前加入　　　　　　　　　B. 滴定一半时加入

　　C. 滴定近终点时加入　　　　　　　　D. 滴定终点加入

　　15. 已知在 1mol·L^{-1} HCl 中,$\varphi^{\ominus\prime}(Fe^{3+}/Fe^{2+}) = 0.68V$,$\varphi^{\ominus\prime}(Sn^{4+}/Sn^{2+}) = 0.14V$,计算以 Fe^{3+} 滴定 Sn^{2+} 至 99.9%、100%、100.1% 时的电位分别为(　　　)。

　　A. 0.50V、0.41V、0.32V

　　B. 0.17V、0.32V、0.56V

　　C. 0.23V、0.41V、0.50V

　　D. 0.23V、0.32V、0.50V

16. (1)用 $0.02\text{mol} \cdot \text{L}^{-1}$ $KMnO_4$ 溶液滴定 $0.1\text{mol} \cdot \text{L}^{-1}$ Fe^{2+} 溶液,(2)用 $0.002\ \text{mol} \cdot \text{L}^{-1}$ $KMnO_4$ 溶液滴定 $0.01\text{mol} \cdot \text{L}^{-1}$ Fe^{2+} 溶液,上述两种情况下其滴定突跃将是(　　　)。

A. 一样大　　　　　　B. (1)＞(2)　　　　　C. (2)＞(1)　　　　　D. 缺电位值,无法判断

17. 在用 $K_2Cr_2O_7$ 法测定 Fe 时,加入 H_3PO_4 的主要目的是(　　　)。

A. 提高酸度,使滴定反应趋于完全

B. 提高化学计量点前 Fe^{3+}/Fe^{2+} 电对的电位,使二苯胺磺酸钠不致提前变色

C. 降低化学计量点前 Fe^{3+}/Fe^{2+} 电对的电位,使二苯胺磺酸钠在突跃范围内变色

D. 有利于形成 Hg_2Cl_2 白色丝状沉淀

18. 用 Fe^{3+} 滴定 Sn^{2+} 在化学计量点的电位是(　　　)。

[已知 $\varphi^{\ominus\prime}(Fe^{3+}/Fe^{2+})＝0.68\text{V}, \varphi^{\ominus\prime}(Sn^{4+}/Sn^{2+})＝0.14\text{V}$]

A. 0.75V　　　　　　B. 0.68V　　　　　　C. 0.41V　　　　　　D. 0.32V

19. $KMnO_4$ 溶液作为滴定剂时,必须装在棕色酸式滴定管中。(　　　)

A. 正确　　　　　　B. 不正确

20. 直接碘量法的终点是从蓝色变为无色。(　　　)

A. 正确　　　　　　B. 不正确

21. 用基准试剂乙二酸钠标定 $KMnO_4$ 溶液时,需将溶液加热至 75～85℃进行滴定,若超过此温度,会使测定结果偏低。(　　　)

A. 正确　　　　　　B. 不正确

22. 溶液的酸度越高,$KMnO_4$ 氧化乙二酸钠的反应进行得越完全,所以用基准乙二酸钠标定 $KMnO_4$ 溶液时,溶液的酸度越高越好。(　　　)

A. 正确　　　　　　B. 不正确

23. 硫代硫酸钠标准溶液滴定碘时,应在中性或弱酸性介质中进行。(　　　)

A. 正确　　　　　　B. 不正确

24. 用间接碘量法测定试样时,最好在碘量瓶中进行,并应避免阳光照射,为减少与空气接触,滴定时不宜过度摇动。(　　　)

A. 正确　　　　　　B. 不正确

25. 用于重铬酸钾法中的酸性介质只能是硫酸,而不能用盐酸。(　　　)

A. 正确　　　　　　B. 不正确

26. 重铬酸钾法要求在酸性溶液中进行。(　　　)

A. 正确　　　　　　B. 不正确

27. 碘量法要求在碱性溶液中进行。(　　　)

A. 正确　　　　　　B. 不正确

28. 在碘量法中使用碘量瓶可以防止碘的挥发。(　　　)

A. 正确　　　　　　B. 不正确

(二) 计算题

1. 已知 I_2 在水中的溶解度为 $0.001\ 33\text{mol} \cdot \text{L}^{-1}$,求以 $0.005\ 000\text{mol} \cdot \text{L}^{-1}$ Ce^{4+} 滴定 50.00mL 等浓度的 I^- 时,固体 I_2 刚刚开始出现沉淀时,消耗的 Ce^{4+} 为多少毫升。

(已知反应 $I_2＋I^-\Longrightarrow I_3^-$ 的 $K＝708$)

2. 某硅酸盐试样 1.000g,用重量法测得($Fe_2O_3＋Al_2O_3$)的总量为 0.5000g。将沉淀溶解

在酸性溶液中,并将 Fe^{3+} 还原为 Fe^{2+},然后用 $0.030\ 00mol \cdot L^{-1}\ K_2Cr_2O_7$ 溶液滴定,用去 25.00mL。计算试样中 FeO 和 Al_2O_3 的质量分数。

3. 用碘量法测定钢中的硫时,使硫燃烧成 SO_2,SO_2 被含有淀粉的水溶液吸收,再用标准碘溶液滴定。若称取含硫 0.051% 的标准钢样和被测钢样各 500mg,滴定标准钢样中的硫用去碘溶液 11.6mL,滴定被测钢样中的硫用去碘溶液 7.00mL。试用滴定度表示碘溶液的浓度,并计算被测钢样中硫的质量分数。

4. 用一定体积的 $KMnO_4$ 溶液恰能氧化一定质量的 $KHC_2O_4 \cdot H_2C_2O_4 \cdot 2H_2O$,同样质量的 $KHC_2O_4 \cdot H_2C_2O_4 \cdot 2H_2O$ 恰能被 $KMnO_4$ 体积一半的 $0.2000mol \cdot L^{-1}\ NaOH$ 所中和。计算溶液的摩尔浓度。

参 考 答 案

一、分析天平和电子天平简介

(一) 选择题

1. D	2. C	3. A	4. D	5. A	6. B	7. D	8. A	9. D	10. A
11. A	12. D	13. D	14. C	15. D	16. A	17. A	18. C	19. D	20. C
21. A	22. B	23. D	24. A	25. B	26. C	27. A	28. B	29. A	30. B
31. B	32. A	33. A	34. B	35. A	36. A	37. B	38. B	39. A	40. A
41. A	42. A	43. A	44. A	45. A	46. B	47. B	48. A	49. A	

(二) 简答题

1. 真空质量不变,折算质量不变,质量改变。

2. 因电子天平自重较轻,容易被碰撞移位,造成天平不水平。若天平不水平称量结果不准。若气泡不在黑圈内,说明天平不水平。调节时,眼睛在水平仪的上方观察,一边旋转螺旋脚,一边观察气泡的移动,直到气泡在黑圈内。

3. 出现称量模式 0.0000g,表示对天平的显示器功能已检查完毕,天平可以使用。

4. 预热时间不够;防风门未关或未关严,造成气流;天平工作台不稳定(有振动);室温变化大;称量瓶烘干后未冷至室温;拿称量瓶的纸条不干燥;天平内的毛刷与秤盘有轻微接触;称量物洒落在天平盘上后,未及时清理。

5. 检查称量物的温度与天平箱内温度是否相等,称量物外部是否清洁和干燥;查看水平仪,气泡是否在黑圈中;如不水平,调螺旋脚;电子天平检查天平底板上、秤盘上是否清洁,如有洒落的试样,用刷子打扫干净。

二、滴定分析量器的操作

(一) 选择题

1. D　　2. A　　3. B　　4. D　　5. C　　6. B

(二) 简答题

1. NaOH 不易制纯,在空气中易吸收 CO_2 和水分,故 NaOH 标准溶液不能采用直接配制法配制,只能采用间接配制法配制。即先配制近似浓度的溶液,再用基准物质标定其浓度。因此,配制 NaOH 溶液时,用台秤称取 NaOH(s)即可,而不用分析天平称取 NaOH(s)。

2. 用容量瓶配制溶液时,不用将容量瓶干燥,这是因为容量瓶中的蒸馏水不会影响所配制溶液的浓度。更不能用被稀释的溶液润洗,若用被稀释的溶液润洗,反而增加了容量瓶中溶液的物质的量,导致所配制溶液的浓度增大。

3. 标准溶液装入滴定管之前,必须用该溶液润洗滴定管 2~3 次,目的是为了将滴定管中残留的蒸馏水洗去,避免将装入滴定管的标准溶液的浓度被稀释。锥形瓶不用该溶液润洗或烘干,这是因为进入锥形瓶中的物质的量是一定的,与锥形瓶中残留的水量无关。若用操作液润洗,反而增加了锥形瓶中溶液的物质的量,导致实验结果不准确。

4. 加入半滴的操作是:将旋塞稍稍转动或轻轻捏挤乳胶管,使有半滴溶液悬于管口,将锥形瓶与管口接触,使液滴流出,并用洗瓶以纯水冲下。

5. 当用甲基橙作指示剂时,pH 为 3.1~4.4,此时不是该反应的化学计量点。

6. 因为酸碱指示剂本身是一种弱酸或弱碱,加多了会引起较大的酸碱滴定误差。

7. $E_r = \dfrac{2 \times 0.001}{m} \times 100\% \leqslant 0.1\%$,则 $m \geqslant 2\text{mg}$。

（三）计算题

(1) 化学计量点前 0.1%

此时溶液的组成为 NaKB-KHB,是缓冲体系,按缓冲溶液 pH 的计算公式有

$$pH = pK_{a_2} + \lg \frac{c(B^{2-})}{c(HB^-)} = 5.41 + \lg \frac{99.9}{0.1} = 8.41$$

(2) 化学计量点时

此时溶液的组成为 NaKB,是二元碱,按一元碱[OH$^-$]的计算公式有

$$[OH^-] = \sqrt{cK_{b_1}} = \sqrt{\frac{cK_w}{K_{a_2}}} = \sqrt{\frac{0.10 \times 10^{-14}}{2 \times 10^{-5.41}}} = 10^{-4.94} (\text{mol} \cdot \text{L}^{-1})$$

$$pH = 14 - 4.94 = 9.06$$

可选酚酞为指示剂。

(3) 化学计量点后 0.1%

此时溶液的组成是 NaKB＋NaOH,溶液中的 pH 由过量的 OH$^-$ 决定

$$[OH^-] = c(\text{NaOH}) = \frac{0.10 \times 0.1\%}{2} = 10^{-4.30} (\text{mol} \cdot \text{L}^{-1})$$

$$pH = 14 - 4.30 = 9.70$$

滴定突跃范围 pH 为 8.41~9.70,可选酚酞为指示剂。

三、酸碱滴定

（一）选择题

1. B　　2. D　　3. D

（二）简答题

1. 对于液体样品,一般不称其质量而量其体积。测定结果以 1L 或 100mL 液体中所含被测物的质量表示[g · L^{-1} 或 g · (100mL)$^{-1}$]。

2. 食醋的主要成分是乙酸,此外,还含有少量其他有机酸,如乳酸等。因乙酸的 $K_a = 1.8 \times 10^{-5}$,乳酸的 $K_a = 1.4 \times 10^{-4}$,都满足 $K_a \geqslant 10^{-7}$ 的滴定条件,均可用碱标准溶液直接滴定,所以实际测得的结果是食醋的总酸度。因乙酸含量多,故常用乙酸含量表示。

3. 若测定红醋的总酸度,可先加活性炭脱色后再用标准 NaOH 溶液滴定,选用酚酞指示剂,滴定至由无色变浅红色即为终点。

4. 混合碱是 Na$_2$CO$_3$ 与 NaOH 或 Na$_2$CO$_3$ 与 NaHCO$_3$ 的混合物;能。

$$w(\text{Na}_2\text{CO}_3) = 2c(\text{HCl}) \times V_1 \times M(\text{Na}_2\text{CO}_3) \times 100\%/(0.1m)$$
$$w(\text{NaHCO}_3) = c(\text{HCl}) \times (V_2 - V_1) \times M(\text{NaHCO}_3) \times 100\%/(0.1m)$$

5. (1) NaHCO$_3$;　(2) NaOH;　(3) NaOH 和 Na$_2$CO$_3$;　(4) Na$_2$CO$_3$ 和 NaHCO$_3$;　(5) Na$_2$CO$_3$。

6. 溶液变为无色时是 NaOH 消耗 HCl 标准溶液的体积;溶液变为黄色时是 NaHCO$_3$ 消耗 HCl 标准溶液的体积。

7. 测混合碱试液,可选用酚酞和甲基橙两种指示剂。以 HCl 标准溶液连续滴定。滴定的方法原理可图解如下:

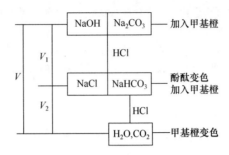

（三）计算题

1. 根据分布分数计算公式计算：

$$[HAc]=\delta(HAc) \cdot c(HAc)=\frac{[H^+]}{[H^+]+K_a} \cdot c(HAc)$$

$$=\frac{10^{-4}}{10^{-4}+1.8 \times 10^{-5}} \times 0.10$$

$$=0.085(mol \cdot L^{-1})$$

$$[Ac^-]=\delta(Ac^-) \cdot c(HAc)=\frac{[K_a]}{[H^+]+K_a} \cdot c(HAc)$$

$$=\frac{1.8 \times 10^{-5}}{10^{-4}+1.8 \times 10^{-5}} \times 0.10$$

$$=0.015(mol \cdot L^{-1})$$

或　　　　　　　　　　　$$[HAc]+[Ac^-]=0.10mol \cdot L^{-1}$$

所以　　　　　　　　　$$[Ac^-]=0.10-0.085=0.015(mol \cdot L^{-1})$$

2. (1) $0.10mol \cdot L^{-1}$ HAc

已知：$K_a=1.8 \times 10^{-5}$，$c(HAc)=0.10mol \cdot L^{-1}$，$cK_a>20K_w$，$c/K_a>500$，用最简式计算，求得

$$[H^+]=\sqrt{cK_a}=\sqrt{10^{-1} \times 10^{-4.74}}=10^{-2.87}(mol \cdot L^{-1})$$

$$pH=2.87$$

(2) $0.10mol \cdot L^{-1}$ $NH_3 \cdot H_2O$

已知：$K_b=1.8 \times 10^{-5}$，$c(NH_3 \cdot H_2O)=0.10mol \cdot L^{-1}$，$cK_b>20K_w$，$c/K_b>500$，所以用最简式计算，求得

$$[OH^-]=\sqrt{cK_b}=\sqrt{10^{-1} \times 10^{-4.74}}=10^{-2.87}(mol \cdot L^{-1})$$

$$pOH=2.87 \qquad pH=11.13$$

(3) $0.15mol \cdot L^{-1}$ NH_4Cl

已知：NH_4^+ 为酸，故 $pK_a=14-4.74=9.26$，$K_a=5.6 \times 10^{-10}$，$c(NH_4^+)=0.15mol \cdot L^{-1}$，$cK_a>20K_w$，$c/K_a>500$，所以用最简式计算，求得

$$[H^+]=\sqrt{cK_a}=\sqrt{0.15 \times 5.6 \times 10^{-10}}=9.17 \times 10^{-6}(mol \cdot L^{-1})$$

$$pH=5.04$$

(4) $0.15mol \cdot L^{-1}$ NaAc

已知：Ac^- 为碱，故 $pK_b=14-4.74=9.26$，$K_b=5.6 \times 10^{-10}$，$c(Ac^-)=0.15mol \cdot L^{-1}$，$cK_b>20K_w$，$c/K_b>500$，所以用最简式计算，求得

$$[OH^-]=\sqrt{cK_b}=\sqrt{0.15 \times 5.6 \times 10^{-10}}=9.17 \times 10^{-6}(mol \cdot L^{-1})$$

$$pOH=5.04 \qquad pH=8.96$$

3. 　　　　$$w(Na_2CO_3)=\frac{m(Na_2CO_3)}{m_s}=\frac{n(Na_2CO_3) \cdot M(Na_2CO_3)}{m_s} \times 100\%$$

$$= \frac{2c(\text{HCl}) \cdot V(\text{HCl}) \cdot M(\text{Na}_2\text{CO}_3)}{m_s} \times 100\%$$

$$= \frac{2 \times 0.3000\text{mol} \cdot \text{L}^{-1} \times 2.50 \times 10^{-3}\text{L} \times 105.99\text{g} \cdot \text{mol}^{-1}}{0.8000\text{g}} \times 100\%$$

$$= 2 \times 0.0994 = 19.87\%$$

$$w(\text{NaOH}) = \frac{m(\text{NaOH})}{m_s} = \frac{[c(\text{HCl}) \cdot V_1(\text{HCl}) - c(\text{HCl}) \cdot V_2(\text{HCl})] \cdot M(\text{NaOH})}{m_s} \times 100\%$$

$$\approx \frac{[0.3000\text{mol} \cdot \text{L}^{-1}(30.50 - 2.50) \times 10^{-3}\text{L}] \times 84.01\text{g} \cdot \text{mol}^{-1}}{0.8000\text{g}} \times 100\%$$

$$= 0.8821 = 88.21\%$$

四、沉淀滴定

（一）选择题

1. C　　2. B　　3. D　　4. B　　5. B　　6. D　　7. B　　8. D

（二）简答题

1. 沉淀滴定法是以沉淀反应为基础的一种滴定分析方法。沉淀滴定法所对应的沉淀反应,必须具备下列条件:

（1）反应的完全程度高,达到平衡的速率快,不易形成过饱和溶液,即反应能定量进行。

（2）沉淀的组成恒定,沉淀的溶解度必须很小,在沉淀的过程中不易发生共沉淀现象。

（3）有确定终点的简便方法。

2. （1）三种方法均可。

（2）由于 Ba^{2+} 与 CrO_4^{2-} 生成沉淀,干扰滴定,所以采用莫尔法时,应先加入过量的 Na_2SO_4。也可采用福尔哈德法和法扬司法。

（3）吸附指示剂。

（4）铁铵矾指示剂。

（5）铁铵矾指示剂,采用莫尔法需控制 pH 为 6.5～7.2。

（6）铬酸钾指示剂。

（7）铁铵矾指示剂或吸附指示剂。

3. （1）莫尔法主要反应:$Cl^- + Ag^+ \rightleftharpoons AgCl\downarrow$,指示剂:铬酸钾,酸度条件:pH=6.0～10.5。

（2）福尔哈德法主要反应:$Cl^- + Ag^+$(过量)$\rightleftharpoons AgCl\downarrow$,$Ag^+$(剩余)$+ SCN^- \rightleftharpoons AgSCN\downarrow$,指示剂:铁铵矾,酸度条件:0.1～1mol·$L^{-1}$。

4. （1）偏高。因部分 CrO_4^{2-} 转变成 $Cr_2O_7^{2-}$,指示剂浓度降低,则终点推迟出现。

（2）偏低。因有部分 AgCl 转化成 AgSCN 沉淀,返滴定时,多消耗硫氰酸盐标准溶液。

（3）无影响。因 AgBr 的溶解度小于 AgSCN,则不会发生沉淀的转化作用。

（三）计算题

1. 设 $AgNO_3$ 和 NH_4SCN 溶液的浓度分别为 x、y,已知 $M_r(\text{NaCl}) = 58.44$。

则列式　　　　　　　　　　　$20x = 21y$　　　　　　　　　　　　　　　　（1）

$$\frac{(30x - 3.2y)}{1000} \times 58.44 = 0.1173 \tag{2}$$

解得　　　　　$x = 0.074\,46\text{mol} \cdot \text{L}^{-1}$,$y = 0.070\,92\text{mol} \cdot \text{L}^{-1}$

2. 因　　　　　$Ag^+ + Cl^- \rightleftharpoons AgCl\downarrow$　　　$M_r(\text{NaCl}) = 58.44$

所以　　　　$w(\text{NaCl}) = \dfrac{0.1023 \times \dfrac{27.00}{1000} \times 58.44}{\dfrac{20.00}{1000}} = 8.071(\text{g} \cdot \text{L}^{-1})$

3. 因　　　　　$Ag^+ + SCN^- \rightleftharpoons AgSCN$　　　$M_r(\text{Ag}) = 107.8682$

所以 　　　　　　$$w(\mathrm{Ag}) = \frac{0.1000 \times 23.80 \times 107.8682}{1000 \times 0.3000} = 0.855$$

4. 因 　　　　　　$\mathrm{Ag^+ + SCN^- =\!\!= AgSCN}$　　　$M_r(\mathrm{Cl^-}) = 35.45$

所以 　　　　　　$$w(\mathrm{Cl}) = \frac{[n(\mathrm{Ag}) - n(\mathrm{NH_4 SCN})] \times M_r(\mathrm{Cl^-})}{1000 \times m_s}$$

$$= \frac{(0.1121 \times 30 - 0.1185 \times 6.5) \times 35.45}{1000 \times 0.2266}$$

$$= 0.4056$$

五、配位滴定

(一) 选择题

1. C　　2. C　　3. B　　4. A　　5. C　　6. A　　7. D　　8. A　　9. D　　10. A　　11. D

(二) 简答题

1. 水中 $\mathrm{Ca^{2+}}$、$\mathrm{Mg^{2+}}$ 的总量称为水的总硬度。

2. 因为滴定 $\mathrm{Ca^{2+}}$、$\mathrm{Mg^{2+}}$ 总量时要用铬黑 T 作指示剂,铬黑 T 在 pH 为 8～11 为蓝色,与金属离子形成的配合物为紫红色,终点时溶液为蓝色。所以溶液的 pH 要控制为 10。测定 $\mathrm{Ca^{2+}}$ 时,要将溶液的 pH 控制至 12～13,主要是让 $\mathrm{Mg^{2+}}$ 完全生成 $\mathrm{Mg(OH)_2}$ 沉淀,以保证准确测定 $\mathrm{Ca^{2+}}$ 的含量。在 pH 为 12～13 时钙指示剂与 $\mathrm{Ca^{2+}}$ 形成酒红色配合物,指示剂本身呈纯蓝色,当滴至终点时溶液为纯蓝色。但 pH>13 时,指示剂本身为酒红色,而无法确定终点。

3. 如果只有铬黑 T 指示剂,首先用 NaOH 调 pH>12,使 $\mathrm{Mg^{2+}}$ 生成沉淀与 $\mathrm{Ca^{2+}}$ 分离,分离 $\mathrm{Mg^{2+}}$ 后的溶液用 HCl 调 pH=10,在加入氨性缓冲溶液。以铬黑 T 为指示剂,用 Mg-EDTA 标准溶液滴定 $\mathrm{Ca^{2+}}$ 的含量。

4. 各种金属离子与滴定剂生成配合物时都应有允许最低 pH,否则就不能被准确滴定。而且酸度还可能影响指示剂的变色点和自身的颜色,导致终点误差变大,甚至不能准确滴定。因此酸度对配位滴定的影响是多方面的,需要加入缓冲溶液予以控制。

5. 用 $\mathrm{Na_2CO_3}$ 为基准物质,以钙指示剂为指示剂标定 EDTA 浓度时,因为钙指示剂与 $\mathrm{Ca^{2+}}$ 在 pH=12～13 能形成酒红色配合物,而自身呈纯蓝色,当滴定到终点时溶液的颜色由红色变纯蓝色,所以用 NaOH 控制溶液的 pH 为 12～13。

6. 以二甲酚橙为指示剂,用 $\mathrm{Zn^{2+}}$ 标定 EDTA 浓度的实验中,溶液的 pH 为 5～6。

7. 配位滴定法与酸碱滴定法相比有如下不同点:

(1) 配位滴定反应速率较慢,故滴定速率不宜太快。

(2) 配位滴定法干扰大(在配位滴定中 M 有配位效应和水解效应,EDTA 有酸效应和共存离子效应),滴定时应注意消除各种干扰。

(3) 配位滴定通常在一定的酸度下进行,故滴定时应严格控制溶液的酸度。

8. 按本实验操作,滴定 $\mathrm{Bi^{3+}}$ 的起始酸度没有超过滴定 $\mathrm{Bi^{3+}}$ 的最高酸度。随着滴定的进行,溶液 pH≈1。加入 10mL 200g·$\mathrm{L^{-1}}$ 六次甲基四胺后,溶液的 pH=5～6。

9. 不能在 pH 为 5～6 时滴定 $\mathrm{Bi^{3+}}$、$\mathrm{Pb^{2+}}$ 总量,因为当溶液的 pH 为 5～6 时,$\mathrm{Bi^{3+}}$ 水解,不能准确滴定。

10. 在选择缓冲溶液时,不仅要考虑它的缓冲范围或缓冲容量,还要注意可能引起的副反应。在滴定 $\mathrm{Pb^{2+}}$ 时,若用 NaAc 调酸度,$\mathrm{Ac^-}$ 能与 $\mathrm{Pb^{2+}}$ 形成配合物,影响 $\mathrm{Pb^{2+}}$ 的准确滴定,所以用六次甲基四胺调酸度。

11. 不能。在 pH 为 5～6 时滴定 $\mathrm{Pb^{2+}}$,$\mathrm{Bi^{3+}}$ 水解,不能准确滴定。

(三) 计算题

查表得:$\lg K(\mathrm{CaY}) = 10.69$,$\lg K(\mathrm{MgY}) = 8.69$,$\lg K(\mathrm{ZnY}) = 16.50$。

设试样中的各金属离子的浓度均为 $10^{-2}\,\mathrm{mol \cdot L^{-1}}$,则

$$\lg \alpha[\mathrm{Y(H)}] = \lg K(\mathrm{MY}) - 8$$

故滴定 $\mathrm{Ca^{2+}}$ 的 pH 为:$\lg \alpha[\mathrm{Y(H)}] = \lg K(\mathrm{CaY}) - 8 = 10.69 - 8 = 2.69$,查表得 pH=7.5～7.6,实际分析中,由于 $\mathrm{Mg^{2+}}$ 干扰,采用 pH>12。

滴定 Mg^{2+} 的 pH 为：$lg\alpha[Y(H)]=lgK(MgY)-8=8.69-8=0.69$，查表得 pH$=9.6\sim9.7$，实际分析中，采用 pH$=10$。

滴定 Zn^{2+} 的 pH 为：$lg\alpha[Y(H)]=lgK(ZnY)-8=16.50-8=8.50$，查表得 pH$=4.0\sim4.1$，实际分析中，采用 pH$=5$。

故用 EDTA 滴定 Ca^{2+}、Mg^{2+}、Zn^{2+} 时的最小 pH 分别为 7.5、9.6、4.0。

六、氧化还原滴定

（一）选择题

1. B　2. B　3. C　4. D　5. B　6. A　7. C　8. A　9. D　10. C
11. C　12. A　13. B　14. C　15. D　16. A　17. C　18. D　19. A　20. B
21. B　22. B　23. A　24. A　25. B　26. A　27. B　28. A

（二）计算题

1.
$$2Ce^{4+}+2I^-=\!=\!=2Ce^{3+}+I_2$$

当反应达化学计量点时，即加入 $0.005\,000\text{mol}\cdot L^{-1}Ce^{4+}$ 溶液 50.00mL 时，生成的 I_2 的浓度为

$$c(I_2)=\frac{1}{2}\times\frac{1}{2}\times0.005\,000=0.001\,25(\text{mol}\cdot L^{-1})<0.001\,33\text{mol}\cdot L^{-1}$$

因此在此滴定条件下，固体 I_2 不可能析出沉淀。

2.
$$w(FeO)=\frac{6c(K_2Cr_2O_7)V\times M(FeO)}{m_s}\times100\%$$

$$=\frac{6\times0.030\,00\times25.00\times71.84}{1.000\times1000}\times100\%$$

$$=32.33\%$$

$$w(Al_2O_3)=\frac{0.5000-6c(K_2Cr_2O_7)V\times\frac{1}{2}M(Al_2O_3)}{m_s}\times100\%$$

$$=\frac{0.5000-6\times0.030\,00\times25.00\times\frac{1}{2}\times159.69}{1.000\times1000}\times100\%$$

$$=14.07\%$$

3.
$$S\sim SO_2\sim H_2SO_3\sim I_2$$

$$T=\frac{0.051\%}{11.6}=0.0044\%\cdot mL^{-1}$$

$$w(S)=T\times V=0.0044\times7.00=0.031\%$$

4.（1）
$$2MnO_4^-+5C_2O_4^{2-}+16H^+=\!=\!=10CO_2+2Mn^{2+}+8H_2O$$

$$n(KMnO_4)=\frac{2}{5}n(C_2O_4^{2-})=\frac{4}{5}n(KHC_2O_4\cdot H_2C_2O_4\cdot 2H_2O)$$

$$H_2C_2O_4+OH^-=\!=\!=C_2O_4^{2-}+2H_2O$$

$$n(OH^-)=2n(H_2C_2O_4)=3n(KHC_2O_4\cdot H_2C_2O_4\cdot 2H_2O)$$

$$V(KMnO_4)\cdot c(KMnO_4)=\frac{4}{5}n(KHC_2O_4\cdot H_2C_2O_4\cdot 2H_2O)$$

$$\frac{1}{2}V(KMnO_4)\cdot c(NaOH)=n(KHC_2O_4\cdot H_2C_2O_4\cdot 2H_2O)$$

所以　　
$$\frac{4}{5}V(KMnO_4)\cdot c(KMnO_4)=\frac{1}{2\times3}V(KMnO_4)\cdot c(NaOH)$$

$$c(KMnO_4)=\frac{4}{2\times5\times3}n(NaOH)=0.026\,67\text{mol}\cdot L^{-1}$$

（2）以等当量定律计算

$$(NV)(KMnO_4) = (NV)(KHC_2O_4 \cdot H_2C_2O_4 \cdot 2H_2O) = \frac{G}{M} \times 4000 \tag{1}$$

$$(NV)(NaOH) = (NV)(KHC_2O_4 \cdot H_2C_2O_4 \cdot 2H_2O) = \frac{G}{M} \times 3 \times 1000 \tag{2}$$

$$\frac{1}{2}N(NaOH)V(KMnO_4) = \frac{G}{M} \times 3000 \tag{3}$$

从(1)与(3)有

$$\frac{N(KMnO_4)V(KMnO_4)}{\frac{1}{2}N(NaOH)V(KMnO_4)} = \frac{\dfrac{G}{M} \times 4000}{\dfrac{G}{M} \times 3000}$$

$$N(KMnO_4) = \frac{4}{3} \times \frac{1}{2} \times N(NaOH) = 0.1333$$

$$c(KMnO_4) = \frac{1}{5} \times N(KMnO_4) = 0.026\ 67\ mol \cdot L^{-1}$$

在线答疑

王清萍　　　wangqp@fjnu. edu. cn

阎　杰　　　yanjie0001@126. com

何海芬　　　746479866@qq. com

宋光泉　　　13922193919@163. com

第六章　重量分析技术

第一节　概　　述

　　重量分析是用适当方法将试样中的待测组分与其他组分分离,然后用称量的方法测定该组分的含量,常用的分离方法有气化法和沉淀法。气化法一般是用加热或蒸馏等方法使被测组分转化为挥发性物质逸出,然后根据试样质量的减少来计算试样中该组分的含量;或用吸收剂将气体全部吸收,根据吸收剂质量的增加来计算该组分的含量。沉淀法是采用适当沉淀剂将待测组分生成难溶化合物,然后测定沉淀的质量,根据沉淀质量计算出待测组分的含量。

　　气化法和沉淀法两种方法应用较多的是沉淀法,沉淀法中的基础是沉淀反应,其中沉淀剂的选择与用量、沉淀形式、沉淀反应的条件、沉淀完全程度、沉淀中杂质含量等都会影响分析结果的准确度。本章习题围绕沉淀重量法中沉淀条件、沉淀影响因素、方法注意点以及溶解度计算进行编写,习题类型为选择题、简答题和计算题,主要训练学生分析问题和解决问题的能力,加强对重量分析技术的掌握,为更好掌握化学分析技术铺垫基础。

第二节　试　　题

（一）选择题

1. 晶形沉淀的沉淀条件是(　　　　)。
   A. 稀、热、快、搅、陈　　　　　　　B. 浓、热、快、搅、陈
   C. 稀、冷、慢、搅、陈　　　　　　　D. 稀、热、慢、搅、陈

2. 在铵盐存在下,利用氨水沉淀 Fe^{3+},若铵盐浓度固定,增大氨的浓度,$Fe(OH)_3$沉淀对 Mg^{2+} 和 Ni^{2+} 的吸附量(　　　　)。
   A. 都增加　　　　　　　　　　　　B. 都减少
   C. Mg^{2+} 增加而 Ni^{2+} 减少　　　D. Mg^{2+} 减少而 Ni^{2+} 增加

3. 为了沉淀 $NaNO_3$ 溶液中少量 SO_4^{2-},加入过量的 $BaCl_2$,这时 $BaSO_4$ 沉淀表面吸附层离子和扩散层的抗衡离子分别是(　　　　)。
   A. Na^+、NO_3^-　　　　　　　　　B. Ba^{2+}、NO_3^-
   C. Cl^-、Na^+　　　　　　　　　　D. NO_3^-、H^+

4. 用滤纸过滤时,玻璃棒下端(　　　　),并尽可能接近滤纸。
   A. 对着一层滤纸的一边　　　　　　B. 对着滤纸的锥顶
   C. 对着三层滤纸的一边　　　　　　D. 对着滤纸的边缘

5. 直接干燥法测定样品中水分时,达到恒重是指两次称量前后质量差不超过(　　　　)。
   A. 0.0002g　　　　　　　　　　　　B. 0.0020g
   C. 0.0200g　　　　　　　　　　　　D. 0.2000g

6. 重量法测定铁时,过滤 $Fe(OH)_3$ 沉淀应选用(　　)。

    A. 快速定量滤纸　　　　　　　B. 中速定量滤纸

    C. 慢速定量滤纸　　　　　　　D. 玻璃砂芯坩埚

7. 重量法测定石灰石(含有 Ca、Si、Fe、Al、Mg 等)中钙含量的操作步骤是:将试样用酸溶解,并过滤出清液;加入柠檬酸和甲基橙(应为红色),再加入 $(NH_4)_2C_2O_4$ 后以 HCl 中和至沉淀溶解为止;滴加 NH_3 水至呈黄色,保温半小时即可过滤出 CaC_2O_4 沉淀。下列不正确的是(　　)。

    A. 加入柠檬酸是为了掩蔽 Fe^{3+} 和 Al^{3+}

    B. 红色说明溶液具有较强的酸性

    C. 滴加 NH_3 水是为了降低 CaC_2O_4 的过饱和度

    D. 黄色说明酸度较低,CaC_2O_4 沉淀基本完全

8. 晶形沉淀陈化的目的是(　　)。

    A. 沉淀完全　　　　　　　　　B. 小颗粒长大,使沉淀更纯净

    C. 去除混晶　　　　　　　　　D. 形成更细小的晶体

9. 用重量法测定试样中的砷,首先使其形成 Ag_3AsO_4 沉淀,然后转化为 AgCl,并以此为称量形式,则用 As_2O_3 表示的换算因数是(　　)。

    A. $M_r(As_2O_3)/M_r(AgCl)$　　　　　B. $2M_r(As_2O_3)/3M_r(AgCl)$

    C. $3M_r(AgCl)/M_r(As_2O_3)$　　　　　D. $M_r(As_2O_3)/6M_r(AgCl)$

10. $BaSO_4$ 溶液重量法测定 Ba^{2+} 的含量,较好的介质是(　　)。

    A. 稀 HNO_3　　　　　　　　　B. 稀 HCl

    C. 稀 H_2SO_4　　　　　　　　　D. 稀 HAc

11. 在重量分析中,为使沉淀反应进行完全,对不易挥发的沉淀剂来说,加入量最好(　　)。

    A. 按计量关系加入　　　　　　B. 过量 $20\%\sim50\%$

    C. 过量 $50\%\sim100\%$　　　　　D. 使沉淀剂达到近饱和

12. 在重量分析中对无定形沉淀洗涤时,洗涤液应选择(　　)。

    A. 冷水　　　　　　　　　　　B. 有机溶剂

    C. 沉淀剂稀溶液　　　　　　　D. 热的电解质溶液

13. 重量分析中,若待测物质中含的杂质与待测物的离子半径相近,在沉淀过程中往往形成(　　)。

    A. 表面吸附　　　　　　　　　B. 吸留与包藏

    C. 混晶　　　　　　　　　　　D. 后沉淀

14. 沉淀重量法中,称量形式的摩尔质量越大,将使(　　)。

    A. 测定结果准确度高　　　　　B. 沉淀纯净

    C. 沉淀的溶解度减小　　　　　D. 沉淀易于过滤洗涤

15. 测定银时为了保证 AgCl 沉淀完全,应采取的沉淀条件是(　　)。

    A. 加入浓 HCl　　　　　　　　B. 加入饱和的 NaCl

    C. 加入适当过量的稀 HCl　　　D. 在冷却条件下加入 NH_4Cl+NH_3

（二）简答题

1. 为什么 $BaSO_4$ 沉淀要用水洗涤,而 AgCl 沉淀要用稀 HNO_3 洗涤?

2. 为什么 ZnS 在 HgS 沉淀表面上,而不在 $BaSO_4$ 沉淀表面上沉淀?

3. 用过量的 H_2SO_4 沉淀 Ba^{2+} 时,K^+、Na^+ 均能引起共沉淀。则何者共沉淀严重? 此时沉淀组成可能是什么? 已知离子半径:$r(K^+)=133pm$,$r(Na^+)=95pm$,$r(Ba^{2+})=135pm$。

4. 为什么沉淀 $BaCl_2$ 要在稀 HCl 溶液中进行? HCl 过量对实验有何影响?

5. 在允许的称量范围内,称样的量为什么越大越好?

6. 测定新鲜蔬菜中的水分含量时,可否采用烘干法测定?

7. 在沉淀重量法中什么是恒重? 坩埚和沉淀的恒重温度是如何确定的?

8. 为什么 $BaSO_4$ 沉淀要陈化,而 AgCl 或 $Fe_2O_3 \cdot nH_2O$ 沉淀不要陈化?

9. 共沉淀和后沉淀有何区别? 它们是怎样发生的? 对重量分析有什么不良影响?

10. 要获得纯净而易于分离和洗涤的晶形沉淀,需采取什么措施?

（三）计算题

1. 称 0.1758g 纯 NaCl 与纯 KCl 的混合物,然后将氯沉淀为 AgCl,过滤、洗涤、恒重,得 0.4104g 的 AgCl。计算试样中 NaCl 与 KCl 的质量分数各为多少。

2. 称取含硫的纯有机化合物 1.0000g。首先用 Na_2O_2 熔融,使其中的硫定量转化为 Na_2SO_4,然后溶解于水,用 $BaCl_2$ 溶液处理,定量转化为 $BaSO_4$ 1.0890g。计算:

（1）有机化合物中硫的质量分数。

（2）若有机化合物的摩尔质量为 214.33g·mol^{-1},求该有机化合物中硫原子个数。

3. 分析芒硝 $Na_2SO_4 \cdot H_2O$ 样品,估计纯度约为 90%。用 $BaSO_4$ 重量法测定,每份需称样品多少克?

4. 称取 CaC_2O_4 和 MgC_2O_4 纯混合试样 0.6240g,在 500℃ 下加热,定量转化为 $CaCO_3$ 和 $MgCO_3$ 后为 0.4830g。

（1）计算试样中 CaC_2O_4 和 MgC_2O_4 质量分数。

（2）若在 900℃ 加热该混合物,定量转化为 CaO 和 MgO 的质量为多少克?

5. 称取某一纯铁的氧化物试样 0.5434g,然后通入氢气将其中的氧全部还原除去后,残留物为 0.3801g。计算该铁的氧化物的分子式。

6. 今有纯 CaO 和 BaO 的混合物 2.212g,转化为混合硫酸盐后其质量为 5.023g,计算原混合物中 CaO 和 BaO 的质量分数。

7. 设有可溶性氯化物、溴化物、碘化物的混合物 1.200g,加入 $AgNO_3$ 沉淀剂使沉淀为卤化物后,其质量为 0.4500g,卤化物经加热并通入氯气使 AgBr、AgI 等转化为 AgCl 后,混合物的质量为 0.3300g,若用同样质量的试样加入氯化亚钯处理,其中只有碘化物转化为 PdI_2 沉淀,它的质量为 0.0900g。则原混合物氯、溴、碘的质量分数各为若干?

8. 灼烧过的 $BaSO_4$ 沉淀为 0.5013g,其中有少量 BaS,用 H_2SO_4 润湿,过量的 H_2SO_4 蒸气除去。再灼烧后称得沉淀的质量为 0.5021g,求 $BaSO_4$ 中 BaS 的质量分数。

参 考 答 案

一、选择题

1. D　　2. C　　3. B　　4. C　　5. A　　6. A　　7. C　　8. B

9. D　　10. B　　11. B　　12. D　　13. C　　14. A　　15. C

二、简答题

1. BaSO$_4$ 沉淀用水洗涤的目的是洗去吸附在沉淀表面的杂质离子。

AgCl 沉淀为无定形沉淀,不能用纯水洗涤,这是因为无定形沉淀易发生胶溶,所以洗涤液不能用纯水,而应加入适量的电解质。用稀 HNO$_3$ 还可防止 Ag$^+$ 水解,且 HNO$_3$ 加热易于除去。

2. 由于 HgS 表面的 S^{2-} 浓度比溶液中大得多,对 ZnS 来说,此处的相对过饱和度显著增大,因而导致沉淀析出。而 BaSO$_4$ 沉淀表面无与 S^{2-} 或 Zn^{2+} 相同的离子,故不会出现继沉淀。

3. K$^+$ 的共沉淀较严重,沉淀组成可能为 BaSO$_4$＋K$_2$SO$_4$。这是由于 K$^+$ 的半径与 Ba^{2+} 的半径相近,易于生成混晶,从而引起共沉淀。

4. 加入 HCl 溶液可防止 CO$_3^{2-}$、PO$_4^{3-}$ 等与 Ba^{2+} 生成沉淀,同时,在盐酸中沉淀可以促使形成粗大易于过滤的沉淀物。但酸过量可增大 BaSO$_4$ 的溶解度。

5. 在允许的称量范围内,称样的量大,可以减少称量误差。

6. 不可以,因为新鲜蔬菜中的水分,有部分是游离水分,不是蔬菜中含有的水分,应将其风干,使这部分游离水去掉,才可以采用烘干法测定。

7. 恒重是指沉淀在一定温度范围内,高温除去吸附的水分以及其他易挥发组分,生成稳定的称量形式。坩埚和沉淀的恒重温度要一致,温度的高低是由沉淀的性质所决定的。如果沉淀本身有固定组成,只要低温烘去吸附的水分即可。而许多沉淀没有固定组成,必须经过灼烧使之转变成适当的称量形式,灼烧温度由实验决定。

8. BaSO$_4$ 沉淀为晶形沉淀,陈化可获得完整、粗大而纯净的晶形沉淀。而 AgCl 或 Fe$_2$O$_3$ · nH$_2$O 沉淀为非晶形沉淀。对于此类沉淀,陈化不仅不能改善沉淀的形状,反而使沉淀更趋黏结,杂质难以洗净。

9. 当一种难溶物质从溶液中沉淀析出时,溶液中的某些可溶性杂质会被沉淀带下来而混杂于沉淀中,这种沉淀现象称为共沉淀。在已形成的沉淀上形成第二种不溶物质,这种沉淀现象称为后沉淀。共沉淀是由于沉淀的表面吸附、形成混晶、吸留和包藏等造成。后沉淀是由于沉淀速率的差异,特定组分在溶液中形成稳定的过饱和溶液,随着放置时间的延长而发生的沉淀。共沉淀和后沉淀都会使沉淀引入杂质,后沉淀引入杂质量比共沉淀要多,这两类沉淀是重量分析中最重要的误差来源。

10. 欲获得纯净而易于分离和洗涤的晶形沉淀,一般采取下列措施:

(1) 在适当稀溶液中进行沉淀,以降低相对过饱和度。

(2) 在不断搅拌下慢慢滴加稀沉淀剂,以免局部相对过饱和度过大。

(3) 在热溶液中进行沉淀,使溶解度适当增加,以降低相对过饱和度,同时减少杂质的吸附。

(4) 增加"陈化"过程,即在沉淀定量完后,将沉淀和母液放置一段时间,使微小晶体溶解,并向大晶体沉积,发生溶解和再沉淀过程,还能提高沉淀的纯度。

三、计算题

1. 设试样中 NaCl 的质量分数为 x,则 KCl 为 $(1-x)$。

$$\frac{0.1758x}{58.44}+\frac{0.1758(1-x)}{74.55}=\frac{0.4104}{143.32}$$

$$x=77.74\%$$

试样中 KCl 的质量分数为 22.26%。

2. (1)　　$w(\text{S})=\dfrac{m(\text{BaSO}_4)\cdot M(\text{S})}{M(\text{BaSO}_4)\cdot m(\text{S})}\times100\%=\dfrac{1.0890\times32.06}{233.39\times1.0000}\times100\%=14.96\%$

（2）设该有机化合物中含有 n 个硫原子

$$n=\frac{m(BaSO_4)/M(BaSO_4)}{m(S)/M(S)}=\frac{1.0890/233.39}{1.0000/214.33}=1$$

故该有机化合物中硫原子个数为 1。

3. $BaSO_4$ 为晶形沉淀，在重量法中一般规定晶形沉淀获得的沉淀物为 0.2~0.5g。设获得 $BaSO_4$ 沉淀为 0.5g，需称样品 x g。

$$M(芒硝)=322.19g \cdot mol^{-1} \qquad M(BaSO_4)=233.39g \cdot mol^{-1}$$

$$0.5 \times 322.19/233.39=0.6902(g)$$

$$0.6902/x=90\%$$

$$x=0.8g$$

4.（1）设试样中 CaC_2O_4 的质量为 x g，则 MgC_2O_4 的质量为 $(0.6240-x)$ g。

$$\frac{M(CaCO_3)}{M(CaC_2O_4)} \cdot x+(0.6240-x)\frac{M(MgCO_3)}{M(MgC_2O_4)}=0.4830$$

$$\frac{100.09}{128.10} \cdot x+(0.6240-x)\frac{84.31}{112.32}=0.4830$$

$$x=0.4756g$$

$$w(CaC_2O_4)=\frac{0.4756}{0.6240}=76.22\%$$

$$w(MgC_2O_4)=1-76.22\%=23.78\%$$

（2）换算为 CaO 和 MgO 的质量为

$$m=\frac{M(CaO)}{M(CaC_2O_4)} \times 0.4756+\frac{M(MgO)}{M(MgC_2O_4)} \times (0.6240-0.4756)$$

$$=\frac{56.08}{128.10} \times 0.4756+\frac{40.30}{112.32} \times (0.6240-0.4756)$$

$$=0.2615(g)$$

5. 设该铁的氧化物的分子式为 Fe_xO_y，则

$$x \times 55.85+y \times 16.00=0.5434$$

$$x \times 55.85=0.3801$$

解方程组，得 $x=0.006\ 806$，$y=0.010\ 206$，则

$$y:x=\frac{0.010\ 206}{0.006\ 806}=\frac{1.5}{1}=3:2$$

故为 Fe_2O_3。

6. 设 CaO 的质量为 x g，则 BaO 的质量为 $(2.212-x)$ g

$$\frac{M(CaSO_4)}{M(CaO)}x+\frac{M(BaSO_4)}{M(BaO)}(2.212-x)=5.023$$

$$\frac{136.2}{56.08}x+\frac{233.4}{153.3}(2.212-x)=5.023$$

解得 $\qquad\qquad\qquad\qquad x=1.828g$

$$w(CaO)=\frac{1.828}{2.212} \times 100\%=82.64\%$$

$$w(BaO)=\frac{2.212-1.828}{2.212} \times 100\%=17.36\%$$

7. $\qquad$ 碘的质量 $=0.0900 \times \frac{2M(I)}{M(PdI_2)}=0.0900 \times \frac{2 \times 126.9}{360.2}=0.0634(g)$

设试样中 Cl 的质量为 x g,Br 的质量为 y g,根据题意可得

$$\frac{M(AgCl)}{M(Cl)}x+\frac{M(AgBr)}{M(Br)}y+\frac{M(AgI)}{M(I)}\times0.0634=0.4500 \tag{1}$$

$$\frac{M(AgCl)}{M(Cl)}x+\frac{M(AgCl)}{M(Br)}y+\frac{M(AgCl)}{M(I)}\times0.0634=0.3300 \tag{2}$$

代入各物质的摩尔质量

$$\frac{143.3}{35.45}x+\frac{187.8}{79.90}y+\frac{234.8}{126.9}\times0.0634=0.4500$$

$$\frac{143.3}{35.45}x+\frac{143.3}{79.90}y+\frac{143.3}{126.9}\times0.0634=0.3300$$

$$4.042x+2.350y+0.1173=0.4500 \tag{3}$$

$$4.042x+1.793y+0.0716=0.3300 \tag{4}$$

(3)−(4)得

$$0.557y=0.0743 \qquad y=0.1334g$$

将值代入(3)式,解得

$$x=0.004\ 75g$$

则

$$w(Cl)=\frac{0.004\ 75}{1.200}\times100\%=0.396\%$$

$$w(Br)=\frac{0.1334}{1.200}\times100\%=11.12\%$$

$$w(I)=\frac{0.0634}{1.200}\times100\%=5.28\%$$

8. 设 BaS 的质量为 x g,则

$$0.5021-\frac{M(BaSO_4)}{M(BaS)}x=0.5013-x$$

$$0.5021-\frac{233.4}{169.4}x=0.5013-x$$

解得

$$x=2.1\times10^{-3}g$$

$$w(BaS)=\frac{2.1\times10^{-3}}{0.5013}\times100\%=0.42\%$$

在线答疑

韩志萍　hzp@hutc.zj.cn

郭玉华　guoyuhua@hutc.zj.cn

宋　亭　1837783665@qq.com

尹庚明　wyuchemygm@126.com

第七章 物质的合成技术

第一节 概 述

化学是研究物质的组成、结构、性质及变化规律的学科,同时它作为一门核心学科在材料、生命、环境、能源信息等学科中具有重要的地位。世界是由物质组成的,而化学的研究对象是物质世界,化学是人类认识和改造物质世界的主要方法和手段之一。在早期的人类发展史中,物质的获取主要来自自然,然而在现代和将来,更重要的途径是人工合成。在人类化学发展史中,物质的合成具有重要的意义,如在18世纪初德国人海涅·狄斯巴赫(Heinrich Diesbach)在调配颜料时无意中制得了普鲁士蓝,对拓宽无机化学学科的发展具有重要的意义;1828年德国化学家韦勒(Wöhler)里程碑式地利用无机物成功合成了尿素,标志着有机合成化学的诞生;进入20世纪,物质的合成更是得到飞跃的发展,同时在创造新物质的过程中,催生、带动和促进了诸多相关学科的发展,如1909年酚醛树脂电木的合成,1935年尼龙66(nylon)的合成,促进了有机高分子合成化学的发展,并进一步促使了合成塑料、合成橡胶、合成纤维等材料的诞生。

回顾人类社会的发展进程,可以看到物质的合成在决定人类生活质量方面也起着十分重要的作用,我们的衣食住行的发展一直离不开物质合成的发展,现在的国防技术,激光纳米技术,无不需要合成化学所创造的物质与材料。目前已知结构的无机和有机化合物高达5000多万种,这个数量还在不断地增长,反映出合成化学在创造新物质方面的强大生命力和无限创造力。如果没有合成各种抗生素和大量新药物技术的发明,人类的健康和寿命就不可能达到现在的水平;如果没有合成氨、合成农药的发明,维持当今世界70亿人口生存的粮食就成了严重问题;如果没有合成化学提供的各种新材料如合成纤维、合成塑料、合成橡胶等,达到今天这样的生活水平是难以想象的。

化学学科培养出来的学生必须要掌握其学科的特点,其中物质的结构与性质,物质的合成技术显得尤为重要,这始终贯穿在化学学科的教学过程中,故实验教学具有重要的地位,在实验教学中,物质的合成技术尤为突出,一方面加深学生对理论知识的理解和认识,另一方面拓宽学生对学科的认识和掌握,对学生的综合能力素质的培养起到关键的作用。

在实验教学过程中,物质的合成对于学生来说是具有很大吸引力的,也是非常重要的,通过对物质合成相关实验的掌握,不仅可以培养学生的动手能力和运用知识解决问题的能力,加深学生对课本知识的认识和了解,提高化学等相关学科的教学效果,还锻炼学生的思维能力和创新能力,同时有助于加强学生对于化学等相关学科的认识。

在整个化学实验过程中,物质的合成涉及的面非常广,涉及无机化学、有机化学、生物化学及材料化学等学科,如纯粹无机物的合成,纯粹有机物合成,高分子的合成,以及涉及多个学科的金属配合物的合成,纳米材料的合成,酶催化的生物合成等。

本章物质的合成技术包括无机化合物的合成以及配合物的合成,有机化合物的合成以及高分子化合物的合成等实验。设计的题目其特点在于:①以基本原理和基本知识点的掌握和强化为出发点,如涉及反应所用到的试剂的性质及其处理方式、各原料加入量的控制以及加入的先后顺利、反应条件的控制、反应过程的监控、反应结束后的后处理操作方法等基本而又重要的知识点;②注重解决问题能力的培养,如涉及一些反应现象的解释、反应结果的分析;③注重提高学生运用知识的能力,如涉及反应原理,操作方式的推广和运用。这些实验内容如下:

无机合成实验包括①硫酸亚铁铵的制备;②硫代硫酸钠的制备及性质检验;③A 型分子筛的合成与性能;④普鲁士蓝等配位化合物的合成等。

有机合成实验包括①1-溴丁烷的合成及表征;②环己烯的制备;③乙酰苯胺的合成;④2-甲基-2-己醇的制备及表征;⑤正丁醚的制备及含量测定;⑥乙酸异戊酯(香蕉油)的合成;⑦阿司匹林的合成;⑧肉桂酸的合成;⑨乙酰二茂铁的合成;⑩乙醇的生物合成;⑪甲基橙的制备;⑫2-硝基-1,3-苯二酚的制备;⑬苯甲酸的合成及表征;⑭康尼扎罗反应等。

高分子合成包括①人造纤维——尼龙 66 的合成;②苯乙烯自由基悬浮聚合;③甲基丙烯酸甲酯的本体聚合;④乙酸乙烯酯的乳液聚合;⑤聚乙烯醇的制备及其缩醛化反应等。

总之,本章从合成物质的角度出发,以反应的原理,反应原料及催化剂的选择和取用,反应过程中产物的检测、分析及分离,以及在反应过程中污染物的后处理等为出发点。涉及的实验学科多,每个实验内容涉及的面比较广,知识杂和多,其目的重在让学生掌握化学合成的一些基本原理、基本操作技能,同时强调学生分析问题和解决问题能力以及创新能力的培养。

第二节　试　题

(一) 选择题

1. 制备硫酸亚铁铵时,采用的加热方式为(　　)。

A. 直接加热　　　　　　　　　　　　B. 油浴加热

C. 水浴加热　　　　　　　　　　　　D. 以上三种加热方式都行

2. 硫酸亚铁铵的制备过程中,水浴加热蒸发混合溶液时,不可搅拌的原因是(　　)。

A. 防止氧气进入使 Fe^{2+} 氧化　　　　B. 防止液体溅出,影响产率

C. 影响产品结晶　　　　　　　　　　D. 以上均不正确

3. 在硫酸亚铁铵的制备中,过滤后的硫酸亚铁铵晶体最好采用的干燥方法为(　　)。

A. 室温真空干燥法　　　　　　　　　B. 自然烘干

C. 乙醇洗涤,自然晾干　　　　　　　D. 加热烘干

4. 在硫代硫酸钠的制备过程中,所用原料硫化钠通常利用(　　)进行重结晶提纯。

A. 热水　　　　　　　　　　　　　　B. 热乙醇

C. 热乙醇+水　　　　　　　　　　　D. 以上三种方式都行

5. 在硫酸亚铁铵的制备实验中,硫酸亚铁溶液和硫酸亚铁铵溶液都要保持较高的酸性的原因是(　　)。

A. 防止 Fe^{2+} 水解　　　　　　　　　B. 有利于复盐的形成

C. 防止 Fe^{2+} 氧化　　　　　　　　　D. 防止 Fe^{2+} 还原

6. 在硫代硫酸钠的制备过程中,随着反应物 SO_2 气体的通入,Na_2S/Na_2CO_3 溶液的 pH 变化为(　　)。

A. 一直变小　　　　　　　　　　　　B. 变小到 7 而后又变大

C. 变小到 7　　　　　　　　　　　　D. 保持不变

7. 在硫代硫酸钠的制备过程中,原料 Na_2S 和 Na_2CO_3 的物质的量之比为(　　)。

　　A. 2∶1　　　　　　　B. 1∶1　　　　　　　C. 1∶2　　　　　　　D. 3∶1

8. 在硫代硫酸钠的制备实验中,用于定性检测硫代硫酸钠的试纸为(　　)。

　　A. KI-淀粉试纸　　　　　　　　　　　B. $Pb(OAc)_2$

　　C. $NaNO_2$　　　　　　　　　　　　　D. pH 试纸

9. 下列原料中,通常不是用来合成 A 型分子筛的是(　　)。

　　A. Na_2SiO_3　　　　　　　　　　　　B. Na_2CO_3

　　C. NaOH　　　　　　　　　　　　　　D. $NaAlO_2$

10. 4A 型分子筛在晶化过程中,通常采用的温度为(　　)。

　　A. 90℃　　　　　　　B. 100℃　　　　　　C. 600℃　　　　　　D. 900℃

11. 气体行业常用的 A 型分子筛有 3A、4A 以及 5A 型分子筛,它们的区分在于(　　)。

　　A. 颗粒大小　　　　　　　　　　　　B. 孔穴的大小

　　C. 吸收能力的大小　　　　　　　　　D. 筛选速率大小

12. 向一盛有 0.5mL 0.1mol·L^{-1} $HgCl_2$溶液的试管中,逐滴加入 0.1mol·L^{-1} KI 溶液至生成的红色沉淀消失,再逐滴加入 0.1mol·L^{-1} $SnCl_2$溶液,有明显的现象,这说明配位平衡受(　　)的影响。

　　A. 酸碱平衡　　　　　　　　　　　　B. 生成更稳定配合物(螯合物)

　　C. 氧化还原反应　　　　　　　　　　D. 沉淀反应

13. 铁氰化钾 $K_3[Fe(CN)_6]$中加 SCN^-无血红色,而向 $FeCl_3$ 溶液中加入 SCN^- 时,出现血红色,这说明(　　)。

　　A. 配离子比简单离子稳定

　　B. 配位平衡很难被破坏

　　C. $[Fe(NCS)_n]^{3-n}$比$[Fe(CN)_6]^{3-}$稳定

　　D. 当能生成更稳定配合物(螯合物)时,配位平衡发生移动

14. EDTA 能软化硬水,其原理是 EDTA 能与水中的(　　)形成螯合物。

　　A. Ca^{2+}　　　　　　　B. Na^+　　　　　　　C. Fe^{2+}　　　　　　D. Cu^{2+}

15. 以下关于复盐的说法正确的是(　　)。

　　A. 是一种金属离子与多种酸根离子所构成的盐

　　B. 复盐中含有大小相近、适合相同晶格的一些离子

　　C. 复盐很难电离

　　D. 复盐的溶解度比组成它的简单盐大

16. 阿司匹林的合成中,浓硫酸作为脱水剂是为了(　　)。

　　A. 防止乙酸酐水解

　　B. 防止阿司匹林的水解

　　C. 防止水杨酸的潮解

　　D. 防止副反应的发生

17. 阿司匹林的合成中,最后加入浓硫酸的原因是(　　)。

　　A. 浓硫酸会氧化水杨酸

　　B. 防止浓硫酸吸水使乙酸酐水解

　　C. 使水杨酸与乙酸酐充分混合

D. 有效脱除反应体系中的水

18. 阿司匹林的合成中,为除去副产物中的高聚物,通常加入(　　　)。

A. 水　　　　　　　　　　　　　　　B. $NaHCO_3$ 溶液

C. 乙醇　　　　　　　　　　　　　　D. 盐酸

19. 阿司匹林的合成中,水杨酸和乙酸酐的最好比例为 1:2 或 1:3,其原因不包括(　　　)。

A. 可减少副反应的发生　　　　　　　B. 易于产物分离

C. 提高产率　　　　　　　　　　　　D. 使水杨酸充分反应完全

20. 在阿司匹林的合成过程中,为验证乙酰化是否完全,通常取少量反应液加入(　　　)来证实。

A. 1% $FeCl_3$　　　　　　　　　　　B. 1% $FeCl_2$

C. 10% $NaHSO_3$　　　　　　　　　　D. 10% $NaNO_3$

21. 合成乙酰苯胺时,加入锌粉的目的是(　　　)。

A. 作为催化剂　　　　　　　　　　　B. 作为脱水剂

C. 防止苯胺的氧化　　　　　　　　　D. 锌被氧化生成氢氧化锌,中和过量的乙酸

22. 制备乙酰苯胺时,可以提高产率的措施是(　　　)。

A. 提高反应温度　　　　　　　　　　B. 加入大量的锌粉

C. 使用过量的苯胺　　　　　　　　　D. 使用过量的乙酸

23. 合成乙酰苯胺的过程中,反应达到终点时,温度计的温度(　　　)。

A. 升高　　　　　　　　　　　　　　B. 降低

C. 先升高再降低　　　　　　　　　　D. 先降低再升高

24. 如果 9.3g 苯胺与过量的乙酸酐作用,乙酰苯胺的理论量是(　　　)。

A. 13.5g　　　　　B. 14.5g　　　　　C. 6.75g　　　　　D. 6g

25. 在乙酰苯胺制备过程中,加热回流时,为了避免反应物的馏出,最好控制馏头温度为(　　　)。

A. 73℃　　　　　B. 90℃　　　　　C. 105℃　　　　　D. 110℃

26. 久置的苯胺呈红棕色,用(　　　)方法精制。

A. 过滤　　　　　B. 活性炭脱色　　　C. 蒸馏　　　　　D. 水蒸气蒸馏

27. 下列醛中,不能发生 Perkin 反应的醛为(　　　)。

A. 苯甲醛　　　　　B. 糠醛　　　　　C. 乙醛　　　　　D. α-萘醛

28. 合成肉桂酸时,用水蒸气蒸馏是为了除去(　　　)。

A. 苯甲醛　　　　　B. 苯甲酸　　　　　C. 乙酸酐　　　　　D. 乙酸

29. 水蒸气蒸馏开始及结束时,正确的操作顺序是(　　　)。

A. 通冷凝水,松开止水夹,加热至水沸腾时,夹紧止水夹;停止加热,松开止水夹,拆下仪器

B. 松开止水夹,通冷凝水,加热至水沸腾时,夹紧止水夹;停止加热,松开止水夹,拆下仪器

C. 通冷凝水,松开止水夹,加热至水沸腾时,夹紧止水夹;松开止水夹,停止加热,拆下仪器

D. 松开止水夹,通冷凝水,加热至水沸腾时,夹紧止水夹;松开止水夹,停止加热,拆下仪器

30. 能够用水蒸气蒸馏提纯的物质,其特点不包括(　　)。

A. 不溶(或几乎不溶)于水

B. 与水的沸点接近

C. 在沸腾下与水长时间共存而不发生化学变化

D. 在 100℃ 左右时必须具有一定的蒸气压

31. 判断水蒸气蒸馏操作是否结束可以通过(　　)来判断。

A. 馏出液澄清,无油滴　　　　　　　　B. 三口瓶中液体澄清

C. 馏出液无气味　　　　　　　　　　　D. 馏出液澄清且无气味

32. 乙酰二茂铁的合成实验中所用的酸是(　　)。

A. 硫酸　　　　　　B. 磷酸　　　　　　C. 盐酸　　　　　　D. 乙酸

33. 乙酰二茂铁的合成实验中,用(　　)将 pH 调至中性。

A. 固体碳酸氢钠　　　　　　　　　　　B. 固体碳酸钠

C. 固体氢氧化钠　　　　　　　　　　　D. 氨水

34. 二茂铁中的铁是(　　)。

A. Fe^{3+}　　　　　　B. Fe^{2+}　　　　　　C. Fe　　　　　　D. Fe^{3+} 和 Fe^{2+}

35. 二茂铁比苯更易发生亲电取代,能用混酸进行硝化吗? 原因是(　　)。

A. 不能,因为二茂铁中的铁在混酸下易被氧化

B. 不能,因为二茂铁中的铁在混酸下易被还原

C. 不能,因为在混酸条件下二茂铁不稳定,不易被硝化

D. 能

36. 乙酸异戊酯的合成实验中,用(　　)来洗涤粗酯以除去其中的酸。

A. 饱和碳酸氢钠溶液　　　　　　　　　B. 饱和碳酸钠溶液

C. 饱和氢氧化钠溶液　　　　　　　　　D. 饱和氯化钠溶液

37. 乙酸异戊酯的合成实验中,在用饱和 $CaCl_2$ 溶液洗涤之前,要用(　　)洗涤,不可用水替代。

A. 饱和 Na_2CO_3 溶液　　　　　　　　B. 饱和 Na_2SO_4 溶液

C. 饱和 NaCl 溶液　　　　　　　　　　D. 饱和 $NaHCO_3$ 溶液

38. 乙酸异戊酯的合成实验中,纯化粗乙酸异戊酯之前必须除去异戊醇和水,原因是(　　)。

A. 乙酸异戊酯与水形成共沸物

B. 乙酸异戊酯与异戊醇能形成共沸物

C. 乙酸异戊酯与水和异戊醇能形成共沸物

D. 提高产率和产物纯度

39. 乙酸异戊酯的合成实验中,采用冰醋酸和异戊醇,其中冰醋酸过量的原因是(　　)。

A. 酯化反应可逆,加入过量的冰醋酸可以提高酯化率

B. 加入过量的冰醋酸可以除去反应中生成的水,使反应不断向右进行

C. 加入过量的冰醋酸,提高异戊醇的转化率

D. 以上都对

40. 乙酸异戊酯的合成实验中,副反应生成的醚类通过(　　)除去。

A. 萃取　　　　　　B. 回流　　　　　　C. 分馏　　　　　　D. 蒸馏

41. 淀粉糖化后,发酵在(　　)条件下进行。

A. 无氧　　　　　　B. 有氧　　　　　　C. 高温　　　　　　D. 低温

42. 发酵的最佳温度为(　　)。

A. 45~55℃　　　　B. 10~25℃　　　　C. 28~30℃　　　　D. 5~15℃

43. 发酵过程中容易发生酸败,造成酸败的主要菌是(　　)。

A. 乳酸菌和乙酸菌　　　　　　　　　B. 乙酸菌和酵母菌

C. 酵母菌和乳酸菌　　　　　　　　　D. 乳酸菌和酸杆菌

44. 发酵的好坏可用"黄水"判断,若"黄水"现甜味说明(　　)。

A. 温度太高,产率低

B. 曲量太大,用水不足,卫生差,产率低

C. 糖化发酵好,酒质良好,出酒量高

D. 发酵不完全,产率低

45. 工业酒精是白酒分馏,收集(　　)的馏分。

A. 60~78℃　　　　B. 55~67℃　　　　C. 85~90℃　　　　D. 78~80℃

46. 甲基橙的合成实验中,重氮盐的制备过程中,浓盐酸的加入顺序为(　　)。

A. 将 $NaNO_2$ 溶液与浓盐酸混合后加入含有对氨基苯磺酸的氢氧化钠溶液中

B. 先将 $NaNO_2$ 溶液加入含有对氨基苯磺酸的氢氧化钠溶液中,冰水浴冷却,在慢慢滴入浓盐酸与水的混合液

C. 先将浓盐酸的水溶液加入含有对氨基苯磺酸的氢氧化钠溶液中,冷却后,加入 $NaNO_2$ 溶液

D. 将对氨基苯磺酸的氢氧化钠溶液加入含有 $NaNO_2$ 溶液与浓盐酸混合液中

47. 重氮盐的合成中反应温度应控制在(　　)。

A. 0~5℃　　　　　B. 0℃以下　　　　C. 室温　　　　　　D. 50~60℃

48. 甲基橙的合成实验中,偶合过程所加的酸是(　　)。

A. 硫酸　　　　　　B. 盐酸　　　　　　C. 冰醋酸　　　　　D. 磷酸

49. 甲基橙的合成实验中,重氮盐的制备过程中,若亚硝酸钠加入过量,应该(　　)。

A. 加入尿素　　　　　　　　　　　　B. 加入过量的盐酸水溶液

C. 加入过量的食盐水　　　　　　　　D. 重做

50. 甲基橙的合成实验中,若偶合完全后,混合物的体系应该为(　　)。

A. 中性　　　　　　B. 酸性　　　　　　C. 碱性　　　　　　D. 以上都可以

51. 在重氮化反应制备甲基橙的实验中,在重氮盐制备过程中必须严格控制反应温度的原因是(　　)。

A. 重氮盐很不稳定,温度升高即会分解放出氮气,影响产率

B. 重氮化反应剧烈,防止爆炸

C. 原料不稳定,防止重氮化反应原料分解

D. 原料不稳定,防止碳化

52. 检验重氮化反应终点用(　　)方法。

A. 淀粉试纸变色　　　　　　　　　　B. 刚果红试纸变色

C. 红色石蕊试纸变色　　　　　　　　D. 紫色石蕊试纸变色

53. 不能直接使用间苯二酚硝化制备 2-硝基-1,3-苯二酚的原因是( )。

A. 苯环上的酚羟基会氧化成醌类物质

B. 定位效应的影响

C. 硝酸与硫酸混合反应生成大量的热,太过剧烈,造成危险

D. 需要对苯环上的酚羟基进行保护,提高产率

54. 制备 2-硝基-1,3-苯二酚的反应温度要控制在( )以下。

A. 45℃　　　　　　　B. 40℃　　　　　　　C. 35℃　　　　　　　D. 30℃

55. 制备 2-硝基-1,3-苯二酚的过程中,下列说法错误的是( )。

A. 间苯二酚在研钵中研成粉末,否则磺化不完全

B. 如有无色磺化物生成,可将反应物加热至 60~65℃

C. 直接将配制好的混合酸加入反应好的磺化物中

D. 可用调节冷凝水速度的方法,避免产生的固体堵塞冷凝管

56. 在制备 2-硝基-1,3-苯二酚的过程中,加入( )可以除去混酸中多余的硝酸。

A. 尿素　　　　　　　B. 氯化铝　　　　　　C. 氨水　　　　　　　D. 氢氧化钠

57. 制备 2-硝基-1,3-苯二酚的过程中需要利用乙醇重结晶,下列操作错误的是( )。

A. 用酒精灯直接加热烧杯进行重结晶　　　B. 采用回流装置进行重结晶

C. 不用明火直接加热　　　　　　　　　　D. 乙醇的实际用量比理论过量 10% 左右

58. 属于苯环上邻对位定位基团的是( )。

A. 甲基　　　　　　　B. 硝基　　　　　　　C. 乙酰基　　　　　　D. 羧基

59. 在制备格氏试剂的过程中,加入无水乙醚的主要作用是( )。

A. 除去正溴丁醚中的水分

B. 反应剧烈,从而引发反应

C. 形成相对稳定的有机镁配合物,有利于格氏试剂的生成

D. 价格低廉,且易除去

60. 粗产品 2-甲基-2-己醇使用( )进行干燥。

A. 无水氯化钙　　　　　　　　　　　　　B. 无水碳酸钾

C. 无水硫酸钠　　　　　　　　　　　　　D. 碱石灰

61. 在制备 2-甲基-2-己醇的实验中,使用 5% 盐酸、乙醚、水、乙醇除去镁屑表面的氧化膜,使用的次序是( )。

A. 水→盐酸→乙醇→乙醚

B. 乙醇→水→盐酸→乙醚

C. 盐酸→乙醚→水→乙醇

D. 盐酸→水→乙醇→乙醚

62. 2-甲基-2-己醇的提纯蒸馏中,使用( )进行蒸馏。

A. 直形冷凝管　　　　　　　　　　　　　B. 球形冷凝管

C. 蛇形冷凝管　　　　　　　　　　　　　D. 空气冷凝管

63. 利用格氏试剂制备 2-甲基-2-己醇的实验中,所用的仪器必须烘干的原因是( )。

A. 防止卤代烃水解　　　　　　　　　　　B. 影响产物的分离

C. 格氏试剂遇水分解　　　　　　　　　　D. 影响反应的速率

64. 在制备格氏试剂时,卤代烷与金属反应速率快慢由大到小为( )。

A. RCl、RBr、RI

B. RI、RBr、RCl

C. RBr、RI、RCl

D. RI、RCl、RBr

65. 制备 2-甲基-2-己醇时,分别用( )干燥 1-溴丁烷、丙酮、空气。

A. 无水碳酸钾、无水氯化钙、无水碳酸钾

B. 全部用无水氯化钙

C. 全部用无水碳酸钾

D. 无水氯化钙、无水碳酸钾、无水氯化钙

66. 在环己烯的制备实验中,反应结束后,首先在水浴上蒸馏,收集 82～83℃馏分,这一操作的目的是( )。

A. 有利于未反应完的环己醇与产物分离,便于产物后续纯化

B. 有利于环己烯的进一步生成

C. 除去未反应完的环己醇

D. 检验反应中的水是否除净

67. 制备环己烯时,两次加热过程中,分别采用的加热方式是( )。

A. 空气加热、水浴加热

B. 水浴加热、空气加热

C. 空气加热、空气加热

D. 水浴加热、酒精灯加热

68. 制备环己烯实验中,控制柱顶的温度不得超过( )。

A. 97.8℃
B. 73℃
C. 90℃
D. 80℃

69. 在制备环己烯实验中,使用浓硫酸作为催化剂,则所得到的环己烯的量( )。

A. 增加
B. 减少
C. 不变
D. 无法判断

70. 除用磷酸、浓硫酸制备环己烯,还可以用( )由环己醇脱水生成环己烯。

A. 浓硝酸
B. 三氯化铁
C. 氯化铝
D. 浓盐酸

71. 造成制备环己烯产率低的原因中,错误的是( )。

A. 环己醇的黏度较大,尤其室温低时,量筒内的环己醇很难倒净而影响产率

B. 磷酸和环己醇混合不均,加热时产生炭化

C. 反应温度过高,馏出速度过慢,使未反应的环己醇与水形成共沸混合物或产物环己烯与水形成共沸混合物而影响产率

D. 干燥剂用量过多或干燥时间过短,致使最后蒸馏时前馏分增多而影响产率

72. 利用正丁醇合成正丁醚的实验中,通常利用( )来洗涤最后的正丁醚。

A. 饱和 NaCl 溶液

B. 饱和 $CaCl_2$ 溶液

C. 10%硫酸溶液

D. 蒸馏水

73. 如何得知制备正丁醚的过程中反应已完全?( )

A. 温度计中显示的温度不再上升

B. 反应中所搜集到的水比理论产量要多一点

C. 搜集到的馏分可以使 $KMnO_4$ 溶液褪色

D. 搜集不到多余的馏分

74. 在制备正丁醚中,需要洗四次粗制产品,这四次洗涤的目的分别是除去( )。

A. 水、碱、硫酸、醇

B. 水、硫酸、碱、醇

C. 醇、硫酸、碱、水

D. 醇、硫酸、水、碱

75. 在制备正丁醚时,对分水器使用错误的是(   )。

A. 分水器内加水至支管后再放去 0.5mL 水

B. 分水器加水至支管即可

C. 分水器被水完全充满时表示反应已基本完成

D. 反应完全后,需要把混合物连同分水器中的水一同倒入分液漏斗中

76. 在制备正丁醚时,将刚开始收集到的馏分通入溴水中,则溴水颜色(   )。

A. 不变   B. 变浅   C. 不一定   D. 变深

77. 若加入 31mL 的正丁醇,则得到水的体积为(   ),其中正丁醇的相对密度为 $0.80g \cdot cm^{-3}$。

A. 大于 1.5mL   B. 1.5mL

C. 小于 1.5mL   D. 不确定

78. 在萃取正丁醚的时候,需要用(   )分四次洗涤。

A. 水、5%NaOH 溶液、水、5%NaOH 溶液

B. 水、5%NaOH 溶液、水、饱和氯化钙溶液

C. 5%NaOH 溶液、水、饱和氯化钙溶液、水

D. 饱和氯化钙溶液、水、5%NaOH 溶液、水

79. 乙酸乙酯中含有(   )杂质时,可用简单蒸馏的方法提纯。

A. 丁醇   B. 有色有机杂质

C. 乙酸   D. 水

80. 在肉桂酸的合成实验中,反应后利用 Na_2CO_3 处理后的溶液中含有(   )杂质,可用水蒸气蒸馏方法除去。

A. $MgSO_4$ B. CH_3COONa C. C_6H_5CHO D. NaCl

81. 在苯甲酸的合成实验中,下面影响苯甲酸产量的最主要因素是(   )。

A. 时间   B. 温度   C. 压强   D. 浓度

82. 在苯甲酸的合成实验中,高锰酸钾要少量分批加入的原因是(   )。

A. 防止暴沸   B. 使高锰酸钾充分反应

C. 个人习惯   D. 无意义

83. 在苯甲酸的制备中,抽滤得到的滤液呈紫色是由于其中还有高锰酸钾,可加入(   )将其除去。

A. 亚硫酸氢钠   B. 硫酸钠

C. 硫酸   D. 硫酸钾

84. 利用甲苯氧化合成苯甲酸的反应温度是(   )。

A. 60℃   B. 80℃   C. 100℃   D. 120℃

85. 下面(   )不是制备 1-溴丁烷时可能会产生的尾气。

A. SO_2 B. SO_3 C. Br_2 D. HBr

86. 在 1-溴丁烷的合成实验中,反应后所得反应液分为两层,目标产物是在(   )。

A. 溶液上层   B. 溶液下层

C. 都有   D. 都没有

87. 在制备正溴丁烷时,粗产物依次用洗涤顺序是(   )。

A. 水、浓硫酸、水、饱和碳酸氢钠溶液   B. 水、饱和碳酸氢钠溶液、浓硫酸、水

C. 饱和碳酸氢钠溶液、水、浓硫酸、水　　　D. 浓硫酸、水、饱和碳酸氢钠溶液、水

88. 在 1-溴丁烷的合成实验中,最后一步蒸馏收集时,应该收集(　　)温度段的馏分。

A. 99℃之前　　　　　　　　　　　　B. 99~103℃

C. 103~105℃　　　　　　　　　　　D. 105~108℃

89. 在 1-溴丁烷的合成实验中,下面不属于反应中加入硫酸比例为 1∶1 的原因的是(　　)。

A. 作为反应物与溴化钠生成氢溴酸

B. 硫酸提供质子,使醇形成离子,加快反应速率

C. 吸收 HBr 的作用

D. 中和溶液

90. 根据催化剂引发体系不同,下列通过(　　)合成尼龙的方法仅限于实验室。

A. 水解聚合　　　　　　　　　　　　B. 负离子聚合

C. 正离子聚合　　　　　　　　　　　D. 高压常压连续聚合

91. 合成尼龙反应完成后,加入盐酸的目的是(　　)。

A. 终止反应　　　　　　　　　　　　B. 中和碱

C. 随便加的,无意义　　　　　　　　D. 使未反应的物质完全反应

92. 在不搅拌界面缩聚实验中,要使实验成功,下面选项不是必需的是(　　)。

A. 将生成的聚合物及时转走

B. 水相中加入碱

C. 加热

D. 加入合适的反应物的物质的量之比参加反应

93. 在界面缩聚中界面的主要作用是(　　)。

A. 控制反应速率　　B. 便于分层观察　　C. 便于记录实验现象　D. 便于处理

94. 苯乙烯自由基悬浮聚合影响粒径大小的因素不包括(　　)。

A. 搅拌速度　　　　B. 苯乙烯的浓度　　C. 搅拌时间　　　D. 反应温度

95. 苯乙烯自由基悬浮聚合实验的保温阶段,温度应该控制在(　　)。

A. 75℃　　　　　　B. 85℃　　　　　　C. 95℃　　　　　D. 105℃

96. 苯乙烯自由基悬浮聚合最后干燥时,温度应控制在(　　)。

A. 50℃以下　　　　B. 70℃以下　　　　C. 90℃以下　　　D. 100℃以下

97. 下列分类不属于悬浮剂的是(　　)。

A. 天然高分子　　　B. 可溶性电解质　　C. 难溶性无机物　D. 可溶性有机物

98. 悬浮剂如果不选用聚乙醇,还可以采用(　　)水溶性高分子天然物。

A. 明胶　　　　　　B. 黏土　　　　　　C. 滑石粉　　　　D. 碳酸钙

99. 甲基丙烯酸甲酯的本体聚合温度应控制在(　　)。

A. 40~50℃　　　　B. 50~60℃　　　　C. 60~70℃　　　D. 70~80℃

100. 甲基丙烯酸甲酯的本体聚合是在(　　)引发剂下进行反应的。

A. 过氧化月桂酰　　　　　　　　　　B. 过氧化叔戊酸叔丁基酯

C. 过氧化二碳酸二环己酯　　　　　　D. 过氧化苯甲酰

101. 制备有机玻璃时,首先制成具有一定黏度的预聚物是为了(　　)。

A. 解决吸热　　　B. 解决散热　　　C. 解决扩散　　　D. 解决聚合

102. 甲基丙烯酸甲酯的本体聚合反应是(　　　)。

A. 吸热反应　　　　　B. 放热反应　　　　　C. 氧化反应　　　　　D. 还原反应

103. 甲基丙烯酸甲酯的本体聚合反应是(　　　)类型。

A. 氧化反应　　　　　B. 还原反应　　　　　C. 自由基反应　　　　D. 取代反应

104. 乙酸乙烯酯的乳液聚合的引发剂是(　　　)。

A. 过氧化苯甲酰　　　B. 过硫酸铵　　　　　C. 焦亚硫酸钠　　　　D. 偶氮二异丁腈

105. 乙酸乙烯酯的乳液聚合的引发剂类型属于(　　　)。

A. 有机过氧化物引发剂　　　　　　　　　B. 无机过氧化物引发剂

C. 偶氮类引发剂　　　　　　　　　　　　D. 氧化还原引发剂

106. 聚合反应一般分为三步,其中第二步是(　　　)。

A. 链终止　　　　　　B. 链引发　　　　　　C. 链结合　　　　　　D. 链增长

107. 乙酸乙烯酯的乳液聚合最后得到的产品为(　　　)。

A. 蓝色固体　　　　　B. 白色固体　　　　　C. 蓝色乳液　　　　　D. 白色乳液

108. 乙酸乙烯酯的乳液聚合反应时,反应温度应控制在(　　　)。

A. 50℃　　　　　　　B. 60℃　　　　　　　C. 70℃　　　　　　　D. 80℃

109. 聚乙烯醇的制备及其缩醛化反应是在(　　　)条件下使 PVAc 发生醇解反应。

A. 水溶液　　　　　　B. 醇溶液　　　　　　C. 中性溶液　　　　　D. 酸性溶液

110. 聚乙烯醇的制备反应得到的粗产品需要置于(　　　)的真空烘箱中干燥。

A. 30℃　　　　　　　B. 40℃　　　　　　　C. 50℃　　　　　　　D. 60℃

111. 聚乙烯缩醛化反应需要 10% 的盐酸调节 pH 在(　　　)。

A. 4~5　　　　　　　B. 3~4　　　　　　　C. 2~3　　　　　　　D. 1~2

112. 聚乙烯醇的制备及其缩醛化反应即将进行完时,需要加入(　　　)来终止反应。

A. NaOH 溶液　　　　B. HCl 溶液　　　　　C. 乙醇溶液　　　　　D. 乙酸溶液

113. 工业上生产胶水时,为了降低游离(　　　)的含量,常在 pH 调节至 7~8 后加入少量尿素,发生脲醛化反应。

A. 甲醇　　　　　　　B. 甲酸　　　　　　　C. 甲醛　　　　　　　D. 甲酸甲酯

114. 苯甲醛发生康尼扎罗反应后的混合物中含有未完全反应的苯甲醛,可通过(　　　)洗涤除去。

A. 饱和碳酸氢钠溶液　　　　　　　　　　B. 饱和亚硫酸氢钠溶液

C. 饱和亚硝酸钠溶液　　　　　　　　　　D. 饱和硫酸钠溶液

115. 在合成阿司匹林的实验中,反应温度应最好控制在(　　　)。

A. 70~75℃　　　　　B. 75~80℃　　　　　C. 80~85℃　　　　　D. 85~90℃

116. 芳胺的酰化在有机合成中的作用是(　　　)。

A. "保护"伯胺和仲胺官能团,以降低芳胺对氧化性试剂的敏感性

B. 由于乙酰基的空间效应,往往选择性地生成对位取代产物

C. 在某些情况下,酰化可以避免氨基与其他功能基或试剂(如 $RCOCl$、$—SO_2Cl$、HNO_2 等)之间发生不必要的反应

D. 作为氨基保护基的酰基基团可在酸或碱的催化下不易脱除

117. 能采用阳离子、阴离子与自由基聚合的单体是（　　）。

A. MMA　　　　　　B. St　　　　　　C. 异丁烯　　　　　　D. 丙烯腈

118. 在高分子合成中，容易制得有实用价值的嵌段共聚物的是（　　）。

A. 配位阴离子聚合　　　　　　B. 阴离子活性聚合

C. 自由基共聚合　　　　　　D. 阳离子聚合

119. 乳液聚合的第二个阶段结束的标志是（　　）。

A. 胶束的消失　　　　　　B. 单体液滴的消失

C. 聚合速率的增加　　　　　　D. 乳胶粒的形成

120. 自由基聚合实施方法中，使聚合物分子质量和聚合速率同时提高，可采用（　　）聚合方法。

A. 乳液聚合　　　　B. 悬浮聚合　　　　C. 溶液聚合　　　　D. 本体聚合

121. 在缩聚反应的实施方法中，对于单体官能团配比等物质量和单体纯度要求不是很严格的缩聚是（　　）。

A. 熔融缩聚　　　　B. 溶液缩聚　　　　C. 界面缩聚　　　　D. 固相缩聚

122. 合成高分子质量的聚丙烯可以使用以下（　　）催化剂。

A. $H_2O+SnCl_4$　　　　　　B. NaOH

C. $TiCl_3+AlEt_3$　　　　　　D. 偶氮二异丁腈

123. 某工厂用 PVC 为原料制搪塑制品时，从经济效果和环境考虑，他们决定用（　　）聚合方法。

A. 本体聚合法生产的 PVC　　　　　　B. 悬浮聚合法生产的 PVC

C. 乳液聚合法生产的 PVC　　　　　　D. 溶液聚合法生产的 PVC

124. 聚合物聚合度不变的化学反应是（　　）。

A. 聚乙酸乙烯醇解　　　　　　B. 聚氨基甲酸酯预聚体扩链

C. 环氧树脂固化　　　　　　D. 聚甲基丙烯酸甲酯解聚

125. 聚合物聚合度变小的化学反应是（　　）。

A. 聚乙酸乙烯醇解　　　　　　B. 纤维素硝化

C. 环氧树脂固化　　　　　　D. 聚甲基丙烯酸甲酯解聚

126. 苯甲醛的康尼扎罗反应中，反应后萃取的有机相利用 $NaHSO_3$ 洗涤的目的是（　　）。

A. 洗掉乙醚中残留的碱　　　　　　B. 除掉未反应的苯甲醛

C. 除去可能含有的苯甲酸　　　　　　D. 便于分层，利于后续的分馏

127. 下列醛不能发生康尼扎罗反应的是（　　）。

A. 糠醛　　　　B. α-萘醛　　　　C. 苯甲醛　　　　D. 乙醛

（二）简答题

1. 在制备硫酸亚铁铵的反应过程中，铁和硫酸哪一种应该过量，为什么？

2. 在硫酸亚铁铵的合成实验中，反应最后的混合液为什么要呈微酸性？

3. 在硫酸亚铁铵的合成实验中，进行限量分析时，为什么要用不含氧的水？写出限量分析的反应式。

4. 在硫酸亚铁铵的合成实验中,怎样才能得到较大的晶体?

5. 硫酸亚铁与硫酸亚铁铵的性质有何不同?

6. 在硫酸亚铁铵的合成实验中,反应为什么要在通风橱中进行?

7. 在硫酸亚铁铵的合成实验中,如因温度或水的量未控制好,析出了白色晶体,怎么办?

8. 在硫酸亚铁铵的合成实验中,如何判断硫酸亚铁铵的反应已完成?

9. 在硫酸亚铁铵的合成实验中,硫酸铵溶解慢,怎么办? 晶体未能完全溶解,怎么办?

10. 在硫酸亚铁铵的合成实验中,趁热过滤后,有的同学的滤液可能带黑色,或漏斗上有晶体,为什么? 如何解决?

11. 在硫酸亚铁铵的合成实验中,过滤后得到的滤液带黄色,而且有些浑浊,如何处理?

12. 在硫酸亚铁铵的制备实验中,进行目测比色时,为什么用含氧较少的去离子水来配制硫酸亚铁铵溶液?

13. 在硫酸亚铁铵的合成实验中,从 pH 色阶板上如何判断 pH=1~2?

14. 观看"pH 试纸的使用"操作录像后,总结使用 pH 试纸的注意事项。

15. 在硫酸亚铁铵的合成实验中,水浴加热蒸发的过程中溶液发黄,为什么? 如何处理?

16. 在硫酸亚铁铵的合成实验中,如何将固体试样如硫酸亚铁铵送入比色管中?

17. 在硫酸亚铁铵的合成实验中,在比色管中加 2mL 3mol·L^{-1} 的 HCl,1mL 250g·L^{-1} KSCN 用何种量器? 加 15mL 不含氧的纯水,需用量器吗?

18. 在硫酸亚铁铵的合成实验中,比色管中加水至 25mL 刻线的操作如何进行?

19. 在硫酸亚铁铵的合成实验中,要移取一定体积液体时可用哪些量器? 如何选用?

20. 在硫酸亚铁铵的合成实验中,怎样选择吸管?

21. 在硫酸亚铁铵的合成实验中,怎样洗涤吸管?

22. 在硫酸亚铁铵的合成实验中,使用洗液的注意事项有哪些?

23. 在硫酸亚铁铵的合成实验中,荡洗吸管或移取溶液时,为什么都用小烧杯(50mL 或 100mL)来盛纯水或被量液体?

24. 在硫酸亚铁铵的合成实验中,荡洗用的纯水、被量液体应取多少?

25. 在硫酸亚铁铵的合成实验中,荡洗吸管时,要求烧杯与吸管同时荡洗 3 次,能否先将烧杯荡洗 3 次后,取足量液体,在此液体中荡洗吸管 3 次?

26. 在硫酸亚铁铵的合成实验中,为什么用左手拿洗耳球,右手拿吸管,能否反之? 为什么用食指紧按管口,而不能用拇指?

27. 在硫酸亚铁铵的合成实验中,为什么吸取溶液时,吸管末端要伸入液面下 1cm?

28. 分子筛的类型有哪些? 各有哪些应用范围?

29. 阿司匹林的合成中,反应容器为什么要干燥无水?

30. 阿司匹林的合成中,为什么用乙酸酐而不用乙酸?

31. 阿司匹林的合成中,加入浓硫酸的目的是什么?

32. 阿司匹林的合成中,可能产生什么副产物?

33. 阿司匹林的合成中,水杨酸可以在各步纯化过程和产物的重结晶过程中被除去,如何检验水杨酸已被除尽?

34. 合成乙酰苯胺时,柱顶温度为什么要控制在 105℃ 左右?

35. 合成乙酰苯胺的实验是采用什么方法来提高产品产量?

36. 合成乙酰苯胺时,锌粉起什么作用? 加多少合适?

37. 合成乙酰苯胺时,为什么选用韦氏分馏柱?

38. 从苯胺制备乙酰苯胺时可采用哪些化合物作酰化剂? 各有什么优缺点?

39. 在制备乙酰苯胺的饱和溶液进行重结晶时,在杯下有一油滴出现,试解释原因。怎样处理?

40. 具有何种结构的酯能进行 Perkin 反应?

41. 在肉桂酸制备实验中,为什么不能用氢氧化钠溶液代替碳酸钠溶液来中和水溶液?

42. 在肉桂酸制备实验中,能否在水蒸气蒸馏前用氢氧化钠代替碳酸钠来中和水溶液?

43. 什么情况下需要采用水蒸气蒸馏?

44. 制备肉桂酸时为何采用水蒸气蒸馏?

45. 解释薄层层析和柱层析的原理。

46. 二茂铁酰化时形成二酰基二茂铁,第二个酰基为什么不能进入第一个酰基所在的环上?

47. 二茂铁比苯更易发生亲电取代,为什么不能用混酸进行硝化?

48. 淋洗吸附二茂铁和乙酰二茂铁的硅胶,哪一个先被淋洗出来?

49. 制备乙酸异戊酯时,回流和蒸馏的仪器为什么必须使用干燥的仪器?

50. 酯化反应时可能会有哪些副反应? 其副产物如何除去?

51. 酯化反应若实际出水量超出理论水量,可能是什么原因造成的?

52. 用羧酸和醇制备酯的合成实验中,为了提高酯的收率和缩短反应时间,应采取哪些主要措施?

53. 简要写出乙醇的生物合成法的主要步骤?

54. 甲基橙的制备实验中,为什么说溶液的 pH 是偶联反应的重要条件?

55. 甲基橙的制备实验中,在制备重氮盐时,为什么要把对氨基苯磺酸变成钠盐? 如果直接与盐酸混合,是否可以?

56. 甲基橙的制备实验中,重氮盐的制备为什么要控制在 $0\sim5℃$ 中进行?

57. 甲基橙在酸碱介质中变色的原因,用反应式表示。

58. 在对甲苯磺酸钠的制备实验中,中和酸时,为什么用 $NaHCO_3$ 而不用 Na_2CO_3?

59. 在对甲苯磺酸钠的制备实验中,NaCl 起什么作用? 用量过多或过少,对实验结果有什么影响?

60. 在对甲苯磺酸钠的合成中,搅拌的目的是什么?

61. 在对甲苯磺酸钠的合成中,怎样才能保证产品是对甲苯磺酸钠?

62. 据文献报道,2-硝基-1,3-苯二酚的产率为 $30\%\sim35\%$,而实际产率却只有 10%,为什么?

63. 在制备 2-硝基-1,3-苯二酚的过程中,为什么不能直接硝化,而要选择先磺化?

64. 水蒸气蒸馏原理:什么情况下用水蒸气蒸馏提纯或分离有机化合物?

65. 2-硝基-1,3-苯二酚的制备有什么特殊之处?

66. 2-甲基-2-己醇的合成实验中,将格氏试剂与加成物反应水解前各步中,为什么使用的药品、仪器要绝对干燥,需要什么措施?

67. 在制备 2-甲基-2-己醇的过程中,若反应不能立即开始,应采取什么措施?

68. 制备 2-甲基-2-己醇的实验中,有哪些可能的副反应? 应如何避免?

69. 如果所制得的 2-甲基-2-己醇产率太低,试分析主要在哪些操作步骤中造成损失。

70. 用 85% 磷酸催化工业环己醇脱水合成环己烯的实验中,将磷酸加入环己醇中,混合液立即变成红色。为什么? 且如何判断你分析的原因是正确的?

71. 环己烯的合成中用磷酸作脱水剂比用浓硫酸作脱水剂有什么优点?

72. 在环己烯制备实验中,在粗产品环己烯中加入饱和食盐水的目的是什么?

73. 在环己烯制备实验中,为什么蒸馏粗环己烯的装置要完全干燥?

74. 在环己烯制备实验中,用简单的化学方法来证明最后得到的产品是环己烯?

75. 在环己烯制备实验中,为什么要控制分馏柱顶温度不超过 73℃?

76. 乙酸正丁酯的制备实验中需要使用分水器,为何要先在分水器中加入少量的饱和食盐水? 为什么要用饱和食盐水洗涤?

77. 如果最后蒸馏前的粗产品中含有丁醇,能否用分馏的方法将它除去? 这样做好不好? 为什么?

78. 液体有机物的干燥与干燥剂的选用,应注意什么?

79. 用无水氯化钙干燥液体有机化合物,如何掌握干燥剂的用量?

80. 苯甲酸的合成有哪些方法?

81. 加入相转移催化剂可以提高苯甲酸的产率,试分析相转移催化剂的优缺点。

82. 合成苯甲酸时反应温度是多少? 为什么选择这个温度?

83. 1-溴丁烷制备实验为什么用回流反应装置?

84. 1-溴丁烷制备实验为什么用球形而不用直形冷凝管做回流冷凝管?

85. 利用正丁醇制备 1-溴丁烷的反应机理是什么?

86. 1-溴丁烷制备实验中,粗产物用 75° 弯管连接冷凝管和蒸馏瓶进行蒸馏,能否改成一般蒸馏装置进行粗蒸馏? 这时如何控制蒸馏终点?

87. 1-溴丁烷制备实验采用 1:1 的硫酸有什么好处?

88. 1-溴丁烷制备实验中,什么时候用气体吸收装置? 怎样选择吸收剂?

89. 1-溴丁烷制备实验中,硫酸浓度太高或太低会带来什么结果?

90. 1-溴丁烷制备实验中,蒸馏出的馏出液中正溴丁烷通常应在下层,但有时可能出现在上层,为什么? 若遇此现象如何处理?

91. 1-溴丁烷制备实验中,加入浓硫酸到粗产物中的目的是什么?

92. 聚己内酰胺(尼龙 6)怎么合成?

93. 苯乙烯自由基悬浮聚合实验中,分散剂作用原理是什么? 如何确定用量? 改变用量会产生什么影响? 如不用聚乙烯醇可用什么代替?

94. 悬浮聚合对单体有何要求?

95. 苯乙烯自由基悬浮聚合实验中,搅拌速度对悬浮聚合体有什么影响?

96. 苯乙烯自由基悬浮聚合实验中,影响粒径大小的因素有哪些?

97. 乙烯进行自由基聚合时,为什么需在高温(130~280℃)、高压(150~250MPa)的苛刻条件下进行?

98. 什么是竞聚率? 它有何物理意义?

99. 按照大分子链的微观结构分类,共聚物分几类? 它们在结构上有何区别? 各如何制备?

100. 什么是聚合物的老化? 简述原因并举例。

101. 分析采用本体聚合方法进行自由基聚合时,聚合物在单体中的溶解性对自动加速效应的影响。

102. 工业上为制备高相对分子质量的涤纶和尼龙 66 常采用什么措施？

103. 制备有机玻璃时，为什么需要首先制成具有一定黏度的预聚物？

104. 在本体聚合反应过程中，为什么必须严格控制不同阶段的反应温度？

105. 凝胶效应进行完毕后，提高反应温度的目的何在？

106. 为什么要严格控制滴加速度和聚合反应温度？

107. 乙酸乙烯酯乳液有何用途？

108. 市售的乙酸乙烯酯单体一般需要蒸馏后才容易发生聚合反应，为什么？

109. 聚乙烯醇、聚乙烯醇缩甲醛和改性聚乙烯醇缩甲醛分别有哪些用途？

110. 聚乙烯醇的制备及其缩醛化反应中，用尿素改性的目的是什么？

111. 聚乙烯醇进行缩醛化时，羟基转化率能否达到 100%，为什么？

112. 乙酸正丁酯的合成实验是根据什么原理来提高产品产量的？

113. 乙酸正丁酯的粗产品中，除产品乙酸正丁酯外，还有什么杂质？怎样将其除掉？

114. 在乙酸正丁酯的制备实验中，粗产品中除乙酸正丁酯外，还有哪些副产物？怎样减少副产物的生成？

115. 对乙酸正丁酯的粗产品进行水洗和碱洗的目的是什么？

116. 在乙酸正丁酯的精制过程中，如果最后蒸馏时前馏分多，其原因是什么？

117. 蒸馏时得到的乙酸正丁酯浑浊是什么原因？

118. 减压过滤比常压过滤有什么优点？

119. 制备己二酸时，为什么必须严格控制滴加环己醇的速度和反应的温度？

120. 用 $KMnO_4$ 法制备己二酸，怎样判断反应是否完全？若 $KMnO_4$ 过量将如何处理？

121. 在乙酰乙酸乙酯制备实验中，加入 50% 乙酸和饱和食盐水的目的何在？

122. Claisen 酯缩合反应的催化剂是什么？在乙酰乙酸乙酯制备实验中，为什么可以用金属钠代替？

123. 学生实验中经常使用的冷凝管有哪些？各用在什么地方？

124. 什么时候用气体吸收装置？如何选择吸收剂？

125. 苯甲醛的康尼扎罗反应中，为什么需要利用强碱？

(三) 计算题

1. 为了测定工业甲醇中甲醇的含量，称取试样 0.1280g，在 H_2SO_4 为介质的酸性溶液中加入浓度为 $0.1428mol \cdot L^{-1}$ 的 $K_2Cr_2O_7$ 标准溶液 25.00mL，充分反应后，以邻苯氨基苯甲酸为指示剂，用 Fe^{2+} 标准溶液（浓度为 $0.1032mol \cdot L^{-1}$）返滴定过剩的 $K_2Cr_2O_7$，用去 12.47mL。请计算甲醇的质量分数。[已知 $M_r(CH_3OH) = 32.04$；$CH_3OH + Cr_2O_7^{2-} + 8H^+ = 2Cr^{3+} + CO_2 + 6H_2O$]

2. 分析铜锌镁合金，称取 0.5000g 试样，溶解后，定容成 100mL 试液。吸取 25.00mL，调至 pH=6.0，以 PAN 为指示剂，用 $0.050\ 00mol \cdot L^{-1}$ EDTA 标准溶液滴定 Cu^{2+} 和 Zn^{2+}，用去 37.30mL。另吸取 25.00mL 试液，加 KCN 掩蔽 Zn^{2+} 和 Cu^{2+}，用同样浓度的 EDTA 标准溶液滴定 Mg^{2+}，用去 4.10mL。然后滴加甲醛掩蔽 Zn^{2+}，又用上述 EDTA 标准溶液滴定，用去 13.40mL。试求试样中 Mg^{2+}、Zn^{2+} 和 Cu^{2+} 的质量分数各为多少。[已知 $M_r(Mg) = 24.31$；$M_r(Zn) = 65.38$；$M_r(Cu) = 63.55$]

3. 称取 Na_2CO_3 和 $NaHCO_3$ 的混合试样 0.6850g，溶于适量水中。以甲基橙为指示剂，用 0.2000mol·L^{-1} HCl 标准溶液滴定至终点时，消耗 50.00mL。若改用酚酞作为指示剂，用上述 HCl 标准溶液滴定至终点时，需要消耗 HCl 溶液多少毫升？已知 $M(Na_2CO_3)=106.0g·mol^{-1}$；$M(NaHCO_3)=84.0g·mol^{-1}$。

4. 一定质量的 $H_2C_2O_4$ 需用 24.38mL 0.1095mol·L^{-1} 的 NaOH 标准溶液滴定，同样质量的 $H_2C_2O_4$ 需用 22.10mL 的 $KMnO_4$ 标准溶液滴定，计算 $KMnO_4$ 标准溶液的物质的量浓度。

5. 用磺基水杨酸法测量试样中含铁量。称取 0.482g 试样溶解后定容到 100mL。另配制两份标准铁溶液，浓度分别为 0.500g·L^{-1} 和 0.600g·L^{-1}。按同样条件显色后，以 0.500g·L^{-1} 的标准溶液作参比溶液，调节 $T=100\%$，测得浓度为 0.600g·L^{-1} 的标准溶液和试样溶液的吸光度分别为 0.480 和 0.283。计算试样中铁的质量分数。

6. 生产尼龙 66，想获得相对分子质量为 13 500 的产品，采用己二酸过量的办法，若使反应程度 P 达到 0.994，试求己二胺和己二酸的配料比。

7. 车用乙醇汽油是指在汽油组分油中按体积混合比加入 10% 的变性燃料乙醇后作为汽油车燃料用的汽油。

(1) 4.6g CH_3CH_2OH 完全燃烧生成水和二氧化碳，有_____mol 电子转移。

(2) 烃 A 是汽油的主要成分之一。取 11.4g 烃 A，置于一定体积的氧气中，点燃使之充分反应后，恢复到标准状况，气体体积减少 x L。将剩余气体经过碱石灰吸收，碱石灰质量增加 y g。数据见下表（表中所有体积均在标准状况下测定）。

体积	氧气体积为 20L	氧气体积为 30L	氧气体积为 40L
x	2.22	10.08	10.08
y	4.3	35.2	35.2

则 11.4g 烃 A 中含碳的物质的量是_____mol，含氢的物质的量是_____mol。该烃的分子式是_____。

8. 苯乙烯(M_1)和丁二烯(M_2)在 5℃下进行自由基乳液共聚时，其 $r_1=0.64$，$r_2=1.38$，已知苯乙烯和丁二烯的均聚链增长速率常数分别为 49L·$(mol·s)^{-1}$ 和 25.1L·$(mol·s)^{-1}$。

(1) 计算共聚时的反应速率常数。

(2) 比较两种单体和两种链自由基的反应活性的大小。

(3) 作出此共聚反应的 F_1-f_1 曲线。

(4) 要制备组成均一的共聚物需要采取什么措施？

9. 根据化学方程式，计算硫酸和铁哪一个过量，说明过量的原因，硫酸的浓度为什么选择 3mol·L^{-1}？已知 5mL 3mol·L^{-1} 硫酸所需铁的质量为 0.8g，其硫酸的质量分数为 25%。[343K 的溶解度为 56.0g $FeSO_4$·$(100g\ H_2O)^{-1}$，353K 的溶解度为 43.5g $FeSO_4$·$(100g\ H_2O)^{-1}$]

10. 将 0.20mol·L^{-1} 的 $AgNO_3$ 溶液与 0.60mol·L^{-1} 的 KCN 溶液等体积混合后，加入固体 KI（忽略体积的变化），使 I^- 浓度为 0.10mol·L^{-1}，则能否产生 AgI 沉淀？溶液中 CN^- 浓度低于多少时才可出现 AgI 沉淀？

参 考 答 案

一、选择题

1. C	2. A	3. C	4. B	5. A	6. C	7. A	8. B	9. B	10. C
11. B	12. C	13. A	14. B	15. B	16. B	17. A	18. B	19. B	20. A
21. C	22. D	23. B	24. A	25. C	26. C	27. C	28. A	29. C	30. B
31. A	32. C	33. A	34. B	35. A	36. B	37. C	38. B	39. D	40. D
41. A	42. C	43. A	44. D	45. D	46. A	47. A	48. C	49. A	50. C
51. A	52. B	53. B	54. A	55. B	56. A	57. A	58. A	59. C	60. D
61. D	62. A	63. C	64. B	65. A	66. A	67. A	68. C	69. B	70. A
71. C	72. B	73. B	74. C	75. B	76. A	77. A	78. B	79. B	80. C
81. B	82. B	83. A	84. A	85. A	86. A	87. A	88. A	89. D	90. C
91. A	92. C	93. A	94. A	95. B	96. A	97. D	98. A	99. A	100. D
101. B	102. B	103. C	104. B	105. B	106. D	107. D	108. C	109. D	110. C
111. D	112. A	113. C	114. B	115. D	116. D	117. B	118. B	119. B	120. A
121. C	122. C	123. C	124. A	125. D	126. B	127. D			

二、简答题

1. 5mL 3mol·L^{-1}硫酸所需铁的质量为0.8g,所以是铁过量,铁过量可以防止 Fe^{3+} 的产生。

2. Fe^{2+} 在空气中被氧化的速率随溶液酸度的增加而降低,所以混合液保持微酸性的目的是防止 Fe^{2+} 的氧化与水解。

3. 防止水中溶有的氧把 Fe^{2+} 氧化为 Fe^{3+} ,影响产品等级的判定。

限量分析的反应方程式为:Fe^{3+} +nSCN$^-$ ==== [Fe(SCN)$_n$]$^{3-n}$ 　 (红色)。

4. 溶液的浓度不能大,要缓慢冷却,静置不能搅拌。

5. 硫酸亚铁铵比较稳定,定量分析中常用来配制亚铁离子的标准溶液;和其他复盐一样,硫酸亚铁铵的溶解度比硫酸亚铁小。

6. 由于铁屑中存在硫化物(FeS 等)、磷化物(Fe$_2$P、Fe$_3$P 等),以及少量固溶态的砷,在非氧化性的稀 H$_2$SO$_4$溶液中,以 H$_2$S、PH$_3$、AsH$_3$的形式挥发,它们都有毒性,所以在通风橱中进行。尽管这些气体的量不多,但它们的特殊臭味很易觉察。

7. 可加入适量水,一边加热(水浴温度小于 343K),一边摇动,让其慢慢溶解,但时间较长。

8. 反应中产生的氢气会附着在铁屑上,当气泡上升时,铁屑随同上升,一旦气泡逸出,铁屑下沉,因此反应中会看到铁屑上下浮沉。当反应基本完成时,产生的氢气气泡很少,铁屑沉于瓶底,根据此现象可判断反应基本完成。

9. 将小烧杯或蒸发皿盖上干净的表面皿后,用小火适当加热,加速其溶解,如小火加热后晶体仍未完全溶解,则可补加适量的水,小火适当加热。

10. 滤液带黑色,说明铁屑未清除干净。这是由于滤纸未贴紧,有缝隙,或滤纸剪大了,使滤纸边缘不能与漏斗贴紧,造成铁屑穿过缝隙进入滤液造成的。应重新剪大小合适的滤纸,而且使滤纸贴紧漏斗,除去缝隙,再过滤一次。

第一个原因是在反应过程中,如体积或温度未控制好,造成白色晶体 FeSO$_4$·H$_2$O 析出,过滤时与铁屑一起除去而损失产品;第二个原因是未趁热过滤,因溶液冷却,温度降低后有 FeSO$_4$·7H$_2$O 析出。第一种情况,可以先加少量的水,加热,旋摇锥形瓶,使其溶解后过滤;第二种情况,在反应基本完成后,仍应将锥形瓶放在热水浴中,待过滤的准备工作做好后,再从水浴中取出锥形瓶立即趁热过滤。

11. 如反应时间过长,硫酸基本反应完,造成 pH 大,Fe^{2+} 水解与氧化,使溶液浑浊,而且发黄。

处理方法:过滤前加 1~2 滴酸,使溶液呈酸性,反应 1~2min 后再过滤。

12. 防止 Fe^{2+} 氧化,影响检测。

13. 从色阶板上看,pH＝1 是红色,pH＝2 是红色中带点黄色。注意,当[H$^+$]≥0.1mol·L^{-1}时,试纸显紫红色,已无法区分溶液的酸度。

14. 存放在广口瓶中,盖子盖严,避免环境中的酸或碱气氛的影响。

节约起见,剪成小块使用。用镊子取试纸。如用手取,手上沾污的酸碱会使试纸变色。放在干净、干燥的表面皿或滴板的凹穴内,不放在桌上,因桌上的脏物会使测定不准,不丢入溶液中,因溶液中不能引入其他杂物。pH 试纸显色半分钟内,需与标准色阶板比色,确定 pH。用后的试纸不要丢入水槽,以免堵塞水槽。

15. 溶液发黄,说明有 Fe^{3+} 存在,可能的原因是:①溶液的 pH 未控制在 1～2,pH 高,Fe^{2+} 易氧化与水解;②火焰太大,已超过了石棉网的石棉芯,从而包住烧杯和蒸发皿,火焰的高温使水浴之外的蒸发皿部分的温度高于 373K,温度高,则加快 Fe^{2+} 氧化与水解的速率。高温与高 pH 使 Fe^{2+} 氧化与水解,产生 Fe[(OH)(H$_2$O)$_5$]$^{2+}$,Fe[(OH)$_2$(H$_2$O)$_4$]$^+$ 以及聚合物,因此溶液发黄。倘若有 Fe(OH)$_3$ 沉淀生成,溶液中还会出现棕色。处理方法:

(1) 调节火焰不超过石棉芯,火焰的大小以保持水浴水沸腾为准。

(2) 在发黄的溶液中加几滴 3mol·L^{-1}硫酸,再加入处理好的小铁钉(用砂皮除锈或稀硫酸清洗后,自来水冲洗,纯水荡洗),搅拌,使 Fe^{3+} 转变为 Fe^{2+}。

16. 将试样放在对折好的纸条上,慢慢送入纸条,竖起比色管,试样落入管底。纸条的长度由比色管的长度定。如用骨匙加,管口会沾上试样。

17. 由于限量分析采用目视比色法,方法的相对误差为 5%～20%;同时加的酸量大,显色剂又是大大过量,因此可用量筒量取,也可以用 1mL 多少滴的液体估量的方法。但要记住,标准系列和样品要在同样条件下显色,或者都用量筒,或者均用估量的方法。不必用量器取 15mL 无氧水,因体系的总体积由比色管的刻度线决定,与第一次加的水量准确与否无关。加水时,可以参考 25mL 比色管上 10mL 处的刻度线。

18. 由于总体积要准确,所以稀释时,先加无氧水至刻线下 0.5cm 处,后用滴管加。滴管要伸进管内,伸向管壁滴加,直至弯月面的最低点与刻线相切(当整圈刻线的前后重叠,表示视线与刻线水平)。如直接用烧杯等容器加,则很容易过刻线而失败。

19. 可选用量筒(量杯)、吸管、滴定管;粗略量取液体体积时用量筒,准确移取一定体积的液体时用吸管,滴定管只在无合适体积的吸管时才用于移取准确体积的溶液,如取 30mL 溶液。

20. 吸管有无分度吸管(又称移液管)和有分度吸管(又称吸量管)之分,如需吸取 5mL、10mL、25mL 等整数,用相应大小的无分度吸管;量取小体积且不是整数时,一般用有分度吸管,如取 1.6mL 液体,可用有分度吸管。有分度吸管又有 1mL、2mL、5mL、10mL 等,移取 1.6mL 液体时选用体积接近的 2mL 吸管,而不用 5mL、10mL 的,因体积越小管径越小,最小分度值小,移取准确。

21. 依次用洗液、自来水洗后,再用纯水、被量液体各荡洗 3 次,洗液洗去脏物,自来水冲洗去洗液,纯水洗去自来水的杂质离子,被量液体荡洗 3 次后,使吸管内液体的浓度与试剂瓶中的浓度相同。

22. 洗液由粗重铬酸钾溶于温热的浓硫酸中配制而成,洗液有强酸性、强氧化性,能把仪器洗净,使用时注意:被洗涤的器皿不宜有水,以免洗液被冲稀而失效。仪器洗涤时,如仪器内无还原性物质,可直接用洗液洗。如有,则用水冲洗,尽量去水后再用洗液洗。如洗液中引入水,会析出橙红色的物质;洗液可以反复使用,用后请倒回原瓶;当洗液的颜色由原来的深棕色变为绿色,即 Cr(Ⅵ)被还原为 Cr(Ⅲ)时,洗液已失效而不能使用;盛洗液的瓶要塞紧瓶塞,以防洗液吸水而失效。洗液用过后,立即倒回原瓶,以免吸水;由于 Cr(Ⅵ)是致癌物质,所以凡能不用洗液洗的仪器一定不用洗液;洗液废水应回收,作处理后排放。由于洗液的强酸性、强氧化性,它对衣服、皮肤、橡胶等的腐蚀性也很强,使用时请小心。本实验中,称量瓶、容量瓶、吸管、滴定管、比色管可用洗液洗。

23. 避免纯水或被量液体的浪费,在荡洗或移取溶液的操作中,吸管末端需深入液面下 1cm,也就是说,容器内应有一定量的液体,如容器的体积越大,如 250mL、400mL 烧杯,其内径也越大,达到同样液层厚度所需的液体量越多,会造成纯水或溶液的浪费。

24. 按操作要求:①荡洗时,无分度吸管内液面上升到球部,有分度吸管充满全部体积的 1/5,因此可以估计进入吸管的液体量;②烧杯内应留有一定量的溶液,避免吸管口脱离液体,空气吸入吸管,造成液体被吸入洗耳球而弄脏(此现象称为吸空)。

可以根据吸管的大小估计应取的液体量。例如,荡洗 25mL 无分度吸管,液面上升到球部,估计进入液体量为 10mL。再加烧杯中还应留有一定量的液体,避免吸空,则取 20～30mL 纯水或液体就足以荡洗一次。若荡洗 2mL 有分度吸管,进入液体为全部体积的 1/5,估计进入液体量最多为 1mL,再加上烧杯中应留有的液体,则取 10mL 液体荡洗一次。

25. 不能。用纯水荡洗时,将自来水冲洗干净的吸管放入纯水中,就把自来水引入纯水,因此在此烧杯中荡洗 3 次,仍有自来水杂质。有同学会说,用滤纸把吸管外部的自来水吸干后再放入纯水中。但这样做仍有引进杂质的可能性,吸管外壁仍有杂质离子存在。

用洗耳球吸取纯水到一定的体积,在一旦拿去洗耳球,右手立即按住的情况下,仍有带自来水的纯水回到烧杯中而引入杂质。用被量液体荡洗的情况同上。

26. 让我们从操作来分析,操作"当溶液吸到标线以上,立即用右手食指按住,取出吸管,烧杯倾斜 45°,吸管垂直,管尖靠住杯壁,微微抬起食指,当液面缓缓下降至与标线相切时,立即紧按食指,使溶液不再流出"时要求手指灵活,一般人右手较灵活,食指比拇指灵活、方便,所以用右手拿吸管,食指按管口。

27. 吸取溶液的操作中,随着溶液进入吸管,烧杯内的液体减少,液面一旦下降至吸管口下,会使空气进入吸管,由于空气轻,造成液体进入洗耳球而弄脏。此现象即为"吸空"现象。为了避免吸空,吸管末端要伸入液面下 1cm,而且在吸取过程中应随容器中液面下降而降低。不能伸入 1cm 以下,因为如吸管伸入液面下过多,则管外黏附的溶液也多,会使它带到接受溶液的容器中,使移液量增多。

28. 3A 分子筛的用途:各种液体的干燥;空气的干燥;制冷剂的干燥等。4A 分子筛的用途:空气、天然气、制冷剂等气体和液体的深度干燥;氩气的制取和净化;油漆、燃料、涂料中作为脱水剂。5A 分子筛的用途:变压吸附;空气净化脱水和二氧化碳。13X 分子筛的用途:空气分离装置中气体净化;脱水和二氧化碳;天然气、液化石油气、液态烃的干燥和脱硫;一般气体深度干燥。改性分子筛可用于有机反应的催化剂和吸附剂。

29. 以防止乙酸酐水解转化成乙酸。

30. 不可以。由于酚存在共轭体系,氧原子上的电子向苯环移动,使羟基氧上的电子云密度降低,导致酚羟基亲核能力较弱,进攻乙酰羰基碳的能力较弱,所以反应很难发生。

31. 浓硫酸作为催化剂、脱水剂。水杨酸形成分子内氢键阻碍酚羟基酰化作用。水杨酸与酸酐直接作用需加热至 150～160℃ 才能生成乙酰水杨酸,如果加入浓硫酸或磷酸,氢键被破坏,酰化作用可在较低温度下进行,同时副产物大大减少。

32. 本实验的副产物包括水杨酰水杨酸酯、乙酰水杨酰水杨酸酯、乙酰水杨酸酐和聚合物。

33. 利用水杨酸属酚类物质可与三氯化铁发生颜色反应的特点,用几粒结晶加入盛有 3mL 水的试管中,加入 1～2 滴 1% $FeCl_3$ 溶液,观察有无颜色反应(紫色)。

34. 为了提高乙酰苯胺的产率,反应过程中不断分出产物之一水,以打破平衡,使反应向着生成乙酰苯胺的方向进行。因水的沸点为 100℃,反应物乙酸的沸点为 118℃,且乙酸是易挥发性物质,因此,为了达到既要将水分除去,又不使乙酸损失太多的目的,必须控制柱顶温度在 105℃ 左右。

35. ①增加反应物之一的浓度(使冰醋酸过量一倍多);②减少生成物之一的浓度(不断分出反应过程中生成的水)。两者均有利于反应向着生成乙酰苯胺的方向进行。

36. 锌粉可以防止苯胺的氧化。只加入微量(约 0.1g)即可,不能太多,否则会产生不溶于水的 $Zn(OH)_2$,给产物后处理带来麻烦。

37. 韦氏分馏柱的作用相当于二次蒸馏,用于沸点差别不太大的混合物的分离,合成乙酰苯胺时,为了把生成的水分除去,同时又不使反应物乙酸被蒸出,所以选用韦氏分馏柱。

38. 常用的乙酰化试剂有乙酰氯、乙酸酐和乙酸等。①用乙酰氯作酰化剂,其优点是反应速率快。缺点是反应中生成的 HCl 可与未反应的苯胺成盐,从而使半数的胺因成盐而无法参与酰化反应。为解决这个问题,需在碱性介质中进行反应;另外,乙酰氯价格昂贵,在实验室合成时,一般不采用。②用乙酐($CH_3CO)_2O$ 作酰化剂,其优点是产物的纯度高,产率好,虽然反应过程中生成的 CH_3COOH 可与苯胺成盐,但该盐不如苯胺盐酸盐稳定,在反应条件下仍可以使苯胺全部转化为乙酰苯胺。其缺点是除原料价格昂贵外,该法不适用于钝化的胺(如邻或对硝基苯胺)。③用乙酸作酰化剂,其优点是价格便宜;缺点是反应时间长。

39. 这一油滴是溶液>83℃,为溶于水但已经溶化了乙酰苯胺,因其密度大于水而沉于杯下,可补加少量热水,使其完全溶解,且不可认为是杂质而将其抛弃。

40. 具有 α-H 的酯或具有活泼亚甲基的酯能进行 Perkin 反应。

41. 因为氢氧化钠的碱性太强,且加入的量不易控制。加入过量的氢氧化钠会使肉桂酸与之中和,形成可溶于水的肉桂酸钠,从而不能使肉桂酸固体析出。

42. 不能。因为苯甲醛在强碱存在下可发生康尼扎罗反应。

43. 下列情况需要采用水蒸气蒸馏:

(1) 混合物中含有大量的固体,通常的蒸馏、过滤、萃取等方法都不适用。

(2) 混合物中含有焦油状物质,采用通常的蒸馏、萃取等方法都不适用。

(3) 在常压下蒸馏会发生分解的高沸点有机物质。

44. 因为在反应混合物中含有未反应的苯甲醛油状物,它在常压下蒸馏时易氧化分解,故采用水蒸气蒸馏,以除去未反应的苯甲醛。

45. 薄层层析是一种微量、快速的层析方法。它不仅可以用于纯物质的鉴定,也可用于混合物的分离、提纯及含量的测定。根据分离的原理不同,薄层层析可以分为两类:用吸附剂铺成的薄层所进行的层析为吸附薄层层析;用纤维素粉、硅胶、硅藻土为支持剂铺成的薄层,属于分配薄层层析。吸附薄层主要是利用吸附剂对样品中各成分吸附能力不同,及展开剂对它们的解吸附能力的不同,使各成分达到分离。分配薄层层析的原理是用极性溶剂吸干在固体支持剂上所形成的混合物,铺成薄层(或装柱),然后活化、点样(或上样),再用极性较弱的展开剂(或洗脱剂)进行展开。硅胶柱法的分离原理是根据物质在硅胶上的吸附力不同而得到分离,一般情况下极性较大的物质易被硅胶吸附,极性较弱的物质不易被硅胶吸附,整个层析过程即是吸附、解吸、再吸附、再解吸过程。

46. 因为酰基是吸电子基团,第一个酰基使芳环钝化,所以第二个酰基不能进入第一个酰基所在的环上。

47. 因为二茂铁中的铁为亚铁离子,易被氧化,所以不能用混酸进行硝化。

48. 极性小的先被淋洗出来。

49. 因为乙酸异戊酯中异戊基体积大,位阻大,难以生成,容易水解,所以在反应过程中应尽可能去掉水分。

50. 可能会有生成醚的副反应,蒸馏除去。

51. 因为反应中发生了副反应,所以生成的水量超出理论水量。

52. ①提高反应物之一的用量;②减少生成物的量(移去水或酯);③催化剂浓硫酸的用量要适当(太少,反应速率慢,太多会使副产物增多)。

53. 酿酒的基本原理和过程主要包括:酒精发酵、淀粉糖化、制曲、原料处理、蒸馏取酒、老熟陈酿、勾兑调味等。

54. 此反应一般要求在弱酸性条件下进行,因为此时重氮正离子的浓度大,且芳胺呈游离态,有利于偶联。

55. 因为对氨基苯磺酸是一种内盐,也就是说它结构中的羧基和氨基成盐。而这个内盐是偏酸性的,所以只有加碱才能把氨基解离出来从而进行重氮化反应,加酸是不行的,后面的重氮化反应步骤就不能够进行下去了。

56. 温度高了易产生重氮盐分解,使偶联反应不能发生。

57.

58. 因为用 $NaHCO_3$ 中和生成具有酸性的 $NaHSO_4$,其水溶性较大;而用 Na_2CO_3 中和,易将硫酸完全中和,生成中性的 Na_2SO_4,且水溶性较小,从而易使产品中夹杂有硫酸钠,影响产品质量。

59. NaCl 的作用是:①第一次是使对甲苯磺酸转化成钠盐;②第二次是起盐析作用,使对甲苯磺酸钠晶体析出。NaCl 用量过多,产品中将混有 NaCl 杂质,降低产品纯度。NaCl 用量过少,不能使对甲苯磺酸钠结晶完全析出,降低产率。

60. 因为甲苯与浓硫酸互不相溶,通过搅拌可使两者充分接触,达到缩短反应时间,减少碳化,提高产率的目的。

61. ①严格控制反应温度在 $100\sim120℃$,因为在此温度下主要得到邻位产物,温度过高,将得到苯二磺酸和二甲苯砜等副产物;②反应中一定要保持微沸状态,使上升蒸气环不超过球形冷凝管的 1/3。

62. ①磺化时,浓硫酸氧化产物;②硝化时,磺酸基被硝基置换;③间苯二酚本身氧化(空气中即成醌显红色)。

63. 若直接硝化:①产率低;②剧烈的氧化反应,得不到硝化产物。

先磺化:

(1) $-SO_3H$ 为致钝基团,可降低芳环活性,不易被氧化。

(2) $-SO_3H$ 可先占 4、6 位,迫使 $-NO_2$ 进入 2 位。

(3) $-SO_3H$ 与 $-OH$ 定位效应一致,均为 2 位,所以 $-NO_2$ 易进入 2 位。

(4) 磺化反应可逆,可通常在稀酸中加热的方法将 $-SO_3H$ 水解掉。

64. ①产物呈黏稠状,不能用蒸馏法、重结晶法分离;②产物沸点高,常压蒸馏会分解。水蒸气蒸馏的条件:①被蒸的产物不溶于水或几乎不溶于水,与水长期共沸不发生反应;②产物在 100℃ 有一定蒸气压($\geqslant10mmHg$),低于 100℃ 可随水蒸气一起蒸出去。本实验的特殊之处是边发生磺酸基水解反应,边蒸出生成的产物。

65. 本实验的特殊之处是边发生磺酸基水解反应,边蒸出生成的产物。

66. 由于格氏试剂化学性质活泼,反应体系应避免有水、氧气和二氧化碳的存在,因此实验前所用的仪器应全部干燥,试剂要经过严格无水处理。

进行实验时,装置的安装及试剂的量取动作都应快捷、迅速,并注意防湿气侵入。乙醚必须事先经无水处理;正溴丁烷事先用无水氯化钙干燥并蒸馏纯化;丙酮用无水碳酸钾干燥,也经蒸馏纯化。反应过程中冷凝管上必须装带有氯化钙的干燥管。

67. 反应是否引发可从以下现象判断:反应液是否由澄清变浑浊,是否有白色沉淀物产生。

引发的措施有:

(1) 加热,但温度不能太高,保持有微小气泡缓慢产生即可。

(2) 加碘,芝麻粒大小即可。

(3) 加入少许格氏试剂。

若 5min 后反应仍不开始,可用温水浴,或在加热前加入一小粒碘引发。

若开始时正溴丁烷局部浓度较大,易于发生反应,故搅拌应在反应开始后进行,必须等反应引发后才能搅拌和滴加混合液! 反应结束时,可能有镁条未反应完全,但对后续实验操作没有影响。

68.
$$RMgX+H_2O \longrightarrow RH+Mg(OH)X$$
$$2RMgX+O_2 \longrightarrow 2ROMgX$$
$$RMgX+R'OH \longrightarrow RH+R'OMgX$$
$$RMgX+RX \longrightarrow R-R+MgX_2(偶联反应)$$
$$RMgX+CO_2 \longrightarrow RCO_2MgX$$

由于格氏试剂化学性质活泼,反应体系应避免有水、氧气和二氧化碳的存在,因此实验前所用的仪器应全部干燥,试剂要经过严格无水处理。

69. (1) 环己醇的黏度较大,尤其室温低时,量筒内的环己醇很难倒净而影响产率。

(2) 磷酸和环己醇混合不均,加热时产生碳化。

(3) 反应温度过高,馏出速率过快,使未反应的环己醇因与水形成共沸混合物或产物环己烯与水形成共沸混合物而影响产率。

（4）干燥剂用量过多或干燥时间过短,致使最后蒸馏时前馏分增多而影响产率。

70. 该实验只涉及两种试剂:环己醇和 85%磷酸。磷酸有一定的氧化性,混合不均,磷酸局部浓度过高。高温时可能使环己醇氧化,但低温时不能使环己醇变红。那么,最大的可能就是工业环己醇中混有杂质。工业环己醇是由苯酚加氢得到的,如果加氢不完全或精制不彻底,会有少量苯酚存在。而苯酚却极易被氧化成带红色的物质。因此,本实验现象可能就是少量苯酚被氧化的结果。将环己醇先后用碱洗、水洗涤后,蒸馏得到的环己醇,加磷酸,若不变色则可证明上述判断是正确的。

71. （1）磷酸的氧化性小于浓硫酸,不易使反应物炭化。

（2）无刺激性气体 SO_2 放出。

72. 加饱和食盐水的目的是尽可能除去粗产品中的水分,减少水中溶解的有机物,并且有利于分层。

73. 因为环己烯可以和水形成二元共沸物,如果蒸馏装置没有充分干燥而带水,在蒸馏时则可能因形成共沸物使前馏分增多而降低产率。

74. （1）取少量产品,向其中滴加溴的四氯化碳溶液,若溴的红棕色消失,说明产品是环己烯。

（2）取少量产品,向其中滴加冷的稀高锰酸钾碱性溶液,若高锰酸钾的紫色消失,说明产品是环己烯。

75. 因为反应中环己烯与水形成共沸混合物(沸点 70.8℃,含水 10%);环己醇与环己烯形成共沸混合物(沸点 64.9℃,含环己醇 30.5%);环己醇与水形成共沸混合物(沸点 97.8℃,含水 80%),因此,在加热时温度不可过高,蒸馏速度不易过快,以减少未反应的环己醇的蒸出。

76. 正丁醇溶于饱和食盐水,正丁醚微溶,所以在分水器中装入饱和食盐水是为了把有机层中一部分的正丁醇除去;后面用饱和食盐水洗涤也是为了除去剩余的正丁醇等一些溶于饱和食盐水的有机物。

77. 能用分馏的方法将丁醇除去。但这样做不好,会形成共沸化合物,丁醇会与正丁醚形成二元共沸混合物,低沸物蒸出,前馏分增多,从而降低产率。

78. (1)干燥剂的选择:所选干燥剂必须不与该化合物发生化学反应或发生催化作用,不溶于该液体中。

(2)干燥剂的用量:一般干燥剂的用量为每 10mL 液体需 0.5～1.0g。但由于液体中的水分含量不等,干燥剂的质量、颗粒大小、干燥温度等诸多原因,上述数据仅供参考。

(3)干燥时间:至少半小时,最好放置过夜。

(4)注意事项:①干燥前有机液体不应有任何可见的水层;②蒸馏干燥时,通过可逆与水结合,形成水合物而达到干燥目的。

79. 干燥剂的用量可视粗产品的多少和浑浊程度而定,用量过多,由于干燥剂的表面吸附,会使产品有损失;用量过少,则干燥剂会溶解在所吸附的水中,一般干燥剂用量以摇动锥形瓶时,干燥剂可在瓶底自由移动,一段时间后溶液澄清为宜。通常为每 10mL 液体化合物加 0.5～1.0g 干燥剂,至少加 1.0g,即当被干燥的液体有机化合物体积为 8～9mL 时的干燥剂的用量为 1.0g。

80. 工业上由甲苯和空气催化氧气合成,或用苯/一氧化碳/氢气在氯化氢催化下先生成苯甲醛,再氧化为苯甲酸。实验室中少量制取可用甲苯和酸性高锰酸钾反应制得。苯甲酰氯和甲醇催化下生成苯甲酸甲酯,然后再水解得到苯甲酸。另外也可以用甲苯氯化形成三氯化苄,用稀硫酸水解形成苯甲酸。

81. 优点:①不使用昂贵的特殊溶剂,且不要求无水操作,简化了工艺;②由于相转移催化剂的存在,反应参加的负离子具有较高的反应活性;③具有通用性,应用广泛;④原子经济性。

缺点:催化剂价格较贵。

82. 甲苯能与水反应形成共沸物,且温度在 80℃,温度一旦超过 80℃就会沸腾,造成甲苯含量下降。所以适宜温度定在 80℃。

83. 此反应较慢,需要在较高的温度下长时间反应,而玻璃反应装置可达到的最高反应温度是回流温度,所以采用回流反应装置。

84. 因为球形冷凝管冷凝面积大,各处截面积不同,冷凝物易回流下来。

85. SN_2 机理,Br^- 进攻质子化的羟基。

86. 可用一般蒸馏装置进行粗蒸馏,馏出物的温度达到 100℃时,即为蒸馏的终点,因为 1-溴丁烷/水共沸点低于 100℃,而粗产物中有大量水,只要共沸物都蒸出后,即可停止蒸馏。

87. 减少硫酸的氧化性,减少有机物炭化;水的存在增加 HBr 溶解量,不易逃出反应体系,减少 HBr 损失和环境污染。

88. 有污染环境的气体放出时或产物为气体时,常用气体吸收装置。吸收剂应该是价格便宜、本身不污染环境,对被吸收的气体有大的溶解度。如果气体为产物,吸收剂还应容易与产物分离。

89. 硫酸浓度太高:(1) 会使 NaBr 氧化成 Br_2,而 Br_2 不是亲核试剂。(2) 加热回流时可能有大量 HBr 气体从冷凝管顶端逸出形成酸雾。

$$2NaBr+3H_2SO_4(浓)\longrightarrow Br_2+SO_2+2H_2O+2NaHSO_4$$

硫酸浓度太低:生成的 HBr 量不足,使反应难以进行。

90. 若未反应的正丁醇较多,或因蒸馏过久而蒸出一些氢溴酸恒沸液,则液层的相对密度发生变化,正溴丁烷就可能悬浮或变为上层。遇此现象可加清水稀释,使油层(正溴丁烷)下沉。

91. 除去粗产物中未反应的原料丁醇或溶解的副产物丁烯等。

92. 根据催化引发体系的不同,己内酰胺聚合可分为三种类型。

水解聚合:目前工业上多采用这种方法。纯己内酰胺不能聚合,必须加入少量的水、酸、氨或 6-氨基己酸、耐纶单体盐等物质才能聚合。水是主要的引发剂。反应首先是己内酰胺在高温(约 260℃)下水解开环,生成 6-氨基己酸,水量的多少影响反应的快慢和最终平衡时低分子化合物的含量。添加羧酸可以加速水解开环和聚合反应。占优势的聚合反应是己内酰胺逐步加成于线形分子的末端氨基,形成高分子链和线形分子间氨基与羧基的缩聚反应。反应后期还有酰胺交换反应及酸解、胺解等平衡反应发生。工业上己内酰胺水解聚合方法一般采用间歇的高压釜法和连续聚合法,而以后者居多。树脂切片通常要经过水洗,以萃取单体和低聚物,再经真空干燥后供纺丝加工或注射成形用。

负离子聚合:又称单体浇铸聚合,即无水的己内酰胺在碱金属、碱土金属的存在下,于 220℃ 以上加热,几分钟后即能聚合成黏度极高的聚合物。此法曾称为快速聚合或催化聚合。

正离子聚合:单体在无水的条件下和氯化氢、胺盐、金属卤化物等存在下聚合。此法由于聚合转化率和产物的聚合度不高,还仅限于实验室研究。

93. 分散剂的作用原理因类型不同而有所区别,高分子分散剂的作用机理是吸附在液体表面,形成一层保护膜,起保护胶体的作用,同时使表面张力降低,有利于液滴分散,无机粉末类分散剂的作用机理则是细粉吸附在液滴表面,起机械隔离作用。

分散剂用量主要根据聚合物种类和颗粒要求确定。

改变用量会影响颗粒大小和形状。

不用聚乙烯醇,可以用明胶等其他高分子分散剂。

94. (1)悬浮聚合所使用的单体应为液体,要求单体纯度大于 99.98%。

(2)单体能发生聚合反应,且单体体积较大,形成小的悬浮颗粒。

95. 搅拌太激烈,易生成磨砂粒状聚合物;搅拌太慢,易产生结块,附着在反应内壁或搅拌棒上。

96. ①搅拌速度;②苯乙烯的浓度;③分散剂用量。

97. 乙烯是烯类单体中结构最简单的单体,它没有取代基,结构对称,偶极矩为 0,不易诱导极化,聚合反应的活化能很高,不易发生聚合反应;提高反应温度可以增加单体分子的活性,以达到所需要的活化能,有利于反应的进行。

乙烯在常温、常压下为气体,且不易被压缩液化,在高压 250MPa 下,乙烯被压缩,使其密度近似液态烃的密度,增加分子间的碰撞机会,有利于反应的进行。纯乙烯在 300℃ 以下是稳定的,温度高于 300℃,乙烯将发生爆炸性分解,分解为 C_2H_2 和 CH_4 等。

鉴于以上原因,乙烯进行自由基聚合时需在高温、高压的苛刻条件下进行。

98. 竞聚率是单体均聚链增长和共聚链增长速率常数之比,即 $r_1=k_{11}/k_{12}$,$r_2=k_{22}/k_{21}$。它表征两个单体的相对活性。根据 r 值可以估计两个单体共聚的可能性和判断共聚物的组成情况。

99. 共聚物分为无规共聚物、交替共聚物、嵌段共聚物和接枝共聚物四种。

无规共聚物中两种单体单元无规排列，M1、M2 连续的单元数不多；交替共聚物中 M1、M2 两种单体单元严格相间排列；嵌段共聚物是由较长的 M1 链段和另一较长的 M2 链段构成的大分子；接枝共聚物主链由一种(或两种)单体单元构成，支链由另一种(或另两种)单体单元构成。无规共聚物、交替共聚物可由自由基聚合制备；嵌段共聚物可由阴离子聚合制备；接枝共聚物可由聚合物的化学反应制备。

100. 聚合物及其制品在加工、储存及使用过程中，物理化学性质及力学性质逐步变坏，这种现象称老化。橡胶的发黏、变硬或龟裂，塑料制品的变脆、破裂等都是典型的聚合物老化现象。

导致老化的物理因素是热、光、电、机械应力等。化学因素是氧、酸、碱、水以及生物真菌的侵袭，实际上，老化是上述各因素综合作用的结果。

101. 链自由基较舒展，活性端基包埋程度浅，易靠近而反应终止；自动加速现象出现较晚，即转化率较高时开始自动加速。在单体是聚合物的劣溶剂时，链自由基的卷曲包埋程度大，双基终止困难，自动加速现象出现得早，而在不良溶剂中，情况则介于良溶剂与劣溶剂之间。

102. 原料不纯很难做到等物质的量比，工业上为制备高分子质量的涤纶，先制备对苯二甲酸甲酯，与乙二醇酯交换制备对苯二甲酸乙二醇酯，随后缩聚。工业上为制备高分子质量的尼龙66，先将两单体己二酸和己二胺中和成 66 盐，利用 66 盐在冷热乙醇中的溶解度差异可以重结晶提纯，保证官能团的等当量。然后将66 盐配成 60% 的水溶液前期进行水溶液聚合，达到一定聚合度后转入熔融缩聚。

103. 解决散热，聚合反应是一个放热反应，制成具有一定黏度的预聚物可以避免自动加速作用而引起的爆聚现象，减少因为爆聚上升的气泡不均匀的问题，以及单体转化为聚合物时由于密度不同而引起的体积收缩问题。

104. 先高温是引发聚合，但是本体聚合是放热反应，当温度升高到一定程度时会产生爆聚现象，所以当反应物反应达到一定黏度的预聚物，要降低温度，低温段是让其稳定，避免聚合时自身会产生温度，降温是避免爆聚产生气泡，后期高温是使其单体聚合更完全。

105. 因为预聚后，为了防止在高温下聚合，出现爆聚的现象，导致实验的失败，先在较低的温度下进行聚合，这样聚合不能进行完全，还有部分的单体未反应，因此需要在较高的温度下再反应一段时间，使反应趋于完全。

106. 化学反应中单体滴加速度控制不精确会导致副反应，生成副产物，反应温度也是影响反应速率的因素。

107. 广泛应用于木材、纸张、塑料等基材的黏结，也可用于纸张植绒、塑料植绒，也可作为卷烟胶使用。

108. 对于一个化学反应必须接触才能进行反应，而市售乙酸乙烯酯为了防止其聚合变质，必须降低其浓度来阻止反应，所以要加入稀释剂(如乙酸)使乙酸乙烯酯不能接触。从而使乙酸乙烯酯长时间保存，当然用的时候要把稀释剂除去(一般采用蒸馏法)后才能发生反应。

109. (1) 聚乙烯醇的用途可分为纤维和非纤维两大用途，除了作为纤维原料外，还可以大量用于生产涂料、黏合剂、纸上加工剂、乳化剂、分散剂、薄膜等产品。

(2) 聚乙烯醇缩甲醛主要用于纺织行业经纱浆料、织物整理剂、维尼纶纤维原料等。

(3) 改性聚乙烯醇缩甲醛主要用于合成胶黏剂。

110. 目的是减少游离的甲醛含量，降低甲醛的污染。

111. 不能，因为概率效应，即反应过程中会产生孤立的单个功能基，由于单个功能基难以继续反应，因而不能 100% 转化。同时，还受到其他因素的影响，如醛的用量、pH、反应温度与速率、黏度与含量、聚乙烯醇的型号、改性剂种类和用量等的影响，因此转化率不可能达到 100%。

112. 该反应是可逆的。本实验是根据正丁酯与水形成恒沸蒸馏的方法，在回流反应装置中加一分水器，以不断除去酯化反应生成的水，来打破平衡，使反应向生成酯的方向进行，从而达到提高乙酸正丁酯产率的目的。

113. 乙酸正丁酯的粗产品中，除产品乙酸正丁酯外，还可能有副产物丁醚、1-丁烯、丁醛、丁酸及未反应的少量正丁醇、乙酸和催化剂(少量)硫酸等。可以分别用水洗和碱洗的方法将其除掉。产品中微量的水可用干燥剂无水氯化钙除掉。

114. 主要副产物有 1-丁烯和正丁醚。回流时要用小火加热,保持微沸状态,以减少副反应的发生。

115. (1) 水洗的目的是除去水溶性杂质,如未反应的醇、过量碱及副产物少量的醛等。

(2) 碱洗的目的是除去酸性杂质,如未反应的乙酸、硫酸、亚硫酸及副产物丁酸。

116. 原因可能是:①酯化反应不完全,经洗涤后仍有少量的正丁醇等杂质留在产物中。②干燥不彻底,产物中仍有微量水分。酯、正丁醇和水能形成二元或三元恒沸物,因而前馏分较多。

117. 蒸馏系统所用仪器或粗产品干燥不彻底,使产品中混有微量的水分,该水分以乳浊液的形式存在于乙酸正丁酯中,因而使乙酸正丁酯浑浊。

118. 减压过滤的优点是过滤和洗涤速度快;液体和固体分离比较完全;滤出的固体容易干燥。

119. 该反应为强放热反应,若环己醇的滴加速度太快,反应温度上升太高,易使反应失控;若环己醇的滴加速度过慢,反应温度太低,则反应速率太慢,致使未作用的环己醇积聚起来。

120. 用玻璃棒蘸取少许反应液,在滤纸上点一下,如果高锰酸钾的紫色完全消失,说明反应已经完全。若 $KMnO_4$ 过量,可用少量 $NaHSO_3$ 还原。

121. 因为乙酰乙酸乙酯分子中亚甲基上的氢比乙醇的酸性强得多($pK_a=10.7$),反应后生成的乙酰乙酸乙酯的钠盐,必须用乙酸酸化才能使乙酰乙酸乙酯游离出来。用饱和食盐水洗涤的目的是降低酯在水中的溶解度,以减少产物的损失,增加乙酰乙酸乙酯的产率。

122. 该缩合反应的催化剂是醇钠。在乙酰乙酸乙酯的合成中,因原料为乙酸乙酯,而试剂乙酸乙酯中含有少量乙醇,后者与金属钠作用则生成乙醇钠,故在该实验中可用金属钠代替。

123. 学生实验中经常使用的冷凝管有直形冷凝管、球形冷凝管、空气冷凝管及刺形分馏柱等。直形冷凝管一般用于沸点低于 140℃的液体有机化合物的沸点测定和蒸馏操作中;沸点大于 140℃的有机化合物的蒸馏可用空气冷凝管。球形冷凝管一般用于回流反应即有机化合物的合成装置中(因其冷凝面积较大,冷凝效果较好);刺形分馏柱用于精馏操作中,即用于沸点差别不太大的液体混合物的分离操作中。

124. 反应中生成的有毒和刺激性气体(如卤化氢、二氧化硫)或反应时通入反应体系而没有完全转化的有毒气体(如氯气),进入空气中会污染环境,此时要用气体吸收装置吸收有害气体。选择吸收剂要根据被吸收气体的物理、化学性质来决定。可以用物理吸收剂,如用水吸收卤化氢;也可以用化学吸收剂,如用氢氧化钠溶液吸收氯和其他酸性气体。

125. 此反应的关键中间体为氧双负离子,利用强碱能够增加氧双负离子的形成,加速反应。

三、计算题

1. 　　　　　　$n(CH_3OH)=n(Cr_2O_7^{2-})$ 　　　　$n(Fe^{2+})=6n(Cr_2O_7^{2-})$

用 Fe^{2+} 标准溶液返滴定过剩的 $K_2Cr_2O_7$,用去 12.47mL,则

$$n(Cr_2O_7^{2-})=\frac{1}{6}n(Fe^{2+})=\frac{1}{6}\times12.47\times0.1032\times10^{-3}=2.145\times10^{-4}(mol)$$

CH_3OH 消耗的 $K_2Cr_2O_7$ 物质的量

$$n(CH_3OH)=0.1428\times25.00\times10^{-3}-2.145\times10^{-4}=3.356\times10^{-3}(mol)$$

$$w(CH_3OH)=\frac{32.04\times3.356\times10^{-3}}{0.1280}=0.8400$$

2. 　　　　$w(Mg)=\dfrac{0.050\,00mol\cdot L^{-1}\times4.10mL\times24.31g\cdot mol^{-1}}{0.5000g\times\dfrac{1}{4}\times1000}=0.0399$

$$w(Zn)=\frac{0.050\,00mol\cdot L^{-1}\times13.40mL\times65.38g\cdot mol^{-1}}{0.5000g\times\dfrac{1}{4}\times1000}=0.3504$$

$$w(Cu)=\frac{0.050\,00mol\cdot L^{-1}\times(37.30-13.40)mL\times63.55g\cdot mol^{-1}}{0.5000g\times\dfrac{1}{4}\times1000}=0.6075$$

3. 以甲基橙为指示剂时的滴定反应为

$$Na_2CO_3 + 2HCl \longrightarrow 2NaCl + H_2O + CO_2$$
$$NaHCO_3 + HCl \longrightarrow NaCl + H_2O + CO_2$$

设混合试样中的 Na_2CO_3 质量为 x g，则

$$\frac{2x}{106.0} + \frac{0.6850 - x}{84} = 0.2 \times 50.00 \times 10^{-3}$$

$$x = 0.2650g$$

则试样中含 Na_2CO_3 0.2650g，$NaHCO_3$ 0.4200g。

以酚酞为指示剂时的滴定反应为

$$Na_2CO_3 + HCl \longrightarrow NaCl + NaHCO_3$$

设消耗 HCl 溶液 V mL，根据滴定反应可得

$$\frac{0.2650}{106} = 0.2 \times V \times 10^{-3}$$

$$V = 12.5mL$$

4.
$$H_2C_2O_4 + 2NaOH \longrightarrow Na_2C_2O_4 + H_2O$$

$$n(H_2C_2O_4) = \frac{0.1095 \times 24.38 \times 10^{-3}}{2} = 1.335 \times 10^{-3}(mol)$$

$$5H_2C_2O_4 + 2MnO_4^- + 6H^+ \longrightarrow 2Mn^{2+} + 10CO_2 + 8H_2O$$

$$\frac{2}{5} = \frac{22.10 \cdot c \times 10^{-3}}{1.335 \times 10^{-3}}$$

$$c = 0.024\ 16mol \cdot L^{-1}$$

5. 由示差光度法原理知

$$0.480 = ab(0.600 - 0.500)$$

$$0.283 = ab(x - 0.500)$$

$$x = 0.559g \cdot L^{-1}$$

$$w(Fe) = \frac{0.559 \times 0.1}{0.482} \times 100\% = 11.6\%$$

6. 当己二酸过量时，尼龙 66 的分子结构为

$$HO\underset{\mid\text{———}112\text{———}\mid}{\overset{}{{-}}}\!\!\!\!{\Big[}CO(CH_2)_4CONH(CH_2)_6NH\underset{\mid\text{———}114\text{———}\mid}{\overset{}{{\Big]}_n}}CO(CH_2)_4COOH$$

结构单元的平均相对分子质量 $M_0 = (112 + 114)/2 = 113$，则

$$\bar{X}_n = \frac{13\ 500 - 146}{131} = 118$$

当反应程度 $P = 0.994$ 时，求 r 值：

$$\bar{X}_n = \frac{1 + r}{1 + r - 2rP}$$

$$118 = \frac{1 + r}{1 + r - 2 \times 0.994r}$$

己二胺和己二酸的配料比

$$r = 0.995$$

7. （1）4.6g CH_3CH_2OH 是 0.1mol，燃烧消耗 0.3mol 氧气，0.3mol 氧气有 0.6mol 氧原子，都从 0 价变为 -2 价，所以转移 1.2mol 电子。

（2）氧气体积为 30L 和氧气体积为 40L 情况相同，所以氧气体积为 40L 时完全反应，增加 35.2g 意味着生成 35.2g 的 CO_2，所以 11.4g 烃 A 含碳 9.6g，为 0.8mol，含氢 1.8g，为 1.8mol，设分子式是 $C_{8x}H_{18x}$，则 $2C_{8x}H_{18x} + 25xO_2 \longrightarrow 16xCO_2 + 18xH_2O$，$C_{8x}H_{18x}$ 相对分子质量为 $114x$，则 11.4g 为 $(1/10x)$mol，所以消耗氧

气 5/4mol,生成 CO_2 为 4/5mol,生成 H_2O 为 9/10mol,10.08L 为 0.45mol 恢复到标准状况气体积减少 xL 吗? 应该是增加 xL! 这样含碳 0.8mol、1.8mol、化学式 C_8H_{18}。

8. (1) $k_{12}=k_{11}/r_1=49/0.64=76.56$L·$(mol·s)^{-1}$,$k_{21}=k_{22}/r_2=25.1/1.38=18.19$L·$(mol·s)^{-1}$

(2) $1/r_1$ 为丁二烯单体的相对活性,$1/r_2$ 为苯乙烯单体的相对活性。$1/r_1=1.56>1/r_2=0.725$,说明丁二烯单体活性较苯乙烯单体活性大,又因为 $k_{12}>k_{22}$ 说明丁二烯自由基活性较苯乙烯自由基活性小。

(3) 两种单体共聚属无恒比点的非理想共聚,共聚物组成方程为 $F_1=(r_1f_{12}+f_1f_2)/(r_1f_{12}+2f_1f_2+r_2f_{22})$,代入 r_1 和 r_2 值,作图如下。

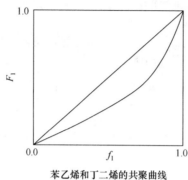

苯乙烯和丁二烯的共聚曲线

(4) 欲得组成均匀的共聚物,可按组成要求计算投料比,且在反应过程中不断补加丁二烯单体,以保证原配比基本保持恒定。

9. 由 5mL 3mol·L^{-1} 硫酸生成的硫酸亚铁量

$$M(FeSO_4)=152g·mol^{-1}$$
$$m(FeSO_4)=5×3×152/1000=2.3(g)$$

生成 $FeSO_4·H_2O$ 所需的结晶水:

$$5×3×18/1000=0.3(g)$$

溶解 $FeSO_4$ 所需的水:

343K 的溶解度为 56.0g $FeSO_4$·$(100g 水)^{-1}$,溶解 2.3g $FeSO_4$ 需要水的质量为

$$100×2.3/56.0=4.1(g)$$

353K 的溶解度为 43.5g $FeSO_4$·$(100g 水)^{-1}$,溶解 2.3g $FeSO_4$ 需要水的质量为

$$100×2.3/43.5=5.3(g)$$

所以,要使晶体不析出,体系中必需的水量:343K 为 4.4g(4.1+0.3);353K 为 5.6g(5.3+0.3)。

现 5mL 3mol·L^{-1} H_2SO_4 中含水:3mol·L^{-1} H_2SO_4 的质量分数为 25%,相对密度为 1.18。

所以 $$m(H_2O)=5×1.18×0.75=4.4(g)$$

根据以上计算,可知 $T=343$K,3mol·L^{-1} 硫酸的浓度合适。

如 $T=353$K,则可适当加水。

10. 等体积混合后

$$[Ag^+]=0.20mol·L^{-1}×1/2=0.10mol·L^{-1}$$
$$[CN^-]=0.60mol·L^{-1}×1/2=0.30mol·L^{-1}$$

	Ag^+	+	$2CN^-$	$\rightleftharpoons$	$[Ag(CN)_2]^-$

反应前的浓度 0.10mol·L^{-1}　　　0.30mol·L^{-1}　　　　　　　0mol·L^{-1}

平衡时浓度　$x$mol·L^{-1}　　(0.30−0.20+2x)mol·L^{-1}　　(0.10−x)mol·L^{-1}

　　　　　　　　　　　　　≈0.10mol·L^{-1}　　　　≈0.10mol·L^{-1}

$$[Ag^+]=\frac{[Ag(CN)_2]^-}{K·[CN^-]^2}=\frac{0.10}{1.3×10^{21}×0.10^2}=7.69×10^{-21}(mol·L^{-1})$$

有 $Q=[Ag^+][I^-]=7.69\times10^{-21}\,mol\cdot L^{-1}\times0.10\,mol\cdot L^{-1}=7.69\times10^{-22}<K_{sp}(AgI)=8.52\times10^{-17}$，无 AgI 沉淀生成。

若要在 $[I^-]=0.10\,mol\cdot L^{-1}$ 的条件下形成 AgI 沉淀，则溶液中 Ag^+ 浓度为

$$[Ag^+]=\frac{K_{sp}}{[I^-]}=\frac{8.52\times10^{-17}}{0.1}=8.52\times10^{-16}(mol\cdot L^{-1})$$

$$[CN^-]=\sqrt{\frac{[Ag(CN)_2]^-}{[Ag^+]\times K}}=\sqrt{\frac{0.1}{8.52\times10^{-6}\times1.3\times10^{21}}}=3.0\times10^{-4}(mol\cdot L^{-1})$$

所以，由计算可知，要使上述溶液生成 AgI 沉淀，必须使 $[CN^-]<3.0\times10^{-4}\,mol\cdot L^{-1}$。

在线答疑

陈云峰　chyfch@hotmail.com

陈　迁　qianchen@gdut.edu.cn

周红军　hongjunzhou@163.com

蒋旭红　jiangxh69@163.com

宋　亭　1837783665@qq.com

第八章　电化学分析技术

第一节　概　　述

电化学分析是仪器分析的一个重要组成部分,它是利用物质的电化学性质,测定化学电池的电位、电导、电流或电量的变化进行分析的方法。按照电化学分析法的基本原理和检测电参量的手段不同,电化学分析方法有以下几种。

(1) 电导分析:直接电导法,电导滴定法,高频电导滴定法。

(2) 电位分析:直接电位法,电位滴定法,离子选择性电极分析法。

(3) 电解和库仑分析:恒电流电重(质)量分析法,恒电压电重(质)量分析法,控制阴极电位电重(质)量分析法,汞阴极电解分析法,控制电位库仑分析法,控制电流库仑分析法(库仑滴定),精密库仑分析法。

(4) 极谱分析:经典极谱法,示波极谱法,极谱催化波法,方波极谱法,脉冲极谱法,溶出伏安法。

电化学分析法具有下述特点:

(1) 分析速度快。电化学分析法一般都具有快速的特点,如极谱分析法有时 1 次可以同时测定数种元素。试样的预处理手续一般也比较简单。

(2) 灵敏度高。电化学分析法适用于痕量甚至超痕量组分的分析,如脉冲极谱法、溶出伏安法和极谱催化波法等都具有非常高的灵敏度,有的项目可测定浓度低至 $10^{-11} mol \cdot L^{-1}$、含量为 10^{-9} 的组分。

(3) 选择性好。电化学分析法的选择性一般都比较好,这也是使分析快速和易于自动化的一个有利条件。

(4) 所需试样的量较少,适用于微量操作。微型离子选择性电极可测定细胞内原生质的组成,进行活体分析和监测。

(5) 仪器设备简单,易于自动控制。由于电化学分析法是根据所测量的电参量来进行分析的,因此易于采用电子系统进行控制,适用于工业生产流程的监测和自动控制以及环境保护监测等方面。而与许多现代化仪器分析方法比较,电化学分析法一般无需大型、昂贵的仪器设备,它所用的仪器都比较简单,调试和操作也比较简便。

第二节　试　　题

一、电导分析

(一) 选择题

1. 温度 298K 时,KNO_3 水溶液的浓度由 $1mol \cdot dm^{-3}$ 增大到 $2mol \cdot dm^{-3}$,其摩尔电导率 Λ_m 将(　　)。

    A. 增大　　　　　B. 减小　　　　　C. 不变　　　　　D. 不确定

2. 电解质分为强电解质和弱电解质,在于(　　)。

A. 电解质为离子晶体和非离子晶体　　　B. 全解离和非全解离

C. 溶剂为水和非水　　　D. 离子间作用强和弱

3. 在测定乙酸溶液的电导率时,测量频率需调到(　　)。

A. 低周挡　　　B. 高周挡　　　C. $\times 10^2$ 挡　　　D. $\times 10^3$ 挡

4. 正离子的迁移数与负离子的迁移数之和是(　　)。

A. 大于 1　　　B. 等于 1　　　C. 小于 1　　　D. 不确定

5. 在浓度不大的范围内,摩尔电导率随浓度变化的规律为(　　)。

A. 与浓度成反比关系,随浓度增大而变小

B. 与浓度无关,不受浓度的影响

C. 与 $\sqrt{c}$ 呈线性关系而增大

D. 与 $\sqrt{c}$ 呈线性关系而减小

6. 关于电导率,下列说法正确的是(　　)。

A. 电解质溶液的电导率是两极板为单位面积,其距离为单位长度时溶液的电导

B. 电解质溶液的电导率是单位浓度的电解质的电导

C. 电解质溶液的电导率相当于 Λ_m 的倒数

D. 电解质溶液的电导率随浓度变化的规律为随浓度增大而单调增大

7. 电导率仪在用来测量电导率之前,必须进行(　　)。

A. 零点校正

B. 满刻度校正

C. 定电导池常数

D. 以上三种都需要

8. 离子运动速度直接影响离子的迁移数,它们的关系是(　　)。

A. 离子运动速度越大,迁移电量越多,迁移数越大

B. 同种离子运动速度是一定的,故在不同电解质溶液中,其迁移数相同

C. 在某种电解质溶液中,离子运动速度越大,迁移数越大

D. 离子迁移数与离子本性无关,只取决于外电场强度

9. 以下说法中正确的是(　　)。

A. 电解质的无限稀释摩尔电导率 Λ_m^∞ 都可以由 Λ_m 与 $\sqrt{c}$ 作图外推到 $\sqrt{c}=0$ 得到

B. 德拜-休克尔公式适用于强电解质

C. 电解质溶液中各离子迁移数之和为 1

D. 若 $a(CaF_2)=0.5$,则 $a(Ca^{2+})=0.5$,$a(F^-)=1$

10. 不能用测定电解质溶液所得的电导计算出的物理量是(　　)。

A. 离子迁移数　　　B. 难溶盐溶解度

C. 弱电解质电离度　　　D. 电解质溶液浓度

11. 在 25℃ 时,无限稀释的水溶液中,离子摩尔电导率最大的是(　　)。

A. La^{3+}　　　B. Mg^{2+}　　　C. NH_4^+　　　D. H^+

12. 在论述离子的无限稀释摩尔电导率的影响因素时,错误的说法是(　　)。

A. 认为与溶剂性质有关　　　B. 认为与温度有关

C. 认为与共存的离子性质有关　　　　　D. 认为与离子本性有关

13. 在相距 1m, 电极面积为 $1m^2$ 的两电极之间和在相距 10m, 电极面积为 $0.1m^2$ 的两电极之间, 分别放入相同浓度的同种电解质溶液, 则二者(　　　)。

　　A. 电导率相同, 电导相同　　　　　B. 电导率不相同, 电导相同

　　C. 电导率相同, 电导不相同　　　　　D. 电导率不相同, 电导也不相同

14. 电解质溶液的离子强度与其浓度的关系为(　　　)。

　　A. 浓度增大, 离子强度增大　　　　　B. 浓度增大, 离子强度变弱

　　C. 浓度不影响离子强度　　　　　D. 随浓度变化, 离子强度变化无规律

15. 电解质水溶液的离子平均活度系数受多种因素的影响, 当温度一定时, 其主要的影响因素是(　　　)。

　　A. 离子的本性　　　　　B. 电解质的强弱

　　C. 共存的其他种离子的性质　　　　　D. 离子浓度及离子电荷数

16. 采用电导法测定 HAc 的解离平衡常数时, 应用了惠斯通电桥。作为电桥平衡点的示零仪器, 不能选用(　　　)。

　　A. 通用示波器　　B. 耳机　　　　C. 交流毫伏表　　　D. 直流检流计

17. 一定温度和浓度的水溶液中, Li^+、Na^+、K^+、Rb^+ 的摩尔电导率依次增大的原因是(　　　)。

　　A. 离子浓度依次减弱　　　　　B. 离子的水化作用依次减弱

　　C. 离子的迁移数依次减小　　　　　D. 电场强度的作用依次减弱

18. 在有关影响电解质离子电迁移率大小的因素的论述中, 错误的说法是(　　　)。

　　A. 认为与电解质的本性有关　　　　　B. 认为与浓度有关

　　C. 认为与电场强度(电位梯度)有关　　　D. 认为与温度有关

19. 水溶液中 H^+ 和 OH^- 的电迁移率特别大, 其原因是(　　　)。

　　A. 发生电子传导　　　　　B. 发生质子传导

　　C. 离子荷质比大　　　　　D. 离子水化半径小

20. 测量溶液的电导时, 使用的电极是(　　　)。

　　A. 甘汞电极　　　B. 铂黑电极　　　C. 玻璃电极　　　D. 银-氯化银电极

21. 溶液的电导是在溶液中通过电流测定的, 可以使用的电源是(　　　)。

　　A. 高频交流电　　B. 高压直流电　　C. 中频交流电　　D. 低压直流电

22. 用 NaOH 直接滴定法测定 H_3BO_3 含量, 能准确测定的方法是(　　　)。

　　A 电位滴定法　　　B 酸碱中和法　　　C 电导滴定法　　　D 库仑分析法

23. 在乙酸电导率的测定中, 为使大试管中稀释后的乙酸溶液混合均匀, 下列说法正确的是(　　　)。

　　A. 可用电极在大试管内搅拌　　　　　B. 可以轻微晃动大试管

　　C. 可用移液管在大试管内搅拌　　　　D. 可用搅拌器在大试管内搅拌

24. 用惠斯通电桥法测定电解质溶液的电导, 电桥所用的电源为(　　　)。

　　A. 220V, 50Hz 市电

　　B. 40V 直流电源

　　C. 一定电压范围的交流电, 频率越高越好

　　D. 一定电压范围 1000Hz 左右的交流电

25. 离子独立运动定律适用于(　　)。

A. 强电解质溶液　　　　　　　　　B. 弱电解质溶液

C. 无限稀释电解质溶液　　　　　　D. 理想稀溶液

26. 惠斯通电桥是测量(　　)电学性质的。

A. 电容　　　　　　　　　　　　　B. 电位

C. 电阻　　　　　　　　　　　　　D. 电感

27. 在乙酸溶液电导率的测定中,真实电导率即为(　　)。

A. 通过电导率仪所直接测得的数值

B. 水的电导率减去乙酸溶液的电导率

C. 乙酸溶液的电导率加上水的电导率

D. 乙酸溶液的电导率减去水的电导率

28. 下面说法错误的是(　　)。

A. 电导率测量时,测量讯号采用直流电

B. 可以用电导率来比较水中溶解物质的含量

C. 测量不同电导范围,选用不同电极

D. 选用铂黑电极,可以增大电极与溶液的接触面积,减少电流密度

29. 对电导率测定,下面说法正确的是(　　)。

A. 测定低电导值的溶液时,可用铂黑电极;测定高电导值的溶液时,可用光亮铂电极

B. 应在测定标准溶液电导率时相同的温度下测定待测溶液的电导率

C. 溶液的电导率值受温度影响不大

D. 电极镀铂黑的目的是增加电极有效面积,增强电极的极化

30. 在电导或电导率测定实验中,必须用交流电源而不用直流电源,其原因是(　　)。

A. 防止在电极附近溶液浓度变化　　B. 使用交流电源时更省电

B. 可以消除溶剂电导率的影响　　　D. 保持溶液不致升温

31. 测电导池常数所用的标准溶液是(　　)。

A. 饱和 KCl 溶液　　　　　　　　B. $0.01 mol \cdot L^{-1}$ KCl 溶液

C. $0.1 mol \cdot L^{-1}$ NaCl 溶液　　　D. 纯水

32. 1-1 型电解质溶液的摩尔电导率可以看作是正负离子的摩尔电导率之和,这一规律只适用于(　　)。

A. 强电解质　　　　　　　　　　　B. 弱电解质

C. 无限稀释电解质溶液　　　　　　D. 物质的量浓度为 1 的溶液

33. 在 298K 时,当 H_2SO_4 溶液的浓度从 $0.01 mol \cdot kg^{-1}$ 增加到 $0.1 mol \cdot kg^{-1}$ 时,其电导率 k 和摩尔电导率 Λ_m 的变化分别为(　　)。

A. k 减小, Λ_m 增加　　　　　　B. k 增加, Λ_m 增加

C. k 减小, Λ_m 减小　　　　　　D. k 增加, Λ_m 减小

34. 用电导仪测未知溶液的电导,将一定浓度的标准 KCl 溶液注入电导池中进行测定,其目的是(　　)。

A. 做空白实验　　　　　　　　　　B. 校正零点

C. 求电导池常数　　　　　　　　　D. 作工作曲线

35. 乙酸的极限摩尔电导率数值是根据(　　)方法得到的。

A. D-H 极限公式　　　　　　　　　B. Kohlrausch 经验公式外推值

C. 离子独立运动定律　　　　　　　D. 实验直接测得

36. 若向摩尔电导率为 1.4×10^{-2} S・m^2・mol^{-1} 的 $CuSO_4$ 溶液中,加入 $1m^3$ 的纯水,这时 $CuSO_4$ 摩尔电导率为(　　)。

A. 降低　　　　　B. 升高　　　　　C. 不变　　　　　D. 不能确定

37. 下列电解质溶液的浓度都为 0.01mol・kg^{-1}。离子平均活度系数最小的是(　　)。

A. $ZnSO_4$　　　B. $CaCl_2$　　　C. KCl　　　D. $LaCl_2$

38. 在其他条件不变时,电解质溶液的摩尔电导率随溶液浓度的增加而(　　)。

A. 增大　　　　　B. 减小　　　　　C. 先增后减　　　D. 不变

39. 在 298K 含下列离子的无限稀释的溶液中,离子摩尔电导率最大的是(　　)。

A. Al^{3+}　　　B. Mg^{2+}　　　C. H^+　　　D. K^+

40. 298K 时,浓度均为 0.001mol・kg^{-1} 的下列电解质溶液,其离子平均活度系数最大的是(　　)。

A. $CuSO_4$　　　B. $CaCl_2$　　　C. $LaCl_3$　　　D. NaCl

41. 离子电迁移率的单位可以表示成(　　)。

A. m・s^{-1}　　　B. m・s^{-1}・V^{-1}　　　C. m^2・s^{-1}・V^{-1}　　　D. s^{-1}

42. 在 Hittorff 法测迁移数的实验中,用 Ag 电极电解 $AgNO_3$ 溶液,测出在阳极部 $AgNO_3$ 的浓度增加了 x mol,而串联在电路中的 Ag 库仑计上有 y mol 的 Ag 析出,则 Ag^+ 迁移数为(　　)。

A. x/y　　　B. y/x　　　C. $(x-y)/x$　　　D. $(y-x)/y$

(二) 简答题

1. 电解质溶液的电导率随着电解质浓度的增加有什么变化?

2. 在温度、浓度和电场梯度都相同的情况下,氯化氢、氯化钾、氯化钠三种溶液中氯离子的迁移数相同吗?

3. 为什么氢离子和氢氧根离子的电迁移率和摩尔电导率的数值比同类离子要大得多?

(三) 计算题

1. 某电导池中充入 0.02mol・dm^{-3} 的 KCl 溶液,在 25℃时电阻为 250Ω,如改充入 6×10^{-5} mol・dm^{-3} NH_3・H_2O 溶液,其电阻为 10^5 Ω。已知 0.02mol・dm^{-3} KCl 溶液的电导率为 0.277S・m^{-1},而 NH_4^+ 及 OH^- 的摩尔电导率分别为 73.4×10^{-4} S・m^2・mol^{-1}、198.3×10^{-4} S・m^2・mol^{-1}。试计算 6×10^{-5} mol・dm^{-3} NH_3・H_2O 溶液的解离度。

2. 在用界面移动法测定 H^+ 的电迁移率(淌度)时,历时 750s 后,界面移动了 4.0cm。已知迁移管两极之间的距离为 9.6cm,电位差为 16.0V,设电场是均匀的。试求 H^+ 的电迁移率。

3. 25℃时在一电导池中装入 0.01mol・dm^{-3} KCl 溶液,测得电阻为 300.0Ω。换上 0.01mol・dm^{-3} $AgNO_3$ 溶液,测得电阻为 340.3Ω,试计算(1)电导池常数;(2)上述 $AgNO_3$ 溶液的电导率;(3)$AgNO_3$ 溶液的摩尔电导率。[k(KCl)=0.140 887$Ω^{-1}$・m^{-1}]

二、电位分析

（一）选择题

1. 采用对消法（或称补偿法）测定电池电动势时，需要选用一个标准电池。这种标准电池所具备的最基本条件是（　　）。

A. 电极反应的交换电流密度很大，可逆性大

B. 高度可逆，电动势温度系数小，稳定

C. 电池可逆，电位具有热力学意义

D. 电动势精确已知，与测量温度无关

2. 实验室中为测定由电极 $Ag|AgNO_3(aq)$ 及 $Ag|AgCl(s)|KCl(aq)$ 组成的电池的电动势，下列不能采用的是（　　）。

A. 电位差计　　　　B. 标准电池　　　　C. 直流检流计　　　　D. 饱和的 KCl 盐桥

3. pH 计是利用（　　）测定水溶液中氢离子的活度。

A. 电导　　　　　　　　　　　　　B. 电容

C. 电感　　　　　　　　　　　　　D. 电位差

4. 用补偿法测可逆电池电动势，主要为了（　　）。

A. 消除电极上的副反应

B. 减少标准电池的损耗

C. 在接近可逆情况下测定电池的电动势

D. 简便易测

5. 在使用电位差计测电动势时，首先必须进行"标准化"操作，其目的是（　　）。

A. 校正标准电池的电动势

B. 校正检流计的零点

C. 标定工作电流

D. 检查线路是否正确

6. 电位滴定法用于氧化还原滴定时，指示电极应选用（　　）。

A. 玻璃电极　　　　B. 甘汞电极　　　　C. 银电极

D. 铂电极　　　　　E. 复合甘汞电极

7. 在电位法中离子选择性电极电势应与待测离子的浓度（　　）。

A. 成正比　　　　　　　　　　　B. 的对数成正比

C. 符合扩散电流公式的关系　　　D. 符合能斯特方程式

8. 离子选择性电极的选择系数可用于（　　）。

A. 估计共存离子的干扰程度　　　B. 估计电极的检测限

C. 估计电极的线性响应范围　　　D. 估计电极的使用寿命

9. 用玻璃电极测量溶液 pH 时，采用的定量方法为（　　）。

A. 校正曲线法　　　B. 直接比较法　　　C. 一次加入法　　　D. 增量法

10. 用电位法测定溶液的 pH 时，电极系统由玻璃电极与饱和甘汞电极组成，其中玻璃电极是作为测量溶液中氢离子活度（浓度）的（　　）。

A. 金属电极　　　　B. 参比电极　　　　C. 指示电极　　　　D. 电解电极

11. 总离子强度调节缓冲剂的最根本的作用是（　　　）。

A. 调节 pH

B. 稳定离子强度

C. 消除干扰离子

D. 稳定选择性系数

12. 下列不符合作为参比电极条件的是（　　　）。

A. 电位的稳定性

B. 固体电极

C. 重现性好

D. 可逆性好

13. 在测定 Ag｜AgNO$_3$(m)的电极电势时,在盐桥中可以采用的电解质是（　　　）。

A. KCl(饱和)　　　　　B. NH$_4$Cl　　　　　C. NH$_4$NO$_3$　　　　　D. NaCl

14. pH 玻璃电极产生的不对称电位来源于（　　　）。

A. 内外玻璃膜表面特性不同

B. 内外溶液中 H$^+$ 浓度不同

C. 内外溶液的 H$^+$ 活度系数不同

D. 内外参比电极不同

15. 常用酸度计上使用的两个电极是（　　　）。

A. 玻璃电极,甘汞电极

B. 氢电极,甘汞电极

C. 甘汞电极,铂电极

D. 铂电极,氢电极

16. 电化学分析仪器所使用的电极中,常用的内参比电极是（　　　）。

A. 铂电极

B. 银电极

C. 银-氯化银电极

D. 甘汞电极

17. pH 玻璃电极对样本溶液 pH 的敏感程度取决于（　　　）。

A. 电极的内充液

B. 电极的内参比电极

C. 电极外部溶液

D. 电极的玻璃膜

18. 由于电极制造的差异,pH 玻璃电极使用时常用于进行校正的溶液是（　　　）。

A. 标准缓冲溶液

B. 柠檬酸溶液

C. 乙酸钠溶液

D. 磷酸盐缓冲液

19. 下列各项中不是离子选择电极基本组成的有（　　　）。

A. 敏感膜

B. 内参比电极

C. 外参比电极

D. 内参比溶液

20. 离子选择电极膜电位产生的机理是（　　　）。

A. 离子吸附作用

B. 离子交换反应

C. 电子交换反应

D. 离子渗透作用

21. 经常要添加饱和氯化钾或氯化钾固体的电极是（　　　）。

A. 钠电极

B. 钾电极

C. 氯电极

D. 参比电极

22. 银-氯化银电极的电极电势取决于溶液中（　　　）。

A. Ag$^+$ 浓度

B. AgCl 浓度

C. Ag$^+$ 和 AgCl 浓度总和

D. Cl$^-$ 活度

23. 离子选择性电极中常用的内参比电极是（　　　）。

A. Ag 电极

B. Ag-AgCl 电极

C. 饱和甘汞电极

D. AgCl 电极

24. 测定饮用水中 F$^-$ 含量时,加入总离子强度缓冲液,其中柠檬酸的作用是（　　　）。

A. 控制溶液的 pH

B. 使溶液离子强度维持一定值

C. 避免迟滞效应　　　　　　　　D. 与 Al、Fe 等离子生成配合物,避免干扰

25. 用 SCE 作参比电极进行直接电位法测定时,应尽量避免在强酸或强碱介质中进行,这是因为(　　)。

A. 渗透压大,使 SCE 不稳定

B. 离子强度太大

C. 液体界面的液体接界电位大

D. 强酸或强碱导致溶液界面发生副反应使电位测量误差大

26. 电位滴定装置中,滴液管滴出口的高度(　　)。

A. 应调节到比指示剂电极的敏感部分中心略高些

B. 应调节到比指示剂电极的敏感部分中心略低些

C. 应调节到与指示剂电极的敏感部分中心在相同高度

D. 可在任意位置

27. 在自动电位滴定法测 HAc 的实验中,绘制滴定曲线的目的是(　　)。

A. 确定反应终点　　　　　　　　B. 观察反应过程 pH 变化

C. 观察酚酞的变色范围　　　　　D. 确定终点误差

28. 在自动电位滴定法测 HAc 的实验中,自动电位滴定仪中控制滴定速度的机械装置是(　　)。

A. 搅拌器　　　　　　　　　　　B. 滴定管活塞

C. pH 计　　　　　　　　　　　　D. 电磁阀

29. 在自动电位滴定法测 HAc 的实验中,反应终点可以用下列(　　)确定。

A. 电导法　　　　　　　　　　　B. 滴定曲线法

C. 指示剂法　　　　　　　　　　D. 光度法

30. 在自动电位滴定法测 HAc 的实验中,指示滴定终点的是(　　)。

A. 酚酞　　　　　　　　　　　　B. 甲基橙

C. 指示剂　　　　　　　　　　　D. 自动电位滴定仪

31. 电导率仪的温度补偿旋钮是(　　)。

A. 电容　　　　　　　　　　　　B. 可变电阻

C. 二极管　　　　　　　　　　　D. 三极管

32. 测定超纯水的 pH 时,pH 读数飘移的原因是(　　)。

A. 受溶解气体的影响　　　　　　B. 仪器本身的读数误差

C. 仪器预热时间不够　　　　　　D. 玻璃电极老化

33. 在自动电位滴定法测 HAc 的实验中,搅拌子的转速应控制在(　　)。

A. 高速　　　　　　　　　　　　B. 中速

C. 低速　　　　　　　　　　　　D. pH 电极玻璃泡不露出液面

34. 经常不用的 pH 电极在使用前应活化(　　)。

A. 20min　　　　　　　　　　　 B. 30min

C. 一昼夜　　　　　　　　　　　D. 8h

35. 经常使用的 pH 电极在使用前应用下列(　　)活化。

A. 纯水　　　　　　　　　　　　B. 0.1mol・L^{-1} KCl 溶液

C. pH 为 4 溶液　　　　　　　　D. 0.1mol・L^{-1} HCl 溶液

36. pH 电极在使用前活化的目的是(　　　)。

A. 去除杂质 　　　　　　　　　B. 定位

C. 复定位 　　　　　　　　　D. 在玻璃泡外表面形成水合硅胶层

37. 测水样 pH 时,甘汞电极是(　　　)。

A. 工作电极 　　　　　　　　　B. 指示电极

C. 参比电极 　　　　　　　　　D. 内参比电极

38. pH 电极的内参比电极是(　　　)。

A. 甘汞电极 　　　　　　　　　B. 银-氯化银电极

C. 铂电极 　　　　　　　　　D. 银电极

39. 标准甘汞电极的外玻璃管中装的是(　　　)。

A. $1.0 mol \cdot L^{-1}$ KCl 溶液 　　　　B. $0.1 mol \cdot L^{-1}$ KCl 溶液

C. $0.1 mol \cdot L^{-1}$ HCl 溶液 　　　　D. 纯水

40. 饱和甘汞电极的外玻璃管中装的是(　　　)。

A. $0.1 mol \cdot L^{-1}$ KCl 溶液 　　　　B. $1 mol \cdot L^{-1}$ KCl 溶液

C. 饱和 KCl 溶液 　　　　　　　D. 纯水

41. 测水样的 pH 时,所用的复合电极包括(　　　)。

A. 玻璃电极和甘汞电极 　　　　B. pH 电极和甘汞电极

C. 玻璃电极和银-氯化银电极 　　D. pH 电极和银-氯化银电极

42. 多数情况下,降低液体接界电位采用 KCl 盐桥,这是因为(　　　)。

A. K^+、Cl^- 的电荷数相同,电性相反

B. K^+、Cl^- 的核电荷数相近

C. K^+、Cl^- 的迁移数相近

D. K^+、Cl^- 的核外电子构型相同

43. 盐桥中的物质是(　　　)。

A. NaCl 和明胶 　　　　　　　B. KCl 和石花菜

C. KCl 和琼脂 　　　　　　　D. 与半电池相同的盐和糊精

44. 在电动势的测定中,检流计主要用来检测(　　　)。

A. 电桥两端电压 　　　　　　　B. 流过电桥的电流大小

C. 电流对消是否完全 　　　　　D. 电压对消是否完全

45. 在电动势的测定中,盐桥的主要作用是(　　　)。

A. 减小液体的接界电位 　　　　B. 增加液体的接界电位

C. 减小液体的不对称电位 　　　D. 增加液体的不对称电位

46. 氢超电位实验所测的是(　　　)。

A. 电阻超电位 　　　　　　　B. 浓差超电位

C. 活化超电位 　　　　　　　D. 电阻超电位与浓差超电位之和

47. 在实际测定溶液 pH 时,都用标准缓冲溶液来校正电极,目的是消除(　　　)。

A. 不对称电位 　　　　　　　B. 液接电位

C. 不对称电位和液接电位 　　　D. 温度影响

48. 汞电极是常用参比电极,它的电极电势取决于(　　　)。

A. 温度 　　　　　　　　　B. 氯离子的活度

C. 主体溶液的浓度　　　　　　　　　　　　D. KCl 的浓度

49. 玻璃电极在使用前,需在去离子水中浸泡 24h 以上,其目的是(　　)。

A. 清除不对称电位　　　　　　　　　B. 清除液接电位

C. 清洗电极　　　　　　　　　　　　D. 使不对称电位处于稳定

50. 氟离子选择电极测定溶液中氟离子的含量时,主要的干扰离子是(　　)。

A. Cl^-　　　　B. Br^-　　　　C. OH^-　　　　D. NO_3^-

51. Ag_2S 的 $AgX(X=Cl^-,Br^-,I^-)$ 混合粉末压成片,构成的离子选择电极能响应的离子有(　　)。

A. 卤素和 S^{2-}　　　B. Ag^+　　　C. 卤素、S^{2-}、Ag^+　　　D. S^{2-}

52. 用离子选择电极标准加入法进行定量分析时,对加入标准溶液的要求为(　　)。

A. 体积要大,其浓度要高　　　　　　B. 体积要小,其浓度要低

C. 体积要大,其浓度要低　　　　　　D. 体积要小,其浓度要高

53. 中性载体电极与带电荷流动载体电极在形式及构造上完全相同。它们的液态载体都是可以自由移动的。它与被测离子结合以后,形成(　　)。

A. 带电荷的化合物,能自由移动

B. 形成中性的化合物,故称中性载体

C. 带电荷的化合物,在有机相中不能自由移动

D. 形成中性化合物,溶于有机相,能自由移动

54. pH 玻璃电极产生酸误差的原因是(　　)。

A. 玻璃电极在强酸溶液中被腐蚀

B. H^+ 浓度高,它占据了大量交换点位,pH 偏低

C. H^+ 与 H_2O 形成 H_3O^+,结果 H^+ 降低,pH 升高

D. 在强酸溶液中水分子活度减小,使 H^+ 传递困难,pH 升高

55. 玻璃膜钠离子选择电极对氢离子的电位选择性系数为 100,当钠电极用于测定 $1\times10^{-5}mol \cdot L^{-1}$ Na^+ 时,要满足测定的相对误差小于 1%,则试液的 pH 应当控制在大于(　　)。

A. 3　　　　　　B. 5　　　　　　C. 7　　　　　　D. 9

56. 玻璃膜钠离子选择电极对钾离子的电位选择性系数为 0.002,这意味着电极对钠离子的敏感为钾离子的倍数是(　　)。

A. 0.002 倍　　　B. 500 倍　　　C. 2000 倍　　　D. 5000 倍

57. 碘化银晶体膜电极在测定氰离子时,其电极电势(　　)。

A. 随试液中银离子浓度的增大向负方向变化

B. 随试液中碘离子浓度的增大向正方向变化

C. 随试液中氰离子浓度的增大向负方向变化

D. 与试液中银离子浓度无关

58. 用酸度计测定溶液的 pH 时,甘汞电极的(　　)。

A. 电极电势不随溶液 pH 变化　　　　B. 通过的电极电流始终相同

C. 电极电势随溶液 pH 变化　　　　　D. 电极电势始终在变

59. pH 玻璃电极使用前应在(　　)中浸泡 24h 以上。

A. 蒸馏水　　　B. 酒精　　　C. 浓 NaOH 溶液　　　D. 浓 HCl 溶液

60. 测定溶液 pH 时,安装 pH 玻璃电极和饱和甘汞电极要求(　　)。

A. 饱和甘汞电极端部略高于 pH 玻璃电极端部

B. 饱和甘汞电极端部略低于 pH 玻璃电极端部

C. 两端电极端部一样高

D. 都可以

61. 用 $AgNO_3$ 标准溶液电位滴定 Cl^-、Br^-、I^- 时,可以用作参比电极的是(　　)。

A. 铂电极　　　　B. 卤化银电极　　　　C. 饱和甘汞电极　　D. 玻璃电极

62. 以 $AgNO_3$ 标准溶液滴定 Br^-,可以用作指示电极的是(　　)。

A. 铂电极　　　　B. 银电极　　　　C. 饱和甘汞电极　　D. 玻璃电极

63. 电位滴定法是根据(　　)确定滴定终点的。

A. 指示剂颜色变化　　　　　　　　B. 电极电势

C. 电位突跃　　　　　　　　　　　D. 电位大小

64. 离子选择性电极的选择性主要取决于(　　)。

A. 离子浓度　　　　　　　　　　　B. 电极膜活性材料的性质

C. 待测离子活度　　　　　　　　　D. 测定温度

65. 电位法测定溶液 pH 时,"定位"操作的作用是(　　)。

A. 消除温度的影响　　　　　　　　B. 消除电极常数不一致造成的影响

C. 消除离子强度的影响　　　　　　D. 消除参比电极的影响

66. pH 计在测定溶液的 pH 时,选用温度补偿应设定为(　　)。

A. 25℃　　　　　　B. 30℃　　　　　　C. 任何温度　　　　D. 被测溶液的温度

67. 测定 pH=10～13 的碱性溶液时,应使用(　　)作为指示电极。

A. 231 型玻璃电极　B. 221 型玻璃电极　C. 普通型玻璃电极　D. 甘汞电极

68. 使 pH 玻璃电极产生钠差现象是由于(　　)。

A. 玻璃膜在强碱性溶液中被腐蚀

B. 强碱溶液中 Na^+ 浓度太高

C. 强碱溶液中 OH^- 中和了玻璃膜上的 H^+

D. 大量的 OH^- 占据了膜上的交换点位

69. 电位法测定时,溶液搅拌的目的是(　　)。

A. 缩短电极建立电位平衡的时间

B. 加速离子的扩散,减小浓差极化

C. 让更多的离子到电极上进行氧化还原反应

D. 破坏双电层结构的建立

70. 氟化镧单晶膜氟离子选择电极的膜电位的产生是由于(　　)。

A. 氟离子在晶体膜表面氧化而传递电子

B. 氟离子进入晶体膜表面的晶格缺陷而形成双电层结构

C. 氟离子穿透晶体膜使膜内外氟离子产生浓度差而形成双电层结构

D. 氟离子在晶体膜表面进行离子交换和扩散而形成双电层结构

71. 卤化银粉末压片膜制成的电极对卤素离子能产生膜电位是由于(　　)。

A. 卤素离子进入压片膜的晶格缺陷而形成双电层

B. 卤素离子在压片膜表面进行离子交换和扩散而形成双电层

C. Ag^+ 进入压片膜中晶格缺陷而形成双电层

D. Ag^+ 的还原而传递电子形成双电层

72. 等温下,电极-溶液界面处电位差主要取决于(　　)。

A. 电极表面状态　　　　　　　　　B. 溶液中相关离子浓度

C. 电极的本性和溶液中相关离子活度　　D. 电极与溶液接触面积的大小

73. 不能用于测定溶液 pH 的电极是(　　)。

A. 氢电极　　　　　　　　　　　　B. 醌氢醌电极

C. 玻璃电极　　　　　　　　　　　D. $Ag,AgCl(s) \mid Cl^-$ 电极

74. 常用醌氢醌电极测定溶液的 pH,下列对该电极的描述不准确的是(　　)。

A. 醌氢醌在水中溶解度小,易于建立平衡

B. 电极属于氧化还原电极

C. 可在 pH=0~14 的范围广泛使用

D. 操作方便,精确度高

75. 醌氢醌是醌与氢醌的等分子复合物,用它测定溶液的 pH 时,醌$+2e^-$══氢醌,随着电池反应的进行,醌的浓度(　　)。

A. 上升　　　　B. 下降　　　　C. 不变　　　　D. 不定

76. 离子选择电极产生膜电位,是由于(　　)。

A. 扩散电位的形成　　　　　　　　B. Donnan 电位的形成

C. 扩散电位和 Donnan 电位的形成　　D. 氧化还原反应

77. 氟离子选择电极在使用前需用低浓度的氟溶液浸泡数小时,其目的是(　　)。

A. 清洗电极　　　　　　　　　　　B. 检查电极的好坏

C. 活化电极　　　　　　　　　　　D. 检查离子计能否使用

78. 用对消法测量可逆电池的电动势时,如发现检流计光标总是朝一侧移动,而调不到指零位置,与此现象无关的因素是(　　)。

A. 工作电源电压不足　　　　　　　B. 工作电源电极接反

C. 测量线路接触不良　　　　　　　D. 检流计灵敏度较低

79. 为了提高测量电池电动势的精度,在测量回路上,下列仪器中不宜使用的是(　　)。

A. 多量程伏特计　　B. pH 计　　　　C. 电位差计　　　　D. 直流数字电压表

80. 为了测量双液电池的电动势,在两电极之间需要用盐桥来连接,在下列各种溶液中可作盐桥溶液的是(　　)。

A. 可溶性惰性强电解质溶液

B. 正、负离子的扩散速度几乎相同的稀溶液

C. 正、负离子的扩散速度几乎相同的浓溶液

D. 正、负离子的扩散速度接近,浓度较大的惰性盐溶液

81. 测定电池电动势时,标准电池的作用是(　　)。

A. 提供标准电极电势　　　　　　　B. 提供标准电流

C. 提供标准电位差　　　　　　　　D. 提供稳定的电压

82. 在用对消法测定电池的电动势时,需要选用一个标准电池作为电动势的量度标准。下列电池中可作为标准电池的是(　　　)。

A. 丹聂尔电池　　　　　　　　B. 伏打电池

C. 韦斯登电池　　　　　　　　D. 伽法尼电池

（二）简答题

1. 电位滴定法与普通化学分析中的滴定方法相比有何特点?

2. 为什么标准电极电势的值有正有负?

3. 标准电极电势是否就等于电极与周围活度为 1 的电解质溶液之间的电位差?

4. 简述离子选择性电极的类型及一般作用原理。

5. 为什么离子选择性电极对待测离子具有选择性? 如何估量这种选择性?

6. 离子选择性电极的基本组成部分有哪些?

7. 为什么不能用伏特计或普通电位计来测量玻璃电极组成的电动势? 用玻璃电极测量溶液的 pH 时,为什么要用标准缓冲溶液校准?

8. 电位分析中,为了保证足够的测量准确度,仪器的输入阻抗应远大于电池的内阻,为什么?

9. 在电位法中,总离子强度调节缓冲剂的作用是什么?

10. 直接电位法的主要误差来源有哪些? 应如何减免?

11. 为什么一般来说,电位滴定法的误差比电位测定法小?

（三）计算题

1. 取 10mL 含氯离子水样,插入氯离子电极和参比电极,测得电动势为 200mV,加入 0.1mL 0.1mol · L^{-1} 的 NaCl 标准溶液后电动势为 185mV。已知电极的响应斜率为 59mV。求水样中氯离子含量。

2. 两支性能相同的氟电极,分别插入体积为 25mL 的含氟试液和体积为 50mL 的空白溶液中(两溶液含相同的离子强度调节剂)。两溶液间用盐桥相连接,测量此电池的电动势。向空白溶液中滴加浓度为 1×10^{-4} mol · L^{-1} 的氟离子标准溶液,直至电池电动势为零,所消耗标准溶液的体积为 5.27mL。计算试液的含氟量。

3. 溴化银晶体膜溴电极与饱和甘汞电极(以硝酸钾为盐桥)组成电池,在 0.0100mol · L^{-1} KBr 溶液中测得电位为 44.5mV(溴电极为负极),在 0.100mol · L^{-1} KCl 溶液中测得电位为 -58.6mV;溴电极的响应斜率为 58.0mV,则选择性系数 K_{Br^-,Cl^-}^{pot} 是多少?

4. 当用 Cl^- 选择电极测定溶液中 Cl^- 浓度时,组成如下电池,测得电位值为 0.316V,在测未知溶液时,得电位值为 0.302V。Cl^- 选择电极的响应斜率为 0.0592V。

$$Cl^- 电极 \mid Cl^- (2.50 \times 10^{-4} mol · L^{-1}) 溶液 \parallel SCE$$

（1）求未知液中 Cl^- 浓度。

（2）如已知该电极的选择系数 $K_{Cl^-,OH^-}^{pot} = 0.001$,为要控制测定误差不超过 0.2%,则溶液的 pH 应该控制为多少?

5. 一个天然水样中大约含有 $1.30 \times 10^3 \mu g · mL^{-1} Mg^{2+}$ 和 $4.00 \times 10^2 \mu g · mL^{-1} Ca^{2+}$,用 Ca^{2+} 电极直接法测定 Ca^{2+} 浓度。求有 Mg^{2+} 存在下测定 Ca^{2+} 含量的相对误差。已知 Ca^{2+} 电极对 Mg^{2+} 的选择性系数为 0.014。

6. 用 pH 玻璃电极测定 pH＝5.0 的溶液,其电极电势为 43.5mV,测定另一未知溶液时,其电极电势为 14.5mV,若该电极的响应斜率为 58.0mV·pH^{-1},试求未知溶液的 pH。

7. 用氟离子选择电极测定牙膏中的 F$^-$ 含量,称取 0.205g 牙膏,并加入 50mL TISAB 试剂,搅拌微沸冷却后移入 100mL 容量瓶中,用蒸馏水稀释至刻度,移取 25.0mL 于烧杯中测其电位值为 $-0.155V$,加入 0.10mL,0.50mg·mL^{-1} F$^-$ 标准溶液,测得电位值为 $-0.176V$。该离子选择电极的斜率为 59.0mV·(pF$^-$)$^{-1}$,氟的相对原子质量为 19.00,计算牙膏中氟的质量分数。

8. 用甘汞电极和 pH 玻璃膜电极组成电池时,写出溶液的 pH 与电位值的关系,并计算电动势产生 0.001V 误差时,所引起的 pH 误差。

三、电解和库仑分析

(一) 选择题

1. 实际电解时,在阴极上首先发生还原作用而放电的是(　　)。
A. 标准还原电极电势最大者
B. 标准还原电极电势最小者
C. 考虑极化后实际的不可逆还原电极电势最大者
D. 考虑极化后实际的不可逆还原电极电势最小者

2. 在串联的几个电解池中,各阳极或阴极上数值不等的物理量是(　　)。
A. 通过的电子数目　　　　　　　　B. 通过的电量
C. 通过的电流　　　　　　　　　　D. 析出或溶解的物质的量

3. 进行电解分析时,要使电解能持续进行,外加电压应(　　)。
A. 保持不变　　　　　　　　　　　B. 大于分解电压
C. 小于分解电压　　　　　　　　　D. 等于分解电压

4. 下列方法中不属于电化学分析方法的是(　　)。
A. 电位分析法　　B. 伏安法　　　C. 电解分析法　　　D. 电子能谱

5. 库仑分析的理论基础是(　　)。
A. 电解方程式　　B. 法拉第定律　　C. 能斯特方程式　　D. 菲克定律

6. 电解时,由于超电位存在,要使阳离子在阴极上析出,其阴极电位要比可逆电极电势(　　)。
A. 更正　　　　　　B. 更负　　　　　C. 二者相等　　　　D. 无规律

7. 在库仑分析中,为了提高测定的选择性,一般都是采用(　　)。
A. 大的工作电极　　　　　　　　　B. 大的电流
C. 控制电位　　　　　　　　　　　D. 控制时间

8. 电解分析的理论基础是(　　)。
A. 电解方程式　　　　　　　　　　B. 法拉第电解定律
C. 菲克扩散定律　　　　　　　　　D. 以上都是

9. 电量计是根据电解过程中电极上析出产物的量(质量或体积)来计量电路中所通过的电量的仪器。它的制作和测量原理是根据(　　)。
A. 部分电路的欧姆定律　　　　　　B. 德拜-休克尔理论
C. 法拉第电解定律　　　　　　　　D. 塔费尔理论

10. 控制电位电解分析法常用的工作电极是(　　　)。

A. 饱和甘汞电极　　　　　　　　　　B. 碳电极

C. Pt 丝电极和滴汞电极　　　　　　D. Pt 网电极和汞阴极

11. 在控制电位电解法中,被测物电解沉积的分数与(　　　)。

A. 电极面积 A,试液体积 V,搅拌速度 v,被测物质扩散系数 D 和电解时间 t 有关

B. 与 A,V,v,D,t 有关,而与被测物初始浓度 c_0 无关

C. 与 A,V,v,D,t 有关,还与 c_0 有关

D. 与 A,V,v,D,t 及 c_0 无关

12. 确定电极为阳极、阴极的依据是(　　　)。

A. 电极反应的性质　　　　　　　　　B. 电极材料的性质

C. 电极极化的程度　　　　　　　　　D. 电极电势的高低

13. 理论上确定电极为正、负极的依据是(　　　)。

A. 电极反应的性质　　　　　　　　　B. 电极材料的性质

C. 电极极化的程度　　　　　　　　　D. 电极电势的高低

14. 已知:$\varphi^{\ominus}(AgBr/Ag)=0.071V$, $\varphi^{\ominus}(AgCl/Ag)=0.222V$, $\varphi^{\ominus}(AgIO_3/Ag)=0.361V$, $\varphi^{\ominus}(Ag_2CrO_4)/Ag=0.446V$。用银电极电解 $1mol \cdot L^{-1}$ Br^-、$0.001mol \cdot L^{-1}$ Cl^-、$0.001mol \cdot L^{-1}$ IO_3^- 和 $0.001mol \cdot L^{-1}CrO_4^{2-}$ 的混合溶液,在银电极上最先析出的为(　　　)。

A. AgBr　　　　　B. AgCl　　　　　C. AgIO$_3$　　　　　D. Ag$_2$CrO$_4$

15. 在控制电位电解过程中,为了保持工作电极电势恒定,必须(　　　)。

A. 保持电解电流恒定　　　　　　　　B. 保持辅助电极电势不变

C. 保持外加电压不变　　　　　　　　D. 不断改变外加电压

16. 在恒电流电解中,由于阴极、阳极电位的不断变化,为了保持电流恒定,必须(　　　)。

A. 减小外加电压　　　　　　　　　　B. 增大外加电压

C. 保持外加电压不变　　　　　　　　D. 保持阳极电位不变

17. 库仑分析与一般滴定分析相比(　　　)。

A. 测量精度相近

B. 需要标准物进行滴定剂的校准

C. 不需要制备标准溶液,不稳定试剂可以就地产生

D. 很难使用不稳定的滴定剂

18. 库仑滴定与微库仑分析相比,后者主要特点是(　　　)。

A. 也是利用电生滴定剂来滴定被测物质

B. 也是利用电生滴定剂来滴定被测物质,而且在恒流情况下工作

C. 也是利用电生滴定剂来滴定被测物质,不同之处是电流不是恒定的

D. 也是利用电生滴定剂来滴定被测物质,具有一对工作电极和一对指示电极

19. 库仑滴定不宜用于(　　　)。

A. 痕量分析　　　　B. 微量分析　　　　C. 半微量分析　　　　D. 常量分析

20. 库仑滴定法的"原始基准"是(　　　)。

A. 标准溶液　　　　B. 基准物质　　　　C. 电量　　　　D. 法拉第常量

21. 在恒电流库仑滴定中采用大于 45V 的高压直流电源是为了(　　　)。

A. 克服过电位　　　　　　　　　　　B. 保证 100% 的电流效率

C. 保持电流恒定   D. 保持工作电极电势恒定

22. 高沸点有机溶剂中微量水分的测定,最适采用的方法是(　　)。

A. (直接)电位法   B. 电位滴定法

C. 电导分析法   D. 库仑分析法

23. 某有机物加热分解产生极不稳定的 Cl_2、Br_2 等物质,最宜采用测定其量的方法是(　　)。

A. (直接)电位法   B. 电位滴定法

C. 微库仑分析   D. 电导分析法

(二) 简答题

1. 决定电化学电池阴、阳极和正、负极的根据各是什么?

2. 以电解法分析金属离子时,为什么要控制阴极的电位?

3. 为什么实际分解电压总比理论分解电压高?

4. 什么是正极? 什么是负极? 两者有什么不同? 什么是阴极? 什么是阳极? 两者有什么不同?

5. 在控制电位库仑分析法和恒电流库仑滴定中,如何测定电量?

6. 库仑分析法的基本依据是什么? 为什么说电流效率是库仑分析法的关键问题? 在库仑分析中用什么方法保证电流效率达到100%?

7. 电解分析和库仑分析在原理、装置上有何异同之处?

8. 试述库仑滴定的基本原理。

9. 电解分析法和库仑分析法的特点有哪些?

10. 在电解过程中,若要获得理想的产物,应注意哪些问题?

11. 汞阴极电解与通常的铂电极电解相比具有什么优点?

12. 在电解过程中,加入阳极去极化剂和阴极去极化剂有什么作用?

13. 库仑滴定法和普通的容量滴定法的主要区别是什么?

14. 库仑分析法不适用于常量、较高含量的试样分析的原因是什么?

15. 库仑滴定法中,其主要误差来源是什么? 应采取什么措施来解决?

16. 库仑分析有恒电位和恒电流两种方法,这两种方法是如何进行电量的测量? 这两种方法有什么共同的要求?

17. 在库仑分析法中,为什么要使被分析物质以100%的电流效率进行电解? 影响电流效率达不到100%的主要因素是什么? 要保证库仑分析法电流效率达100%,应注意哪些问题?

18. 应用库仑分析法进行定量分析的关键问题是什么?

(三) 计算题

1. 10.00mL 浓度为 $0.01mol \cdot L^{-1}$ 的 HCl 溶液,以电解产生的 OH^- 滴定此溶液,用 pH 计指示滴定时 pH 的变化,当到达终点时,通过电流的时间为 6.90min,滴定时电流强度为 20mA,计算此 HCl 溶液的浓度。

2. 以适当方法将 0.854g 铁矿试样溶解并使之转化为 Fe^{2+} 后,将此试液在 $-1.0V(vs. SCE)$ 处,在铂阳极上定量地氧化为 Fe^{3+},完成次氧化反应,所需的电量以碘库仑计测定,此时析出的游离碘以 $0.0197mol \cdot L^{-1}$ $Na_2S_2O_3$ 标准溶液滴定时消耗 26.30mL,计算

试样中 Fe_2O_3 的质量分数。

3. 在 $-0.96V$(vs. SCE)时,硝基苯在汞阴极上发生如下反应:

$$C_6H_5NO_2 + 4H^+ + 4e^- \Longrightarrow C_6H_5NHOH + H_2O$$

把 210mg 含有硝基苯的有机试样溶解在 100mL 甲醇中,电解 30min 后反应完成。从电子库仑计上测得电量为 26.7C,计算试样中硝基苯的质量分数。

4. 在 100mL 含亚砷酸盐的碳酸氢钠缓冲溶液中,用电解碘化物产生的碘进行库仑滴定,通过电解池的恒定电流为 1.50mA,经 4 分 27 秒到达滴定终点。计算试液中亚砷酸盐的浓度。

5. 用控制电位库仑法测定 Br^-。在 100.0mL 酸性试液中进行电解,Br^- 在铂阳极上氧化为 Br_2,当电解电流降至接近于零时,测得所消耗的电量为 105.5C。试计算试液中 Br^- 的浓度。

6. 某含氯试样 2.000g,溶解后在酸性溶液中进行电解。用银作阳极并控制其电位为 $+0.25V$(vs. SCE),Cl^- 在银阳极上进行反应,生成 $AgCl$。当电解完全后,与电解池串联的氢氧库仑计中产生 48.5mL 混合气体(25℃,101 325Pa)。试计算该试样中氯的含量。

7. 某含砷试样 5.000g 经溶解后,将试液中的砷用肼还原为三价砷,除去过量还原剂,加碳酸氢钠缓冲液置电解池中,在 120mA 的恒定电流下,用电解产生的 I_2 来进行库仑滴定 $HAsO_3^{2-}$,经 9 分 20 秒到达滴定终点,试计算试样中 As_2O_3 的含量。

8. 用库仑滴定法测定水中的酚。取 100mL 水样经微酸化后加入溴化钾电解,氧化产生的溴与酚反应

$$C_6H_5OH + 3Br_2 \Longrightarrow Br_3C_6H_2OH \downarrow + 3HBr$$

通过的恒定电流为 15.0mA,经 8 分 20 秒到达终点,计算水中酚的含量(以 $mg \cdot L^{-1}$ 表示)。

四、极谱分析

(一) 选择题

1. 为了提高溶出伏安法的灵敏度,在微电极上电积富集的时间(   )。
   A. 越长越好   B. 越短越好   C. 一定时间   D. 根据实验来确定

2. 极谱分析中加入大量惰性电解质的目的是(   )。
   A. 增加溶液电导   B. 固定离子强度
   C. 消除迁移电流   D. 以上都是

3. 极谱分析可在同一电解液中进行反复多次的测量,是因为在每次测量过程中(   )。
   A. 电解电流只是 μA 级   B. 电解电压不高
   C. 电极上无电流通过   D. 汞滴不断更新

4. 极谱测定时,溶液能多次测量,数值基本不变,是由于(   )。
   A. 加入浓度较大的惰性支持电解质
   B. 外加电压不很高,被测离子电解很少
   C. 电极很小,电解电流很小
   D. 被测离子还原形成汞齐,又回到溶液中

5. 某同学不小心将装入电解池准备做极谱分析的标准溶液洒掉了一部分,若用直接比较

法进行测定,他应采取的措施是( )。

A. 继续接着做

B. 重新配制溶液后再做

C. 取一定量的溶液,加入标准溶液,作测定校正

D. 取一定量的溶液,记下体积,再测定

6. 在极谱分析中,采用标准加入法时,下列操作错误的是( )。

A. 电解池用试液润洗后使用　　　　B. 试液及标准液体积必须准确加入

C. 将电极上残留水擦净　　　　　　D. 将电解池干燥后使用

7. 交流极谱法常用来研究电化学中的吸附现象,这是由于( )。

A. 交流极谱分辨率较高

B. 交流极谱对可逆体系较敏感

C. 交流极谱可测到双电层电容引起的非法拉第电流

D. 交流极谱中氧的影响较小

8. 在极谱分析中,在底液中加入配合剂后,金属离子则以配合物形式存在,随着配合剂浓度增加,半波电位变化的方式为( )。

A. 向更正的方向移动

B. 向更负的方向移动

C. 不改变

D. 取决于配合剂的性质,可能向正,可能向负移动

9. 极谱定量测定时,试样溶液和标准溶液的组分要保持基本一致,是由于( )。

A. 被测离子的活度系数在离子强度相同时才一致

B. 使被测离子的扩散系数相一致

C. 使迁移电流的大小保持一致

D. 使残余电流的量一致

10. 方波极谱法的检出限受到干扰电流限制的是( )。

A. 充电电流　　　　　　　　　　B. 残余电流

C. 毛细管噪声电流　　　　　　　　D. 氧的还原电流

11. JP-1 型单扫极谱仪,采用汞滴周期为 7s,在后 2s 扫描,是由于( )。

A. 前 5s 可使被测物充分地吸附到电极上

B. 滴汞后期,面积变化小

C. 前 5s 可使测定的各种条件达到稳定

D. 后期面积大,电流大

12. 在阴极极化曲线测定的实验装置中,都配置鲁金毛细管,它的主要作用是( )。

A. 当作盐桥　　　　　　　　　　B. 降低溶液欧姆电位降

C. 减少活化超电位　　　　　　　　D. 增大测量电路的电阻值

13. 在极谱分析中,通氮气除氧后,需静置溶液 30s,其目的是( )。

A. 防止在溶液中产生对流传质

B. 有利于在电极表面建立扩散层

C. 使溶解的气体逸出溶液

D. 使汞滴周期恒定

14. 极谱分析中,与扩散电流无关的因素是(　　　)。

A. 电极反应电子数　　　　　　　　B. 离子在溶液中的扩散系数

C. 离子在溶液中的迁移数　　　　　D. 电极面积

15. 与可逆极谱波的半波电位有关的因素是(　　　)。

A. 被测离子的浓度　　　　　　　　B. 支持电解质的组成和浓度

C. 汞滴下落时间　　　　　　　　　D. 通氮气时间

16. 若欲测定 $10^{-9}\mathrm{mol\cdot L^{-1}}$ 的 Pb^{2+},宜采用的分析方法是(　　　)。

A. 直流极谱法　　　　　　　　　　B. 方波极谱法

C. 阳极溶出法　　　　　　　　　　D. 脉冲极谱法

17. 不可逆极谱波在达到极限扩散电流区域时,控制电流的因素是(　　　)。

A. 电极反应速率　　　　　　　　　B. 扩散速度

C. 电极反应与扩散速度　　　　　　D. 支持电解质的迁移速度

18. 极谱分析的基本原理是根据滴汞电极的(　　　)。

A. 电阻　　　　　　　　　　　　　B. 浓差极化的形成

C. 汞齐的形成　　　　　　　　　　D. 活化过电位

19. 极谱分析中,氧波的干扰可通过向试液中(　　　)而得到消除。

A. 通入氮气　　　　　　　　　　　B. 通入氧气

C. 加入硫酸钠固体　　　　　　　　D. 加入动物胶

20. 衡量电极的极化程度的参数是(　　　)。

A. 标准电极电势　　　　　　　　　B. 条件电极电势

C. 过电位　　　　　　　　　　　　D. 电池的电动势

21. 经典极谱法中由于电容电流的存在,测定的试样浓度最低不能低于(　　　),否则将使测定发生困难。

A. $10^{-2}\mathrm{mol\cdot L^{-1}}$　　　　　　　B. $10^{-8}\mathrm{mol\cdot L^{-1}}$

C. $10^{-6}\mathrm{mol\cdot L^{-1}}$　　　　　　　D. $10^{-5}\mathrm{mol\cdot L^{-1}}$

22. 在电解池中加入支持电解质的目的是为了消除(　　　)。

A. 氢波　　　　　　　　　　　　　B. 极谱极大

C. 残余电流　　　　　　　　　　　D. 迁移电流

23. 在下列极谱分析操作中错误的是(　　　)。

A. 通 N_2 除溶液中的溶解氧

B. 加入表面活性剂消除极谱极大

C. 恒温消除由于温度变化产生的影响

D. 在搅拌下进行减小浓差极化的影响

24. 极谱定量测定的溶液浓度大于 $10^{-2}\mathrm{mol\cdot L^{-1}}$ 时,一定要定量稀释后进行测定,是由于(　　　)。

A. 滴汞电极面积较小　　　　　　　B. 溶液浓度低时,才能使电极表面浓度趋于零

C. 浓溶液残余电流大　　　　　　　D. 浓溶液杂质干扰大

25. 循环伏安法在电极上加电压的方式是(　　　)。

A. 线性变化的直流电压　　　　　　B. 锯齿形电压

C. 脉冲电压　　　　　　　　　　　D. 等腰三角形电压

（二）简答题

1. 阐明并区分下列术语的含义。

（1）指示电极、工作电极　　　　（2）极化电极、去极化电极

2. 什么是参比电极？在电化学分析中，对参比电极通常有哪些要求？

3. 什么是迁移电流？怎样消除？

4. 溶出伏安法分哪几种，为什么它的灵敏度高？

5. 比较方波极谱及脉冲极谱的异同点。

6. 极谱分析用作定量分析的依据是什么？有哪几种定量方法？如何进行？

7. 产生浓差极化的条件是什么？

8. 在极谱分析中所用的电极，为什么一个电极的面积应该很小，而参比电极则应具有大面积？

9. 在极谱分析中，为什么要加入大量支持电解质？加入电解质后电解池的电阻将降低，但电流不会增大，为什么？

10. 当达到极限扩散电流区域后，继续增加外加电压，是否还引起滴汞电极电势的改变及参加电极反应的物质在电极表面浓度的变化？

11. 残余电流产生的原因是什么？

12. 在极谱分析中，为什么要除去溶液中的溶解氧 O_2？如何除去 O_2？

13. 极谱分析中有哪些主要干扰电流？如何加以消除或减小？

14. 简述极谱分析的几种定量分析方法以及在何种情况下应用。

15. 当两种金属离子在某种电解质中的极谱波半波电位相近，由于互相干扰，不便测量波高时，应采用什么方式将它们分别测量？

16. 在滴汞电极上还原物质如果是阳离子，当加入支持电解质后，这些离子的还原电流怎样变化？为什么？若是阴离子，情况又如何？

17. 简述循环伏安法的原理和测量装置。

18. 在循环伏安法中需要使用三电极体系，分别是哪三种电极体系，为什么需要使用三电极体系？

19. 循环伏安法中产生的峰电流的大小与哪些因素有关？

20. 为什么在电位分析中测量过程溶液需要搅拌，而在伏安法中不需要搅拌？

（三）计算题

1. 3.000g 锡矿试样以 Na_2O_2 熔融后溶解之，将溶液转移至 250mL 容量瓶，稀释至刻度，吸取稀释后的试液 25mL 进行极谱分析，测得扩散电流为 24.9mA，然后在此液中加入 5mL 浓度为 6.0×10^{-3} mol·L^{-1} 的标准锡溶液，测得扩散电流为 28.3mA，计算矿样中锡的质量分数。

2. 用极谱法测定未知铅溶液。取 25.00mL 的未知试液，测得扩散电流为 1.86μA。然后在同样实验条件下，加入 2.12×10^{-3} mol·L^{-1} 的铅标准溶液 5.00mL，测得其混合液的扩散电流为 5.27μA。试计算未知铅溶液的浓度。

3. 某溶液含 Cu^{2+} 的水样 10.0mL，在极谱仪上测得扩散电流为 12.3μA。取此水样 5.00mL，加入 0.10mL 1.00×10^{-3} mol·L^{-1} Cu^{2+}，测得扩散电流为 28.2μA，计算水样中

Cu^{2+}的浓度。

4. 用电位溶出法测定试样中的铅。在 100.0mL 酸性介质中加入 5.00mL 试样,电解富集 100s 后断开电路,在静置条件下测量铅的溶出时间为 85.3s。向此溶液加入 0.1mL 5.0mg·L^{-1}的铅标准溶液,采用相同的方法测量到溶出时间为 123.5s,试计算试样中铅的浓度。

参 考 答 案

一、电导分析

(一) 选择题

1. B   2. B   3. B   4. B   5. D   6. A   7. D   8. A   9. C   10. A

11. D   12. C   13. C   14. A   15. D   16. D   17. B   18. C   19. D   20. B

21. A   22. C   23. B   24. D   25. C   26. C   27. D   28. A   29. B   30. A

31. B   32. C   33. D   34. C   35. B   36. B   37. A   38. B   39. A   40. D

41. C   42. D

(二) 简答题

1. 分强电解质和弱电解质两种情况来讨论。电解质溶液的电导率是指单位长度和单位截面积的离子导体所具有的电导。对于强电解质,如 HCl、H_2SO_4、NaOH 等,溶液浓度越大,参与导电的离子越多,则其电导率会随着浓度的增加而升高。但是,当浓度增加到一定程度后,由于电解质的解离度下降,再加上正、负离子之间的相互作用力增大,离子的迁移速率降低,所以电导率在达到一个最大值后,会随着浓度的升高反而下降。对于中性盐,如 KCl 等,由于受饱和溶解度的限制,在到达饱和浓度之前,电导率随着浓度的增加而升高。

对于弱电解质溶液,因为在一定温度下,弱电解质的解离平衡常数有定值,所以在电解质浓度增加的情况下,其离子的浓度还是基本不变,所以弱电解质溶液的电导率随浓度的变化不显著,一直处于比较低的状态。直到溶液的浓度很稀薄时,由于正、负离子之间的相互作用减弱,摩尔电导率随着浓度的降低开始升高,但不呈线性关系,当溶液很稀时,摩尔电导率随着浓度的降低迅速升高,到 $c \rightarrow 0$ 时,弱电解质溶液的离子无限稀释摩尔电导率与强电解质的相同。所以弱电解质的无限稀释摩尔电导率可以用离子的无限稀释摩尔电导率的加和得到,即 $\Lambda_m^\infty = \Lambda_{m,+}^\infty + \Lambda_{m,-}^\infty$。

2. 因为温度、浓度和电场梯度都相同,所以三种溶液中氯离子的运动速度是基本相同的,但氯离子的迁移数不可能相同。迁移数是指离子迁移电量的分数,因为氢离子、钾离子、钠离子的运动速度不同,迁移电量的能力不同,所以相应的氯离子的迁移数也就不同。

3. 因为氢离子和氢氧根离子传导电流的方式与其他离子不同,它们是依靠氢键来传递的,所以特别快。它们传导电流时,不是靠离子本身的迁移,而是依靠氢键和水分子的翻转来传导电荷的。如果在非水溶液中,氢离子和氢氧根离子就没有这个优势。

(三) 计算题

1.

$$k = \frac{R_1}{R_2}k_1 = \left(\frac{250}{10^5} \times 0.277\right) S \cdot m^{-1} = 69.3 \times 10^{-5} S \cdot m^{-1}$$

$$\Lambda_m = k/c = \frac{69.3 \times 10^{-5}}{6 \times 10^{-5} \times 10^3} S \cdot m^2 \cdot mol^{-1} = 0.0115 S \cdot m^2 \cdot mol^{-1}$$

$$\Lambda_m^\infty = (73.4 + 198.3) \times 10^{-4} S \cdot m^2 \cdot mol^{-1} = 271.7 \times 10^{-4} S \cdot m^2 \cdot mol^{-1}$$

所以

$$\alpha = \frac{\Lambda_m}{\Lambda_m^\infty} = \frac{0.0115}{271.7 \times 10^{-4}} = 0.423$$

2. H^+ 的迁移速率 $r(H^+)$ 与电迁移率 $u(H^+)$ 之间的关系为

$$r(H^+) = u(H^+)\frac{dE}{dl}$$

因假设电场是均匀的,即 $\dfrac{\mathrm{d}E}{\mathrm{d}l}=\dfrac{\Delta E}{\Delta l}$,所以

$$u(\mathrm{H}^+)=r(\mathrm{H}^+)\dfrac{\Delta l}{\Delta E}=\dfrac{0.040\mathrm{m}}{750\mathrm{s}}\times\dfrac{0.096\mathrm{m}}{16.0\mathrm{V}}=3.20\times10^{-7}\mathrm{m}^2\cdot\mathrm{V}^{-1}\cdot\mathrm{s}^{-1}$$

3.

(1)
$$\dfrac{l}{A}=k(\mathrm{KCl})\cdot R(\mathrm{KCl})=0.140\ 887\Omega^{-1}\cdot\mathrm{m}^{-1}\times300.0\Omega=42.26\mathrm{m}^{-1}$$

(2)
$$k(\mathrm{AgNO_3})=\dfrac{l/A}{R}=\dfrac{42.26\mathrm{m}^{-1}}{340.3\Omega}=0.1242\Omega^{-1}\cdot\mathrm{m}^{-1}$$

(3)
$$\Lambda_\mathrm{m}=\dfrac{k}{c}=\dfrac{0.12\ 42\Omega^{-1}\cdot\mathrm{m}^{-1}}{0.01\times10^3\mathrm{mol}\cdot\mathrm{m}^{-3}}=0.012\ 42\Omega^{-1}\cdot\mathrm{m}^2\cdot\mathrm{mol}^{-1}$$

二、电位分析

(一)选择题

1. B	2. D	3. D	4. C	5. C	6. D	7. D	8. A	9. B	10. D
11. B	12. B	13. C	14. A	15. A	16. C	17. D	18. A	19. C	20. B
21. D	22. D	23. B	24. D	25. D	26. A	27. A	28. D	29. B	30. D
31. B	32. A	33. D	34. C	35. A	36. D	37. C	38. B	39. A	40. C
41. B	42. C	43. C	44. C	45. A	46. C	47. C	48. D	49. D	50. C
51. C	52. D	53. A	54. D	55. C	56. D	57. C	58. A	59. A	60. A
61. C	62. B	63. C	64. B	65. B	66. C	67. A	68. C	69. B	70. B
71. C	72. C	73. D	74. C	75. C	76. C	77. C	78. D	79. A	80. D
81. C	82. C								

(二)简答题

1. 电位滴定的基本原理与普通容量分析相同,其区别在于确定终点的方法不同,因而具有下述特点。

(1) 准确度较高,与普通容量分析相同,测定的相对误差可低至 0.2%。

(2) 能用于难以用指示剂判断终点的浑浊或有色溶液的滴定。

(3) 用于非水溶液的滴定,某些有机物的滴定需在非水溶液中进行,一般缺乏合适的指示剂,可采用电位滴定。

(4) 能用于连续滴定和自动滴定,并适用于微量分析。

采用仪器记录滴定过程中相应量的变化,克服了手工操作带来的误差。

2. 因为规定了用还原电极电势,待测电极与氢电极组成电池时,待测电极放在阴极的位置,令它发生还原反应。但是比氢活泼的金属与氢电极组成电池时,实际的电池反应是金属氧化,氢离子还原,也就是说电池的书面表示式是非自发电池,电池反应是非自发反应,电动势小于零,所以电极电势为负值。如果是不如氢活泼的金属,则与氢电极组成的电池是自发电池,电极电势为正值。

3. 不是。由于电极表面性质比较复杂,电极与周围电解质溶液之间的真实电位差是无法测量的。现在把处于标准状态下的电极(待测电极)与标准氢电极组成电池,将待测电极作还原极(正极),并规定标准氢电极的电极电势为零,这样测出的电池电动势就作为待测电极的电极电势,称为标准氢标还原电极电势,简称为标准电极电势,用符号 $E_{\mathrm{Ox|Red}}^{\ominus}$ 表示。

4. 主要包括晶体膜电极、非晶体膜电极和敏化电极等。晶体膜电极又包括均相膜电极和非均相膜电极两类,而非晶体膜电极包括刚性基质电极和活动载体电极,敏化电极包括气敏电极和酶电极等。

晶体膜电极以晶体构成敏感膜,其典型代表为氟电极。其电极的机理是:晶格缺陷(空穴)引起离子的传导作用,接近空穴的可移动离子运动至空穴中,一定的电极膜按其空穴大小、形状、电荷分布,只能容纳一定的可移动离子,而其他离子则不能进入,从而显示了其选择性。

活动载体电极则是由浸有某种液体离子交换剂的惰性多孔膜作电极膜制成的。通过液膜中的敏感离子与溶液中的敏感离子交换而被识别和检测。

　　敏化电极是指气敏电极、酶电极、细菌电极及生物电极等。这类电极的结构特点是在原电极上覆盖一层膜或物质，使得电极的选择性提高。典型电极为氨电极。

　　以氨电极为例，气敏电极是基于界面化学反应的敏化电极，事实上是一种化学电池，由一对离子选择性电极和参比电极组成。试液中欲测组分的气体扩散进入透气膜，进入电池内部，从而引起电池内部某种离子活度的变化。而电池电动势的变化可以反映试液中欲测离子浓度的变化。

　　5. 离子选择性电极都具有一个传感膜，或称敏感膜，是离子选择性电极的最重要的组成部分，也是决定该电极性质的实体。膜电极组成的半电池，没有电极反应；相界间没有发生电子交换过程。表现为离子在相界上的扩散，用 Donnan 膜理论解释。不同敏感膜对不同的离子具有选择透过性，因此具有选择性。

　　用电位选择性系数 $K_{i,j}$ 来估量离子选择性电极对待测离子的选择性。

　　6. 离子选择性电极通常由电极管、内参比电极、内参比溶液和敏感膜四个部分组成。

　　7. 离子选择电极的内阻很高，尤其玻璃电极最高，可达 $10^8\ \Omega$ 数量级，故不能采用普通电位计来测量其电位，否则会引起较大的测量误差。

　　若用普通电位计测量电极所组成电池的电动势时，其指示平衡点的检流计的灵敏度为 10^{-9} A（电流的测量误差可低至 10^{-9} A），玻璃电极的内阻为 $10^8\ \Omega$。当微小电流（10^{-9} A）流经电极时，由于电压降所引起的电动势测量误差可达：$\Delta E = \Delta i \times R = 10^{-9} \times 10^8 = 0.1$（V）。

　　电动势的测量误差为 0.1V，它相当于近 1.7 个 pH 单位。因此，不能用普通电位计或伏特计来测量玻璃电极的电位。

　　为了消除或校正液接电位和不对称电位，用标准缓冲溶液校准仪器。测定结果的准确度，首先取决于标准缓冲溶液 pH$_S$ 的准确度。用于校准 pH 电极的标准缓冲溶液必须仔细选择和配对。此外，还应使标准缓冲溶液和未知溶液的 pH 和组成尽可能接近，这样可以减小测定误差。液接电位和不对称电位恒定不变。

　　酸度计是以 pH 单位作为标度的，在 25℃ 时，每单位 pH 标度相当于 0.059V 的电动势变化值。测量时，先用 pH 标准溶液来校正酸度计上的标度，使指示值恰为标准溶液的 pH。换上试液，便可直接测得其 pH。由于玻璃电极系数不一定等于其理论值（在 25℃ 时，0.059V/pH），为了提高测量的准确度，故测量时所选用的标准溶液 pH 应与试液的 pH 相接近。

　　8. 离子计是一台测量由离子选择电极、参比电极所组成的电池电动势的毫伏计。它是用来测量离子选择电极所产生的电位或经过转换直接读出被测离子活（浓）度的测量仪器。

$$E = i(R+r), E' = iR = RE/(R+r)$$

　　测量的目的是要准确测出电动势 E 值，但由于电流 i 在测量电池内阻 r 上产生电位降，因此测出的是横跨在电阻 R 上的电位降 E'。显然，一般情况下 $E > E'$，只有当 $R \gg r, R \approx R+r, E'$ 才可视为与 E 相等。

　　保证千分之一的测量准确度，仪器的输入阻抗应是电池内阻的 1000 倍以上，即离子电极内阻若为 $10^8\ \Omega$ 数量级，则要求离子计的输入阻抗必须大于 $10^{11}\ \Omega$。这是离子选择电极法测量仪器和实验技术必须保证的基本条件。

　　9. ①维持溶液中的离子强度足够大且为恒定值；②维持溶液的 pH 为给定值；③消除干扰离子的干扰；④使液接电位稳定。

　　10. 误差来源主要有：

　　(1) 温度，主要影响能斯特响应的斜率，所以必须在测定过程中保持温度恒定。

　　(2) 电动势测量的准确性，一般相对误差 $= 4nDE$，因此必须要求测量电位的仪器要有足够高的灵敏度和准确度。

　　(3) 干扰离子，凡是能与欲测离子发生反应的物质，能与敏感膜中相关组分发生反应的物质，以及影响敏感膜对欲测离子响应的物质均可能干扰测定，引起测量误差，因此通常需要加入掩蔽剂，必要时还需分离干扰离子。

　　(4) 溶液的 pH、欲测离子的浓度、电极的响应时间以及迟滞效应等都可能影响测定结果的准确度。

　　11. 直接电位法是通过测量零电流条件下原电池的电动势，根据能斯特方程式来确定待测物质含量的分析方法。而电位滴定法是以测量电位的变化为基础的，因此，在电位滴定法中溶液组成的变化、温度的微小波动、电位测量的准确度等对测量影响较小。

（三）计算题

1. 已知 $E_1 = 0.200V$，$E_2 = 0.185V$，则

$$\begin{cases} E_1 = K - 0.059\lg c_x \\ E_2 = K - 0.059\lg\left(c_x + \dfrac{0.1 \times 0.1}{10}\right) \end{cases}$$

下式减上式，得

$$0.015 = 0.059\lg\frac{c_x + 10^{-3}}{c_x}$$

则

$$c_x = 1.26 \times 10^{-3} \text{mol} \cdot \text{L}^{-1}$$

2.

$$c(\text{F}^-) = \frac{1 \times 10^{-4} \times 5.27}{50 + 5.27} = 9.535 \times 10^{-6} (\text{mol} \cdot \text{L}^{-1})$$

即

$$c(\text{F}^-) = 0.18\text{mg} \cdot \text{L}^{-1}$$

3. 根据等活度法的表达式

$$\lg K_{i,j}^{\text{pot}} = \frac{E_j - E_i}{S} - \left(\frac{n}{m} - 1\right)\lg a_i$$

由于响应离子和干扰离子的电荷相同，即 $n = m$，故

$$\lg K_{i,j}^{\text{pot}} = \frac{E_j - E_i}{S} = \frac{-58.6 - 44.5}{58.0} = -1.788$$

$$K_{i,j}^{\text{pot}} = 1.63 \times 10^{-2}$$

4.（1）根据测量离子活度的通式

$$E = K' \pm S\lg a_i$$

指示电极为负极，测量的是阴离子，故

$$0.316 = K' + 0.0592\lg 2.50 \times 10^{-4} \qquad ①$$

$$0.302 = K' + 0.0592\lg c_x \qquad ②$$

①－②，得

$$\frac{0.316 - 0.302}{0.0592} = \lg 2.50 \times 10^{-4} - \lg c_x$$

$$\lg c_x = -3.602 - 0.236 = -3.838$$

$$c_x = 1.45 \times 10^{-4} \text{mol} \cdot \text{L}^{-1}$$

（2）已知 $K_{\text{Cl}^-,\text{OH}^-}^{\text{pot}} = \dfrac{[\text{Cl}^-]}{[\text{OH}^-]} = 0.001$，控制测定误差不超过 0.2%，所以

$$\frac{1.45 \times 10^{-4} \times 0.2\%}{[\text{OH}^-]} = 0.001$$

$$[\text{OH}^-] = \frac{1.45 \times 10^{-4} \times 0.2\%}{0.001} = 2.90 \times 10^{-4} (\text{mol} \cdot \text{L}^{-1})$$

$$\text{pH} = 14 - \text{pOH} = 14 - 3.54 = 10.46$$

溶液的 pH 不得超过 10.46。

5.

$$D = \frac{0.014 \times \dfrac{1.30 \times 10^3}{24}}{\dfrac{4.00 \times 10^2}{40}} \times 100\% = 7.6\%$$

6.

$$\text{pH} = 5.0 + (14.5 - 43.5)/58.0 = 4.5$$

7.

$$-0.155 = E^\ominus - 0.0591\lg c_x \qquad ①$$

$$-0.176 = E^\ominus - 0.0591\lg\left(c_x + \frac{0.10 \times 0.50}{19.00 \times 25.0}\right) \qquad ②$$

①－②,得

$$0.3559 = \lg\left(\frac{c_x + 1.05 \times 10^{-4}}{c_x}\right)$$

$$c_x = 8.29 \times 10^{-5}\,mol \cdot L^{-1}$$

$$8.29 \times 10^{-5} \times 19.00 \times 100 = 0.158(mg)$$

$$\frac{0.158 \times 10^{-3}}{0.205} = 0.77 \times 10^{-3} = 0.077\%$$

8. 由 $E_{MF} = K' + 0.0591pH(25℃)$,可得

$$\Delta pH = \frac{\Delta E_{MF}}{0.0591}$$

当 $\Delta E_{MF} = 0.001V$ 时,所引起的 pH 误差为

$$\Delta pH = \frac{0.001}{0.0591} = 0.017$$

三、电解和库仑分析

（一）选择题

1. C　　2. D　　3. B　　4. D　　5. B　　6. B　　7. C　　8. D　　9. C　　10. D

11. B　　12. A　　13. D　　14. C　　15. D　　16. B　　17. C　　18. C　　19. D　　20. D

21. C　　22. D　　23. C

（二）简答题

1. 凡是电极反应是氧化反应的,称此电极为阳极(anode);电极上发生的是还原反应的,称此电极为阴极(cathode)。

同时按物理学规定:电流的方向与电子流动的方向相反,电流总是从电位高的正极(positive pole)流向电位低的负极(negative pole)。电极的正和负是由两电极的电极电势相比较而得,正者为正,负者为负。

2. 由于各种金属离子具有不同的分解电位,在电解分析时,金属离子又大部分在阴极上析出,因此需要控制阴极的电位,以便不同金属离子分别在不同的电位析出,从而实现分离的目的。

3. 实际分解电压要克服三种阻力:

(1) 原电池的可逆电动势,这数值通常称为理论分解电压,其绝对值用 $|E_R|$ 表示。

(2) 由于两个电极上发生极化而产生的超电位 η_a 和 η_c,通常称为不可逆电动势。

(3) 克服电池内阻必须消耗的电位降 IR。所以实际分解电压为

$$E_{分解} = |E_R| + \eta_a + \eta_c + IR$$

这样,实际分解电压 $E_{分解}$ 一定大于理论分解电压 $|E_R|$。

4. 比较电池中两个电极的电极电势,电位高的电极称为正极,电位低的电极称为负极。电流总是从电位高的正极流向电位低的负极,电子的流向与电流的流向刚好相反,是从负极流向正极。

根据电极上进行的具体反应,发生还原作用的电极称为阴极,发生氧化作用的电极称为阳极。在原电池中,阳极因电位低,所以是负极。阴极因电位高,所以是正极;在电解池中,阳极就是正极,阴极就是负极。

5. 在控制电位库仑分析法中,是用精密库仑计来测定电量的。

在恒电流库仑滴定中,由于电流是恒定的,因而通过精确测定电解进行的时间及电流强度,即可计算出电量。

6. 根据法拉第电解定律,在电极上发生反应的物质的质量与通过该体系的电量成正比,因此可以通过测量电解时通过的电量来计算反应物质的质量,这即为库仑分析法的基本原理。

由于在库仑分析法中是根据通过体系的电量与反应物质之间的定量关系来计算反应物质的质量的,因此必须保证电流效率100%地用于反应物的单纯电极反应。

可以通过控制电位库仑分析和恒电流库仑滴定两种方式保证电流效率达到100%。

7. 电解分析与库仑分析在原理、装置上有许多共同之处,都需要通过控制分解电压或阴极电位来实现不

同金属离子的分离,库仑分析也属于电解分析的范畴。不同的是通常的电解分析是通过测量电解上析出物质的质量来进行定量分析,而库仑分析是通过测量通过体系的电量来进行定量测定。

在测量装置上,二者也有共同之处,均需要有阴极电位控制装置,不同之处在于库仑分析中需要在电解回路中串联一个库仑计以测量通过体系的电量。

8. 库仑滴定是一种建立在控制电流电解基础之上的滴定分析方法。在电解过程中,于试液中加入某种特定物质,以一定强度的恒定电流进行电解,使之在工作电极上(阳极或阴极)电解产生一种试剂,此试剂与被测物质发生定量反应,当被测物质反应完全后,用适当的方法指示终点并立即停止电解。然后根据所消耗的电量按照法拉第定律计算出被测物质的质量:

$$m = \frac{QM}{96\,500n}$$

9. 电解分析法与库仑分析法的共同特点:

(1) 准确度极高,相对误差一般为 0.1%,常用作标准分析方法或仲裁分析法。

(2) 在分析过程中,都不需要基准物质和标准溶液,可以避免多次测量过程中所引入的误差。

(3) 电解分析法与库仑分析法都是建立在电解反应基础上的定量分析方法,不能用作定性分析。

电解分析法与库仑分析法各自的特点:

(1) 电解分析法中需称量电解完全后所析出固态物质的质量而无需考虑电解所消耗的电量;库仑分析法只需要计量电解完全所消耗的电量而不需要称量被析出物质的质量。

(2) 电解分析法只适用于测定高含量的物质,需要经过洗涤、烘干、称量等步骤;而库仑分析法不仅可以应用于高含量物质,还可以应用于痕量物质的分析,并具有很高的准确度,只需要准确地测定通过试液的电量即可计算被测物质的含量。

10. ①使用去极剂;②应用大面积阴极;③注意搅拌;④可适当提高温度。

11. 氢在汞上有较大的超电压,因此当氢析出前,很多金属离子可还原。金属能形成汞齐,又降低了它们的析出电位。

12. 在电解过程中,在阳极上发生氧化反应,使得阳极电位越来越正;同样,在阴极上发生还原反应,溶液中金属离子在阴极上析出,使得阴极电位越来越负。为了避免干扰,加入阳极去极化剂来保持阳极电位,使它不至于有干扰性氧化反应发生;加入阴极去极化剂来保持阴极电位,使其不至于有干扰性还原反应发生。

13. 主要区别有:①库仑滴定法的滴定剂是电生的,可以是不稳定的物质;②库仑滴定是用所需的电量来进行计算,不要求用标准物标定滴定剂;③库仑滴定适用于微量、痕量分析。

14. 对常量、较高含量的试样分析,若用库仑法分析,必须采用较大的电流和较长的时间,这样会导致电流效率降低,达不到100%的电流效率,就不符合法拉第定律,对测定结果产生较大的误差。

15. 库仑滴定法中,其主要误差来源是电流效率达不到100%以及终点的确定。要解决这两个问题,一般要求电流的大小为1~30mA,滴定时间为100~200s。

16. 恒电位法是恒定电位,测量参数是电量,电量的测量要求使用库仑计或电积分仪等装置。

恒电流法是通入恒定的电流,采用加入辅助电解质,产生滴定剂的方法,通过测量恒定的电流及电解的时间,由公式 $Q = i \times t$ 对电量进行测量,但要求有准确确定终点的方法。

这两种分析方法都要求电流效率达100%。

17. 由于库仑分析法的理论依据是法拉第定律,根据这一定律,只有当电流效率达到100%,电解时所消耗的电量才能完全应用于被测物质的电极反应。

影响电流效率达不到100%的主要因素是工作电极上发生了副反应。

要保证库仑分析法电流效率达100%,应注意四个方面:①选择电极体系;②注意电极隔离;③排除干扰;④应用适当的去极化剂。

18. (1) 保证电极反应的电流效率是100%地被待测离子所利用(或者说电极上只有主反应,不发生副反应)。

(2) 能准确地测量出电解过程中的电量。

（3）能准确地指示电解过程的结束。

（三）计算题

1. 根据题意

$$m/M = 20 \times 10^{-3} \times 6.90 \times 60/96\ 500 = 8.58 \times 10^{-5}(\text{mol})$$

故　　　　　　　　　$c(\text{HCl}) = 8.58 \times 10^{-3}\ \text{mol} \cdot \text{L}^{-1}$

2.　　　　　$1\text{mol Fe}^{2+} \sim 1\text{mol e}^- \sim 1/2\text{mol I}_2 \sim 1\text{mol S}_2\text{O}_3^{2-}$

　　　　　　$1\text{mol Fe}_2\text{O}_3 \sim 2\text{mol Fe} \sim 2\text{mol S}_2\text{O}_3^{2-}$

设试样中 Fe_2O_3 的物质的量为 x，则

$$1 : 2 = x : (0.0197 \times 26.30)$$

$$x = 2.59 \times 10^{-4}\ \text{mol}$$

$$w(\text{Fe}_2\text{O}_3) = 159.69 \times 2.59 \times 10^{-4} \times 100/0.854 = 4.84\%$$

3.（1）求出含硝基苯的有机试样中硝基苯的量

$$m = QM/nF = 26.7 \times 123.0/4 \times 96\ 500 = 8.521 \times 10^{-3}(\text{g})$$

（2）　　　　　$w(\text{C}_6\text{H}_5\text{NO}_2) = (8.521/210) = 0.0405$

4. 亚砷酸盐的浓度

$$\frac{0.0015 \times (4 \times 60 + 27) \times 1000}{96\ 500 \times 100 \times 2} = 2.08 \times 10^{-5}(\text{mol} \cdot \text{L}^{-1})$$

5.　　　　　$$Q = 105.5\text{C} = 1 \times 96\ 500 \times \frac{m}{M}$$

$$\frac{m}{M} = \frac{105.5}{96\ 500} = 1.09 \times 10^{-3}(\text{mol})$$

$$c = \frac{1.09 \times 10^{-3}}{100 \times 10^{-3}} = 1.09 \times 10^{-2}(\text{mol} \cdot \text{L}^{-1})$$

6.　　　　　$$Q = 48.5\text{mL} \times \frac{273}{298} \times \frac{1}{0.1741} = 255.20(\text{C})$$

$$\frac{m}{M} = \frac{255.20}{96\ 500} = 2.64 \times 10^{-3}(\text{mol})$$

$$m = 2.64 \times 10^{-3} \times 35.5 = 0.093\ 72(\text{g})$$

$$w(\text{Cl}) = \frac{m}{2.00\text{g}} = 4.6\%$$

7.　　　　　$$M(\text{As}_2\text{O}_3) = 197.84$$

$$\text{As} \longrightarrow \text{HAsO}_3^{2-}(\text{III}) + \text{I}_2 \Longrightarrow \text{HAsO}_4^{2-} + 2\text{I}^-$$

$$Q = i \cdot t = 120 \times 10^{-3}\text{A} \times 560\text{s} = 2 \times 96\ 500 \times \frac{m(\text{I}_2)}{M(\text{I}_2)}$$

$$\text{碘的物质的量} = \frac{120 \times 10^{-3} \times 560}{2 \times 96\ 500} = 3.48 \times 10^{-5}(\text{mol}) = \text{砷的物质的量}$$

$$\text{As}_2\text{O}_3 \text{ 的物质的量} = 1.74 \times 10^{-5}\ \text{mol}$$

$$w(\text{As}_2\text{O}_3) = \frac{174 \times 10^{-5} \times M(\text{As}_2\text{O}_3)}{5} \times 100\% = \frac{1.74 \times 10^{-5} \times 197.84}{5} = 0.688\%$$

8.　　　　　$$3\text{Br}_2 \approx 1\text{C}_6\text{H}_5\text{OH}$$

$$Q = 15.0\text{mA} \times 10^{-3} \times 500\text{s} = 2 \times 96\ 500 \times n(\text{Br}_2) \quad [n(\text{Br}_2) \text{为 Br}_2 \text{的物质的量}]$$

$$n(\text{Br}_2) = \frac{1.5 \times 5}{2 \times 96\ 500}$$

$$n(\text{苯酚}) = \frac{1.5 \times 5}{3 \times 2 \times 96\ 500} = 1.29 \times 10^{-5}(\text{mol})$$

$$w(苯酚)=\frac{n(苯酚)\times 94}{100\text{mL}}=\frac{1.21\text{mg}}{100\text{mL}}=12.1\text{mg}\cdot\text{L}^{-1}$$

四、极谱分析

(一)选择题

1. D　2. C　3. A　4. C　5. A　6. A　7. C　8. B　9. B　10. C
11. B　12. B　13. A　14. C　15. B　16. C　17. B　18. B　19. A　20. C
21. D　22. D　23. D　24. B　25. D

(二)简答题

1. (1) 指示电极:用于测定过程中溶液主体浓度不发生变化的情况,即用于指示被测离子的活(浓)度。

工作电极:用于测定过程中主体浓度会发生变化的情况。因此,在电位分析中的离子选择电极和极谱分析法中的滴汞电极应称为指示电极。在电解分析法和库仑分析法中的铂电极,是被测离子发生反应的电极,它能改变主体溶液的浓度,应称为工作电极。

(2) 极化电极:当电极电势完全随外加电压的改变而改变时,或者当电极电势改变很大而电流改变很小,即 $\mathrm{d}i/\mathrm{d}E$ 值很小时,这种电极称为极化电极。

去极化电极:当电极电势的数值保持不变,即不随外加电压的改变而改变,或者当电极电势改变很小而电流改变很大,即 $\mathrm{d}i/\mathrm{d}E$ 值很大时,这种电极称为去极化电极。

2. 电极电势已知恒定,且与被测溶液组成无关,则称为参比电极。

(1)电极反应可逆,符合能斯特方程;(2)电位不随时间变化;(3)微小电流流过时,能迅速恢复原状;(4)温度影响小,虽无完全符合的,但一些可以基本满足要求。

对于参比电极应满足三个条件:可逆性,重现性和稳定性。

衡量可逆性的尺度是交换电流。如果电极有较大的交换电流,则使用时,如有微量电流通过,其电极电势仍能保持恒定,所以参比电极都是难以极化的。

重现性是指当温度或浓度改变时,电极仍能按能斯特公式响应而无滞后现象,以及用标准方法制备的电极应具有相似的电位值。

稳定性是指在测量时随温度等环境因素影响较小。

3. 由于电解池的正极和负极对被测定离子存在着静电引力,电解电流增加的那部分电流称为迁移电流,也称非法拉第电流。加入足够浓度的支持电解质,就可以消除迁移电流。

4. 溶出伏安法根据工作电极发生氧化反应还是还原反应,一般可以分为阳极溶出伏安法和阴极溶出伏安法两种。溶出伏安法灵敏度比相应的伏安法灵敏度高,主要是溶出伏安法是分两步进行的,因为第一步进行了被测物质的富集,第二步很快地溶出,因为 $i_富 t_富\approx i_溶 t_溶$,而 $t_富\gg t_溶$,则 $i_溶\gg i_富$,所以它的灵敏度高。

5. 充电电流限制了交流极谱灵敏度的提高,将叠加的交流正弦波改为方波,使用特殊的时间开关,利用充电电流随时间很快衰减的特性(指数特性),在方波出现的后期,记录交流极化电流信号,而此时电容电流已大大降低,故方波极谱的灵敏度比交流极谱要高出两个数量级。

方波极谱基本消除了充电电流,将灵敏度提高到 $10^{-7}\text{mol}\cdot\text{L}^{-1}$ 以上,但灵敏度的进一步提高则受到毛细管噪声的影响。脉冲极谱是在滴汞电极的每一滴汞生长后期,叠加一个小振幅的周期性脉冲电压,在脉冲电压后期记录电解电流。由于脉冲极谱使充电电流和毛细管噪声电流都得到了充分衰减,提高了信噪比,使脉冲极谱成为极谱方法中测定灵敏度最高的方法之一。根据施加电压和记录电流方式的不同,脉冲极谱分为常规脉冲极谱和微分脉冲极谱两种。

6. 根据极谱扩散电流方程式:$i_\mathrm{d}=607nD^{1/2}m^{2/3}t^{1/6}c$,当温度、底液及毛细管特性不变时,极限扩散电流与浓度成正比,这既是极谱定量分析的依据。

极谱定量方法通常有直接比较法、标准曲线法、标准加入法等三种。

(1) $c_x=\dfrac{h_x}{h_s}c_s$。

(2) 绘制标准曲线,然后在相同条件下测定未知液,再从工作曲线上找出其浓度。

(3) 由 $h_x = Kc_x$，$H = K\left(\dfrac{Vc_x + V_s c_s}{V + V_s}\right)$，得

$$c_x = \frac{c_s V_s h_x}{H(V + V_s) - h_x V}$$

7. 使用小面积的极化电极如滴汞电极或微铂电极，溶液保持静止(不搅拌)。

8. 使用小面积的电极作阴极，可以使电极上具有较高的电流密度，以保证产生浓差极化。而使用大面积汞池电极作阳极，可以使电解过程中阳极产生的浓差极化很小，阳极的电极电势保持恒定，从而使极化电极的电位完全由外加电压所控制。

9. 加入支持电解质是为了消除迁移电流。由于极谱分析中使用滴汞电极，发生浓差极化后，电流的大小只受待测离子扩散速度(浓度)的影响，所以加入支持电解质后，不会引起电流的增大。

10. 极谱分析中，由于滴汞电极的电位受外加电压所控制，所以当达到极限扩散电流区域后，继续增加外加电压，会引起滴汞电极电势的改变。但由于滴汞电极表面待测离子浓度已经降低到很小，甚至为零，而溶液本体中待测离子尚来不及扩散至极化电极表面，所以不会引起电极表面待测离子浓度的变化。

11. 残余电流的产生主要有两个原因，一为溶液中存在微量的可以在电极上还原的杂质，二为充电电流引起。

12. 因在电解质中含有氧，O_2 在滴汞电极上分两步还原而产生两个极谱波。

第一个波：$\qquad\qquad\qquad\qquad O_2 + 2H^+ + 2e^- \Longrightarrow H_2O_2$

第二个波：$\qquad\qquad\qquad\qquad H_2O_2 + 2H^+ + 2e^- \Longrightarrow 2H_2O$

这两个还原波覆盖的电位范围较宽，为 $-0.2 \sim -0.9V$(vs. SCE)，干扰大多数金属离子的测定。

(1) 电流干扰：氧的还原电流叠加在相同电位下被分析物还原电流上，不能区分。

(2) 波形干扰：当被分析物在另外波形下还原时，由于氧的极谱第二波为不可逆波，被分析物的极谱波平台不平，造成测量波高困难。

因此，必须在分析前除去溶液中的溶解氧。除 O_2 的方法可以通纯净 N_2，在碱性或中性试液中也可以加入少量无水 Na_2SO_3。

13. 主要干扰电流有残余电流、迁移电流、极大现象、氧波等。

消除办法：(1)提纯极谱底液，以减小杂质的法拉第电流。用仪器补偿电容电流或采用新极谱技术(方波、脉冲极谱)，消除电容电流。

(2) 加入大量支持电解质可消除迁移电流的影响。

(3) 加适量表面活性剂或明胶类大分子物质可消除极大现象。

(4) 通惰性气体 N_2、H_2 等或加还原剂维生素 C、Na_2SO_3 等可预先除去溶解在溶液中的氧，以消除氧波。

14. 极谱分析常用的定量分析方法有三种。

(1) 比较法：将一个标准试液与试样溶液进行极限扩散电流比较，进行定量测定，这种方法一般在试样较少，且试样成分不复杂时使用。

(2) 标准曲线法：在相同条件下配制标准系列，绘制 i_d-c 校正曲线，用校正曲线对试样进行定量。这种方法一般在试样较多时使用，各试样的量应在校正曲线直线范围内。

(3) 标准加入法：在试样较少，试样成分较复杂时使用。

15. 在极谱分析中采用的方式有两种：

(1) 改变支持电解质。因为相同的离子在不同的支持电解质中有不同的半波电位，选择恰当的支持电解质将使两者的半波电位分开来进行。

(2) 若其中一种可形成配离子，可加入浓度较高的配离子，使半波电位发生改变来进行测定。

16. 当在滴汞电极上还原的物质为阳离子时，加入支持电解质后还原电流由于消除了迁移电流，电流值减小；当在滴汞电极上还原的物质是阴离子时，由于它的扩散方向(向滴汞电极表面)与迁移方向(向对电极方向)相反，因而加入支持电解质后还原电流将增加。

17. 原理：如以等腰三角形的脉冲电压加在工作电极上，得到的电流-电压曲线包括两个分支，如果前半

部分电位向阴极方向扫描,电活性物质在电极上还原,产生还原波,那么后半部分电位向阳极方向扫描时,还原产物又会重新在电极上氧化,产生氧化波。因此一次三角波扫描,完成一个还原和氧化过程的循环,故该法称为循环伏安法,其电流-电压曲线称为循环伏安图。如果电活性物质可逆性差,则氧化波与还原波的高度就不同,对称性也较差。循环伏安法中电压扫描速度可从每秒钟数毫伏到1V。工作电极可用悬汞电极或铂、玻碳、石墨等固体电极。

测量装置:循环伏安仪,X-Y记录仪,工作电极、辅助电极、参比电极组成的电极系统。

18. 以金电极、甘汞电极、铂电极构成三电极体系。三电极体系中一个被测定电极,一个对电极与一个参比电极。被测定电极与对电极形成通路测电流,参比电极测量电压。这样就可以同时监测到电流与电压的变化。

19. 电极反应的电子数 n,扩散系数 D,极化速率 v,电极面积 A,被测物质浓度 c。

20. 控制离子的强度,使测量试液的离子强度维持一定。从而使电压稳定。

伏安法是以快速线性扫描的方式施加极化电压于工作电极。

(三) 计算题

1. 根据公式

$$i=kc, \frac{i_1}{i_2}=\frac{c_1}{c_2}$$

$$\frac{24.9}{28.3}=\frac{c_x}{\dfrac{25c_x+5\times 6.0\times 10^{-3}}{25+5}}$$

得 $$c_x=3.30\times 10^{-3}\,\text{mol}\cdot\text{L}^{-1}$$

$$w(\text{Sn})=c_x\times 0.250\times 118.3\times 100\%/3.000=3.25\%$$

2. $$c_x=\frac{V_s c_s h}{H(V_x+V_s)-V_x h}$$

$$=\frac{2.12\times 10^{-3}\times 5.00\times 1.86}{5.27(25.00+5.00)-1.86\times 25.00}=1.77\times 10^{-4}\,(\text{mg}\cdot\text{L}^{-1})$$

3. 设水样中浓度为 $c_x\,\text{mol}\cdot\text{L}^{-1}$,根据极谱定量分析基础公式 $i_d=Kc$,则

$$12.3=Kc_x \tag{①}$$

$$28.2=K\times\frac{(5.0c_x+0.10\times 1.00\times 10^{-3})}{5.00+0.10} \tag{②}$$

联立求解得 $$c_x=1.49\times 10^{-5}\,\text{mol}\cdot\text{L}^{-1}$$

4. $$\tau_1=85.3;\tau_2=123.5;c_1=c_x;c_2=c_x+0.1\times 5.0/105$$

$$\tau_1=K\times c_1;\tau_2=K\times c_2$$

解方程组得 $$c_x=1.06\times 10^{-2}\,\text{mg}\cdot\text{L}^{-1}$$

试样中 $$c(\text{Pb})=1.06\times 10^{-2}\times 105/5=0.22\,(\text{mg}\cdot\text{L}^{-1})$$

在线答疑

周亚民　1007516084@qq.com

周红军　hongjunzhou@163.com

丁　姣　chj.ding@163.com

第九章 光学分析技术

第一节 概 述

光学分析法是基于能量作用于物质后产生电磁辐射信号或电磁辐射与物质相互作用后产生辐射信号的变化而建立起来的一类分析方法。电磁辐射与物质的相互作用方式很多,有发射、吸收、反射、折射、散射、干涉、衍射、偏振等,各种相互作用的方式均可建立起对应的分析方法。因此,光学分析法的类型极多,应用之广是其他类型的分析方法所不能相比。光学分析法在定性分析、定量分析,尤其是化学结构分析等方面起着极其重要的作用。光学分析法在研究物质组成、结构表征、表面分析等方面具有其他方法不可取代的地位,随着科学技术的发展,光学分析法也日新月异,许多新技术、新方法不断涌现。

光学分析法的三个基本过程:①能源提供能量;②能量与被测物之间的相互作用;③产生信号。光学分析法的基本特点:①所有光学分析法均包含三个基本过程;②选择性测量,不涉及混合物分离(不同于色谱分析);③涉及大量光学元器件。

光学分析法大体上可分为两大类,光谱法与非光谱法。

(1) 光谱法:基于物质与辐射能作用时,原子或分子发生能级跃迁而产生的发射、吸收或散射的波长或强度进行分析的方法(或基于测量辐射的波长及强度建立的分析法)。光谱法又分为原子光谱法和分子光谱法。由原子的吸收或发射光所形成的光谱称为原子光谱(atomic spectrum),原子光谱是线状光谱。原子光谱主要分为基于原子外层电子跃迁的原子吸收光谱(AAS)、原子发射光谱(AES)、原子荧光光谱(AFS);基于原子内层电子跃迁的 X 射线荧光光谱(XFS);基于原子核与射线作用的穆斯堡谱。由分子的吸收或发射光所形成的光谱称为分子光谱(molecular spectrum),是带状光谱。基于分子中电子能级、振-转能级跃迁,分子光谱分为紫外光谱法(UV)、红外光谱法(IR)、分子荧光光谱法(MFS)、分子磷光光谱法(MPS)、核磁共振与顺磁共振波谱(NMR)。

(2) 非光谱法:不涉及能级跃迁,物质与辐射作用时,仅改变传播方向等物理性质,包括偏振法、干涉法、旋光法等。

本章内容主要简述原子吸收光谱、原子发射光谱、原子荧光光谱、紫外-可见分子吸收光谱法、分子荧光光谱法的原理与应用。

一、原子吸收光谱

基于试样蒸气相中被测元素的基态原子对光源发出的特征性窄频辐射产生共振吸收,其吸光度与蒸气相中被测元素的基态原子浓度成正比而进行定量分析的方法称为原子吸收光谱法(AAS)。

根据原子化器不同,目前原子吸收光谱法最为常用的主要有火焰原子吸收光谱法、石墨炉原子吸收光谱法和蒸气发生原子吸收光谱法 3 种。火焰原子吸收光谱法是应用最为普遍的一种,对大多数元素有较高的灵敏度且重现性好,易于操作。火焰原子化方式主要是利用高速气流冲击试样溶液,使之雾化成气溶胶,并被气流带入燃烧器,在高温火焰中气溶胶经脱溶剂、熔融、蒸发等过程,变为自由原子蒸气,但火焰原子化效率低,在很大程度上限制了灵敏度的提高。石墨炉原子吸收光谱法属于电热原子化方式,也是应用最为广泛的一种非火焰原子化方法。该原子化方式主要是以通电方式加热使用石墨管制作的高温原子化器,达到需要的温度,使放入其中的样品溶液转变为自由原子蒸气,石墨炉原子化装置可提高原子化效率,使灵敏度较之火焰原子化方式提高 10～200 倍。蒸气发生原子吸收光谱法已系统地被作为测定痕量元素的一种分析技术。蒸气发生法原子化是利用某些元素易挥发为蒸气形态或通过特定化学反应能生成易分解的氢化物气体的特点,使样品溶液中的待测元素原子化。蒸气发生原子吸收光谱法已成为原子光谱高灵敏度痕量元素分析的实现手段。现在使用较为普遍的蒸气发生法是氢化物发生法和冷蒸气法。

原子吸收光谱法优点与不足:①检出限低,灵敏度高。火焰原子吸收法的检出限可达到 10^{-9} 级,石墨炉原子吸收法的检出限可达到 $10^{-14}\sim10^{-10}$ g。②分析精度好。火焰原子吸收法测定中等和高含量元素的相对标准差可<1%,其准确度已接近于经典化学方法。石墨炉原子吸收法的分析精度一般为 3%～5%。③分析速度快。原子吸收光谱仪在 35min 内,能连续测定 50 个试样中的 6 种元素。④应用范围广。可测定的元素达 70 多个,不仅可以测定金属元素,也可以用间接原子吸收法测定非金属元素和有机化合物。⑤仪器比较简单,操作方便。⑥不足之处是多元素同时测定尚有困难,有相当一些元素的测定灵敏度还不能令人满意。

原子吸收光谱法在地质、冶金、机械、化工、农业、食品、轻工、生物医药、环境保护、材料科学等领域有广泛的应用。

二、原子发射光谱

原子发射光谱是依据各种元素的原子或离子在热激发或电激发下,原子的外层电子由高能级向低能级跃迁,能量以电磁辐射的形式发射出去,得到发射光谱,对元素的线状谱线特点而进行元素的定性与定量分析的方法。原子发射光谱法包括了三个主要的过程,①由光源提供能量使样品蒸发,形成气态原子,并进一步使气态原子激发而产生光辐射;②将光源发出的复合光经单色器分解成按波长顺序排列的谱线,形成光谱;③用检测器检测光谱中谱线的波长和强度。由于待测元素原子的能级结构不同,因此发射谱线的特征不同,据此可对样品进行定性分析;而根据待测元素原子的浓度不同,因此发射强度不同,可实现元素的定量测定。

目前应用广泛的电感耦合等离子体原子发射光谱法(ICP-AES)是以等离子体为激发光源的原子发射光谱分析方法,可进行多元素的同时测定。样品由载气(氩气)引入雾化系统进行雾化后,以气溶胶形式进入等离子体的中心通道,在高温和惰性气氛中被充分蒸发、原子化、电离和激发,使所含元素发射各自的特征谱线。根据各元素特征谱线的存在与否,鉴别样品中是否含有某种元素(定性分析);由特征谱线的强度测定样品中相应元素的含量(定量分析)。

原子发射光谱法具有不经过分离就可以同时进行多种元素快速定性定量分析的特点,在科学领域及电子、机械、食品工业、钢铁冶金、矿产资源开发、环境监测、生化临床分析、材料分析等方面得到了广泛的应用。

三、原子荧光光谱

物质吸收电磁辐射后受到激发,受激原子或分子以辐射去活化,再发射波长与激发辐射波长相同或不同的辐射。当激发光源停止辐射试样之后,再发射过程立即停止,这种再发射的光称为荧光。原子荧光光谱是介于原子发射光谱法和原子吸收光谱法之间的光谱分析技术,是以原子在辐射能激发下发射的荧光强度进行定量分析的发射光谱分析法。

原子荧光光谱法的优点：①有较低的检出限，灵敏度高。特别对 Cd、Zn 等元素有相当低的检出限，现已有 20 多种元素低于原子吸收光谱法的检出限。②干扰较少，谱线比较简单，采用一些装置，可以制成非色散原子荧光分析仪。这种仪器结构简单，价格便宜。③分析校准曲线线性范围宽，可达 3~5 个数量级。④能多元素同时测定。

原子荧光分析技术已经成为一种成熟的分析方法，原子荧光光谱仪广泛地应用需要极高检测灵敏度和精确度的生物化学、医疗、化工等行业，已经被确定为我国饮用天然矿泉水、生活饮用水、土壤、各种食品农产品检验、化妆品检验标准中重金属检测的国家标准。

四、紫外-可见分光光度法

紫外-可见分光光度法(UV-Vis)，又称紫外-可见分子吸收光谱法，是以紫外线-可见光区域电磁波连续光谱作为光源照射样品，研究物质分子对光吸收的相对强度的方法。通过对分子紫外-可见分光光度法的分析可以进行定性分析，并可依据朗伯-比尔定律进行定量分析。

紫外-可见分光光度法具有灵敏度高、选择性好、适用浓度范围广、准确度高、操作简便、快速、安全等特点。广泛应用于判断异构体、判断共轭状态及已知化合物的验证等定性分析，也广泛应用于单组分、混合物分析的定量分析，同时也用于各类平衡常数、配合物结合比的测定。

五、分子荧光光谱法

分子荧光光谱分析也称荧光分光光度法，是利用某些物质被紫外光或可见光照射后所产生的，并且能够反映出该物质特性的荧光，对其进行定性和定量分析，是当前普遍使用并有发展前途的一种光谱分析技术。目前，荧光分析方法已成为一种重要且有效的光谱化学分析手段。

分子荧光光谱法的特点：灵敏度高，检测限比吸收光谱法低 1~3 个数量级；选择性比吸收光谱法好；试样量少；方法简单；应用范围不如吸收光谱法广。荧光分析法可用于无机物和生物与有机物的分析，在生物化学、医学、工业、环境、化学研究、生命科学研究中的应用较广，特别为复杂的环境样品中微量及痕量物质的分析提供了很好的技术手段。

第二节　试　　题

一、原子光谱

(一)选择题

1. 原子吸收光谱是由(　　)产生的。
A. 固体物质中原子的外层电子　　　　B. 气态物质中基态原子的外层电子
C. 气态物质中激发态原子的外层电子　D. 气态物质中基态原子的内层电子
2. 原子吸收光谱线的多普勒变宽的原因是(　　)。
A. 原子的热运动　　　　　　　　　　B. 原子与其他粒子的碰撞
C. 原子与同类原子的碰撞　　　　　　D. 外部电场对原子的影响
3. 原子发射光谱仪中光源的作用是(　　)。
A. 提供足够能量使试样蒸发、原子化/离子化、激发
B. 提供足够能量使试样灰化

C. 将试样中的杂质除去,消除干扰

D. 得到特定波长和强度的锐线光谱

4. 空心阴极灯中对发射线宽度影响最大的因素是(　　)。

A. 阴极材料　　　　B. 阳极材料　　　　C. 填充气体　　　　D. 灯电流

5. 非火焰原子吸收法的主要优点为(　　)。

A. 谱线干扰小　　B. 稳定性好　　　　C. 背景低　　　　　D. 试样用量少

6. 原子吸收分光光度法中的物理干扰可用(　　)消除。

A. 释放剂　　　　B. 保护剂　　　　　C. 扣除背景　　　　D. 标准加入法

7. 原子吸收分光光度法中的背景干扰表现为(　　)。

A. 火焰中被测元素发射的谱线　　　　B. 火焰中干扰元素发射的谱线

C. 火焰中产生的分子吸收　　　　　　D. 光源产生的非共振线

8. 用原子吸收分光光度法测定铅时,以 $0.1mg \cdot mL^{-1}$ 铅的标准溶液测得吸光度为 0.24,如以置信度为 2,其检出限为(　　)。(测定 20 次的均方误差为 0.012)

A. $1ng \cdot mL^{-1}$　　B. $5ng \cdot mL^{-1}$　　C. $10ng \cdot mL^{-1}$　　D. $0.5ng \cdot mL^{-1}$

9. 火焰原子吸收光谱法中,吸光物质是(　　)。

A. 火焰中各种原子　　　　　　　　B. 火焰中基态原子

C. 火焰中待测元素的原子　　　　　D. 火焰中待测元素的基态原子

10. 在原子吸收分析中,测定元素的灵敏度、准确度及干扰等,在很大程度上取决于(　　)。

A. 空心阴极灯　　B. 火焰　　　　　C. 原子化系统　　　D. 分光系统

11. 原子吸收分析中光源的作用是(　　)。

A. 提供试样蒸发和激发所需的能量

B. 在广泛的光谱区域内发射连续光谱

C. 发射待测元素基态原子所吸收的特征共振辐射

D. 产生紫外线

12. 火焰原子化器通过改变(　　)和(　　)控制火焰温度。

A. 火焰种类、燃助比　　　　　　　B. 电流、电压

C. 火焰种类、电流　　　　　　　　D. 火焰种类、电压

13. 火焰原子化器包括(　　)和(　　)部分。

A. 乙炔气、燃烧器　　　　　　　　B. 雾化器、燃烧器

C. 空心阴极灯、燃烧器　　　　　　D. 乙炔气、雾化器

14. 在原子吸收光谱法中,石墨炉原子化法与火焰原子化法相比,其优点是(　　)。

A. 背景干扰小　　B. 灵敏度高　　　C. 重现性好　　　　D. 操作简便

15. 原子吸收分光光度法是基于从光源辐射出待测元素的特征谱线光,通过样品的蒸气时,被蒸气中产生待测元素的(　　)吸收。

A. 原子　　　　　B. 激发态原子　　C. 离子　　　　　　D. 基态原子

16. 可以概述原子吸收光谱和原子荧光光谱在产生原理上的共同点是(　　)。

A. 辐射能与气态基态原子外层电子的相互作用

B. 辐射能与气态原子外层电子产生的辐射

C. 辐射能与原子内层电子产生的跃迁

D. 电、热能使气态原子外层电子产生的跃迁

17. 在原子吸收分析中,通常分析线是共振线,因为一般共振线灵敏度高,如 Hg 的共振线 185.0nm 比 Hg 的共振线 253.7nm 的灵敏度大 50 倍,但实际在测 Hg 时总是使用 253.7nm 作分析线,其原因是(　　)。

A. Hg 蒸气有毒不能使用 185.0nm

B. Hg 蒸气浓度太大不必使用灵敏度高的共振线

C. Hg 185.0nm 线被大气和火焰气体强烈吸收

D. Hg 空心阴极灯发射的 185.0nm 线强度太弱

18. 在原子吸收分析中,当溶液的提升速度较低时,一般在溶液中混入表面张力小、密度小的有机溶剂,其目的是(　　)。

A. 使火焰容易燃烧　　　　　　　　B. 提高雾化效率

C. 增加溶液黏度　　　　　　　　　D. 增加溶液提升量

19. 原子荧光法与原子吸收法受温度的影响比火焰发射小得多,因此原子荧光分析要克服的主要困难是(　　)。

A. 光源的影响　　　　　　　　　　B. 检测器灵敏度低

C. 发射光的影响　　　　　　　　　D. 单色器的分辨率低

20. 原子吸收光谱光源发出的是(　　)。

A. 复合光　　　　B. 单色光　　　　C. 白光　　　　D. 可见光

21. 原子发射光谱是利用谱线的波长及其强度进行定性和定量分析的,被激发原子发射的谱线不可能出现的光区是(　　)。

A. 紫外　　　　　B. 可见　　　　　C. 红外　　　　D. 不确定

22. 火焰原子吸收光谱法实验中,调节火焰原子化器"燃烧器"高度的目的是(　　)。

A. 选择火焰中适宜的吸光区域　　　　　B. 提高液体样品的提升量与雾化效率

C. 增加燃气、助燃气和气溶胶的预混合时间　　D. 控制燃烧速度及火焰的温度

23. 石墨炉原子化器工作过程中,石墨管内外通入氩气的目的是(　　)。

A. 降低炉温;保护炉体　　　　　　　　B. 防止石墨管和试样被氧化,排除烟气

C. 帮助除残　　　　　　　　　　　　D. 提高原子化效率

24. 在原子吸收分析中,如灯中有连续背景发射,宜采用(　　)。

A. 减小狭缝　　　　　　　　　　　　B. 用纯度较高的单元素灯

C. 另选测定波长　　　　　　　　　　D. 用化学方法分离

25. 在原子荧光法中,多数情况下使用的是(　　)。

A. 阶跃荧光　　　B. 直跃荧光　　　C. 敏化荧光　　　D. 共振荧光

26. 原子吸收分析法测定钾时,加入 1% 钠盐溶液其作用是(　　)。

A. 减少背景　　　　　　　　　　　　B. 提高火焰温度

C. 提高钾的浓度　　　　　　　　　　D. 减少钾电离

27. 用发射光谱进行定性分析时,作为谱线波长比较标尺的元素是(　　)。

A. 钠　　　　　　B. 碳　　　　　　C. 铁　　　　　　D. 硅

28. 原子吸收光谱分析仪的光源是(　　)。

A. 氢灯　　　　　B. 氘灯　　　　　C. 钨灯　　　　　D. 空心阴极灯

29. 下列方法不是原子吸收光谱分析法的定量方法的是(　　)。

A. 浓度直读　　　B. 保留时间　　　C. 工作曲线法　　　D. 标准加入法

30. 原子吸收光谱分析仪中单色器位于（　　）。

A. 空心阴极灯之后　　　　　　　　　B. 原子化器之后

C. 原子化器之前　　　　　　　　　　D. 空心阴极灯之前

31. 原子吸收法测定钙时，加入 EDTA 是为了消除（　　）的干扰。

A. 盐酸　　　　　B. 磷酸　　　　　C. 钠　　　　　D. 镁

32. 原子发射光谱是由（　　）跃迁产生的。

A. 辐射能使气态原子外层电子激发

B. 辐射能使气态原子内层电子激发

C. 电热能使气态原子内层电子激发

D. 电热能使气态原子外层电子激发

33. 在原子吸收光谱法中，下列干扰对分析结果产生正误差的是（　　）。

A. 化学干扰　　　B. 电离干扰　　　C. 背景干扰　　　D. 物理干扰

34. 在原子吸收光谱分析中，若组分较复杂且被测组分含量较低时，为了简便准确地进行分析，最好选择（　　）进行分析。

A. 工作曲线法　　　B. 内标法　　　C. 标准加入法　　　D. 间接测定法

35. 已知 $h=6.63\times10^{-34}$ J·s，则波长为 0.01nm 的光子能量为（　　）。

A. 12.4eV　　　B. 124eV　　　C. 12.4×10^5 eV　　　D. 0.124eV

36. 原子吸收光谱是（　　）。

A. 带状光谱　　　B. 线状光谱　　　C. 宽带光谱　　　D. 分子光谱

37. 使原子吸收谱线变宽的因素较多，其中（　　）是最主要的。

A. 压力变宽　　　B. 温度变宽　　　C. 多普勒变宽　　　D. 光谱变宽

38. 原子吸收光谱定量分析中，适合于高含量组分分析的方法是（　　）。

A. 工作曲线法　　　B. 标准加入法　　　C. 稀释法　　　D. 内标法

39. 选择不同的火焰类型主要是根据（　　）。

A. 分析线波长　　　B. 灯电流大小　　　C. 狭缝宽度　　　D. 待测元素性质

40. 由原子无规则的热运动所产生的谱线变宽称为（　　）。

A. 自然变度　　　B. 赫鲁兹马克变宽　　　C. 劳伦茨变宽　　　D. 多普勒变宽

41. 火焰原子吸光光度法的测定工作原理是（　　）。

A. 比尔定律　　　B. 玻耳兹曼方程式　　　C. 罗马金公式　　　D. 光的色散原理

42. 关闭原子吸收光谱仪的先后顺序是（　　）。

A. 关闭排风装置、关闭乙炔钢瓶总阀、关闭助燃气开关、关闭气路电源总开关、关闭空气压缩机并释放剩余气体

B. 关闭空气压缩机并释放剩余气体、关闭乙炔钢瓶总阀、关闭助燃气开关、关闭气路电源总开关、关闭排风装置

C. 关闭乙炔钢瓶总阀、关闭助燃气开关、关闭气路电源总开关、关闭空气压缩机并释放剩余气体、关闭排风装置

D. 关闭乙炔钢瓶总阀、关闭排风装置、关闭助燃气开关、关闭气路电源总开关、关闭空气压缩机并释放剩余气体

43. 下列不是原子吸收光谱分析法的定量方法的是（　　）。

A. 浓度直读　　　　B. 保留时间　　　　C. 工作曲线法　　　D. 标准加入法

44. 在进行发射光谱定性分析时,要说明有某元素存在,必须(　　　)。

A. 它的所有谱线均要出现　　　　　　　B. 只要找到2~3条谱线

C. 只要找到2~3条灵敏线　　　　　　　D. 只要找到1条灵敏线

45. 在原子吸收分析中,已知由于火焰发射背景信号很高,因而采取了一些措施,下面措施不适当的是(　　　)。

A. 减小光谱通带　　　　　　　　　　　B. 改变燃烧器高度

C. 加入有机试剂　　　　　　　　　　　D. 使用高功率的光源

46. 下列方法中,不属于常用原子光谱定量分析方法的是(　　　)。

A. 校正曲线法　　B. 标准加入法　　C. 内标法　　　　D. 都不是

47. 原子吸收分光光度法测定钙时,PO_4^{3-}有干扰,消除的方法是加入(　　　)。

A. $LaCl_3$　　　　　B. $NaCl$　　　　C. CH_3COCH_3　　　D. $CHCl_3$

48. 欲分析165~360nm波谱区的原子吸收光谱,应选用的光源为(　　　)。

A. 钨灯　　　　　　B. 能斯特灯　　　C. 空心阴极灯　　　D. 氘灯

49. 下述情况下最好选用原子吸收法而不选用原子发射光谱法测定的是(　　　)。

A. 合金钢中的钒　　　　　　　　　　　B. 矿石中的微量铌

C. 血清中的钠　　　　　　　　　　　　D. 高纯氧化钇中的稀土元素

50. 原子吸收分光光度法中吸光物质的状态应为(　　　)。

A. 激发态原子蒸气　　B. 基态原子蒸气　　C. 溶液中分子　　D. 溶液中离子

51. 对原子吸收分光光度作出重大贡献,解决了测定原子吸收的困难,建立了原子吸收光谱分析法的科学家是(　　　)。

A. R. Bunrce(本生)　　　　　　　　　B. W. H. Wollarten(伍朗斯顿)

C. A. Walsh(瓦尔西)　　　　　　　　　D. G. Kirchhoff(基尔霍夫)

52. 在原子吸收分析中,影响谱线宽度的最主要因素是(　　　)。

A. 热变宽　　　　　B. 压力变宽　　　C. 场致变宽　　　D. 自吸变宽

53. 原子发射光谱分析法中,内标法主要解决了(　　　)。

A. 光源的不稳定性对方法准确度的影响　B. 提高了光源的温度

C. 提高了方法的选择性　　　　　　　　D. 提高了光源的原子化效率

54. 原子吸收光谱分析中,乙炔是(　　　)。

A. 燃气-助燃气　　B. 载气　　　　　C. 燃气　　　　　　D. 助燃气

55. 在火焰原子吸收光谱分析中,富燃火焰的性质是(　　　),它适用于(　　　)的测定。

A. 还原性火焰,易形成难解离氧化物元素

B. 还原性火焰,易形成难解离还原性物质

C. 氧化性火焰,易形成难解离氧化物元素

D. 氧化性火焰,易形成难解离还原性物质

56. 与原子吸收法相比,原子荧光法使用的光源是(　　　)。

A. 必须与原子吸收法的光源相同　　　　B. 一定需要锐线光源

C. 一定需要连续光源　　　　　　　　　D. 不一定需要锐线光源

57. 原子吸收的定量方法——标准加入法,消除下列(　　　)干扰。

A. 分子吸收　　　　B. 背景吸收　　　C. 光散射　　　　　D. 基体效应

58. 用有机溶剂萃取一元素,并直接进行原子吸收测定时,操作中应注意(　　)。

A. 回火现象
B. 熄火问题
C. 适当减少燃气量
D. 加大助燃气中燃气量

59. 为了消除火焰原子化器中待测元素的发射光谱干扰应采用的措施是(　　)。

A. 直流放大
B. 交流放大
C. 扣除背景
D. 减小灯电流

60. 某台原子吸收分光光度计,其线色散率为每纳米 1.0mm,用它测定某种金属离子,已知该离子的灵敏线为 403.3nm,附近还有一条 403.5nm 的谱线,为了不干扰该金属离子的测定,仪器的狭缝宽度达(　　)。

A. <0.5mm
B. < 0.2mm
C. < 1mm
D. < 5mm

61. 原子吸收光谱分析过程中,被测元素的相对原子质量越小,温度越高,则谱线的热变宽将是(　　)。

A. 越严重
B. 越不严重
C. 基本不变
D. 不变

62. 在原子吸收分析的理论中,用峰值吸收代替积分吸收的基本条件之一是(　　)。

A. 光源发射线的半宽度要比吸收线的半宽度小得多
B. 光源发射线的半宽度要与吸收线的半宽度相当
C. 吸收线的半宽度要比光源发射线的半宽度小得多
D. 单色器能分辨出发射谱线,即单色器必须有很高的分辨率

63. 在原子吸收分析中,一般来说,电热原子化法与火焰原子化法的检测极限(　　)。

A. 两者相同
B. 不一定哪种方法低或高
C. 电热原子化法低
D. 电热原子化法高

64. 原子吸收光谱法测定试样中的钾元素含量通常需加入适量的钠盐,这里钠盐称为(　　)。

A. 释放剂
B. 缓冲剂
C. 消电离剂
D. 保护剂

65. 在原子荧光分析中,如果在火焰中生成难熔氧化物,则荧光信号(　　)。

A. 增强
B. 降低
C. 不变
D. 可能增强也可能降低

66. 原子吸收分析中,有时浓度范围合适,光源发射线强度也很高,测量噪声也小,但测得的校正曲线却向浓度轴弯曲,除了其他因素外,下列情况最有可能是直接原因的是(　　)。

A. 使用的是贫燃火焰
B. 溶液流速太大
C. 共振线附近有非吸收线发射
D. 试样中有干扰

67. 在原子吸收分析中,由于某元素含量太高,已进行了适当的稀释,但由于浓度高,测量结果仍偏离校正曲线,要改变这种情况,下列方法可能是最有效的是(　　)。

A. 将分析线改用非共振线
B. 继续稀释到能测量为止
C. 改变标准系列浓度
D. 缩小读数标尺

68. 在原子吸收分析中,有两份含某元素 M 的浓度相同的溶液 1 和溶液 2,只要(　　),两份溶液的吸光度一样。

A. 溶液 2 的黏度比溶液 1 大
B. 除 M 外溶液 2 中还含表面活性剂
C. 除 M 外溶液 2 中还含 10mg·mL^{-1} KCl
D. 除 M 外溶液 2 中还含 1mol·L^{-1} NaCl 溶液

69. 原子吸收分光光度计的核心部分是(　　)。

A. 光源　　　　　　　B. 原子化器　　　　　C. 分光系统　　　　　D. 检测系统

70. 原子吸收分析中光源的作用是（　　　）。

A. 提供试样蒸发和激发所需要的能量　　　B. 产生紫外光

C. 发射待测元素的特征谱线　　　　　　　D. 产生足够浓度的散射光

71. 原子荧光的量子效率是指（　　　）。

A. 激发态原子数与基态原子数之比

B. 入射总光强与吸收后的光强之比

C. 单位时间发射的光子数与单位时间吸收激发光的光子数之比

D. 原子化器中离子浓度与原子浓度之比

72. 可以概述三种原子光谱（吸收、发射、荧光）产生机理的是（　　　）。

A. 能量使气态原子外层电子产生发射光谱

B. 辐射能使气态基态原子外层电子产生跃迁

C. 能量与气态原子外层电子相互作用

D. 辐射能使原子内层电子产生跃迁

73. 在石墨炉原子化器中,应采用（　　　）作为保护气。

A. 乙炔　　　　　　　B. 氧化亚氮　　　　　C. 氢　　　　　　　　D. 氩

74. 用原子发射光谱法直接分析海水中重金属元素时,应采用的光源是（　　　）。

A. 低压交流电弧光源　　　　　　　B. 直流电弧光源

C. 高压火花光源　　　　　　　　　D. 电感耦合等离子体光源

75. 当浓度较高时进行原子发射光谱分析,其工作曲线（lg$I$-lg$c$）形状为（　　　）。

A. 直线下部向上弯曲　　　　　　　B. 直线上部向下弯曲

C. 直线下部向下弯曲　　　　　　　D. 直线上部向上弯曲

76. 发射光谱法定性分析矿物粉末中微量 Ag、Cu 时,应采用的光源是（　　　）。

A. 直流电弧光源　　　　　　　　　B. 低压交流电弧光源

C. 高压火花光源　　　　　　　　　D. 电感耦合等离子体光源

77. 发射光谱分析中,具有干扰小、精度高、灵敏度高和宽线性范围的激发光源是（　　　）。

A. 直流电弧光源　　　　　　　　　B. 低压交流电弧光源

C. 高压火花光源　　　　　　　　　D. 电感耦合等离子体

78. 质量浓度为 $0.1\mu g \cdot mL^{-1}$ 的 Mg 在某原子吸收光谱仪上测定时,得吸光度为 0.178,结果表明该元素在此条件下的 1% 吸收灵敏度为（　　　）。

A. 0.000 078 3　　　　　　　　　B. 0.562

C. 0.002 44　　　　　　　　　　　D. 0.007 83

79. 在原子吸收分析中,下列火焰组成的温度最高的是（　　　）。

A. 空气-乙炔　　　　B. 空气-煤气　　　　C. 笑气-乙炔　　　　D. 氧气-氢炔

80. 原子吸收法测定易形成难解离氧化物的元素铝时,需采用的火焰为（　　　）。

A. 乙炔-空气　　　　B. 乙炔-笑气　　　　C. 氧气-空气　　　　D. 氧气-氩气

81. 根据 IUPAC 规定,原子吸收分光光度法的灵敏度为（　　　）。

A. 产生 1% 吸收所需被测元素的浓度

B. 产生 1% 吸收所需被测元素的质量

C. 一定条件下,被测物含量或浓度改变一个单位所引起测量信号的变化

D. 在给定置信水平内,可以从试样中定性检出被测物质的最小浓度或最小值

82. 原子吸收法测定 NaCl 中微量 K 时,用纯 KCl 配制标准系列,制作工作曲线,分析结果偏高,原因是(　　)。

A. 电离干扰　　　　B. 物理干扰　　　　C. 化学干扰　　　　D. 背景干扰

83. 原子吸收光谱测量的是(　　)。

A. 溶液中分子的吸收　　　　　　　B. 蒸气中分子的吸收
C. 溶液中原子的吸收　　　　　　　D. 蒸气中原子的吸收

84. 由发射光谱分析不能解决的是(　　)。

A. 微量及痕量元素分析　　　　　　B. 具有高的灵敏度
C. 选择性好,互相干扰少　　　　　　D. 测定元素存在状态

85. 在 ICP-AES 中,其核心部件是(　　)。

A. 雾化装置　　　　B. 分光系统　　　　C. 炬管　　　　D. 高频发生器

86. 在 ICP-AES 中,氩气作用是(　　)。

A. 产生等离子体气体　　　　　　　B. 冷却炬管
C. 雾化和输送样品溶液　　　　　　D. 以上全部

87. ICP-AES 测定时,应当用(　　)来配制标准溶液。

A. 自来水　　　　B. 去离子水　　　　C. 蒸馏水　　　　D. 矿泉水

88. ICP-AES 适合于(　　)样品的分析。

A. 悬浮液　　　　B. 固体　　　　C. 溶液　　　　D. 胶体

89. 清洗炬管用的溶液是(　　)。

A. H_2SO_4　　　　B. 1%HF　　　　C. HCl　　　　D. 自来水

90. 等离子发射光谱仪能测定(　　)。

A. H　　　　B. O　　　　C. Br　　　　D. Sr

(二) 简答题

1. 请叙述光谱定量分析的基本原理。

2. 什么是内标法? 光谱定量分析时为何要采用内标法?

3. 具有哪些条件的谱线对可作内标法的分析线对?

4. 为何原子吸收分光光度计的石墨炉原子化器较火焰原子化器有更高的灵敏度?

5. 原子吸收是如何进行测量的? 为什么要使用锐线光源?

6. 在原子吸收分析中,为了抑制凝聚相化学干扰,通常加入释放剂。释放剂的作用是什么?

7. 为什么一般原子荧光光谱法比原子吸收光谱法对低浓度元素含量的测定更具有优越性?

8. 简述原子吸收分光光度法的基本原理,并从原理上比较发射光谱法和原子吸收光谱法的异同点及优缺点。

9. 原子吸收分析中,若采用火焰原子化法,是否火焰温度越高,测定灵敏度就越高? 为什么?

10. 应用原子吸收光谱法进行定量分析的依据是什么? 进行定量分析有哪些方法? 试比较它们的优缺点。

11. 试比较原子发射光谱法、原子吸收光谱法、原子荧光光谱法有哪些异同点？

12. 试指出下列说法的错误。

(1) 原子吸收测量时,采用调制光源也可以消除荧光干扰。

(2) 原子荧光是一种受激发射。

(3) 原子化器温度越高,自由原子密度越大。

(4) 用氘灯校正背景时,氘灯同时起着内标线的作用,可以校正附随物质的干扰效应。

13. 原子吸收分光光度法有哪些干扰？怎样减少或消除？

14. 原子吸收分光光度法定量分析什么情况下使用工作曲线法？什么情况下使用标准加入法？

15. 在原子发射光谱法中为什么选用铁谱作为标准？

16. 在原子发射光谱法中,选择分析线应根据什么原则？

17. 请简要写出高频电感耦合等离子炬（ICP）光源的优点。

18. 原子发射光谱分析所用仪器由哪几部分组成？其主要作用是什么？

19. 怎样评价一台原子吸收分光光度计的质量优势？

20. 火焰原子化法测定某物质中的 Ca 时,

(1) 选择什么火焰？

(2) 为了防止电离干扰采取什么办法？

(3) 为了消除 PO_4^{3-} 的干扰采取什么办法？

21. 简述原子荧光光谱分析法原理及方法的主要特点。

22. 原子吸收光谱分析的光源应当符合哪些条件？为什么空心阴极灯能发射半宽度很窄的谱线？

23. 背景吸收的产生及消除背景吸收的方法有哪些？

(三) 计算题

1. 用原子吸收分光光度法测定矿石中的钼。称取试样 4.23g,经溶解处理后,转移至 100mL 容量瓶中。吸取两份 10.00mL 矿样试液,分别放入两个 50.00mL 容量瓶中,其中一个再加入 10.00mL($20.0\mu g \cdot mL^{-1}$)标准钼溶液,都稀释到刻度。在原子吸收分光光度计上分别测得吸光度为 0.314 和 0.586,计算矿石中钼的含量。

2. 用原子吸收法测定元素 M,试样的吸收值读数为 0.435,现于 9 份试样溶液中加入 1 份 $100 \times 10^{-6} mol \cdot L^{-1}$ 的标准溶液,测得吸收值为 0.835,计算试样溶液中 M 的浓度。

3. 用原子吸收分光光度法测定自来水中镁的含量。取一系列镁对照品溶液（$1\mu g \cdot mL^{-1}$）及自来水样于 50mL 容量瓶中,分别加入 5% 锶盐溶液 2mL 后,用蒸馏水稀释至刻度。然后与蒸馏水交替喷雾测定其吸光度。其数据如下所示,计算自来水中镁的含量（$mg \cdot L^{-1}$）。

	1	2	3	4	5	6	7
镁对照品溶液/mL	0.00	1.00	2.00	3.00	4.00	5.00	自来水样 20mL
吸光度	0.043	0.092	0.140	0.187	0.234	0.234	0.135

4. 用原子吸收法测锑,用铅作内标。取 5.00mL 未知锑溶液,加入 2.00mL 4.13mg $\cdot mL^{-1}$ 的铅溶液并稀释至 10.0mL,测得 $A(Sb)/A(Pb) = 0.808$。另取相同浓度的锑和铅溶液,$A(Sb)/A(Pb) = 1.31$,计算未知液中锑的质量浓度。

5. 用内标法测定试样中镁的含量。用蒸馏水溶解 $MgCl_2$ 以配制标准镁溶液系列。在每一标准溶液和待测溶液中均含有 $25.0ng \cdot mL^{-1}$ 的钼,钼溶液用溶解钼酸铵而得,测定时吸取 $50mL$ 的溶液于铜电极上,溶液蒸发至干后摄谱,测量 $279.8nm$ 处镁谱线强度和 $281.6nm$ 处钼谱线强度,得到下列数据。试据此确定试液中镁的浓度。

$\rho(Mg)/$	相对强度		$\rho(Mg)/$	相对强度	
$(ng \cdot mL^{-1})$	$279.8nm$	$281.6nm$	$(ng \cdot mL^{-1})$	$279.8nm$	$281.6nm$
1.05	0.67	1.8	1 050	115	1.7
10.5	3.4	1.6	10 500	739	1.9
100.5	18	1.5	分析试样	2.5	1.8

二、分子光谱

(一) 选择题

1. 摩尔吸光系数的单位是(　　)。
A. $mol \cdot L^{-1} \cdot cm^{-1}$　　B. $cm \cdot mol \cdot L^{-1}$　　C. $L \cdot mol^{-1} \cdot cm^{-1}$　　D. $L \cdot cm \cdot mol^{-1}$

2. 紫外-可见分光光度计紫外光谱的波长范围是(　　)。
A. 200~350 埃　　　　B. 200~800nm　　　C. 350~1000nm　　　D. 350~1000 埃

3. 紫外-可见分光光度计分析有色物质时,要采用的光源是(　　)。
A. 碘钨灯　　　　　B. 氘灯　　　　　C. 硅碳棒　　　　　D. 空心阴极灯

4. 紫外-可见吸收光谱图中常见的横坐标和纵坐标分别是(　　)。
A. 吸光度和波长　　　　　　　　B. 波长和吸光度
C. 摩尔吸光系数和波长　　　　　D. 波长和摩尔吸光系数

5. 紫外-可见吸收光谱主要取决于(　　)。
A. 分子的振动、转动能级的跃迁　　B. 分子的电子结构
C. 原子的电子结构　　　　　　　　D. 原子的外层电子能级间跃迁

6. 紫外-可见检测时,若溶液的浓度变为原来的 2 倍,则物质的吸光度 A 和摩尔吸光系数 ε 的变化为(　　)
A. 都不变　　　　B. A 增大,ε 不变　　C. A 不变,ε 增大　　D. 都增大

7. 符合朗伯-比尔定律的某有色溶液,当有色物质的浓度增加时,最大吸收波长和吸光度分别是(　　)。
A. 不变、增加　　　　　　　　　B. 不变、减小
C. 向长波移动、不变　　　　　　D. 向短波移动、不变

8. 分光光度计的可见光波长范围是(　　)。
A. 200~400nm　　　B. 400~800nm　　　C. 500~1000nm　　　D. 800~1000nm

9. 下列操作中,不正确的是(　　)。
A. 拿比色皿时用手捏住比色皿的毛面,切勿触及透光面
B. 比色皿外壁的液体要用细而软的吸水纸吸干,不能用力擦拭,以保护透光面
C. 在测定一系列溶液的吸光度时,按从稀到浓的顺序进行以减小误差
D. 被测液要倒满比色皿,以保证光路完全通过溶液

10. 紫外-可见分光光度计结构组成为（　　　）。

A. 光源—吸收池—单色器—检测器—信号显示系统

B. 光源—单色器—吸收池—检测器—信号显示系统

C. 单色器—吸收池—光源—检测器—信号显示系统

D. 光源—吸收池—单色器—检测器

11. 符合朗伯-比尔定律的有色溶液在被适当稀释时，其最大吸收峰的波长位置（　　　）。

A. 向长波方向移动　　　B. 向短波方向移动　　　C. 不移动　　　D. 移动方向不确定

12. 待测水样中铁含量估计为 $1mg \cdot L^{-1}$，已有一条浓度分别为 $100\mu g \cdot L^{-1}$、$200\mu g \cdot L^{-1}$、$300\mu g \cdot L^{-1}$、$400\mu g \cdot L^{-1}$、$500\mu g \cdot L^{-1}$标准曲线，若选用10cm 比色皿，水样的处理方法是（$a = 190L \cdot g^{-1} \cdot cm^{-1}$）（　　　）。

A. 取 5~50mL 于容量瓶，加入条件试剂后定容

B. 取 10~50mL 于容量瓶，加入条件试剂后定容

C. 取 50mL 蒸发浓缩到少于 50mL，转至 50mL 容量瓶，加入条件试剂后定容

D. 取 100mL 蒸发浓缩到少于 50mL，转至 50mL 容量瓶，加入条件试剂后定容

13. 分光光度计测量吸光度的元件是（　　　）。

A. 棱镜　　　　　　B. 光电管　　　　　　C. 钨灯　　　　　　D. 比色皿

14. 对于紫外-可见吸收光谱法的吸收池和分子荧光光谱法的荧光池，下列说法正确的是（　　　）。

A. 玻璃吸收池可以用于测量荧光光谱

B. 石英吸收池可以用于测量荧光光谱

C. 玻璃荧光池可以用于测量紫外-可见吸收光谱

D. 石英荧光池可以用于测量紫外-可见吸收光谱

15. 物质的紫外-可见吸收光谱的产生是基于（　　　）。

A. 分子振动、转动能级的跃迁　　　　　　B. 分子成键电子能级的跃迁

C. 原子外层电子的跃迁　　　　　　D. 原子内层电子的跃迁

16. 用分光光度法测铁，所用比色皿的材料为（　　　）。

A. 石英　　　　B. 塑料　　　　C. 硬质塑料　　　　D. 玻璃

17. 比较下列化合物的 UV-Vis 光谱 λ_{max} 大小为（　　　）。

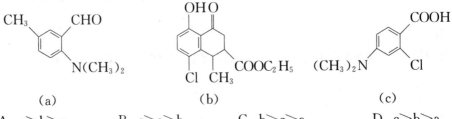

A. a>b>c　　　B. c>a>b　　　C. b>c>a　　　D. c>b>a

18. 比较下列化合物的 UV-Vis 吸收波长（λ_{max}）的位置（　　　）。

A. a＞b＞c　　　　　B. c＞b＞a　　　　　C. b＞a＞c　　　　　D. c＞a＞b

19. 邻二氮菲分光光度法测铁实验的显色过程中，按先后次序依次加入（　　　　）。

A. 邻二氮菲、NaAc、盐酸羟胺　　　　　B. 盐酸羟胺、NaAc、邻二氮菲

C. 盐酸羟胺、邻二氮菲、NaAc　　　　　D. NaAc、盐酸羟胺、邻二氮菲

20. 某药物的摩尔吸光系数（ε）很大，则表明（　　　　）。

A. 该药物溶液的浓度很大

B. 光通过该药物溶液的光程很长

C. 该药物对某波长的光吸收很强

D. 测定该药物的灵敏度低

21. 用邻二氮菲测铁时，为测定最大吸收波长，从 400～600nm，每隔 10nm 进行连续测定，现已测完 480nm 处的吸光度，欲测定 490nm 处吸光度，调节波长时不慎调过 490nm，此时正确的做法是（　　　　）。

A. 反向调节波长至 490nm 处

B. 反向调节波长过 490nm 少许，再正向调至 490nm 处

C. 从 400nm 开始重新测定

D. 调过 490nm 处继续测定，最后在补测 490nm 处的吸光度值

22. 待测水样中铁含量估计为 2～3mg·L^{-1}，水样不经稀释直接测量，若选用 1cm 的比色皿，则配制（　　　　）浓度系列的工作溶液进行测定来绘制标准曲线最合适。（$a=190$L·g^{-1}·cm^{-1}）

A. 1mg·L^{-1}，2mg·L^{-1}，3mg·L^{-1}，4mg·L^{-1}，5mg·L^{-1}

B. 2mg·L^{-1}，4mg·L^{-1}，6mg·L^{-1}，8mg·L^{-1}，10mg·L^{-1}

C. 100μg·L^{-1}，200μg·L^{-1}，300μg·L^{-1}，400μg·L^{-1}，500μg·L^{-1}

D. 200μg·L^{-1}，400μg·L^{-1}，600μg·L^{-1}，800μg·L^{-1}，1000μg·L^{-1}

23. 测定纯金属钴中微量锰时，在酸性介质中以 KIO$_4$ 氧化 Mn^{2+} 为 MnO$_4^-$，以分光光度法测定，选择参比溶液为（　　　　）。

A. 蒸馏水　　　　　　　　　　　B. 含 KIO$_4$ 的试样溶液

C. KIO$_4$ 溶液　　　　　　　　　D. 不含 KIO$_4$ 的试样溶液

24. 扫描 K$_2$Cr$_2$O$_7$ 硫酸溶液的紫外-可见吸收光谱时，一般选作参比溶液的是（　　　　）。

A. 蒸馏水　　　　　　　　　　　B. H$_2$SO$_4$ 溶液

C. K$_2$Cr$_2$O$_7$ 的水溶液　　　　　　D. K$_2$Cr$_2$O$_7$ 的硫酸溶液

25. 双光束分光光度计与单光束分光光度计相比，其突出优点是（　　　　）。

A. 可以扩大波长的应用范围

B. 可以采用快速响应的检测系统

C. 可以抵消吸收池所带来的误差

D. 可以抵消因光源的变化而产生的误差

26. 摩尔吸光系数与吸光系数的转换关系为（　　　　）。

A. $a=M\cdot\varepsilon$　　　B. $\varepsilon=M\cdot a$　　　C. $a=M/\varepsilon$　　　D. $A=M\cdot\varepsilon$

27. 入射光波长选择的原则是（　　　　）。

A. 吸收最大　　　B. 干扰最小　　　C. 吸收最大干扰最小　　　D. 吸光系数最大

28. 721 分光光度计适用于（　　　　）。

A. 可见光区　　　　　　B. 紫外光区　　　　　　C. 红外光区　　　　　　D. 都适用

29. 在分光光度法中,应用光的吸收定律进行定量分析,应采用的入射光为(　　)

A. 白光　　　　　　B. 单色光　　　　　　C. 可见光　　　　　　D. 复合光

30. 棱镜光谱与光栅光谱的区别是(　　)。

A. 棱镜光谱是匀排光谱,光栅光谱是非匀排光谱

B. 棱镜光谱是非匀排光谱,光栅光谱是匀排光谱

C. 棱镜光谱是带光谱,光栅光谱是线光谱

D. 棱镜光谱是线光谱,光栅光谱是带光谱

31. 以光栅作单色器的色散元件,光栅面上单位距离内的刻痕线越多,则(　　)。

A. 光谱色散率变大,分辨率也高　　　　　　B. 光谱色散率变大,分辨率降低

C. 光谱色散率变小,分辨率升高　　　　　　D. 光谱色散率变小,分辨率也降低

32. 下列因素能使吸光度 A 升高产生正误差的是(　　)。

A. 谱线干扰　　　　　　B. 化学干扰　　　　　　C. 电离干扰　　　　　　D. 背景干扰

33. 已知邻二氮菲亚铁配合物的吸光系数 $a=190L \cdot g^{-1} \cdot cm^{-1}$,已有一组浓度分别为 $100\mu g \cdot L^{-1}$、$200\mu g \cdot L^{-1}$、$300\mu g \cdot L^{-1}$、$400\mu g \cdot L^{-1}$、$500\mu g \cdot L^{-1}$ 工作溶液,测定吸光度时应选用(　　)比色皿。

A. 0.5cm　　　　　　B. 1cm　　　　　　C. 3cm　　　　　　D. 10cm

34. 在紫外-可见分光光度法测定中,使用参比溶液的作用是(　　)。

A. 调节仪器透光率的零点

B. 吸收入射光中测定所需要的光波

C. 调节入射光的光强度

D. 消除试剂等非测定物质对入射光吸收的影响

35. 用邻二氮菲测铁时所用的波长属于(　　)。

A. 紫外光　　　　　　B. 可见光　　　　　　C. 紫外-可见光　　　　　　D. 红外光

36. 测铁工作曲线时,要使工作曲线通过原点,参比溶液应选(　　)。

A. 试剂空白　　　　　　B. 纯水　　　　　　C. 溶剂　　　　　　D. 水样

37. 测铁工作曲线时,工作曲线截距为负值,原因可能是(　　)

A. 参比液缸比被测液缸透光度大

B. 参比液缸与被测液缸吸光度相等

C. 参比液缸比被测液缸吸光度小

D. 参比液缸比被测液缸吸光度大

38. 用 $1mg \cdot mL^{-1}$ 的铁储备液配制 $10\mu g \cdot mL^{-1}$ 的工作液,用此工作液配制一组标准系列并绘制标准曲线,若在移取储备液的过程中滴出一滴,则最后测得水样的铁含量会(　　)。

A. 偏低　　　　　　B. 偏高　　　　　　C. 没有影响　　　　　　D. 以上都有可能

39. 为提高分光光度法测定的选择性可采用(　　)。

A. 显色反应产物 ε 大的显色剂　　　　　　B. λ_{max} 作测定波长

C. 选择适当的参比液　　　　　　D. 控制比色皿厚度及有色溶液浓度

40. 有 a、b 两份不同浓度的有色溶液,a 溶液用 1.0cm 吸收池,b 溶液用 3.0cm 吸收池,在同一波长下测得的吸光度值相等,则它们的浓度关系为(　　)。

A. a 是 b 的 1/3　　　B. a 等于 b　　　C. b 是 a 的 6 倍　　　D. b 是 a 的 1/3

41. 钒酰离子(VO_2^+)与吡啶偶氮间苯二酚(PAR)显色后在一定波长下测得溶液的透光率为 40.0%,则其吸光度为(　　)。

    A. 0.796　　　　B. 0.199　　　　C. 0.398　　　　D. 0.301

42. 双波长分光光度计与单波长分光光度计的主要区别在于(　　)。

    A. 光源的种类　　B. 检测器的个数　　C. 吸收池的个数　　D. 使用单色器的个数

43. 某溶液测得其吸光度为 A_0,稀释后测得其吸光度为 A_1,已知 $A_0-A_1=0.477$,稀释后的透光率 T_1 应为(　　)。

    A. $T_1=2T_0$　　　B. $T_1=3T_0$　　　C. $T_1=1/3T_0$　　　D. $T_1=1/2T_0$

44. 用分光光度法测定 Fe^{3+},下列说法正确的是(　　)。

    A. $FeSCN^{2+}$ 的吸光度随着 SCN^- 浓度的增大而线性增大

    B. $FeSCN^{2+}$ 的吸光度随着 Fe^{3+} 浓度的增大而线性增大

    C. 溶液的吸光度与透光率线性相关

    D. 溶液的条件摩尔吸光度系数随着波长变化而变化

45. 有色配合物的摩尔吸光系数,与下面因素有关的量是(　　)。

    A. 比色皿厚度　　　　　　　　　　B. 有色配合物浓度

    C. 配合物颜色　　　　　　　　　　D. 入射光波长

46. 以邻二氮菲光度法测定 $Fe(Ⅱ)$,称取试样 0.500g,经处理后,加入显色剂,最后定容为 50.0mL,用 1.0cm 吸收池在 510nm 波长下测得吸光度 $A=0.430$,试样中铁的含量为(　　)。$[\varepsilon(510)=1.1\times10^4\ L\cdot mol^{-1}\cdot cm^{-1}]$

    A. 0.22%　　　　B. 0.022%　　　　C. 2.2%　　　　D. 0.0022

47. 某钢样中含镍 0.12%,已知某显色剂与之作用后 $\varepsilon=1.3\times10^4\ L\cdot mol^{-1}\cdot cm^{-1}$,试样溶解后转入 100mL 容量瓶中,显色,加水稀释至刻度。取部分试液于 470nm 波长处测定,比色皿为 1cm,如欲使 $A=0.434$,应称取试样(　　)$[M_r(Ni)=58.69]$。

    A. 0.63mg　　　　B. 1.63mg　　　　C. 2.63mg　　　　D. 3.63mg

48. 已知某显色体系的桑德尔灵敏度为 $0.005\mu g\cdot cm^{-2}$,Fe 的相对原子质量为 55.85,则用该显色体系分光光度法测定 Fe^{2+} 的摩尔吸光系数为(　　)$L\cdot mol^{-1}\cdot cm^{-1}$。

    A. 1.1×10^4　　　B. 2.2×10^4　　　C. 1.1×10^5　　　D. 2.2×10^5

49. 以丁二酮肟光度法测定镍,若镍合物 $NiDX_2$ 的浓度为 $1.7\times10^{-5}\ mol\cdot L^{-1}$,用 2.0cm 吸收池在 470nm 波长下测得透光率为 30.0%。配合物在该波长下的摩尔吸光系数为(　　)。

    A. $1.5\times10^4\ L\cdot mol^{-1}\cdot cm^{-1}$　　　　B. $1.5\times10^5\ L\cdot mol^{-1}\cdot cm^{-1}$

    C. $1.5\times10^6\ L\cdot mol^{-1}\cdot cm^{-1}$　　　　D. $1.5\times10^3\ L\cdot mol^{-1}\cdot cm^{-1}$

50. 某分析工作者,在光度法测定前用参比溶液调节仪器时,只调至透光率为 95.0%,测得某有色溶液的透光率为 35.2%,此时溶液的真正透光率为(　　)。

    A. 40.2%　　　　B. 37.1%　　　　C. 35.1%　　　　D. 30.2%

51. 用常规分光光度法测得标准溶液的透光率为 20%,试液的透光率为 10%,若以示差分光光度法测定试液,以标准溶液为参比,则试液的透光率为(　　)。

    A. 20%　　　　B. 40%　　　　C. 50%　　　　D. 80%

52. 标准工作曲线不过原点,可能的原因是(　　)。

    A. 显色反应的酸度控制不当　　　　B. 显色剂的浓度过高

C. 吸收波长选择不当　　　　　　　　D. 参比溶液选择不当

53. 某钢样含 Ni 的质量分数为 0.12%，用丁二酮肟分光光度法（$\varepsilon =$ $1.3\times10^4 L\cdot mol^{-1}\cdot cm^{-1}$）进行测定。若试样溶解后转入 100mL 容量瓶中，加水稀释至刻度，在 470nm 波长处用 1.0cm 吸收池测量，希望此时的测量误差最小，应称取样品（　　）。[$M_r(Ni)=58.69$]

A. 1.60g　　　　　B. 0.16g　　　　　C. 0.14g　　　　　D. 1.4g

54. 某有色溶液在某一波长下用 2cm 吸收池测得其吸光度为 0.750，若改用 0.5cm 和 3cm 吸收池，则吸光度各为（　　）。

A. 0.188、1.125　　B. 0.108、1.105　　C. 0.088、1.025　　D. 0.180、1.120

55. 用硅钼蓝法测定 SiO_2，以一含有 SiO_2 0.020mg 的标准溶液作参比，测得另一含 0.100mg SiO_2 标准溶液的透光率 T 为 14.4%，今有一未知溶液，在相同的条件下测得透光率为 31.8%，该溶液中 SiO_2 的质量为（　　）mg。

A. 0.067　　　　　B. 0.14　　　　　C. 0.67　　　　　D. 0.014

56. 用吸光度法测定含有两种配合物 X 与 Y 的溶液的吸光度（$b=1.0$cm），获得下列数据：

溶液	浓度/(mol·L^{-1})	吸光度 A_1(285nm)	吸光度 A_2(365nm)
X	5.0×10^{-4}	0.053	0.430
Y	1.0×10^{-3}	0.950	0.050
X+Y	未知	0.640	0.370

未知溶液中 X 和 Y 的浓度分别为（　　）。

A. 6.3×10^{-5}mol·L^{-1}，4.0×10^{-5}mol·L^{-1}　　B. 6.3×10^{-4}mol·L^{-1}，4.0×10^{-4}mol·L^{-1}

C. 4.0×10^{-5}mol·L^{-1}，6.3×10^{-5}mol·L^{-1}　　D. 4.0×10^{-4}mol·L^{-1}，6.3×10^{-4}mol·L^{-1}

57. 有两份不同浓度的某一有色配合物溶液，当液层厚度均为 1.0cm 时，对某一波长的透光率分别为：(a) 65.0%；(b)41.8%，该两份溶液的吸光度 A_1，A_2 分别为（　　）。

A. $A_1=0.387$，$A_2=0.179$　　　　　B. $A_1=0.379$，$A_2=0.187$

C. $A_1=0.187$，$A_2=0.379$　　　　　D. $A_1=0.179$，$A_2=0.387$

58. 在分光光度法中，浓度测量的相对误差较小（$\leqslant\pm2\%$）的透光率 T 范围是（　　）。

A. 0.1～0.2　　　　B. 0.2～0.8　　　　C. 0.15～0.65　　　　D. 0.15～0.368

59. 用分光光度法测定溴酚蓝的酸式解离常数。将相同量的指示剂加入相同体积而不同 pH 的缓冲溶液中，在 592nm 处用相同的比色皿测定各溶液的吸光度。在该波长处，仅指示剂的碱型有吸收。测得数据如下：

pH	2.00	3.00	3.60	4.00	4.40	5.00	6.00	7.00
A(592)	0.00	0.18	0.58	0.98	1.43	1.85	2.08	2.10

求得酸式溴酚蓝的解离常数是（　　）。

A. 4.5×10^{-6}　　　B. 8.5×10^{-6}　　　C. 4.5×10^{-5}　　　D. 8.5×10^{-5}

60. 利用钛和钒与 H_2O_2 形成有色配合物进行分光光度法测定。将各含有 5.00mg Ti 及 V 的纯物质分别用 $HClO_4$ 和 H_2O_2 处理，并定容为 100.0mL。然后称取含 Ti 及 V 合金试样

1.00g,按上述同样处理。将处理后的三份试液用1cm液池分别在410nm和460nm处测量吸光度,结果如下:

溶液	$A(410)$	$A(460)$
Ti	0.760	0.515
V	0.185	0.370
合金	0.678	0.753

合金中 Ti 和 V 的含量分别为(　　　)。

A. 0.200%和0.500%　　　　　　B. 0.300%和0.600%

C. 0.400%和0.700%　　　　　　D. 0.500%和0.800%

61. A 和 B 两物质紫外-可见吸收光谱参数如下:

物质	λ_1 时的摩尔吸光系数/(L・mol^{-1}・cm^{-1})	λ_2 时的摩尔吸光系数/(L・mol^{-1}・cm^{-1})
A	4120	0.00
B	3610	300

若此两种物质的某溶液在λ_1时,在 1.00cm 吸收池中测得 $A=0.754$,在 λ_2 时于 10.0cm 吸收池中测得 $A=0.240$,B 的浓度是(　　　)。

A. 0.64×10^{-5}mol・L^{-1}　　　　B. 0.80×10^{-5}mol・L^{-1}

C. 0.64×10^{-4}mol・L^{-1}　　　　D. 0.80×10^{-4}mol・L^{-1}

62. 用实验方法测定某金属配合物的摩尔吸光系数 ε,测定值的大小取决于(　　　)。

A. 配合物的浓度　　B. 配合物的性质　　C. 比色皿的厚度　　D. 入射光强度

63. 已知相对分子质量为 320 的某化合物在波长 350nm 处的吸光系数(比吸光系数)为5000,则该化合物的摩尔吸光系数为(　　　)。

A. 1.6×10^{4}L・mol^{-1}・cm^{-1}　　　　B. 3.2×10^{5}L・mol^{-1}・cm^{-1}

C. 1.6×10^{6}L・mol^{-1}・cm^{-1}　　　　D. 1.6×10^{5}L・mol^{-1}・cm^{-1}

64. 下列(　　　)对朗伯-比尔定律不产生偏差。

A. 溶质的解离作用　　　　　　B. 杂散光进入检测器

C. 溶液的折射指数增加　　　　　D. 改变吸收光程长度

65. 双光束分光光度计与单光束分光光度计相比,其突出优点是(　　　)。

A. 可以扩大波长的应用范围　　　　B. 可以采用快速响应的检测系统

C. 可以抵消吸收池所带来的误差　　D. 可以抵消因光源的变化而产生的误差

66. 已 知 KMnO$_4$ 的 $\varepsilon(545)=2.2\times10^{3}$L・mol・cm^{-1},计 算 此 波 长 下 浓 度 为 0.002%(m/V) 的 KMnO$_4$ 溶液在 3.0cm 吸收池中的透光率。若溶液稀释一倍后,透光率为(　　　)。[$M_r(KMnO_4)=158.03$,$c=1.27\times10^{-4}$mol・L^{-1}]

A. 15%　　　　B. 38%　　　　C. 85%　　　　D. 62%

67. 双波长分光光度计的输出信号是(　　　)。

A. 试样吸收与参比吸收之差　　　　B. 试样在λ_1和λ_2吸收之差

C. 试样在λ_1和λ_2吸收之和　　　　D. 试样在λ_1的吸收与参比在λ_2的吸收之和

68. 分光光度计产生单色光的元件是(　　)。

A. 光栅＋狭缝　　　　B. 光栅　　　　　　C. 狭缝　　　　　　　D. 棱镜

69. 今有 A 和 B 两种药物的复方制剂溶液,其吸收曲线相互不重叠,下列有关叙述正确的是(　　)。

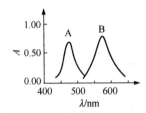

A. 可不经分离,在 A 吸收最大的波长和 B 吸收最大的波长处分别测定 A 和 B

B. 可用同一波长的光分别测定 A 和 B

C. A 吸收最大的波长处测得的吸光度值包括了 B 的吸收

D. B 吸收最大的波长处测得的吸光度值不包括 A 的吸收

70. 用标准曲线法测定某药物含量时,用参比溶液调节 $A=0$ 或 $T=100\%$,不是其目的的是(　　)。

A. 使测量中 c-T 呈线性关系

B. 使标准曲线通过坐标原点

C. 使测量符合比尔定律,不发生偏离

D. 使所测吸光度 A 值真正反映的是待测物的 A 值

71. 某化合物在乙醇中的 $\lambda_{max}=240nm$,$\varepsilon_{max}=13\,000L \cdot mol^{-1} \cdot cm^{-1}$,则该 UV-Vis 吸收谱带的跃迁类型是(　　)。

A. $n \rightarrow \sigma^*$　　　　B. $n \rightarrow \pi^*$　　　　C. $\pi \rightarrow \pi^*$　　　　D. $\sigma \rightarrow \sigma^*$

72. 用分光光度法同时测定混合物中吸收曲线部分重叠的两组分时,下列方法中较为方便和准确的是(　　)。

A. 解联立方程组法　　　　　　　　B. 导数光谱法

C. 双波长分光光度法　　　　　　　D. 示差分光光度法

73. 为了使吸光度读数落在最佳范围内,下述措施不宜采用的是(　　)。

A. 改变仪器灵敏度　　　　　　　　B. 改变称样量

C. 采用示差法　　　　　　　　　　D. 改用不同厚度的比色皿

74. 分光光度法中,同一测试体系分别在两个不同的波长下测定,则(　　)。

A. $\varepsilon_1=\varepsilon_2$　　　　　　　　　　B. ε_1 不等于 ε_2

C. 有单色光产生　　　　　　　　　D. 有化学因素引起偏差

75. 下列说法错误的是(　　)。

A. 荧光和磷光都是发射光谱

B. 磷光发射发生在三重态

C. 磷光强度与浓度的关系与荧光一致

D. 磷光光谱与最低激发三重态的吸收带之间存在镜像对称关系

76. 通常情况下,温度升高,荧光强度(　　)。

A. 不改变　　　　　B. 不确定　　　　　C. 降低　　　　　D. 升高

77. 萘在下述(　　)溶剂中荧光最强。

A. 1-氯丙烷　　　　　B. 1-溴丙烷　　　　　C. 1-碘丙烷　　　　　D. 苯

78. 荧光分光光度计常用的光源是(　　)。

A. 空心阴极灯　　　B. 氙灯　　　　　　C. 钨灯　　　　　　　D. 硅碳棒

79. 下列荧光物质的荧光量子产率最高的是(　　)。

A. 联苯　　　　　　B. 苯　　　　　　　C. 萘　　　　　　　　D. 蒽

80. 根据下列化合物的结构,荧光效率最大的是(　　)。

A. 苯　　　　　　　B. 联苯　　　　　　C. 对联三苯　　　　　D. 9-苯基蒽

81. 下列四种物质,具有较强荧光的是(　　)。

A. ![结构式 碘苯]　　　　　　　　　B. ![结构式 硝基苯]

C. ![结构式 苯酚]　　　　　　　　　D. ![结构式 苯甲酸]

82. 下列化合物中荧光最强、发射波长最长的化合物是(　　)。

A. ![苯]　　　　　　　　　　B. ![萘]

C. ![蒽]　　　　　　　　　　D. ![丁省]

83. 下列因素中会使荧光效率下降的因素是(　　)。

A. 激发光强度下降　　　　　　B. 溶剂极性变小

C. 温度下降　　　　　　　　　D. 溶剂中含有卤素离子

84. 下列因素能使荧光强度变大的是(　　)。

A. 升高温度　　　B. 形成氢键　　　C. 共轭效应　　　D. 重金属离子

85. 可以提高荧光法测定灵敏度的新技术有(　　)。

A. 激发荧光法　　　　　　　　B. 荧光猝灭法

C. 时间分辨荧光分析法　　　　D. 荧光寿命

86. 在分子荧光测量中,要使荧光强度正比于荧光物质的浓度,必要的条件是(　　)。

A. 用高灵敏的检测器　　　　　B. 在最大的量子产率下测量

C. 在最大的摩尔吸光系数下测量　　　D. 在稀溶液中测量

87. 若需测定生物中的微量氨基酸,应选用(　　)。

A. 荧光光度法　　　B. 化学发光法　　　C. 磷光光度法　　　D. X荧光光谱法

88. 荧光分析法和磷光分析法的灵敏度比吸收光度法的灵敏度(　　)。

A. 高　　　　　　　B. 低　　　　　　　C. 相当　　　　　　　D. 不一定

89. 在荧光光谱中测量时,通常检测系统与入射光的夹角呈(　　)。

A. 180°　　　　　　B. 120°　　　　　　C. 90°　　　　　　　D. 45°

90. 在溶液中,分子荧光的发射波长比激发波长(　　)。

A. 相同　　　　　　B. 不确定　　　　　C. 小　　　　　　　D. 大

91. 下列说法中正确的是(　　)。

A. 能发荧光的物质一般具有杂环化合物的刚性结构

B. 能发荧光的物质一般具有大环化合物的刚性结构

C. 能发荧光的物质一般具有对称性质的环状结构

D. 能发荧光的物质一般具有 π-π 共轭体系的刚性结构

92. 下列说法正确的是(　　　)。

A. 分子的刚性平面有利于荧光的产生

B. 磷光辐射的波长比荧光短

C. 磷光比荧光的寿命短

D. 荧光猝灭是指荧光完全消失

93. 荧光物质的激发波长增大,其荧光发射光谱的波长(　　　)。

　　A. 增大　　　　　　B. 减小　　　　　　C. 不变　　　　　　D. 不确定

94. 分子荧光分析法比紫外-可见分光光度法灵敏度高,检测限低 2~4 个数量级,其主要原因有两方面,即(　　　)。

A. 荧光发射的量子产率高;荧光物质的摩尔吸光系数大

B. 荧光发射的量子产率高;荧光信号是在暗背景下测量的

C. 荧光物质的摩尔吸光系数大;提高激发光的强度可以提高荧光的强度

D. 荧光信号是在暗背景下测量的;提高激发光的强度可以提高荧光的强度

95. 分子荧光的发射波长比激发波长大或者小? 为什么? (　　　)

A. 大;因为去激发过程中存在各种形式的无辐射跃迁,损失一部分能量

B. 小;因为激发过程中,分子吸收一部分外界能量

C. 相同;因为激发和发射在同样的能级上跃迁,只是过程相反

D. 不一定;因为其波长的大小受到测量条件的影响

96. 荧光物质的激发波长增大,其荧光发射光谱的波长(　　　)。

　　A. 增大　　　　　　B. 减小　　　　　　C. 不变　　　　　　D. 不确定

97. 以下三种分析方法:分光光度法(S)、磷光法(P)和荧光法(F),具有各不相同的灵敏度,按次序排列为(　　　)。

　　A. P<F<S　　　　　B. S=F<P　　　　　C. P<S<F　　　　　D. F>P>S

98. 荧光物质发射波长 λ_{em} 和激发波长 λ_{ex} 的关系为(　　　)。

　　A. $\lambda_{em}>\lambda_{ex}$　　　B. $\lambda_{em}=\lambda_{ex}$　　　C. $\lambda_{em}<\lambda_{ex}$　　　　D. 不确定

99. 荧光指某些物质经入射光照射后,吸收了入射光的能量,从而辐射出比入射光(　　　)。

　　A. 波长长的光线　　B. 波长短的光线　　C. 能量大的光线　　D. 频率高的光线

100. 荧光分析是基于测量(　　　)。

　　A. 辐射的吸收　　　B. 辐射的发射　　　C. 辐射的散射　　　D. 辐射的折射

101. 频率为 $4.47×10^8$ MHz 的辐射,其波长数值为(　　　)。

　　A. 670.7nm　　　　B. 670.7μm　　　　C. 670.7cm　　　　D. 670.7m

102. 化合物中,下面跃迁所需的能量最高的是(　　　)。

　　A. $\sigma \rightarrow \sigma^*$　　　B. $\pi \rightarrow \pi^*$　　　C. $n \rightarrow \sigma^*$　　　D. $n \rightarrow \pi^*$

103. 许多化合物的吸收曲线表面,它们的最大吸收常位于 200~400nm,对这一光谱区应选用的光源为(　　　)。

　　A. 氘灯或氢灯　　　B. 能斯特灯　　　　C. 钨灯　　　　　　D. 空心阴极灯

（二）简答题

1. 在光度法测定中,引起偏离朗伯-比尔定律的主要因素有哪些? 如何消除这些因素的影响?

2. 摩尔吸光系数的物理意义是什么? 其大小和哪些因素有关? 在吸光光度法中摩尔吸光系数有何意义?

3. 吸光光度法测定对显色反应有何要求? 从哪些方面来考虑显色反应的条件?

4. 为什么最好在 λ_{max} 处测定化合物的含量?

5. 吸光光度分析中选择测定波长的原则是什么? 若某一种有色物质的吸收光谱如图所示,你认为选择哪一种波长进行测定比较合适? 说明理由。

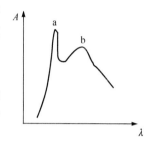

6. 简述紫外-可见分光光度计的主要部件、类型及基本性能。

7. 什么是吸收光谱曲线? 什么是标准曲线? 它们有何实际意义? 利用标准曲线定量分析时可否使用透光率 T 和浓度 c 为坐标?

8. 为了提高光度分析法的准确度,如何得以测量常量组分? 简单介绍并说明原因。

9. 试从原理和仪器上比较原子吸收分光光度法和紫外-可见分光光度法的异同点。

10. 紫外-可见分光光度计与可见分光光度计比较有什么不同之处? 为什么?

11. 含钛钢样 1.000g,其中含钛的质量分数约为 5.5%,经溶解处理后将所得溶液定量转入 250mL 容量瓶中,用 1mol · L^{-1} H_2SO_4 稀释至刻度。移取整份溶液置于 100mL 容量瓶中,在 1mol · L^{-1} H_2SO_4 酸度下用 H_2O_2 发色。生成的配合物$[Ti(H_2O_2)]^{2+}$ 在 410nm 处有强吸收。$[M_r(Ti)=47.88]$

（1）当用比色计测量时应选用红、黄、绿、蓝四种滤色片中的哪一种来进行测量? 为什么?

（2）用合适的滤光片测得该配合物的摩尔吸光系数为 800L · mol^{-1} · cm^{-1}。用 1cm 比色皿测量时应移取 5.00mL、10.00mL 还是 25.00mL 溶液进行发色? 为什么?

（3）为了消除 $Fe_2(SO_4)_3$ 的颜色干扰,有人建议采用以下三种方法:

（a）加抗坏血酸或盐酸羟胺使 Fe(Ⅲ) 还原成 Fe(Ⅱ)

（b）加适量 NaF 掩蔽 Fe(Ⅲ)

（c）用不加 H_2O_2 的溶液作参比

你愿意选用哪种方法? 为什么?

12. 紫外-可见光谱测量与荧光光谱测量的比色皿有何不同? 为什么?

13. 与紫外分光光度计比较,荧光分光光度计有何不同?

14. 什么是荧光效率? 具有哪些分子结构的物质有较高的荧光效率?

15. 哪些因素会影响荧光波长和强度?

16. 什么是分子荧光发射光谱与荧光激发光谱? 何者与吸收光谱相似?

17. 紫外-可见分光光度法与荧光分光光度法各有何特点? 如何提高定量分析的灵敏度?

18. 共轭二烯在己烷溶剂中 $\lambda_{max}=219nm$,如果溶剂改用己醇时,λ_{max} 比 219nm 大还是小? 并解释原因。

19. 为什么邻二氮菲分光光度法测定微量铁时要加入盐酸羟胺溶液?

20. 在一定条件下,六价铬离子与二苯碳酰二肼反应生成紫红色的配合物,用 3cm 比色皿,在 540nm 波长处测定其 $T\%$ 为 100.0。请计算 A 及 T。

(三) 计算题

1. 精密称取维生素 B_{12} 对照品 20.0mg,加水准确稀释至 1000mL,将此溶液置厚度为 1cm 的吸收池中,在 $\lambda=361nm$ 处测得 $A=0.414$。另取两个试样,一为维生素 B_{12} 的原料药,精密称取 20.0mg,加水准确稀释至 1000mL,同样条件下测得 $A=0.390$,另一为维生素 B_{12} 注射液,精密吸取 1.00mL,稀释至 10.00mL 同样条件下测得 $A=0.510$。试分别计算维生素 B_{12} 原料药的质量分数和注射液的浓度。

2. 用分光光度法测定血中碳氧血红蛋白饱和度时,将检血用 $0.1mol \cdot L^{-1}$ 的 THAM 溶液稀释约 200 倍,加入连二亚硫酸钠(约 0.2%)后,在 530nm 和 584nm 处测定吸光度分别为 0.533 和 0.353;然后通 CO 气体将上述测定液饱和,再于 530nm 和 584nm 处测定吸光度分别为 0.672 和 0.312,计算检血中碳氧血红蛋白饱和度。

3. 已知某 Fe(Ⅲ)配合物,其中铁浓度为 $0.5\mu g \cdot mL^{-1}$,当吸收池厚度为 1cm 时,透光率为 80%。试计算:(1)溶液的吸光度;(2)该配合物的表观摩尔吸光系数;(3)溶液浓度增大一倍时的透光率;(4)使(3)的透光率保持为 80% 不变时,吸收池的厚度。

4. 钢样中的钛和钒,可以同时用它们的过氧化氢配合物形式测定,1.000g 钢样溶解,发色并稀释至 50mL。如果其中含 1.00mg 钛,则在 400nm 波长的吸光度为 0.269;在 460nm 的吸光度为 0.134。在同样条件下,1.00mg 钒在 400nm 波长的吸光度为 0.057;在 460nm 为 0.091。表中各试样均为 1.000g,最后稀释至 50mL。根据它们的吸光度计算钛和钒的含量。

试样号	A_{400}	A_{460}	试样号	A_{400}	A_{460}
1	0.172	0.116	5	0.902	0.570
2	0.366	0.430	6	0.600	0.660
3	0.370	0.298	7	0.393	0.215
4	0.640	0.436	8	0.206	0.130

5. 有 50.00mL 含 Cd^{2+} $5.0\mu g$ 的溶液,用 10.0mL 二苯硫腙-氯仿溶液萃取(萃取率 $\approx$ 100%)后,在波长为 518nm 处,用 1cm 比色皿测量得 $T=44.5\%$。则吸光系数 a、摩尔吸光系数 ε 和桑德尔灵敏度 s 各为多少?

6. 螯合物 CuX_2 吸收峰波长为 575nm,实验表明,当配位体的初始浓度超过 Cu^{2+} 浓度 20 倍时,吸光度数值只取决于 Cu^{2+} 浓度而与配位体浓度无关。今有两种 Cu^{2+} 和 X^- 浓度均已知的溶液,实验数据如下:

$c(Cu^{2+})/(mol \cdot L^{-1})$	3.10×10^{-5}	5.00×10^{-5}
$c(X^-)/(mol \cdot L^{-1})$	2.00×10^{-2}	6.00×10^{-4}
A(吸光度)	0.675	0.366

试求出 CuX_2 的解离常数。

7. 在 $Zn^{2+} + 2Q^{2-} \longrightarrow ZnQ_2^{2-}$ 显色反应中,螯合剂浓度超过阳离子浓度 40 倍以上时,可以认为 Zn^{2+} 全部生成 ZnQ_2^{2-}。当 Zn^{2+} 和 Q^{2-} 的浓度分别为 $8.00 \times 10^{-4} mol \cdot L^{-1}$ 和 $4.00 \times 10^{-2} mol \cdot L^{-1}$ 时,在选定波长下用 1cm 吸收池测量的吸光度为 0.364。在同样条件下

测量$c(Zn) = 8.00 \times 10^{-4}$ mol·L^{-1},$c(Q) = 2.10 \times 10^{-3}$ mol·L^{-1}的溶液时所得吸光度为0.273。求配合物的平衡常数。

8. 用光度法测定反应 $Zn^{2+} + 2L^{2-} \rightleftharpoons ZnL_2^{2-}$ 的平衡常数。配离子 ZnL_2^{2-} 的最大吸收波长 λ_{max} 为480nm,测量用 1.00cm 吸收池。配位体 L^{2-} 的量至少比 Zn^{2+} 大 5 倍,此时吸光度仅取决于 Zn^{2+} 的浓度。Zn^{2+} 和 L^{2-} 在 480nm 处无吸收。测得含 2.30×10^{-4} mol·L^{-1} 的 Zn^{2+} 和 8.60×10^{-3} mol·L^{-1} 的 L^{2-} 溶液的吸光度为 0.690。在同样条件下,含 2.30×10^{-4} mol·L^{-1} 的 Zn^{2+} 和 5.00×10^{-4} mol·L^{-1} 的 L^{2-} 溶液的吸光度为 0.540。计算该反应的平衡常数。

9. 2-硝基-4-氯酚为一有机弱酸,准确称取三份相同量的该物质置于相同体积的三种不同介质中,配制成三份试液,在25℃与427nm处测量各自的吸光度。在0.1mol·L^{-1}HCl介质中该酸不解离,其吸光度为 0.062;在 pH = 6.22 的缓冲溶液中吸光度为 0.356,在 0.01mol·L^{-1}NaOH介质中该酸完全解离,其吸光度为 0.855。计算 25℃ 时该酸的解离常数。

10. 用荧光法测定复方炔诺酮片中炔雌醇的含量时,取供试品 20 片(每片含炔诺酮应为 0.54~0.66mg,含炔雌醇应为 31.5~38.5μg),研细溶于无水乙醇中,稀释至 250mL,过滤,取滤液 5mL,稀释至 10mL,在激发波长 285nm 和发射波长 307nm 处测定荧光强度。如炔雌醇对照品的乙醇溶液(1.4μg·mL^{-1})在同样测定条件下荧光强度为 65,则合格片的荧光读数应在什么范围内?

参 考 答 案

一、原子光谱

(一)选择题

1. B	2. A	3. A	4. D	5. D	6. D	7. C	8. C	9. D	10. C	11. C
12. A	13. B	14. B	15. D	16. A	17. C	18. B	19. D	20. B	21. C	22. A
23. B	24. B	25. D	26. D	27. C	28. D	29. B	30. B	31. B	32. D	33. C
34. C	35. C	36. B	37. C	38. C	39. D	40. C	41. A	42. C	43. C	44. C
45. C	46. C	47. A	48. C	49. C	50. C	51. C	52. A	53. A	54. C	55. A
56. D	57. D	58. C	59. B	60. B	61. A	62. A	63. D	64. C	65. B	66. C
67. A	68. C	69. B	70. C	71. C	72. C	73. D	74. D	75. B	76. A	77. D
78. C	79. C	80. B	81. C	82. A	83. D	84. D	85. C	86. D	87. B	
88. C	89. B	90. D								

(二)简答题

1. 光谱定量分析是根据待测元素谱线的强度和待测元素的含量之间存在一种关系,即公式 $I = Acb$ 来进行定量分析的,谱线强度可以用光电直读法,也可以用照相法记录。

2. 在被测元素的谱线中选一条分析线,在基体元素谱线中选一条与它相匀称的内标线,根据这一对谱线强度的比值对被测元素的含量制作工作曲线,然后对未知试样进行定量分析的方法称为内标法。因为谱线强度 I 不仅与元素的浓度有关,还受到许多因素的影响,采用内标法可消除因实验条件的波动等因素带来的影响,提高准确度。

3. 可作内标法分析线对的要求是:①内标元素的含量必须恒定;②分析元素和内标元素的挥发率必须相近,以避免分馏现象,否则发光蒸气云中原子浓度之比随激发过程而变;③内标元素与待测元素的激发电位和电离电位应尽量相近,这样,谱线的强度比可不受激发条件改变的影响;④分析线与内标线的波长应比较接近,强度也不应相差太大,这样可减少照相测量上引起的误差;⑤谱线无自吸或自吸很弱,并且不受其他元素的干扰。

4. 因为火焰原子化器有下列缺点：①火焰原子化器雾化效率低（10％左右）；②雾化的气溶胶被大量载气稀释；③基态原子蒸气在光程中滞留时间短。

石墨炉原子化器有下列优点：①不存在雾化与稀释问题；②基态原子蒸气在石墨炉中的滞留时间长，相对浓度大（原子化时停气）。

5. 原子吸收是通过空心阴极灯发射的特征谱线经过试样原子蒸气后，辐射强度（吸光度）的减弱来测量试样中待测组分的含量。

若发射线是一般光源来的辐射，虽经分光但对吸收线而言它不是单色光（此时的吸收属积分吸收），能满足比尔定律的基本要求。只有从空心阴极灯来的锐线光源，相对于吸收线而言为单色光，当吸收线频率与发射线的中心频率相一致时，呈峰值吸收，即符合了比尔定律的基本要求，故要用锐线光源。

6. 释放剂的作用是：释放剂与干扰元素生成的化合物的热稳定性大于分析元素与干扰元素生成的化合物的稳定性，所以释放剂优先与干扰元素结合，"释放"出分析元素。

7. 原子荧光光谱法：$I_f=k'I_0$，即荧光强度与入射光强度 I_0 成正比，故采用强光源可提高荧光测定的灵敏度。

原子吸收光谱法：$A=\lg(I_0/I)=\varepsilon bc$，若增强 I_0，则透过光强 I 按比例增加，不能提高灵敏度。再者，荧光法是在与入射光垂直的方向上测量 I_f，无入射光干扰，即使很弱的荧光信号也可以测量。而吸收法实际测量 $\lg[I_0/(I_0-I_a)]$，浓度很低时，吸收光强 I_a 很小，吸光度 A 趋于零，使测量无法进行。

8. 原子吸收光谱是基于物质所产生的原子蒸气对特定谱线的吸收作用来进行定量分析的方法。原子发射光谱是基于原子的发射现象，而原子吸收光谱则是基于原子的吸收现象。二者同属于光学分析方法。

原子吸收法的选择性高，干扰较少且易于克服。由于原子的吸收线比发射线的数目少得多，这样谱线重叠的概率小得多。而且空心阴极灯一般并不发射那些邻近波长的辐射线，因此其他辐射线干扰较小。

原子吸收法具有更高的灵敏度。在原子吸收法的实验条件下，原子蒸气中基态原子数比激发态原子数多得多，所以测定的是大部分原子。原子吸收法比发射法具有更佳的信噪比，这是由于激发态原子数的温度系数显著大于基态原子。

9. 不是。因为随着火焰温度升高，激发态原子增加，电离度增大，基态原子减少，所以如果太高，反而可能会导致测定灵敏度降低，尤其是对于易挥发和电离电位较低的元素，应使用低温火焰。

10. 在一定的浓度范围和一定的火焰宽度条件下，当采用锐线光源时，溶液的吸光度与待测元素浓度成正比关系，这就是原子吸收光谱定量分析的依据。

常用两种方法进行定量分析：

（1）标准曲线法。该方法简便、快速，但仅适用于组成简单的试样。

（2）标准加入法。该方法适用于试样的确切组分未知的情况。不适合于曲线斜率过小的情况。

11. 相同点：属于原子光谱，对应于原子的外层电子的跃迁；是线光谱，用共振线灵敏度高，均可用于定量分析。

不同点	原子发射光谱法	原子吸收光谱法	原子荧光光谱法
原理	发射原子线和离子线	基态原子的吸收	自由原子（光致发光）
	发射光谱	吸收光谱	发射光谱
测量信号	发射谱线强度	吸光度	荧光强度
定量公式	$\lg R=\lg A+b\lg c$	$A=kc$	$I_f=kc$
光源作用	使样品蒸发和激发线光源	产生锐线	连续光源或线光源
入射光路和检测光路	直线	直线	直角
谱线数目	可用原子线和离子线（谱线多）	原子线（少）	原子线（少）
分析对象	多元素同时测定	单元素	单元素、多元素
应用	定性分析	定量分析	定量分析

不同点	原子发射光谱法	原子吸收光谱法	原子荧光光谱法
激发方式	光源	有原子化装置	有原子化装置
色散系统	棱镜或光栅	光栅	可不需要色散装置（但有滤光装置）
干扰	受温度影响严重	温度影响较小	受散射影响严重
灵敏度	高	中	高
精密度	稍差	适中	适中

12. (1) 荧光产生是由于受光源来的光刺激产生的,从光源来的光成为调制信号,由此引起的荧光也会成为调制信号,因此不能消除荧光干扰。

(2) 对于处于高能级 i 的粒子,如果有频率恰好等于$(E_i-E_j)/h$ 的光子接近它时,它受到这一外来光子的影响,而发射出一个与外来光子性质完全相同的光子,并跃迁到低能级 j。这类跃迁过程为受激发射。受激发射产生的是与激发光同等性质的光。

气态原子吸收辐射能后跃迁至高能态,在很短时间内(约 10^{-3} s),部分将发生自发的辐射跃迁而返回低能态或基态,这种二次辐射即为原子荧光。原子荧光波长可以与辐射光的波长不同。

(3) 原子化器温度越高,激发态原子密度越大,基态原子密度变小。对易电离的元素,温度高,容易电离。

(4) 氘灯产生连续辐射,仅能校正背景,起不到内标线的作用。干扰线比氘灯谱带宽度窄得多,则吸收近似为 0,不能校正。

13. 干扰有以下几种。

光谱干扰:由于原子吸收光谱较发射光谱简单,谱线少,因而谱线相互重叠的干扰少,绝大多数元素的测定相互之间不会产生谱线重叠的光谱干扰,但仍有少数元素相互间会有某些谱线产生干扰。消除方法:改用其他吸收线作分析线。

电离干扰:原子失去一个电子或几个电子后形成离子,同一元素的原子光谱与其离子光谱是不相同的。所以中性原子所能吸收的共振谱线,并不被它的离子吸收。火焰中如果有显著数量的原子电离,将使测得的吸收值降低。消除方法:加入电离缓冲剂,抑制电离的干扰。

化学干扰:火焰中由于待测元素与试样中的共存元素或火焰成分发生反应,形成难挥发或难分解的化合物,使被测元素的自由原子浓度降低而导致的干扰。常见的化学干扰可分为阳离子干扰和阴离子干扰。消除方法:采用温度较高的火焰可以消除或减轻形成难挥发化合物所造成的干扰,也可以用加入"释放剂"的办法消除干扰。

背景干扰:主要来自两个方面,一是火焰或石墨炉中固体或液体微粒及石墨炉管壁对入射光的散射而使透射光减弱,这种背景称为光散射背景;另一来源是火焰气体和溶剂等分子或半分解产物的分子吸收所造成的背景干扰。消除方法:改用火焰(高温火焰);采用长波分析线;分离和转化共存物;扣除方法(用测量背景吸收的非吸收线扣除背景,用其他元素的吸收线扣除背景,用氘灯背景校正法和塞曼效应背景校正法、盐效应和溶剂效应)等。

14. 工作曲线法:为保证测定的准确度,要注意以下几点。

(1) 虽然原子吸收测定较原子发射法受试样组成的影响较小,但标准溶液的组成也应尽量与试样溶液接近,尤其是对于固体样品(如合金)中微量杂质的测定,应采用组成相近的标样经相同的溶样过程配制标准溶液。

(2) 标准溶液的浓度范围应在浓度与吸光度的线性关系范围内,并使吸光度读数以 0.1~0.7 为宜。

(3) 测定中应以空白溶液来校正吸光度零点,或从试样的吸光度中扣除空白溶液的吸光度。

(4) 标准溶液作工作曲线的操作过程和测定的操作过程,应保持光源、喷雾、燃气与助燃气流量、单色器通带及检测器等操作条件恒定。

标准加入法:当试样组成的影响较大,又没有合适的标样时,或个别样品的测定往往采用标准加入法,它有外推法和计算法。

15. 选用铁谱作为标准的原因:

(1) 谱线多,在 210~660nm 有数千条谱线。

(2) 谱线间距离分配均匀,容易对比,适用面广。

(3) 定位准确,已准确测量了每一条铁谱线的波长。

16.(1) 分析线与内标线的激发电位相近,电离电位也相近。

(2) 分析线没有自吸或自吸很小或相等,且不受其他谱线的干扰。

(3) 通常选择元素的共振线作分析线,因为这样可使测定具有较高的灵敏度,对于微量元素的测定就必须选用最强的吸收线。

17. 温度高,可达 10 000K,灵敏度高,可达 10^{-9};稳定性好,准确度高,重现性好;线性范围宽,可达 4~5 个数量级;可对一个试样同时进行多元素的含量测定;自吸效应小;基体效应小。

18. 原子发射光谱分析所用仪器装置通常包括光源、光谱仪和检测器三部分组成。

光源作用是提供能源,使物质蒸发和激发。

光谱仪作用是把复合光分解为单色光,即起分解作用。

检测器是进行光谱信号检测,常用检测方法有摄谱法和光电法。摄谱法是用感光板记录光谱信号,光电法是用光电管增管等电子元件检测光谱信号。

19. 进行微量和痕量组分分析时,分析的灵敏度和检出限是评价分析方法和仪器的重要指标。

(1) 灵敏度:原子吸收光谱中,把能产生 1% 吸收时溶液中被测元素的浓度或质量即特征浓度或特征质量来表征灵敏度。特征浓度、特征质量越小,灵敏度越高。

$$c_0 = \frac{0.0044 \times c_x}{A} (\mu g \cdot mL^{-1})$$

式中,c_x 为待测元素浓度;A 为多次测量的吸光度。

(2) 检出限:以特定的方法,以适当的置信水平被检出的最低浓度或最小量。

$$D = 3\delta c / A_m \qquad (D = 3S_0 / S)$$

式中,S_0 为空白溶液多次测定的标准偏差;S 为灵敏度。

20. (1) C_2H_2-空气(富燃)(也可 C_2H_2-N_2O)。

(2) 加入消电离剂(比 Ca 电离电位低的金属盐类如 KCl)。

(3) 加入释放剂 Sr 或 La 等。加入保护剂如 EDTA、8-羟基喹啉等。

21. 原子荧光光谱分析法是用一定强度的激发光源(线光源或连续光源)发射具有特征信号的光,照射含有一定浓度的待测元素的原子蒸气后,其中的自由原子被激发跃迁到高能态,然后去激发跃迁到某一较低能态(常是基态),或去激发跃迁到不同于原来能态的另一较低能态而发射出各种特征原子荧光光谱,据此可以辨别元素的存在,并可以根据测量的荧光强度求得待测样品中的含量。$I_f = K I_0 N_0$,此式为原子荧光分析的基本关系式,该式说明,在一定的条件下,荧光强度 I_f 与基态原子数 N_0 成正比,即 I_f 与待测原子浓度成正比。

原子荧光光谱分析法的主要特点:①灵敏度较高;②荧光谱线比较简单,因此光谱干扰小;③分析曲线的线性范围宽;④原子荧光是向各个方向辐射的,便于发展多道仪器进行多元素同时测定。

22. 原子吸收光谱分析的光源应当符合以下基本条件:

(1) 谱线宽度"窄"(锐性),有利于提高灵敏度和工作曲线的直线性。

(2) 谱线强度大,背景小,有利于提高信噪比,改善检出限。

(3) 稳定,有利于提高测量精密度。

(4) 灯的寿命长。

空心阴极灯能发射半宽度很窄的谱线,这与灯本身的构造和灯的工作参数有关系。从构造上说,它是低压的,故压力变宽小。从工作条件方面,它的灯电流较低,阴极强度和原子溅射也低,故热变宽和自吸变宽小。正是由于灯的压力变宽、热变宽和自吸变宽较小,致使其发射的谱线半宽度很窄。

23. 背景吸收是由分子吸收和光散射引起的。分子吸收指在原子化的过程中生成的气体分子、氧化物、氢氧化物和盐类等分子对辐射线的吸收。在原子吸收分析中常碰到的分子吸收有碱金属卤化物在紫外区的强分子吸收;无机酸分子吸收;火焰气体或石墨炉保护气体(Ar)的分子吸收。分子吸收与共存元素的浓度、火焰温度和分析线(短波和长波)有关。光散射是指在原子化过程中固体微粒或液滴对空心阴极灯发出的光起散射作用,使吸光度增加。

消除背景吸收的办法有改用火焰(高温火焰);采用长波分析线;分离或转化共存物;扣除方法(用测量背景吸收的非吸收线扣除背景,用其他元素的吸收线扣除背景,用氘灯背景校正和塞曼效应背景校正法)等。

(三) 计算题

1. 设经处理过的溶液中钼的浓度为 c_x,根据 $A=Kc$ 可得

$$A_x = K \frac{c_x V_x}{50} = K \frac{10.0 c_x}{50} = 0.314$$

$$A = K \frac{c_x V_x + c_s V_s}{50} = K \frac{10.0 c_x + 10.0 \times 20.0}{50} = 0.586$$

解得 $\qquad c_x = 23.1 \mu g \cdot mL^{-1}$

$$w(Mo) = \frac{23.1 \times 100 \times 10^{-6}}{4.23} \times 100\% = 0.0547\%$$

2. $\qquad A_x = K c_x$

$$A_{s+x} = K[(9c_x + 100 \times 1)/10]$$

$$A_x/A_{s+x} = 10 c_x/(9 c_x + 100)$$

$$c_x = 100 A_x/10 A_{s+x} - 9 A_x = 100 \times 0.435/(10 \times 0.835 - 9 \times 0.435)$$

$$= 9.81 \times 10^{-6} (mol \cdot L^{-1})$$

3. 先作标准曲线。

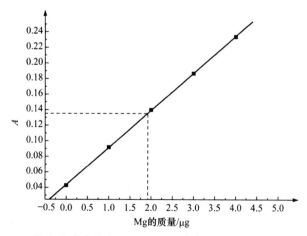

从标准曲线上查出 20mL 处自来水中含有 $1.91 \mu g$ Mg,自来水中 Mg 的含量为

$$1.91 \times 1000/20 = 95.5 (\mu g \cdot L^{-1})$$

4. 设试液中锑浓度为 c_x,为了方便,将混合溶液吸光度比计为 $[A(Sb)/A(Pb)]_1$,而将分别测定的吸光度比计为 $[A(Sb)/A(Pb)]_2$

由于
$$A(Sb) = K(Sb)c(Sb)$$

$$A(Pb) = K(Pb)c(Pb)$$

故
$$K(Sb)/K(Pb) = [A(Sb)/A(Pb)]_2 = 1.31$$

$$[A(Sb)/A(Pb)]_1 = [K(Sb) \times 5 \times c_x/10]/[K(Pb) \times 2 \times 4.13/10] = 0.808$$

$$c_x = 1.02 \text{mg} \cdot \text{mL}^{-1}$$

5. 根据绘制内标法标准曲线的要求,将题中表格做相应的变换如下:

$\lg\rho(Mg)$	$\lg[I(Mg)/I(Mo)]$	$\lg\rho(Mg)$	$\lg[I(Mg)/I(Mo)]$
0.0212	−0.43	3.02	1.8
1.02	0.33	4.02	2.6
2.00	1.1	试样	0.14

以 $\lg[I(Mg)/I(Mo)]$ 对 $\lg\rho(Mg)$ 作图即得如下所示的工作曲线。

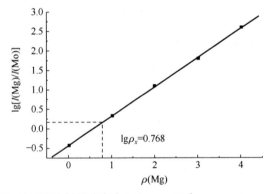

从图中查得,$\lg\rho = 0.768$,故试液中镁的浓度为 5.9ng·mL⁻¹。

二、分子光谱

(一) 选择题

1. C	2. B	3. A	4. B	5. B	6. B	7. A	8. B	9. D	10. B
11. C	12. A	13. B	14. D	15. C	16. D	17. B	18. D	19. B	20. C
21. B	22. A	23. D	24. B	25. D	26. B	27. C	28. A	29. B	30. B
31. A	32. D	33. D	34. D	35. B	36. A	37. D	38. B	39. C	40. D
41. C	42. D	43. D	44. D	45. D	46. B	47. B	48. A	49. A	50. B
51. C	52. C	53. B	54. A	55. A	56. B	57. B	58. B	59. D	60. B
61. C	62. B	63. D	64. D	65. D	66. B	67. B	68. A	69. A	70. A
71. C	72. C	73. A	74. B	75. D	76. C	77. A	78. B	79. D	80. D
81. C	82. D	83. D	84. C	85. A	86. D	87. A	88. A	89. C	90. D
91. D	92. A	93. B	94. D	95. A	96. B	97. C	98. A	99. A	100. B
101. A	102. A	103. A							

(二) 简答题

1. (1)物理因素:①非单色光引起的偏离;②非平行入射光引起的偏离;③介质不均匀引起的偏离。

(2)化学因素:①溶液浓度过高引起的偏离;②化学反应引起的偏离。

消除这些影响的方法:采用性能较好的单色器,采用平行光束进行入射,吸光物质为均匀非散射体系,溶液较稀,控制解离度不变,加入过量的显色剂并保持溶液中游离显色剂的浓度恒定。

2. 摩尔吸光系数是吸光物质在特定波长和溶剂情况下的一个特征常数,数值上等于 $1mol \cdot L^{-1}$ 吸光物质在 1cm 光程中的吸光度,是吸光物质吸光能力的量度。

影响其大小的因素是入射光波长、溶剂、吸光物质的本性。

它的功能:用来估计定量方法的灵敏度和衡量吸收强度。

$$\varepsilon \to 大,方法的灵敏度 \to 高,吸收强度 \to 大$$

在其他条件固定时,可利用来定性。

3. 要求:选择性要好、灵敏度要高、对比度要大、有色化合物要稳定、组成要恒定、显色反应的条件要易于控制。

考虑显色反应的条件为:显色剂的用量、溶液的酸度、时间和温度、有机溶剂和表面活性剂、共存离子的干扰及消除。

4. 根据比尔定律,物质在一定波长处的吸光度与浓度之间有线性关系。因此,只要选择一定的波长测定溶液的吸光度,即可求出浓度。选被测物质吸收光谱中的吸收峰处,以提高灵敏度并减少测定误差。被测物如有几个吸收峰,可选不易有其他物质干扰的较高的吸收峰,最好是在 λ_{max} 处。

5. 测定波长对吸光光度分析的灵敏度、精密度和选择性均有影响,正确选择测定波长可以达到"吸收最大,干扰最小"的目的,提高测定的准确性。在本实验条件下,无干扰元素共存,原则上应选用 A-λ 曲线中吸光度最大处的波长进行测定。但图中 a 处,在很窄的波长范围内 A 随波长的变化改变很大,工作条件难于控制准确一致,将影响测定结果的精密度和准确度。采用 b 处波长进行测定,易于控制工作条件,减小测量误差。

6. 紫外-可见分光光度计的基本结构是由五个部分组成:即光源、单色器、吸收池、检测器和信号指示系统。

(1)光源:常用的光源有热辐射光源和气体放电光源两类。热辐射光源用于可见光区,如钨丝灯和卤钨灯;气体放电光源用于紫外光区,如氢灯和氘灯。

(2)单色器:单色器一般由入射狭缝、准直器(透镜或凹面反射镜使入射光成平行光)、色散元件、聚焦元件和出射狭缝等几部分组成。其核心部分是色散元件,起分光的作用,主要有棱镜和光栅。

(3)吸收池:一般有石英和玻璃材料两种。石英池适用于可见光区及紫外光区,玻璃吸收池只能用于可见光区。

(4)检测器:常用的检测器有光电池、光电管和光电倍增管等。

(5)信号指示系统:常用的信号指示装置有直读检流计、电位调节指零装置以及数字显示或自动记录装置等。

7. 以吸光度 A 为纵坐标,以入射光波长为横坐标,在一定温度、浓度、液层厚度条件下测量,所得曲线为光吸收曲线,是选择最大吸收入射光波长的依据。

固定液层厚度和入射光波长,测定一系列标准溶液的吸光度 A,以 A 为纵坐标,以对应的标准溶液浓度 c 为横坐标,所得通过原点的直线称为标准曲线,是吸光光度法一种定量方法。可使用透光度和 c 为坐标。

8. 用示差分光光度法,选择一个与被测试液组分一致,浓度稍低的溶液为参比,用其调零点或 $T=100\%$,然后进行试样中常量组分的测定,设参比液浓度 c_s,试液浓度 c_x,$c_x > c_s$,$A_s = \varepsilon c_s b$,$A_x = \varepsilon c_x b$,$\Delta A = A_x - A_s = \varepsilon \Delta c b$,由此可知,测得吸光度是被测试液与参比液吸光度的差值。由于用 c_s 调 $T=100\%$,放大了读数标尺,从而提高了测量准确度。

9. 相同点:①均属于光吸收分析方法,且符合比尔定律;②仪器装置均由四部分组成(光源、试样器、单色器、检测及读数系统)。

不同点:①光源不同,分光光度法是分子吸收(宽带吸收),采用连续光源,原子吸收是锐线吸收(窄带吸收),采用锐线光源;②吸收池不同,且排列位置不同,分光光度法吸收池是比色皿,置于单色器之后,原子吸收法则为原子化器,置于单色器之前。

10. 首先光源不同,紫外用氢灯或氘灯,而可见用钨灯,因为二者发出的光的波长范围不同。

从单色器来说,如果用棱镜作单色器,则紫外必须使用石英棱镜,可见则石英棱镜或玻璃棱镜均可使用,而光栅则二者均可使用,这主要是由于玻璃能吸收紫外光的缘故。

从吸收池来看,紫外只能使用石英吸收池,而可见则玻璃、石英均可使用,原因同上。

从检测器来看,可见区一般使用氧化铯光电管,它适用的波长范围为625～1000nm,紫外用锑铯光电管,其波长范围为200～625nm。

11. (1)该配合物在410nm处有强吸收,吸收波长在蓝紫色区,因而应该选用蓝色滤光片。(或者:该配合物在410nm处有强吸收,说明此配合物呈黄色,故应选其互补色即蓝色的滤光片)

(2) $A = \varepsilon bc = 800 \times 1.00 \times [(1.000 \times 5.5\% \times 1000)/(250 \times 47.8 \times 100)] \times X$
$= 0.0368X$

其中 X 表示所移取的整份溶液的体积(cm^3)。

当取 5.00mL 时,$A_1 = 0.0368 \times 5.00 = 0.184$;

当取 10.00mL 时,$A_2 = 0.0368 \times 10.00 = 0.368$;

当取 25.00mL 时,$A_3 = 0.0368 \times 25.00 = 0.92$。

因为当吸光度值为 0.2～0.7 时,比色测量的精密度较好,故应选用 10.00mL。

(3)(a)当用抗坏血酸或盐酸羟胺作还原剂时,会与溶液中的 H_2O_2 作用,妨碍发色。

(b) NaF 会破坏生成的配合物 $[TiO(H_2O_2)]^{2+}$。

(c)用不加 H_2O_2 的溶液作参比,恰好能消除 $Fe_2(SO_4)_3$ 的黄颜色及其他空白吸收。因而是最佳的选择。

12. 紫外-可见:两通石英或玻璃比色皿,测透射光强变化,光路为直线;荧光:四通石英比色皿,测发射光强度变化,光路成 90°。

13. 光源:激发光源强度比吸收测量中的光源强度大。

单色器:两个单色器,激发单色器和发射单色器。

检测器:荧光强度很弱,检测器有较高的灵敏度。

试样池:荧光分析中要求用石英材料。

由于荧光强度与透过光强度相比小得多,在测量荧光时,必须严格消除透过光的影响,在测量荧光计的仪器中,是在与入射光和透过光垂直的方向上来测量荧光(荧光光度计有两个单色器,且入射光路与检测系统的光路垂直)。

14. 荧光效率又称荧光量子效率,是物质发射荧光的量子数和所吸收的激发光量子数的比值,用 Ψ_f 表示。以下分子结构的物质有较高的荧光效率。

(1)长共轭结构:如含有芳香环或杂环的物质。

(2)分子的刚性和共平面性:分子的刚性和共平面性越大,荧光效率就越大,并且荧光波长产生长移。

(3)取代基:能增加分子的 π 电子共轭程度的取代基,常使荧光效率提高,荧光长移,如—NH₂、—OH、—OCH₃、—CN 等。

15. (1)温度:物质的荧光随温度降低而增强。

(2)溶剂:一般情况下,荧光波长随着溶剂极性的增大而长移,荧光强度也有增强。溶剂如能与溶质分子形成稳定氢键,荧光强度减弱。

(3)pH:荧光物质本身是弱酸或弱碱时,溶液的 pH 对该荧光物质的荧光强度有较大影响。

(4)荧光熄灭剂:荧光熄灭是指荧光物质分子与溶剂分子或溶质分子的相互作用引起荧光强度降低或荧光强度与浓度不呈线性关系的现象。

(5)散射光的干扰:包括瑞利光和拉曼光对荧光测定有干扰。

16. (1)荧光激发光谱:固定荧光发射波长,扫描荧光激发波长,所得到的激发波长与荧光强度的一维光谱曲线。

荧光发射光谱:固定荧光激发波长,扫描荧光发射波长,所得到的发射波长与荧光强度的一维光谱曲线。

(2)荧光发射光谱是供应能量使试样增加能量后,针对发射的荧光所记录的光谱,荧光激发光谱是以荧光为光源照射试样后,针对试样吸收能量所记录的光谱。荧光激发光谱与吸收光谱相近。

17. 紫外:应用范围更广;荧光:灵敏度更高。提高灵敏度方法:选择合适溶剂、溶液 pH 等,紫外还可在最大吸收波长处测量或增加光程,荧光还可增加激发光强度。

18. λ_{max} 比 219nm 大。因为己醇比己烷的极性更大,而大多数 $\pi \rightarrow \pi^*$ 跃迁中,激发态比基态有更大的极性,因此在己醇中 π^* 态比 π 态(基态)更稳定,从而 $\pi \rightarrow \pi^*$ 跃迁吸收将向长波方向移动。

19. 只有 Fe^{2+} 能与邻二氮菲生产稳定的橙红色配合物,所以在用邻二氮菲分光光度法测定微量铁时,需要先将高价铁离子还原为亚铁离子,而盐酸羟胺就是比较合适的还原剂。所以用此法测定铁时要加入盐酸羟胺溶液。

20. 因为 $T\% = 100.0$,$A = 2 - \lg T\%$,所以

$$A = 2 - \lg 100.0 = 2 - 2 = 0$$
$$T = T\%/100 = 100.0/100 = 1$$

(三) 计算题

1. 由维生素 B_{12} 对照品计算 $\lambda = 361nm$ 的百分吸光系数 $E_{1cm}^{1\%}$

$$E_{1cm}^{1\%} = \frac{A}{cl} = \frac{0.414}{\frac{20.0}{1000} \times \frac{100}{1000} \times 1} = 207 (\text{mL} \cdot \text{g}^{-1} \cdot \text{cm}^{-1})$$

维生素 B_{12} 原料药的质量分数为

$$w = \frac{\frac{A}{El}}{c(\text{原料})} \times 100\% = \frac{\frac{0.390}{207 \times 1}}{\frac{20.0}{1000 \times 10}} \times 100\% = 94.2\%$$

注射液维生素 B_{12} 的浓度:

$$c = \frac{A}{El} = \frac{0.510}{207 \times 1} \times \frac{10}{100} = 2.46 \times 10^{-4} (\text{g} \cdot \text{mL}^{-1}) = 0.246 \text{mg} \cdot \text{mL}^{-1}$$

2.
$$\text{COHb 的饱和度} = \frac{\Delta A_x}{\Delta A_{100}} \times 100\% = \frac{0.533 - 0.353}{0.672 - 0.312} \times 100\%$$
$$= \frac{0.18}{0.36} \times 100\% = 50\%$$

3. 已知 $b = 1cm$,$T = 80\%$,$c = 0.5 \mu g \cdot \text{mL}^{-1}$,则

$$c = \frac{0.5 \times 10^{-6}}{55.85} \times 10^3 = 8.9525 \times 10^{-6} (\text{mol} \cdot \text{L}^{-1})$$

(1)
$$A = -\lg T = -\lg 0.80 = 0.0969$$

(2) 由 $A = \varepsilon bc$ 得

$$\varepsilon = \frac{A}{bc} = \frac{0.0969}{1 \times 8.9525 \times 10^{-6}} = 1.08 \times 10^4 (\text{L} \cdot \text{mol}^{-1} \cdot \text{cm}^{-1})$$

(3) $c_2 = 2c$,$A_2 = 2A = 0.1938$,即

$$-\lg T_2 = 0.1938, T_2 = 0.640$$

(4) $A_3 = -\lg T_3 = -\lg 0.80 = 0.0969$,$c_3 = 2c$,则 $A_3 = A$,$b_3 = b/2$。

$$b_3 = \frac{A_3}{\varepsilon c_3} = \frac{0.0969}{1.08 \times 10^4 \times 2 \times 8.9526 \times 10^{-6}} = 0.5 (\text{cm})$$

4. 依条件, 对钛(Ti)：　　　$a_{400}(\text{Ti}) = \dfrac{A}{bc} = \dfrac{0.269}{1 \times 1} = 0.269, a_{460}(\text{Ti}) = 0.134$

对钒(V)：　　　　　　$a_{400}(\text{V}) = \dfrac{A}{bc} = \dfrac{0.057}{1 \times 1} = 0.057, a_{460}(\text{V}) = 0.091$

$c = 1\text{mg}/50\text{mL}$, 相当于 1g 钢样中有 1mg 钛或钒。

则根据吸光度的加和性, 得

$$0.269c_1 + 0.057c_2 = A_{400}$$

$$0.134c_1 + 0.091c_2 = A_{460}$$

将实验数据代入该方程组, 计算结果列于下表。

试样号	A_{400}	A_{460}	$c_1/\%$	$c_2/\%$	注
1	0.172	0.116	0.0537	0.0484	$1\text{mg} \cdot \text{g}^{-1} = 0.1\%$
2	0.366	0.430	0.052	0.395	
3	0.370	0.298	0.099	0.181	
4	0.640	0.436	0.198	0.187	
5	0.902	0.570	0.295	0.192	
6	0.600	0.660	0.101	0.576	
7	0.393	0.215	0.140	0.0305	
8	0.206	0.130	0.067	0.044	

5. 依题意可知, Cd^{2+} 的浓度为

$$\frac{5.0 \times 10^{-6}}{10 \times 10^{-3}} = 5.0 \times 10^{-4} (\text{g} \cdot \text{L}^{-1})$$

$$A = -\lg T = -\lg 0.445 = 0.35$$

$$a = \frac{A}{bc} = \frac{0.35}{1 \times 5.0 \times 10^{-4}} = 7.0 \times 10^{-2} (\text{L} \cdot \text{g}^{-1} \cdot \text{cm}^{-1})$$

$$\varepsilon = \frac{0.35}{1 \times \dfrac{5.0 \times 10^{-4}}{112.41}} = 7.869 \times 10^4 \approx 8.0 \times 10^4 (\text{L} \cdot \text{mol}^{-1} \cdot \text{cm}^{-1})$$

$$s = M(\text{Cd})/\varepsilon = \frac{112.41}{8.0 \times 10^4} = 1.4 \times 10^{-3} (\mu\text{g} \cdot \text{cm}^{-2})$$

6. (1) $A = \varepsilon bc$, $A = 0.675$, $c = 3.10 \times 10^{-5}$, 则

$$\varepsilon b = \frac{A}{c} = \frac{0.675}{3.10 \times 10^{-5}} = 2.177 \times 10^4$$

(2) 　　　　　　　　　$CuX_2 \Longrightarrow Cu^{2+} + 2X^-$

$$c(Cu^{2+}) = 5.00 \times 10^{-5}\,\text{mol} \cdot \text{L}^{-1}, c(X^-) = 6.00 \times 10^{-4}\,\text{mol} \cdot \text{L}^{-1}$$

$$[CuX_2] = \frac{A}{\varepsilon b} = \frac{0.366}{2.177 \times 10^4} = 1.68 \times 10^{-5} (\text{mol} \cdot \text{L}^{-1})$$

$$[Cu^{2+}] = (5.00 - 1.68) \times 10^{-5} = 3.32 \times 10^{-5} (\text{mol} \cdot \text{L}^{-1})$$

$$[X^-] = 6.00 \times 10^{-4} - 2 \times 1.682 \times 10^{-5} = 5.66 \times 10^{-4} (\text{mol} \cdot \text{L}^{-1})$$

$$K_{\text{解离}} = \frac{[Cu^{2+}][X^-]^2}{[CuX_2]} = \frac{3.32 \times 10^{-5} \times (5.66 \times 10^{-4})^2}{1.68 \times 10^{-5}} = 6.33 \times 10^{-7}$$

7. 依题意,当螯合剂的浓度超过阳离子40倍以上时,Zn^{2+}全部转化为ZnQ_2^{2-},当$A_1 = 0.364$时

$$\frac{c(Q^{2-})}{c(Zn^{2+})} = \frac{4.00 \times 10^{-2}}{8.00 \times 10^{-4}} = 50 > 40$$

故在$c(Zn^{2+}) = 8.00 \times 10^{-4}$,$c(Q^{2-}) = 4.00 \times 10^{-2}$时,$Zn^{2+}$全部转化为$ZnQ_2^{2-}$,即

$$c(ZnQ_2^{2-}) = 8.00 \times 10^{-4} \text{mol} \cdot L^{-1}$$

当$A_2 = 0.273$时

$$\frac{c(Q^{2-})}{c(Zn^{2+})} = \frac{2.10 \times 10^{-3}}{8.00 \times 10^{-4}} < 40$$

故Zn^{2+}未完全转化为ZnQ_2^{2-},根据$A = \varepsilon bc$有

$$\frac{A_1}{c(ZnQ_2^{2-})} = \frac{A_2}{c^1(ZnQ_2^{2-})}$$

即

$$c^1(ZnQ_2^{2-}) = \frac{A_2}{A_1} c(ZnQ_2^{2-}) = \frac{0.273}{0.364} \times 8.00 \times 10^{-4} = 6.00 \times 10^{-4} (\text{mol} \cdot L^{-1})$$

则溶液中剩余的

$$c(Zn^{2+}) = 8.00 \times 10^{-4} - 6.00 \times 10^{-4} = 2.00 \times 10^{-4} (\text{mol} \cdot L^{-1})$$

$$c(Q^{2-}) = 2.10 \times 10^{-3} - 2 \times 6 \times 10^{-4} = 9 \times 10^{-4} (\text{mol} \cdot L^{-1})$$

再根据

$$Zn^{2+} + 2Q^{2-} \Longrightarrow ZnQ_2^{2-}$$

$$K_{\text{平衡}} = \frac{c(ZnQ_2^{2-})}{c(Zn^{2+})c(Q^{2-})^2} = \frac{6.00 \times 10^{-4}}{2.00 \times 10^{-4} \times (9 \times 10^{-4})^2} = 3.70 \times 10^6$$

8. 由题意,可用吸光度0.690的溶液计算配离子的摩尔吸光系数ε

$$\varepsilon = A/bc = 0.690/(1.00 \times 2.30 \times 10^{-4}) = 3.00 \times 10^3 (L \cdot \text{mol}^{-1} \cdot \text{cm}^{-1})$$

用吸光度0.540的溶液计算平衡时ZnL_2^{2-}、Zn^{2+}和L^{2-}的浓度。由于Zn^{2+}和L^{2-}在480nm无吸收,那么

$$[ZnL_2^{2-}] = A/\varepsilon b = 0.540/(3.00 \times 10^3 \times 1.00) = 1.80 \times 10^{-4} (\text{mol} \cdot L^{-1})$$

因

$$c(Zn^{2+}) = [Zn^{2+}] + [ZnL_2^{2-}]$$

故

$$[Zn^{2+}] = 2.30 \times 10^{-4} - 1.80 \times 10^{-4} = 5.00 \times 10^{-5} (\text{mol} \cdot L^{-1})$$

$$c(L^{2-}) = [L^{2-}] + 2[ZnL_2^{2-}]$$

则

$$[L^{2-}] = 5.00 \times 10^{-4} - 2 \times 1.80 \times 10^{-4} = 1.40 \times 10^{-4} (\text{mol} \cdot L^{-1})$$

$$K = [ZnL_2^{2-}]/([Zn^{2+}][L^{2-}]^2) = 1.80 \times 10^{-4}/[5.00 \times 10^{-5} \times (1.40 \times 10^{-4})^2] = 1.84 \times 10^8$$

9. 由酸碱解离常数公式: $\quad pK_a = pH + \lg \dfrac{A - A(B^-)}{A(HB) - A}$

其中,$A(B^-)$、$A(HB)$分别是以B^-、HB型体存在时的吸光度,A为在$pH = 6.22$时的吸光度。在本题

中，$A(\mathrm{HB})=0.062$，$A(\mathrm{B}^-)=0.855$，pH$=6.22$ 时的吸光度 $A=0.356$，所以

$$pK_a = pH + \lg\frac{A-A(\mathrm{B}^-)}{A(\mathrm{HB})-A}$$

$$= 6.22 + \lg\frac{0.356-0.855}{0.062-0.356}$$

$$= 6.4498$$

解得　　　　　　　　　　　　　$K_a = 3.55 \times 10^{-5}$

10. 测定液中炔雌醇的浓度范围在

$$\frac{31.5\mu g \times 20}{250\mathrm{mL}} \times \frac{5\mathrm{mL}}{10\mathrm{mL}} \sim \frac{38.5\mu g \times 20}{250\mathrm{mL}} \times \frac{5\mathrm{mL}}{10\mathrm{mL}}$$

即 $1.26\sim1.54\mu g \cdot \mathrm{mL}^{-1}$ 为合格。

$1.4\mu g \cdot \mathrm{mL}^{-1}$ 的对照品溶液的荧光计计数为 65，由 $\dfrac{F_x}{F_s}=\dfrac{C_x}{C_s}$，得合格片的荧光计计数应为 $58.5\sim71.5$。

在线答疑

周红军　hongjunzhou@163.com

陈　迁　qianchen@gdut.edu.cn

阎　杰　yanjie0001@126.com

龚　圣　gshengix@163.com

第十章　色谱分析技术

第一节　概　　述

　　色谱法是一种重要的分离分析方法,发展至今已有 100 多年的历史,它是利用不同物质在两相中具有不同的分配系数(或吸附系数、渗透性),当两相做相对运动时,这些物质在两相中进行多次反复分配而实现分离。在色谱技术中,流动相为气体的称为气相色谱,流动相为液体的称为液相色谱。色谱法的创始人是俄国的植物学家茨维特。1906 年,他在研究植物叶中的色素时,先用石油醚浸取植物叶中的色素,然后将浸取液倒入一根填充碳酸钙的直立玻璃管顶端,再加入纯石油醚淋洗,结果使不同色素得到分离,在管内显示出不同的色带,色谱一词由此得名,这就是最初的色谱法。此法后来不仅用于分离有色物质,还用于分离无色物质,并出现了种类繁多的各种色谱。1930~1940 年出现了柱色谱和纸色谱,在此基础上,20 世纪 50 年代,色谱法有了很大的发展,产生了薄层色谱和气相色谱。1956 年,高莱发明了毛细管柱,以后又相继发明了各种检测器,使色谱技术更加完善。20 世纪 60 年代末,由于检测技术的提高和高压泵的出现,高效液相色谱迅速发展,色谱法的应用范围大大扩展。随着 70 年代计算机技术的迅速发展,气相色谱、高效液相色谱和超临界流体色谱等色谱技术得到迅猛发展。80 年代后期,毛细管电泳在全世界范围内迅速发展,它是一种新型的液相分离分析技术,是经典电泳和微柱分离的结合,被认为是 90 年代在色谱领域中最有影响的分支学科之一,是继高效液相色谱之后分离科学中的重大飞跃事件。与此同时,毛细管电泳与液相色谱技术的融合产生了毛细管电色谱。色谱法具有同时进行分离和分析的特点,特别是对复杂样品和多组分混合物的分离。但是色谱法的鉴别能力相对较弱,因此色谱分离法与其他方法的联用技术,如气相色谱-质谱、气相色谱-红外光谱、液相色谱-质谱、液相色谱-核磁共振波谱等联用,使色谱法在分离分析中如虎添翼。目前,由于高效能的色谱柱、高灵敏的检测器及微处理机的使用,色谱法已成为一种分析速度快、灵敏度高、应用范围广的分析仪器,无论在科学研究还是在广大人民生活中都发挥着极其重要的作用。

　　本章主要介绍气相色谱和高效液相色谱分析法。气相色谱法的基本理论和定性定量方法也适用于高效液相色谱法。气相色谱法是以气体作为流动相的一种色谱法,具有选择性高、灵敏度高、分离效能高、分析速度快和应用范围广等特点。根据所用固定相状态的不同,气相色谱可以分为气-固色谱和气-液色谱。前者是用多孔性固体为固定相,分离的对象主要是一些永久性气体和低沸点的化合物;后者的固定相是用高沸点的有机物涂渍在惰性载体上,或直接涂渍或交联到毛细管的内壁上。由于可供选择的固定液种类较多,所以气-液色谱选择性好,应用广泛。气相色谱法要求样品气化,不适用于沸点高和热不稳定的化合物,对于腐蚀性和反应性能较强的物质,如 HF、O_3、过氧化物等更难于分析。此外,用气相色谱法进行定性和定量分析时,往往需要用到纯样或已知浓度的标准样品,因此气相色谱的应用受到了一定的限制。

　　高效液相色谱法是在经典液相色谱基础上,引入了气相色谱的理论,在技术上采用了高压泵、高效固定相和高灵敏度检测器,并用现代化手段加以改进,具有速度快、效率高、灵敏度高、操作自动化等特点。高效液相色谱法根据分离机制的不同,可以分为以下几种类型:液-液分配色谱法、液-固吸附色谱法、离子交换色谱法、尺寸排阻色谱法和亲和色谱法等。与气相色谱相比,高效液相色谱法不受样品挥发性和热稳定性及相对分子质量的限制,只要求把样品制成溶液即可,非常适合分离生物大分子、离子型化合物、不稳定的天然产物和其他高分子化合物等。目前,高效液相色谱法已被广泛用于生物学和医药上有重大意义的大分子物质,如蛋白质、核酸、氨基酸、多糖类、植物色素、高聚物、染料及药物等的分离和分析。

第二节　试　　题

一、色谱法概述

（一）选择题

1. 色谱柱柱长增加,其他条件不变时,会发生变化的参数有(　　)。

A. 保留时间　　　　B. 分配系数　　　　C. 分配比　　　　D. 相对保留值

2. 色谱柱柱长增加,其他条件不变时,会发生变化的参数有(　　)。

A. 选择性　　　　B. 分离度　　　　C. 塔板高度　　　　D. 分配比

3. 俄国植物学家茨维特在研究植物色素的成分时,所采用的色谱方法属于(　　)。

A. 气-液色谱　　　　B. 气-固色谱　　　　C. 液-液色谱　　　　D. 液-固色谱

4. 色谱图上一个色谱峰的正确描述是(　　)。

A. 仅代表一种组分　　　　　　　　B. 代表所有未分离组分

C. 可能代表一种或一种以上组分　　D. 仅代表检测信号变化

5. 下列保留参数中完全体现色谱柱固定相对组分滞留作用的是(　　)。

A. 死时间　　　B. 保留时间　　　C. 调整保留时间　　　D. 相对保留时间

6. 色谱保留参数"死时间"的正确含义是(　　)。

A. 载气流经色谱柱所需时间　　　　B. 所有组分流经色谱柱所需时间

C. 待测组分流经色谱柱所需时间　　D. 完全不与固定相作用组分流经色谱柱所需时间

7. 当下列因素改变时,色谱柱效能的指标塔板数或有效塔板数不会随之改变的是(　　)。

A. 载气的流速　　　　　　　　　B. 色谱柱的操作温度

C. 组分的种类　　　　　　　　　D. 组分的量

8. 根据范弟姆特方程可以计算出载气的最佳操作流速,其计算公式是(　　)。

A. $u_{最佳} = \sqrt{A+B+C}$　　　　　　B. $u_{最佳} = \sqrt{B/C}$

C. $u_{最佳} = A+2\sqrt{BC}$　　　　　　D. $u_{最佳} = \sqrt{ABC}$

9. 涉及色谱过程热力学和动力学两方面因素的是(　　)。

A. 保留值　　　　B. 分离度　　　　C. 相对保留值　　　　D. 峰面积

10. 下列保留参数中不能用作定性分析依据的是(　　)。

A. 死时间　　　B. 保留时间　　　C. 调整保留时间　　　D. 相对保留时间

11. 在实际色谱分析时常采用相对保留值作定性分析依据,其优点是(　　)。

A. 相对保留值没有单位　　　　　B. 相对保留值数值较小

C. 相对保留值不受操作条件影响　　D. 相对保留值容易得到

12. 使用归一化法作色谱定量分析的基本要求是(　　)。

A. 样品中各组分均应出峰或样品中不出峰的组分的含量已知

B. 样品中各组分均应在线性范围内

C. 样品达到完全分离

D. 样品各组分含量相近

13. 下列情形中不是色谱定量分析方法"内标法"的优点是(　　　)。

A. 定量分析结果与进样量无关　　　　　B. 不要求样品中所有组分被检出

C. 能缩短多组分分析时间　　　　　　　D. 可供选择的内标物较多

14. 使用"内标法"定量分析的同时,定性分析的依据最好使用(　　　)。

A. 内标物的保留时间　　　　　　　　　B. 待测物与内标物的相对保留时间

C. 内标物的调整保留时间　　　　　　　D. 待测物的调整保留时间

15. 色谱定量分析的依据是 $m=f\times A$,式中 f 的正确含义是(　　　)。

A. 单位高度代表的物质量　　　　　　　B. 对任意组分 f 都是相同的常数

C. 与检测器种类无关　　　　　　　　　D. 单位面积代表的物质量

16. 色谱定量分析时常使用相对校正因子 $f_{i,s}=f_i/f_s$,它的优点是(　　　)。

A. 比绝对校正因子容易求得

B. 在任何条件下 $f_{i,s}$ 都是相同的常数

C. 相对校正因子没有单位且仅与检测器类型有关

D. 不需要使用纯物质求算

17. 在色谱定量分析使用计算绝对校正因子($f=m/A$)时,下列描述不正确的是(　　　)。

A. 计算绝对校正因子必须精确测量绝对进样量

B. 使用绝对校正因子必须严格控制操作条件的一致

C. 使用绝对校正因子必须保证色谱峰面积测量的一致

D. 计算绝对校正因子必须有足够大的分离度

18. A、B 两组分的分配系数为 $K_A>K_B$,经过色谱分析后它们的保留时间 t_R、保留体积 V_R、分配比 k 的情况是(　　　)。

A. 组分 A 的 t_R、V_R 比组分 B 的大,k 比组分 B 的小

B. 组分 A 的 t_R、V_R、k 都比组分 B 的大

C. 组分 A 的 t_R、V_R 及 k 比组分 B 的小

D. 组分 A 的 t_R、V_R 比组分 B 的小,k 比组分 B 的大

19. 在液-液分配柱色谱中,若某一含 a、b、c、d、e 组分的混合样品在柱上的分配系数分别为 105、85、310、50、205,组分流出柱的顺序应为(　　　)。

A. a,b,c,d,e　　　　B. c,d,a,b,e　　　　C. c,e,a,b,d　　　　D. d,b,a,e,c

20. 柱色谱法中,分配系数是指在一定温度和压力下,组分在流动相和固定相中达到溶解平衡时,溶解于两相中溶质的(　　　)。

A. 质量之比　　　　B. 溶解度之比　　　　C. 浓度之比　　　　D. 正相分配色谱法

21. 某组分在固定相中的质量为 m_Ag,在流动相中的质量为 m_Bg,则此组分在两相中的分配比 k 为(　　　)。

A. $\dfrac{m_B}{m_A}$　　　　　　B. $\dfrac{m_A}{m_B}$　　　　　　C. $\dfrac{m_B}{m_A+m_B}$　　　　　　D. $\dfrac{m_A}{m_A+m_B}$

22. 某组分在固定相中的浓度为 c_A,在流动相中的浓度为 c_B,则此组分在两相中的分配系数 K 为(　　)。

A. $\dfrac{c_A}{c_B}$　　　　B. $\dfrac{c_B}{c_A}$　　　　C. $\dfrac{c_A}{c_A+c_B}$　　　　D. $\dfrac{c_B}{c_A+c_B}$

23. 评价色谱柱总分离效能的指标是(　　)。

A. 有效塔板数　　B. 分离度　　　　C. 选择性因子　　D. 分配系数

24. 对某一组分来说,在一定的柱长下,色谱峰的宽或窄主要取决于组分在色谱柱中的(　　)。

A. 保留值　　　　B. 扩散速度　　　C. 分配比　　　　D. 理论塔板数

25. 若在 1m 长的色谱柱上测得的分离度为 0.68,要使它完全分离,则柱长应为(　　)米。

A. 2.21　　　　　B. 4.87　　　　　C. 1.47　　　　　D. 2.16

26. 载体填充的均匀程度主要影响(　　)。

A. 涡流扩散　　　B. 分子扩散　　　C. 气相传质阻力　D. 液相传质阻力

27. 根据速率理论,以下因素与气-液色谱的柱效能有关的是(　　)。

A. 填充物的粒度及直径　　　　　　B. 流动相的种类及流速

C. 固定相的液膜厚度　　　　　　　D. 以上几种因素都有关

28. 组分 A 从色谱柱中流出需 15min,组分 B 需 25min,而不被色谱保留的组分 P 流出色谱需 2.0min,那么 B 组分相对于 A 组分的相对保留值 α 为(　　)。

A. 1.77　　　　　B. 1.67　　　　　C. 0.565　　　　　D. 0.6

29. 已知某组分峰的峰底宽为 40s,保留时间为 400s,则此色谱柱的理论塔板数为(　　)。

A. 10　　　　　　B. 160　　　　　　C. 1600　　　　　D. 16 000

30. 已知某组分经色谱柱分离所得峰的峰底宽为 40s,保留时间为 400s,而色谱柱长为 1.00m,则此色谱柱的理论塔板高度为(　　)。

A. 0.0625mm　　B. 0.625mm　　　C. 0.0625m　　　D. 0.625m

31. 下列方法不是提高分离度的有效手段的是(　　)。

A. 增大理论塔板数　　　　　　　　B. 增大理论塔板高度

C. 增大 k　　　　　　　　　　　　D. 增大相对保留值

32. 下列对内标法描述不正确的是(　　)。

A. 比归一化法准确　　　　　　　　B. 进样量对分析结果影响小

C. 进样量对分析结果影响大　　　　D. 适用于不能全部出峰的样品

33. 当对一个试样进行色谱分离时,首先要选择的是(　　)。

A. 载气　　　　　B. 固定相　　　　C. 检测器　　　　D. 柱温

34. 在色谱流出曲线上,两峰间距离取决于相应两组分在两相间的(　　)。

A. 分配比　　　　B. 分配系数　　　C. 扩散速度　　　D. 理论塔板数

35. 色谱分析过程中,欲提高分离度,可采取(　　)。

A. 增加热导池检测器的桥电流　　　B. 加快记录仪纸速

C. 增加柱温　　　　　　　　　　　D. 降低柱温

36. 在下列情况下,两个组分肯定不能被分离的是(　　)。

A. 两个组分的相对分子质量相等　　B. 两个组分的沸点接近

C. 分配系数比等于 1　　　　　　　D. 异构体

37. 色谱的内标法特别适用于(　　)。

A. 组分全出峰的样品　　　　　　　　B. 快速分析

C. 无标样组分的定量　　　　　　　　D. 大批量样品

38. 分离度 R 是色谱柱总分离效能指标,通常用(　　)作为相邻两峰完全分离的指标。

A. $R \geqslant 1.5$　　　　B. $R < 1$　　　　C. $R = 1$　　　　D. $1 \leqslant R < 1.5$

39. 若要求分析强腐蚀的组分,宜选用的担体的是(　　)。

A. 氟担体　　　B. 玻璃微球担体　　　C. 高分子多孔微球　　　D. 白色担体

40. 试指出下述说法中,下列错误的是(　　)。

A. 根据色谱峰的保留时间可以进行定性分析

B. 根据色谱峰的面积可以进行定量分析

C. 色谱图上峰的个数一定等于试样中的组分数

D. 色谱峰的区域宽度体现了组分在柱中的运动情况

41. 固定相老化的目的是(　　)。

A. 除去表面吸附的水分

B. 除去固定相中的粉状物质

C. 除去固定相中残留的溶剂及其他挥发性物质

D. 进行活化

42. 根据范弟姆特方程式,下面说法正确的是(　　)。

A. 最佳流速时,塔板高度最小　　　　B. 最佳流速时,塔板高度最大

C. 最佳塔板高度时,流速最小　　　　D. 最佳塔板高度时,流速最大

43. 下述条件的改变会引起分配系数的变化的是(　　)。

A. 缩短柱长　　　B. 改变固定相　　　C. 加大载气流速　　　D. 加大液膜厚度

44. 如果试样比较复杂,相邻两峰间距离太近或操作条件不易控制稳定,要准确测量保留值有一定困难时,应采用(　　)定性。

A. 内标法　　　　　　　　　　　　B. 加入已知物增加峰高

C. 利用文献保留数据　　　　　　　　D. 利用检测器的选择性

45. 下列因素中,对色谱分离效率最有影响的是(　　)。

A. 柱温　　　B. 载气的种类　　　C. 柱压　　　　D. 固定液膜厚度

46. 理论塔板数反映了(　　)。

A. 分离度　　　B. 分配系数　　　C. 保留值　　　D. 柱的效能

47. 检测器的主要技术指标中,不仅与检测器的性能有关,还与柱效能以及操作条件有关的是(　　)。

A. 灵敏度　　　B. 响应时间　　　C. 最小检测量　　　D. 线性范围

48. 若测定空气中 N_2 和 O_2 的含量,宜采用(　　)分离方法。

A. 气-液色谱法　　　　　　　　　　B. 气-固色谱法

C. 液-液色谱法　　　　　　　　　　D. 尺寸排阻色谱法

49. 当进样量一定时,测得某检测器的峰高在一定范围内与载气的流速成正比,而峰面积与流速无关,这种检测器是(　　)。

A. 质量型检测器　　　　　　　　　　B. 浓度型检测器

C. 热导池检测器　　　　　　　　　　D. 电子捕获检测器

50. 对于一对较难分离的组分现分离不理想,为了提高它们的色谱分离效率,最好采用的措施为(　　)。

A. 改变载气速度　　B. 改变固定液　　C. 改变载体　　D. 改变载气性质

51. 在色谱分析中,评价固定液选择是否恰当,可用(　　)。

A. 保留值　　　　B. 调整保留值　　　C. 相对保留值　　D. 理论塔板数

52. 下列说法中,错误的是(　　)。

A. 色谱图上两峰间的距离越大,则两组分在固定相上热力学性质相差越大

B. 色谱图上两峰间的距离越大,则在气-液色谱中,两组分的分配系数相差越大

C. 色谱图上两峰间的距离越大,则色谱柱的柱效能越高

D. 色谱图上两峰间的距离越大,则色谱柱的选择性越好

53. 分配系数与(　　)因素有关。

A. 温度

B. 柱压

C. 气、液相体积

D. 组分、固定液的热力学性质

54. 物质 A 和 B 在长 2m 的柱上,保留时间分别为 16.40min 和 17.63min,不保留物质通过该柱的时间为 1.30min,峰底宽度是 1.11min 和 1.21min,该柱的分离度为(　　)。

A. 0.265　　　　B. 0.53　　　　　C. 1.03　　　　D. 1.06

55. 采用极性固定液制成色谱柱,用于分离极性组分时,分子间作用力主要是(　　)。

A. 色散力　　　B. 诱导力　　　　C. 库仑力(定向力)　　D. 色散力和诱导力

56. 在一定的柱温下,下列参数的变化不会使比保留体积(V_g)发生改变的是(　　)。

A. 改变检测器性质

B. 改变固定液种类

C. 改变固定液量

D. 增加载气流速

57. 进行色谱分析时,进样时间过长会导致半峰宽(　　)。

A. 没有变化　　　B. 变宽　　　　C. 变窄　　　　D. 不呈线性

58. 在法庭上,涉及审定一种非法的药品,起诉表明该非法药品经气相色谱分析测得的保留时间在相同条件下,刚好与已知非法药品的保留时间相一致,而辩护证明有几个无毒的化合物与该非法药品具有相同的保留值,最宜采用的定性方法为(　　)。

A. 用加入已知物增加峰高的方法　　B. 利用相对保留值定性

C. 用保留值双柱法定性　　　　　　D. 利用保留值定性

59. 相对保留值是指某组分 2 与某组分 1 的(　　)。

A. 调整保留值之比　　　　　　　　B. 死时间之比

C. 保留时间之比　　　　　　　　　D. 保留体积之比

60. 当载气线速越小,范弟姆特方程中,分子扩散项 B 越大,所以应选(　　)气体作载气最有利。

A. H_2　　　　　B. He　　　　　C. Ar　　　　　D. N_2

61. 选择固定液时,一般根据(　　)原则。

A. 沸点高低　　　B. 熔点高低　　　C. 相似相溶　　　D. 化学稳定性

62. 色谱法分离混合物的可能性取决于试样混合物在固定相中(　　)的差别。

A. 沸点差　　　　B. 温度差　　　　C. 吸光度　　　　D. 分配系数

63. 色谱体系的最小检测量是指恰能产生与噪声相鉴别的信号时（　　　）。

A. 进入单独一个检测器的最小物质量

B. 进入色谱柱的最小物质量

C. 组分在气相中的最小物质量

D. 组分在液相中的最小物质量

64. 如果两组分的分配系数(K)或分配比(k)不相等,则两组分一定能在色谱柱中分离。（　　　）

A. 正确　　　　　　B. 不正确

65. 分离任意两组分的先决条件是分配系数(K)或分配比(k)不相等。（　　　）

A. 正确　　　　　　B. 不正确

66. 色谱图上的一个色谱峰只能代表一种组分。（　　　）。

A. 正确　　　　　　B. 不正确

67. 任意一根长度相同的色谱柱的死时间(t_M)都是相同的。（　　　）

A. 正确　　　　　　B. 不正确

68. 某组分的塔板数大,说明色谱柱对此组分的柱效能高。（　　　）

A. 正确　　　　　　B. 不正确

69. 塔板高度越小,色谱柱分离度一定越高。（　　　）

A. 正确　　　　　　B. 不正确

70. 如果某色谱柱对样品中各个组分的柱效能都高,则每个组分的色谱峰都是"尖、窄"型,因此色谱峰间的分离度可能高。（　　　）

A. 正确　　　　　　B. 不正确

71. 色谱柱的塔板数越大,相对保留值越大,容量因子越小则分离度越大。（　　　）

A. 正确　　　　　　B. 不正确

72. 两根色谱柱的有效塔板数相同则柱效能相同。（　　　）

A. 正确　　　　　　B. 不正确

73. 只有塔板高度相同的色谱柱其柱效能才相同。（　　　）

A. 正确　　　　　　B. 不正确

74. 用相对保留值作定性分析的依据可以提高定性分析的准确度。（　　　）

A. 正确　　　　　　B. 不正确

75. 在样品中加入某种标准物质后色谱图中某个色谱峰的峰高增加,则样品中一定存在与标准物质相同的组分。（　　　）

A. 正确　　　　　　B. 不正确

76. 相同量的不同物质在同一检测器上有相同的绝对因子。（　　　）

A. 正确　　　　　　B. 不正确

77. 以内标物为参照物计算相对校正因子时,所有组分的相对校正因子都小于1。（　　　）

A. 正确　　　　　　B. 不正确

78. "归一化法"适应于分析各种样品中组分的含量。（　　　）

A. 正确　　　　　　B. 不正确

79. 色谱峰越窄,塔板数 n 越少,理论塔板高越大,柱效能越高。（　　　）

A. 正确　　　　　　B. 不正确

80. 归一化法要求样品中所有组分都出峰。（　　）

A. 正确　　　　　　B. 不正确

81. 选择柱温的原则是使物质既分离完全,又不使峰形扩张、拖尾。（　　）

A. 正确　　　　　　B. 不正确

82. 理论塔板数 n 的大小说明组分在柱中反复分配平行的次数的多少,n 越大,平衡次数越多,组分与固定相的相互作用力越明显,柱效能越高。（　　）

A. 正确　　　　　　B. 不正确

83. 色谱分析中,噪声和漂移产生的原因主要有检测器不稳定、检测器和数据处理方面的机械和电噪声、载气不纯或压力控制不稳、色谱柱的污染等。（　　）

A. 正确　　　　　　B. 不正确

84. 相对保留值仅与柱温、固定相性质有关,与操作条件无关。（　　）

A. 正确　　　　　　B. 不正确

85. 保留体积是从进样开始到某个组分在柱后出现浓度极大时,所需通过色谱柱的流动相体积。（　　）

A. 正确　　　　　　B. 不正确

86. 色谱分析过程可将各组分分离的前提条件是各组分在流动相和固定相的分配系数必须相同,从而使各组分产生差速迁移而达到分离。（　　）

A. 正确　　　　　　B. 不正确

87. 选一样品中不含的标准品,加到样品中作对照物质,对比求算待测组分含量的方法为外标法。（　　）

A. 正确　　　　　　B. 不正确

88. 在一个分析周期内,按一定程序不断改变柱温,称为程序升温。（　　）

A. 正确　　　　　　B. 不正确

89. 以待测组分的标准品作对照物质,对比求算待测组分含量的方法为内标法。（　　）

A. 正确　　　　　　B. 不正确

90. 单位量的组分通过检测器所产生的电信号大小称为检测器的灵敏度。（　　）

A. 正确　　　　　　B. 不正确

91. 用冷的金属光亮表面对着 FID 出口,如有水珠冷凝在表面,表示 FID 已点火。（　　）

A. 正确　　　　　　B. 不正确

92. 归一化法定量分析简便,进样量的微小变化对定量结果的影响不大,操作条件对结果影响较小。（　　）

A. 正确　　　　　　B. 不正确

93. 用内标标准曲线法进行定量,内标物与试样组分的色谱峰能分开,并尽量靠近。（　　）

A. 正确　　　　　　B. 不正确

94. 在色谱图中,如果未知组分的保留值与标准样品的保留值完全相同,则它们是同一种化合物。（　　）

A. 正确　　　　　　B. 不正确

95. 在色谱中,各组分的分配系数差别越大,则各组分分离的可能性也越大。（　　）

A. 正确　　　　　　B. 不正确

96. 热导池检测器属于质量型检测器。（　　）

A. 正确　　　　　　　　B. 不正确

97. 流动相极性大于固定相极性的液相色谱法是反相色谱法。（　　）

A. 正确　　　　　　　　B. 不正确

98. 流动相极性大于固定相极性的液相色谱法是正相色谱法。（　　）

A. 正确　　　　　　　　B. 不正确

99. 1941 年建立了液-液分配色谱法,对气相色谱法发展作出了杰出贡献,因此于 1952 年荣获诺贝尔化学奖的科学家是（　　）。

A. 茨维特　　　　B. 康斯登马丁　　　C. 范弟姆特　　　　D. 马丁和辛格

100. 在液相色谱中,梯度洗脱最宜于分离（　　）。

A. 几何异构体　　　　　　　　B. 沸点相近,官能团相同的试样

C. 沸点相差大的试样　　　　　D. 分配比变化范围宽的试样

101. 如果试样比较复杂,相邻两峰间距离太近或操作条件不易控制稳定,要准确测量保留值有一定困难时,宜采用的定性方法为（　　）。

A. 利用相对保留值定性　　　　B. 加入已知物增加峰高的办法定性

C. 利用文献保留值数据定性　　D. 与化学方法配合进行定性

102. 比保留体积的定义为:0℃时,单位质量固定液所具有的（　　）。

A. 相对保留体积　　　　　　　B. 校正保留体积

C. 净保留体积　　　　　　　　D. 调整保留体积

103. 色谱法作为分析方法之一,其最大的特点是（　　）。

A. 分离有机化合物　　　　　　B. 依据保留值作定性分析

C. 分离与分析兼有　　　　　　D. 依据峰面积作定量分析

104. 气相色谱分析时,第一次进样后得到 4 个组分峰,而第二次进样后变成 5 个组分峰,其原因可能是（　　）。

A. 进样量太多　　　　　　　　B. 记录纸走速太快

C. 衰减不够　　　　　　　　　D. 气化室温度太高

105. 涉及色谱过程热力学和动力学两方面因素的是（　　）。

A. 保留值　　　　B. 分离度　　　　C. 相对保留值　　　D. 峰面积

106. 涉及色谱过程热力学和动力学两方面因素的是（　　）。

A. 保留值　　　　B. 分离度　　　　C. 理论塔板数　　　D. 颗粒大小

107. 在以下因素中,属热力学因素的是（　　）。

A. 分配系数　　　B. 扩散速度　　　C. 柱长　　　　　　D. 理论塔板数

108. 在以下因素中,不属动力学因素的是（　　）。

A. 液膜厚度　　　B. 分配系数　　　C. 扩散速度　　　　D. 载体粒度

109. 在液相色谱中,在以下条件中,提高柱效能最有效的途径是（　　）。

A. 减小填料粒度　　　　　　　B. 适当升高柱温

C. 降低流动相的流速　　　　　D. 降低流动相的黏度

110. 在气相色谱法中,适于用氢火焰离子化检测器分析的组分是（　　）。

A. 二硫化碳　　　　B. 二氧化碳　　　　C. 甲烷　　　　　D. 氨气

111. 下列因素中,对色谱分离效率最有影响的是(　　)。

A. 柱温　　　　　B. 载气的种类　　　C. 柱压　　　　　D. 固定液膜厚度

112. 下列因素中,对气相色谱分离度影响最大的因素是(　　)。

A. 进样量　　　　B. 柱温　　　　　　C. 载体粒度　　　D. 气化室温度

113. 根据以下数据

物质	t_R-t_0/min	I
正己烷	3.43	600
苯	4.72	?
正庚烷	6.96	700

计算苯在 100℃ 的角鲨烷色谱柱上的保留指数是(　　)。

A. 531　　　　　B. 645　　　　　　C. 731　　　　　D. 745

114. 分析甜菜萃取液中痕量含氯农药宜采用(　　)。

A. 热导池检测器　　　　　　　　B. 氢火焰离子化检测器

C. 电子捕获检测器　　　　　　　D. 火焰离子化检测器

115. 测定有机溶剂中微量水,下列四种检测器宜采用(　　)。

A. 热导池检测器　　　　　　　　B. 氢火焰离子化检测器

C. 电子捕获检测器　　　　　　　D. 火焰离子化检测器

116. 将纯苯与组分 i 配成混合液,进行气相色谱分析,测得当纯苯注入量为 0.435μg 时的峰面积为 4.00cm²,组分 i 注入量为 0.653μg 时的峰面积为 6.50cm²,当组分 i 以纯苯为标准时,相对定量校正因子是(　　)。

A. 2.44　　　　　B. 1.08　　　　　C. 0.924　　　　D. 0.462

117. 使用热导池检测器时,为使检测器有较高的灵敏度,应选用的载气是(　　)。

A. N_2　　　　　B. H_2　　　　　C. Ar　　　　　D. N_2-H_2 混合气

118. 下列气相色谱操作条件,正确的是(　　)。

A. 载气的导热系数尽可能与被测组分的导热系数接近

B. 使最难分离的物质对能很好分离的前提下,尽可能采用较高的柱温

C. 载体的粒度越细越好

D. 气化温度高好

119. 镇静剂药的气相色谱图在 3.50min 时显示一个色谱峰,峰底宽度相当于 0.90min,在 1.5m 的色谱柱中理论塔板数是(　　)。

A. 62　　　　　B. 124　　　　　　C. 242　　　　　D. 484

120. 气-液色谱中,对溶质的保留体积几乎没有影响的因素是(　　)。

A. 改变载气流速　　　　　　　　B. 增加柱温

C. 改变固定液的化学性质　　　　D. 增加固定液的量,从 5% 到 10%

121. 气-液色谱中,与两个溶质的分离度无关的因素是(　　)。

A. 增加柱长　　　　　　　　　　B. 改用更灵敏的检测器

C. 改变固定液的化学性质　　　　D. 改变载气性质

122. 在气-液色谱法中,首先流出色谱柱的组分是(　　　)。

A. 吸附能力小　　　B. 吸附能力大　　　C. 溶解能力大　　　D. 溶解能力小

123. 假如一个溶质的分配比为 0.1,它分配在色谱柱的流动相中的质量分数是(　　　)。

A. 0.10　　　　　　B. 0.90　　　　　　C. 0.91　　　　　　D. 0.99

124. 在色谱流出曲线上,两峰间距离取决于相应两组分在两相间的(　　　)。

A. 载体粒度　　　B. 分配系数　　　C. 扩散速度　　　D. 理论塔板数

125. 气-液色谱中,保留值实际上反映(　　　)分子间的相互作用力。

A. 组分和载气　　　B. 载气和固定液　　　C. 组分和固定液　　　D. 组分和载气、固定液

126. 某组分在色谱柱中分配到固定相中的量为 m_A(g),分配到流动相中的量为 m_B(g),而该组分在固定相中的质量浓度为 ρ_A(g·mL^{-1}),在流动相中的质量浓度为 ρ_B(g·mL^{-1}),则此组分的分配系数为(　　　)。

A. m_A/m_B　　　B. $m_A/(m_A+m_B)$　　C. ρ_A/ρ_B　　　D. ρ_B/ρ_A

127. 在其他色谱条件不变时,若使理论塔板数增加 3 倍,对两个十分接近峰的分离度是(　　　)。

A. 增加 1 倍　　　B. 增加 3 倍　　　C. 增加 4 倍　　　D. 增加 1.7 倍

128. 使用气相色谱仪时,有下列步骤:①打开桥电流开关;②打开记录仪开关;③通载气;④升箱柱温度及检测室温度;⑤启动色谱仪开关。下面次序正确的是(　　　)。

A. ①→②→③→④→⑤　　　　　　B. ②→③→④→⑤→①

C. ③→⑤→④→①→②　　　　　　D. ⑤→①→④→③→②

129. 应用新的热导池检测器后,发现噪声水平是老的检测器的一半,而灵敏度加倍,与老的检测器相比,应用新的检测器后使某一有机物的检测限(　　　)。

A. 减少为原来的 1/4　　　　　　B. 减少为原来的 1/2

C. 基本不变　　　　　　　　　　D. 增加原来的 1/4

130. 在气相色谱法中,调整保留值实际上反映了(　　　)分子间相互作用。

A. 组分与载气　　　B. 组分与固定相　　　C. 组分与组分　　　D. 载气与固定相

131. 在色谱法中,任何组分的分配系数都比 1 小的是(　　　)。

A. 气-固色谱　　　B. 气-液色谱　　　C. 尺寸排阻色谱　　　D. 离子交换色谱

132. 相对保留值 α(　　　)。

A. 与柱温无关　　　　　　　　　B. 与所用固定相有关

C. 与气化温度有关　　　　　　　D. 与柱填充状况及流速有关

133. 在气相色谱仪中,采用双柱双气路的主要目的是(　　　)。

A. 专门为热导池检测器设计　　　　B. 专门为程序升温而设计

C. 专门为比较流动相速度而设计　　D. 专门为控制压力而设计

134. 根据范弟姆特方程式,在高流速情况下,影响柱效能的因素主要是(　　　)。

A. 传质阻力　　　B. 纵向扩散　　　C. 涡流扩散　　　D. 柱弯曲因子

135. 分离有机胺时,最好选用的色谱柱为(　　　)。

A. 非极性固定液柱　　　　　　　B. 低沸点固定液柱

C. 尺寸排阻色谱柱　　　　　　　D. 氢键型固定液柱

136. 在气相色谱中,实验室之间最能通用的定性参数是(　　　)。

A. 保留指数　　　B. 调整保留体积　　　C. 保留体积　　　D. 相对保留值

137. 为了测定热导池检测器的灵敏度,注入 $0.5\mu L$ 苯进入色谱仪,记录纸速度为 $5mm\cdot min^{-1}$,苯的峰高为 $2.5mV$,半峰宽为 $2.5mm$,柱出口处载气流量为 $30mL\cdot min^{-1}$,忽略温度与压力的校正(苯的相对密度为 0.88),则热导池检测器灵敏度为( )。

A. $85mV\cdot mL\cdot g^{-1}$　　　　　　　B. $85\times10^{-3}mV\cdot mL\cdot g^{-1}$

C. $170mV\cdot mL\cdot g^{-1}$　　　　　　　D. $17mV\cdot mL\cdot g^{-1}$

138. 气相色谱法适用于( )。

A. 任何气体的测定

B. 任何有机和无机化合物的分离、测定

C. 无腐蚀性气体与在气化温度下可以气化的液体的分离与测定

D. 任何无腐蚀性气体与易挥发的液体、固体的分离与鉴定

139. 为测定某组分的保留指数,气相色谱法一般采取的基准物是( )。

A. 苯　　　　　B. 正庚烷　　　　　C. 正构烷烃　　　　　D. 正丁烷和丁二烯

140. 采用气相色谱氢火焰离子化检测器时,与相对校正因子有关的因素是( )。

A. 固定液的极性　　B. 载气的种类　　C. 载气的流速　　D. 标准物的选用

141. 在色谱分析中通常可通过( )方式来提高理论塔板数。

A. 加长色谱柱　　　　　　　　B. 在高流速区操作

C. 增大色谱柱的直径　　　　　　D. 进样量增加

142. 色谱柱的长度一定时,色谱峰的宽度主要取决于组分在柱中的( )。

A. 分配系数 K　　　　　　　　B. 分子扩散速度

C. 分子扩散和传质速率　　　　　　D. 保留值

143. 在高固定液含量色谱柱的情况下,为了使柱效能提高,可选用( )。

A. 适当提高柱温　　　　　　　　B. 增加固定液含量

C. 增大载体颗粒直径　　　　　　D. 增加柱长

144. 在色谱分析中,柱长从 $1m$ 增加到 $4m$,其他条件不变,则分离度增加( )。

A. 4 倍　　　　　B. 1 倍　　　　　C. 2 倍　　　　　D. 10 倍

145. 在色谱定量分析中,若 A 组分的相对质量校正因子为 1.20,就可以推算出它的相对质量灵敏度为( )。

A. 2×1.20　　　　　　　　B. 0.833

C. $1.20\times A$ 的相对分子质量　　　　　　D. $1.20\div A$ 的相对分子质量

146. 在柱温一定时,要使相对保留值增加,可以采取( )。

A. 更细的载体　　B. 最佳线速　　C. 高选择性固定相　　D. 增加柱长

147. 欲使色谱峰宽减小,可以采取( )。

A. 降低柱温　　B. 减少固定液含量　　C. 增加柱长　　D. 增加载体粒度

148. 在气相色谱分析中,要使分配比增加,可以采取( )。

A. 增加柱长　　B. 减小流动相速度　　C. 降低柱温　　D. 增加柱温

149. 气相色谱的分离原理是利用不同组分在两相间具有不同的( )。

A. 保留值　　　　　B. 柱效能　　　　　C. 分配系数　　　　　D. 分离度

150. 在液相色谱中,为了提高分离效率,缩短分析时间,应用的装置是( )。

A. 高压泵　　　　　B. 梯度淋洗　　　　　C. 储液器　　　　　D. 加温

151. 经典填充柱,在固定液含量较高,中等线速时,塔板高度的主要控制因素是(　　)。

A. 涡流扩散项　　　B. 分子扩散项　　　C. 气相传质阻力项　D. 液相传质阻力项

152. 欲使流速分布比较均匀,柱效能也较高,应控制柱前压力与出口压力的比值(p_1/p_0)为(　　)。

A. 1　　　　　　　B. 1.5　　　　　　　C. 2　　　　　　　D. 4

153. 目前人们公认的色谱法的创始人是(　　)。

A. 法拉第　　　　B. 海洛夫斯基　　　C. 瓦尔士　　　　D. 茨维特

(二)简答题

1. 色谱图上的色谱峰流出曲线可以说明什么问题?

2. (1)请在色谱流出曲线上标明保留时间、死时间、调整保留时间、半峰宽、峰底宽及标准偏差。

(2)简述色谱定量分析及定性分析的基础。

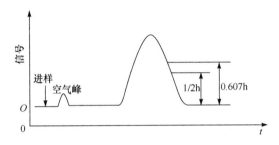

3. 色谱分析有几种定量方法? 当样品各组分不能全部出峰或在多种组分中只需要定量其中几个组分时可选用哪种方法?

4. 乙酸甲酯、丙酸甲酯、正丁酸甲酯在邻苯二甲酸二癸酯上的保留时间分别为 2.12min、4.32min、8.63min,则它们在阿皮松上分离时,保留时间是增长还是缩短? 为什么?

5. 为什么说分离度 R 可以作为色谱柱的总分离效能指标?

6. 色谱分析中的柱外效应指什么? 如何抑制柱外效应?

7. 在一根色谱柱上,欲将含 A、B、C、D、E 五个组分的混合试样分离。查得各组分的分配系数大小为 $K_B > K_A > K_C > K_D,K_E = K_A$,试定性地画出它们的色谱流出曲线图,并说明理由。

8. 色谱塔板理论的假设有哪些?

9. 内标法定量分析时,内标物选择应满足哪些条件?

10. 总结色谱法的优点。

11. 色谱分离性能的优化应如何全面考虑?

12. 色谱主要有哪些分支?

13. 导致谱带展宽的因素有哪些?

(三)　计算题

1. 某色谱柱理论塔板数为 1600,组分 A、B 的保留时间分别为 90s 和 100s,两峰能够完全分离吗?

2. 一根 2m 长的色谱柱,其范弟姆特方程参数分别为 $A=0.06cm$, $B=0.01cm^2 \cdot s^{-1}$, $C=0.04s$,则这根柱子最大的塔板数为多少?

3. 两个组分 A、B 刚好完全分离,保留时间分别为 235s、250s,假设两色谱峰峰宽相同,则色谱柱对 B 组分的塔板数为多少?

4. 在一根长 3m 的色谱柱上,分析某试样时,得两个组分的调整保留时间分别为 13min 及 16min,后者的峰底宽度为 1min,计算:(1)该色谱柱的有效塔板数;(2)两组分的相对保留值;(3)如欲使两组分的分离度 $R=1.5$,需要有效塔板数为多少? 此时应使用多长的色谱柱?

5. 丙烯和丁烯的混合物进入气相色谱柱后测得:空气、丙烯、丁烯保留时间分别为 0.5min、3.5min、4.8min,其相应的峰宽分别为 0.2min、0.8min、1.0min。(1)丁烯在这个柱上的分配比是多少? (2)丙烯和丁烯的分离度是多少?

6. 用甲醇作内标,称取 0.0573g 甲醇和 5.8690g 环氧丙烷试样,混合后进行色谱分析,测得甲醇和水的峰面积分别为 $164mm^2$ 和 $186mm^2$,校正因子分别为 0.59 和 0.56。计算环氧丙烷中水的质量分数。

7. 在一根 2.00m 的硅油柱上分析一个混合物得到下列数据:苯、甲苯及乙苯的保留时间分别为 80s、122s、181s;半峰宽为 0.211cm、0.291cm 及 0.409cm(用读数显微镜测得),已知记录纸速为 $1200mm \cdot h^{-1}$,求此色谱柱对每种组分的理论塔板数及塔板高度。

8. 在一定条件下,两个组分的调整保留时间分别为 85s 和 100s,要达到完全分离,即 $R=1.5$。计算需要多少块有效塔板。若填充柱的塔板高度为 0.1cm,柱长是多少?

9. 已知一柱具有如下方程式 $H=A+B/u+Cu$,其中 $A=0.01cm$, $B=0.30cm^2 \cdot s^{-1}$, $C=0.015s$,求(1)最佳流速;(2)最佳流速所对应的最小塔板高度。(最后结果请保留 3 位小数,$\sqrt{5}=2.236$)

二、气相色谱法

(一) 选择题

1. 为测定某组分的保留指数,气相色谱法一般采取的基准物是(　　　)。
   A. 苯　　　　　　　　B. 正庚烷　　　　　　C. 正构烷烃　　　　D. 正丁烷和丁二烯
2. 气相色谱法常用的载气是(　　　)。
   A. N_2　　　　　　　B. H_2　　　　　　　C. O_2　　　　　　D. He
3. 试指出下列说法中错误的是(　　　)。
   A. 固定液是气相色谱法固定相
   B. N_2、H_2 等是气相色谱流动相
   C. 气相色谱法主要用来分离沸点低,热稳定性好的物质
   D. 气相色谱法是一个分离效能高,分析速度快的分析方法
4. 在气-液色谱法中,首先流出色谱柱的组分是(　　　)。
   A. 溶解能力小　　B. 吸附能力小　　　C. 溶解能力大　　　D. 吸附能力大
5. 在气相色谱分析中,用于定性分析的参数是(　　　)。
   A. 保留值　　　　B. 峰面积　　　　　C. 分离度　　　　D. 半峰宽
6. 在气相色谱分析中,用于定量分析的参数是(　　　)

A. 保留时间　　　　B. 保留体积　　　　C. 半峰宽　　　　D. 峰面积

7. 良好的气-液色谱固定液为（　　　）。

A. 蒸气压低、稳定性好　　　　　　　　B. 化学性质稳定

C. 溶解度大,对相邻两组分有一定的分离能力　　　　D. 以上都是

8. 使用热导池检测器时,应选用（　　　）气体作载气,其效果最好。

A. H_2　　　　B. He　　　　C. Ar　　　　D. N_2

9. 气相色谱分析中,增加载气流速,组分保留时间将（　　　）。

A. 保持不变　　　　B. 缩短　　　　C. 延长　　　　D. 无法预测

10. 在气-液色谱分析中,良好的载体为（　　　）。

A. 粒度适宜、均匀,表面积大

B. 表面没有吸附中心和催化中心

C. 化学惰性、热稳定性好,有一定的机械强度

D. 以上都是

11. 热导池检测器是一种（　　　）。

A. 浓度型检测器

B. 质量型检测器

C. 只对含碳、氢的有机化合物有响应的检测器

D. 只对含硫、磷化合物有响应的检测器

12. 使用氢火焰离子化检测器,选用（　　　）气体作载气最合适。

A. H_2　　　　B. He　　　　C. Ar　　　　D. N_2

13. 色谱分析中,（　　　）对两种物质的分离度没有影响。

A. 增加柱长　　　　　　　　B. 改用更灵敏的检测器

C. 进样速度慢　　　　　　　　D. 柱温变化

14. 当样品中所有组分都能产生可测量的色谱峰时,采用（　　　）进行定量最简单。

A. 外标法　　　　B. 内标法　　　　C. 归一化法　　　　D. 单点校正法

15. 在气相色谱分析中,载气的流速低时,（　　　）的影响较大。

A. 涡流扩散　　　　B. 分子扩散　　　　C. 气相传质阻力　　　　D. 液相传质阻力

16. 与热导池检测器灵敏度无关的因素是（　　　）。

A. 桥电流　　　　B. 载气　　　　C. 色谱柱的类型　　　　D. 池体温度

17. 为了减小分子扩散对峰宽的影响,宜选择（　　　）为载气。

A. 氢气　　　　B. 氦气　　　　C. 氮气　　　　D. 空气

18. TCD 是根据不同物质与载气的（　　　）不同进行检测的。

A. 分配系数　　　　B. 导热系数　　　　C. 电阻温度系数　　　　D. 光吸收系数

19. 分离、分析常规气体一般选择的检测器是（　　　）。

A. TCD　　　　B. FID　　　　C. ECD　　　　D. FPD

20. 用气相色谱法检测环境中农药残留量时,检测器最好选择（　　　）。

A. TCD　　　　B. FID　　　　C. ECD　　　　D. FPD

21. 气相色谱仪进样器需要加热,恒温的原因是( )。

  A. 使样品瞬间气化 　　　　　　　　B. 使气化样品与载气均匀混合

  C. 使进入样品溶剂与测定组分分离 　　D. 使各组分按沸点预分离

22. 气相色谱仪进样器温度控制操作的原则是( )。

  A. 高于样品组分的最高沸点 　　　　　B. 使微小液滴样品完全气化

  C. 等于样品组分的最高沸点 　　　　　D. 高于色谱柱室和检测器的温度

23. 一般而言,毛细管色谱柱比填充色谱柱的柱效能高 10~100 倍,其主要原因是( )。

  A. 毛细管色谱柱比填充色谱柱的柱长要长 1~2 个数量级

  B. 毛细管色谱柱比填充色谱柱的柱口径要小 1~2 个数量级

  C. 毛细管色谱柱比填充色谱柱的固定液用量要少 1~2 个数量级

  D. 毛细管色谱柱比填充色谱柱的传质阻力要小 1~2 个数量级

24. 气相色谱仪色谱柱室的操作温度对分离、分析影响很大,其选择原则是( )。

  A. 在尽可能低的温度下得到尽可能好的分离度

  B. 使分析速度尽可能快

  C. 尽可能减少固定液流失

  D. 尽可能采取较高温度

25. 在进行气相色谱分析时,进样量对分离、分析均有影响,当进样量过小时产生的不利因素是( )。

  A. 色谱峰峰形变差 　　　　　　　　　B. 分离度下降

  C. 重现性变差 　　　　　　　　　　　D. 不能被检测器检出

26. 毛细管气相色谱分析时常采用"分流进样"操作,其主要原因是( )。

  A. 保证取样准确度 　　　　　　　　　B. 防止污染检测器

  C. 与色谱柱容量相适应 　　　　　　　D. 保证样品完全气化

27. 在气相色谱中,为了测定农作物中含氯农药的残留量,最宜选用的检测器是( )。

  A. 热导池检测器 　　　　　　　　　　B. 氢火焰离子化检测器

  C. 电子捕获检测器 　　　　　　　　　D. 火焰光度检测器

28. 在气相色谱中,为了测定啤酒中的微量硫化物,最宜选用的检测器是( )。

  A. 火焰光度检测器 　　　　　　　　　B. 氢火焰离子化检测器

  C. 电子捕获检测器 　　　　　　　　　D. 热导池检测器

29. 在气相色谱中,为了测定酒中水的含量,最宜选用的检测器是( )。

  A. 火焰光度检测器 　　　　　　　　　B. 氢火焰离子化检测器

  C. 电子捕获检测器 　　　　　　　　　D. 热导池检测器

30. 在气相色谱中,为了测定苯和二甲苯的异构体,最宜选用的检测器是( )。

  A. 火焰光度检测器 　　　　　　　　　B. 氢火焰离子化检测器

  C. 电子捕获检测器 　　　　　　　　　D. 热导池检测器

31. 在气相色谱分析中,为了分离非极性的烃类化合物,一般选用( )。

  A. 非极性固定液 　　　　　　　　　　B. 强极性固定液

  C. 氢键型固定液 　　　　　　　　　　D. 中等极性固定液

32. 在气相色谱检测器中通用型检测器是(　　)。

A. 氢火焰离子化检测器　　　　　　　　B. 热导池检测器

C. 示差折光检测器　　　　　　　　　　D. 火焰光度检测器

33. 在气-液色谱中,色谱柱的使用上限温度取决于(　　)。

A. 样品中沸点最高组分的沸点　　　　　B. 样品中各组分沸点的平均值

C. 固定液的沸点　　　　　　　　　　　D. 固定液的最高使用温度

34. 检查气瓶是否漏气,可采用(　　)的方法。

A. 用手试　　　　　　　　　　　　　　B. 用鼻子闻

C. 用肥皂水涂抹　　　　　　　　　　　D. 听是否有漏气声音

35. 气相色谱的主要部件包括(　　)。

A. 气路系统、分光系统、色谱柱、检测器

B. 气路系统、进样系统、色谱柱、检测器

C. 气路系统、原子化装置、色谱柱、检测器

D. 气路系统、光源、色谱柱、检测器

36. 装在高压气瓶的出口,用来将高压气体调节到较小压力的是(　　)。

A. 减压阀　　　　　B. 稳压阀　　　　　C. 针形阀　　　　　D. 稳流阀

37. 启动气相色谱仪时,若使用热导池检测器,有如下操作步骤:①开载气;②气化室升温;③检测室升温;④色谱柱升温;⑤开桥电流;⑥开记录仪。下面(　　)的操作次序是绝对不允许的。

A. ②→③→④→⑤→⑥→①　　　　　　B. ①→②→③→④→⑤→⑥

C. ①→②→③→④→⑥→⑤　　　　　　D. ①→③→②→④→⑥→⑤

38. 热导池检测器中,为得到更高的灵敏度,宜选用的热敏元件电阻值的参数为(　　)。

A. 电阻值低、电阻温度系数小　　　　　B. 电阻值低、电阻温度系数大

C. 电阻值高、电阻温度系数小　　　　　D. 电阻值高、电阻温度系数大

39. 气相色谱分析中,对浓度型检测器而言,当载气流速增大,检测器灵敏度将(　　)。

A. 变大　　　　　B. 不变　　　　　C. 变小　　　　　D. 无法确定

40. 氢火焰离子化检测器对(　　)物质有很高的检测灵敏度。

A. 含碳有机物　　　　　　　　　　　　B. 不含碳物质

C. 永久性气体　　　　　　　　　　　　D. CO、H_2O、HCl 等

41. 下述方法中(　　)不属于常用的气相色谱定量测定方法。

A. 匀称线对法　　　B. 标准曲线法　　　C. 内标法　　　D. 归一化法

42. 氢火焰离子化检测器的灵敏度受到载气的影响,不同的载气对灵敏度的影响并不相同,选择(　　)作载气的灵敏度略高。

A. N_2　　　　　B. H_2　　　　　C. Ar　　　　　D. Ne

43. 关闭气相色谱仪的先后顺序是(　　)。

A. 关闭载气,设置柱温、气化室温度、检测器温度为50℃,关闭燃气、助燃气开关,关闭仪器主机电源总开关

B. 关闭燃气、助燃气开关,设置柱温、气化室温度、检测器温度为50℃,设置桥电流为零,待柱温、气化室温度、检测器温度为50℃时关闭仪器主机电源总开关,15min后关闭载气

C. 关闭燃气、助燃气开关,设置柱温、气化室温度、检测器温度为50℃,设置桥电流为零,

待柱温、气化室温度、检测器温度为 50℃时关闭仪器主机电源总开关

    D. 设置柱温、气化室温度、检测器温度为 50℃,设置桥电流为零,待柱温、气化室温度、检测器温度为 50℃时关闭仪器主机电源总开关,关闭燃气、助燃气开关

44. 氢火焰离子化检测器的检测依据是(　　　)。

    A. 不同溶液折射率不同　　　　　　　　B. 被测组分对紫外光的选择性吸收

    C. 有机分子在氢氧焰中发生电离　　　　D. 不同气体导热系数不同

45. 在气-固色谱中,样品中各组分的分离是基于(　　　)。

    A. 组分性质的不同　　　　　　　　　　B. 组分在吸附剂上吸附能力的不同

    C. 组分溶解度的不同　　　　　　　　　D. 组分在吸附剂上脱附能力的不同

46. 热导池检测器的灵敏度随着桥电流增大而增大,因此,在实际操作时桥电流应该(　　　)。

    A. 越大越好　　　　　　　　　　　　　B. 越小越好

    C. 选用最高允许电流　　　　　　　　　D. 在灵敏度满足需要时尽量用小桥电流

47. 下列气相色谱操作条件中,正确的是(　　　)。

    A. 载气的导热系数尽可能与被测组分的导热系数接近

    B. 使最难分离的物质在能很好分离的前提下,尽可能采用较低的柱温

    C. 实际选择载气流速时,一般低于最佳流速

    D. 检测室温度应低于柱温,而气化温度越高越好

48. 检测器的线性范围是指(　　　)。

    A. 检测曲线呈直线部分的范围

    B. 检测器响应呈线性时,最大允许进样量与最小允许进样量之比

    C. 检测器响应呈线性时,最大允许进样量与最小允许进样量之差

    D. 检测器最大允许进样量与最小检测量之比

49. 在气相色谱分析中,当用非极性固定液来分离非极性组分时,各组分的出峰顺序是(　　　)。

    A. 按质量的大小,质量小的组分先出

    B. 按沸点的大小,沸点小的组分先出

    C. 按极性的大小,极性小的组分先出

    D. 无法确定

50. 在气-液色谱固定相中,担体的作用是(　　　)。

    A. 提供大的表面涂上固定液　　　　　　B. 吸附样品

    C. 分离样品　　　　　　　　　　　　　D. 脱附样品

51. 在环境保护中,常要监测水源中的多环芳烃,宜采用的检测器为(　　　)。

    A. 电子捕获检测器　　　　　　　　　　B. 示差折光检测器

    C. 荧光检测器　　　　　　　　　　　　D. 电化学检测器

52. 应用气相色谱方法来测定痕量硝基化合物,宜选用的检测器为(　　　)。

    A. 热导池检测器　　　　　　　　　　　B. 氢火焰离子化检测器

    C. 电子捕获检测器　　　　　　　　　　D. 火焰光度检测器

53. 应用新的热导池检测器后,发现噪声水平是老的检测器的一半,而灵敏度加倍,与老的检测器相比,应用新的检测器后使某一有机物的检测限(　　　)。

    A. 减少为原来的 1/4　　　　　　　　　B. 减少为原来的 1/2

C. 基本不变　　　　　　　　　　　　　D. 增加原来的 1/4

54. 分离有机胺时,最好选用的色谱柱为(　　)。

A. 非极性固定液柱　　　　　　　　　B. 低沸点固定液柱

C. 尺寸排阻色谱柱　　　　　　　　　D. 氢键型固定液柱

55. 分析挥发性宽沸程试样时,采用的方法是(　　)。

A. 离子交换色谱法　　　　　　　　　B. 尺寸排阻色谱法

C. 梯度洗脱液相色谱法　　　　　　　D. 程序升温气相色谱法

56. 在气相色谱法中,调整保留值实际上反映了(　　)的分子间相互作用。

A. 组分与载气　　　　　　　　　　　B. 组分与固定相

C. 组分与组分　　　　　　　　　　　D. 载气与固定相

57. 在气相色谱和液相色谱中,影响柱选择性不同的因素是(　　)。

A. 固定相的种类　　B. 柱温　　　　C. 流动相的种类　　D. 分配比

58. 硅藻土型载体,常用的处理方法有(　　)。

A. 酸洗　　　　　　B. 碱洗　　　　C. 硅烷化　　　　D. 以上都是

59. 将纯苯与组分 i 配成混合液,进行气相色谱分析,测得当纯苯注入量为 $0.435\mu g$ 时的峰面积为 $4.00cm^2$,组分 i 注入量为 $0.653\mu g$ 时的峰面积为 $6.50cm^2$,当组分 i 以纯苯为标准时,相对定量校正因子是(　　)。

A. 2.44　　　　　　B. 1.08　　　　C. 0.924　　　　D. 0.462

60. 对聚苯乙烯相对分子质量进行分级分析,应采用的色谱方法为(　　)。

A. 离子交换色谱法　　　　　　　　　B. 液-固色谱法

C. 尺寸排阻色谱法　　　　　　　　　D. 液-液色谱法

61. 在气-液色谱分析中,组分与固定相间的相互作用主要表现为(　　)。

A. 吸附-脱附　　　B. 溶解-挥发　　C. 离子交换　　　D. 空间排阻

62. 程序升温气相色谱采用双柱双气路的作用是(　　)。

A. 使基线漂移得到补偿　　　　　　　B. 使色谱柱加热均匀

C. 防止固定液流失　　　　　　　　　D. 使载气流量稳定

63. 镇静剂药的气相色谱图在 3.50min 时显示一个色谱峰,峰底宽度相当于 0.90min,在 1.5m 的色谱柱中理论塔板数是(　　)。

A. 62　　　　　　　B. 124　　　　　C. 242　　　　　D. 484

64. 下列气相色谱仪的检测器中,属于质量型检测器的是(　　)。

A. 热导池和火焰离子化检测器　　　　B. 火焰光度和火焰离子化检测器

C. 热导池和电子捕获检测器　　　　　D. 火焰光度和电子捕获检测器

65. 在气相色谱法中,使被测物保留时间缩短的原因是(　　)。

A. 流动相的相对分子质量的增大　　　B. 柱温的升高

C. 从入口至出口的压力降的降低　　　D. 固定相量的增加

66. 在气相色谱法中,可以利用文献记载的保留数据定性,目前最有参考价值的是(　　)。

A. 调整保留体积　　　　　　　　　　B. 相对保留值

C. 保留指数　　　　　　　　　　　　D. 相对保留值和保留指数

67. 气-液色谱中,两个溶质的分离度与(　　)无关。

A. 增加柱长　　　　　　　　　　　　B. 改用更灵敏的检测器

C. 较慢地进样　　　　　　　　　　　D. 改变固定液的化学性质

68. 根据热导池检测器的检测原理,它测量的是(　　)。

A. 参比池中载气与测量池中载气加组分的二元混合物导热系数之差

B. 参比池中载气与测量池中组分的导热系数之差

C. 参比池中组分加载气二元混合体系与测量池中载气的导热系数之差

D. 参比池中组分与测量池中载气的导热系数之差

69. 对于氢火焰离子化检测器,下列条件不是主要的是(　　)。

A. 载气流速　　　　B. 氢气流速　　　　C. 空气流速　　　　D. 检测器温度

70. 氢火焰离子化检测器优于热导池检测器的主要原因是(　　)。

A. 装置简单　　　　　　　　　　　　B. 更灵敏

C. 可以检出许多有机化合物　　　　　D. 较短的柱能够完成同样的分离

71. 电子捕获检测器最适合测定的物质是(　　)。

A. 具有电负性的物质　　　　　　　　B. 硫磷化合物

C. 永久性气体　　　　　　　　　　　D. 含卤素、硫、磷、氮等杂原子的有机化合物

72. 分析高聚物的组成及结构,可采用的气相色谱法是(　　)。

A. 气-固色谱　　　　B. 气-液色谱　　　　C. 毛细管色谱　　　　D. 裂解气相色谱

73. 在气相色谱分析中,提高柱温,色谱峰(　　)。

A. 峰高降低,峰变窄　　　　　　　　B. 峰高增加,峰变宽

C. 峰高降低,峰变宽　　　　　　　　D. 峰高增加,峰变窄

74. 在气-液色谱分析中,正确的说法是(　　)。

A. 柱温只影响组分的气化与冷凝　　　B. 柱温只影响动力学因素

C. 柱温只影响热力学因素　　　　　　D. 柱温影响动力学因素和热力学因素

75. 在气相色谱填充柱中,固定液用量相对较高且载气流速也不是很快,此时影响色谱柱效能的各因素中可以忽略的是(　　)。

A. 涡流扩散　　　　B. 分子扩散　　　　C. 气相传质阻力　　　　D. 液相传质阻力

76. 在气-固色谱分析中,色谱柱内装入的固定相为(　　)。

A. 一般固体物质　　　B. 载体　　　　C. 载体＋固定液　　　D. 固体吸附剂

77. 下列各种气体,所用钢瓶的颜色是(　　)。

$(1)H_2$　$(2)Ar$　$(3)O_2$　$(4)C_2H_2$　$(5)N_2$

A. 天蓝　　　　　B. 深绿　　　　　C. 黑色　　　　　D. 白色　　　　　E. 灰色

78. 下述说法中错误的是(　　)。

A. 根据色谱峰的保留值可以进行定性

B. 根据色谱峰的面积可以进行定量测定

C. 根据色谱峰的峰高可以进行定量测定

D. 色谱图上峰的个数等于试样中组分数

E. 色谱峰的区域宽度体现了组分在柱中的运动情况

79. 当对一个试样进行色谱分离时,首先要选择的是(　　)。

A. 载气　　　　　B. 固定相　　　　　C. 检测器　　　　　D. 柱温

E. 流速

80. 在色谱分析中,与含量成正比的是(　　　)。
A. 保留体积　　　　B. 保留时间　　　　C. 相对保留值　　　D. 峰高
E. 峰面积

81. 对某一组分来说,在一定的柱长下,色谱峰的宽或窄主要取决于组分在色谱柱中的(　　　)。
A. 保留值　　　　　B. 分配系数　　　　C. 扩散速度　　　　D. 分配比
E. 理论塔板数

82. 在色谱流出曲线上,两峰间距离取决于相应两组分在两相间的(　　　)。
A. 分配比　　　　　B. 分配系数　　　　C. 扩散速度　　　　D. 理论塔板数
E. 理论塔板高度

83. 在色谱分析中,评价分离条件选择的好坏,可用(　　　)。
A. 理论塔板数　　　B. 理论塔板高度　　C. 选择性　　　　　D. 相对保留值
E. 分离度

84. 衡量色谱柱柱效能的参数是(　　　)。
A. 保留值　　　　　B. 半峰宽　　　　　C. 峰宽　　　　　　D. 峰高
E. 标准偏差

85. 描述色谱柱的总分离效能指标是(　　　)。
A. 理论塔板数　　　B. 理论塔板高度　　C. 选择性　　　　　D. 相对保留值
E. 分离度

86. 在色谱分析中,评价固定液选择是否恰当,可用(　　　)。
A. 保留值　　　　　B. 调整保留值　　　C. 相对保留值　　　D. 塔板数
E. 理论塔板高度

87. 下列说法中错误的是(　　　)。
A. 色谱图上两峰间的距离越大,则两组分在固定相上热力学性质相差越大
B. 色谱图上两峰间的距离越大,则在气-液色谱中,两组分的分配系数相差越大
C. 色谱图上两峰间的距离越大,则色谱柱的柱效能越高
D. 色谱图上两峰间的距离越大,则色谱柱的选择性越好
E. 色谱图上两峰间的距离越大,则分离度越大

88. 假如一个溶质的分配比为 0.1,则它在色谱柱的流动相中的分数是(　　　)。
A. 9.1%　　　B. 10%　　　C. 90%　　　D. 91%　　　E. 99%

89. 在色谱法中,被分离组分的保留值小于死时间的方法是(　　　)。
A. 气-固色谱　　　B. 气-液色谱　　　C. 尺寸排阻色谱
D. 离子交换色谱　　E. 反相液相色谱

90. 在色谱分析中,要使两组分完全分离,分离度应是(　　　)。
A. 0.1　　　B. 0.5　　　C. 0.75　　　D. 1.0　　　E. $\geqslant 1.5$

91. 在色谱法中,当两组分未能完全分离时,一般认为(　　　)。
A. 色谱柱的理论塔板数低　　　　　　B. 色谱柱的选择性差
C. 色谱柱的分辨率低　　　　　　　　D. 色谱柱的分配比小
E. 色谱柱的理论塔板高度大

92. 在其他条件相同下,若理论塔板数增加一倍,两个邻近峰的分离度将( )。

A. 减少为原来的 $1/\sqrt{2}$ B. 增加 1 倍

C. 增加 $\sqrt{2}$ 倍 D. 增加 $2\sqrt{2}$ 倍

E. 增加 4 倍

93. 在气相色谱中,实验室之间可以通用的定性参数是( )。

A. 保留时间 B. 调整保留时间 C. 调整保留体积

D. 保留体积 E. 相对保留值

94. 涉及色谱过程热力学和动力学两方面因素的是( )。

A. 保留值 B. 分离度 C. 相对保留值

D. 峰面积 E. 半峰宽

95. 对色谱柱的分离效率最有影响的是( )。

A. 柱压 B. 载气种类 C. 柱温

D. 柱的长短 E. 载气流速

96. 关于范弟姆特方程式,下列说法正确的是( )。

A. 最佳流速这一点,塔板高度最大 B. 最佳流速这一点,塔板高度最小

C. 塔板高度最小时,流速最小 D. 塔板高度最小时,流速最大

E. 塔板高度与流速成正比

97. 固定液的选择性可用( )来衡量。

A. 保留值 B. 相对保留值 C. 分配系数

D. 分离度 E. 理论塔板数

98. 在气-液色谱中,用热导池为检测器,采用空气测量死时间,只会出现一个峰,其原因是( )。

A. 柱效能太低 B. 柱子太短 C. 容量因子太小

D. 分离度太低 E. 固定相无选择性

99. 气-液色谱中,溶质与担体的相互作用,常会导致( )。

A. 形成非常窄的洗提峰 B. 过度的涡流扩散

C. 不对称的洗提峰有拖尾 D. 降低检测器的灵敏度

E. 保留时间增加

100. 在气-液色谱中,要求色谱柱的柱温恒定是因为( )。

A. 组分在气体中的扩散系数大

B. 组分在气体中的扩散系数随温度的变化大

C. 组分在气-液两相的分配系数随温度变化大

D. 保留时间随柱温的变化大

E. 保留指数随柱温的变化大

101. 若要求分析强腐蚀的组分,宜选用下列哪种担体? ( )

A. 氟担体 B. 玻璃微球担体 C. 高分子多孔微球

D. 白色担体 E. 红色担体

102. 固定相老化的目的是( )。

A. 除去表面吸附的水分

B. 除去固定相中的粉状物质

C. 除去固定相中残留的溶剂及其他挥发性物质

D. 进行活化

E. 提高分离效能

103. 检测器的主要技术指标有下列五个,其中不仅与检测器的性能有关,还与柱效能以及操作条件有关的是( )。

A. 灵敏度　　　　B. 敏感度　　　　C. 最小检测量

D. 线性范围　　　E. 响应时间

104. 下列色谱操作条件,正确的是( )。

A. 载气的导热系数尽可能与被测组分的导热系数接近

B. 使最难分离的物质能很好分离的前提下,尽可能采用较低的柱温

C. 担体的粒度越细越好

D. 气化温度越高越好

E. 检测室温度应低于柱温

105. 对于氢火焰离子化检测器,下列条件不是主要的为( )。

A. 载气流速　　　B. 氢气流速　　　C. 空气流速

D. 检测器温度　　E. 极化电压

106. 相对校正因子(f')与下列( )有关。

A. 试样　　　　　B. 固定液性质　　C. 基准物质

D. 柱温　　　　　E. 检测器类型

107. 若在色谱柱前安装一个氧化锌预处理柱,则下列可被除去的物质是( )。

A. 烷烃　　　　　B. 羧酸　　　　　C. 芳烃

D. 环烷烃　　　　E. 酮

108. 使用气相色谱仪时,有下列几个步骤:① 打开桥电流开关;②打开记录仪开关;③通载气;④升柱温及检测室温度;⑤启动色谱仪开关。下列次序正确的是( )。

A. ①→②→③→④→⑤　　　　　B. ②→③→④→⑤→①

C. ③→⑤→④→①→②　　　　　D. ⑤→③→④→①→②

E. ⑤→④→③→②→①

109. 高压液相色谱仪与气相色谱仪比较,增加了( )。

A. 储液器　　　　B. 恒温器　　　　C. 高压泵

D. 程序升温　　　E. 梯度淋洗装置

110. 在液相色谱中,应用梯度洗提的好处是( )。

A. 分离时间缩短　　　　　　　B. 分辨能力增加

C. 峰形改善　　　　　　　　　D. 提高了最小检测量

E. 提高了定量分析的精度

111. 有下列五种液相色谱类型,样品峰全部在溶剂峰之前流出的是( )。

A. 液-液色谱法　　B. 液-固色谱法　　C. 离子交换色谱法

D. 离子排斥色谱法　E. 尺寸排阻色谱法

112. 在液相色谱中,影响色谱峰展宽的主要因素是( )。

A. 纵向扩散　　　B. 涡流扩散　　　C. 传质阻力

D. 柱前展宽　　　E. 柱后展宽

113. 气相色谱分析时进样时间应控制在 1s 以内。（　　　）

A. 正确　　　　　　　B. 不正确

114. 气相色谱固定液必须不能与载体、组分发生不可逆的化学反应。（　　　）

A. 正确　　　　　　　B. 不正确

115. 载气流速对不同类型气相色谱检测器响应值的影响不同。（　　　）

A. 正确　　　　　　　B. 不正确

116. 气相色谱检测器灵敏度高并不等于敏感度好。（　　　）

A. 正确　　　　　　　B. 不正确

117. 气相色谱中的色散力是非极性分子间唯一的相互作用力。（　　　）

A. 正确　　　　　　　B. 不正确

118. 气相色谱法测定中随着进样量的增加,理论塔板数上升。（　　　）

A. 正确　　　　　　　B. 不正确

119. 气相色谱分析时,载气在最佳线速下,柱效能高,分离速度较慢。（　　　）

A. 正确　　　　　　　B. 不正确

120. 测定气相色谱法的校正因子时,其测定结果的准确度,受进样量的影响。（　　　）

A. 正确　　　　　　　B. 不正确

121. 气相色谱所用载气应该经过净化。（　　　）

A. 正确　　　　　　　B. 不正确

122. 气相色谱的固定相可以是固体,也可以是液体。（　　　）

A. 正确　　　　　　　B. 不正确

123. 在 TCD 的使用中,原则上讲,载气与被测物的导热系数之差越小越好。（　　　）

A. 正确　　　　　　　B. 不正确

124. 色谱柱越长,内径越小,柱温越低,需要越高的柱前压。（　　　）

A. 正确　　　　　　　B. 不正确

125. 从分析方法来说,分析的重现性和重复性是相同的概念。（　　　）

A. 正确　　　　　　　B. 不正确

126. 气相色谱仪色谱柱的作用是分离样品各组分,同时保证检测灵敏度。（　　　）

A. 正确　　　　　　　B. 不正确

127. 电子捕获检测器(ECD)对含电负性基团化合物的响应信号特别强。（　　　）

A. 正确　　　　　　　B. 不正确

128. 当操作条件(载气流速、色谱柱温度)改变时,色谱峰的定性分析参数(保留时间)、柱效能参数(区域宽度)及定量分析参数(峰面积)都会改变。（　　　）

A. 正确　　　　　　　B. 不正确

129. 色谱柱操作温度一般尽可能采取低温,如此操作是为了有效防止固定液的流失。（　　　）

A. 正确　　　　　　　B. 不正确

130. GC-MS 定性分析结果准确度高,是因为质谱仪有很高的定性分析能力。（　　　）

A. 正确　　　　　　　B. 不正确

131. 热导池灵敏度和桥电流的三次方成正比,因此在一定的范围内增加桥电流可使灵敏度迅速增大。（　　　）

A. 正确　　　　　　B. 不正确

132. 使用热导池检测器时,必须在有载气通过热导池的情况下,才能对桥电路供电。(　　)

A. 正确　　　　　　B. 不正确

133. 气相色谱微量注射器使用前要先用 HCl 洗净。(　　)

A. 正确　　　　　　B. 不正确

134. 气相色谱仪的结构是气路系统、进样系统、色谱分离系统、检测系统、数据处理及显示系统所组成。(　　)

A. 正确　　　　　　B. 不正确

135. 热导池检测器(TCD)的清洗方法通常将丙酮、乙醚、十氢萘等溶剂装满检测器的测量池,浸泡约 20min 后倾出,反复进行多次至所倾出的溶液比较干净为止。(　　)

A. 正确　　　　　　B. 不正确

136. 通常气相色谱进样器(包括气化室)的污染处理是应先疏通后清洗。主要的污染物是进样隔垫的碎片、样品中被碳化的高沸点物等,对这些固态杂质可用不锈钢捅针疏通,然后再用乙醇或丙酮冲洗。(　　)

A. 正确　　　　　　B. 不正确

137. 气相色谱分析中,调整保留时间是组分从进样到出现峰最大值所需的时间。(　　)

A. 正确　　　　　　B. 不正确

(二) 简答题

1. 为什么气相色谱填充柱的时候要装得均匀?

2. 毛细管气相色谱分析时,加吹尾气的目的是什么?

3. 在顶空气相色谱法分析水中样品的采样中,加入一些盐是依据什么原理?

4. FID 检测器在 60℃ 条件下分析一段时间后,发现检测器灵敏度下降,噪声增加,最可能的原因是什么?

5. 在 TCD 检测器的日常使用中,怎样防止样品或固定液冷凝?

6. 检测器温度的设置原则?

7. TCD 使用注意事项有哪些?

8. 为了检验气相色谱仪的整个流路是否漏气,比较简单而快速的方法是什么?

9. 什么是谱带展宽?

10. 对载体和固定液的要求分别是什么?

11. 试分析一个优良气相色谱检测器应具备的条件。

12. 请写出气相色谱仪常用的五种检测器的名称及检测的对象。

13. 以聚乙二醇-400 为固定液,对丁二烯原料进行气相色谱分析。已知原料中含水、甲醇、乙醛、乙醚、乙醇、1-丙醇,预测它们的出峰次序。已知它们的沸点分别为 100℃、65℃、20.8℃、46℃、78.5℃、97.4℃。

14. 分别说明硅藻土载体 Chromosorb WAW DMCS 中"W"、"AW"、"DMCS"的含义。

15. 制备色谱填充柱时,应注意哪些问题?

16. 气相色谱分析,柱温的选择主要考虑哪些因素?

17. 评价气相色谱检测器性能的主要指标有哪些?

18. 气相色谱定量的依据是什么? 为什么要引入定量校正因子? 有哪些主要的定量方

法？各适于什么情况？

19. 在气相色谱分析中,如果色谱柱一定,优化分离主要靠调节什么参数？载气流速对色谱柱的理论塔板高度有什么影响？

20. 请写出气相色谱仪的五大组成部分,并简述每一部分的功能。

21. 什么是程序升温？在什么情况下应用程序升温？它有什么优点？

22. 简要说明气相色谱分析的基本原理。

23. 气相色谱柱老化的目的是什么？怎样进行老化？

24. 在高效液相色谱中,提高柱效能最有效的途径是什么？

25. 在电子积分仪或计算机数据处理系统中,控制色谱峰面积准确度的积分参数是什么？

（三）计算题

1. 热导池检测器的灵敏度测定:进纯苯 1mL,苯的色谱峰高为 4mV,半峰宽为 1min,柱出口载气流速为 20mL·min^{-1},求该检测器的灵敏度(苯的密度为 0.88g·mL^{-1})。若仪器噪声为 0.02mV,计算其检测限。

2. 一液体混合物中,含有苯、甲苯、邻二甲苯、对二甲苯。用气相色谱法,以热导池为检测器进行定量,苯的峰面积为 1.26cm^2,甲苯为 0.95cm^2,邻二甲苯为 2.55cm^2,对二甲苯为 1.04cm^2。求各组分的含量。(质量校正因子:苯 0.780、甲苯 0.794、邻二甲苯 0.840、对二甲苯 0.812)

三、高效液相色谱法

（一）选择题

1. 关于高效液相色谱流动相的叙述正确的是(　　)。
A. 靠输液泵压力驱动　　　　　　　　B. 靠重力驱动
C. 靠钢瓶压力驱动　　　　　　　　　D. 以上说法都不对

2. 高效液相色谱和经典液相色谱的主要区别是(　　)。
A. 高温　　　　　B. 高效　　　　　C. 柱短　　　　　D. 上样量

3. 与气相色谱相比,高效液相色谱的纵向扩散项可以忽略,这主要是由于(　　)。
A. 柱内温度低
B. 柱后压力低
C. 组分在液相色谱中的分配系数小
D. 组分在液相中的扩散系数比在气相中的扩散系数小得多

4. 在高效液相色谱中,通用型的检测器是(　　)。
A. 紫外-可见检测器　　　　　　　　B. 荧光检测器
C. 示差折光检测器　　　　　　　　　D. 电化学检测器

5. 高效液相色谱中色谱柱常采用(　　)。
A. 直形柱　　　　B. 螺旋柱　　　　C. U 形柱　　　　D. 玻璃螺旋柱

6. 液相色谱中用于定性的参数为(　　)。
A. 保留时间　　　B. 基线宽度　　　C. 峰高　　　　　D. 峰面积

7. 液相色谱分析中能够最有效提高色谱柱效能的途径是(　　)。
A. 适当升高柱温　　　　　　　　　　B. 适当提高柱前压力
C. 增大流动相流速　　　　　　　　　D. 减少填料颗粒直径,提高装填的均匀性

8. 在液相色谱中,范弟姆特方程中对柱效能的影响可以忽略的是( )。

A. 涡流扩散项   B. 分子扩散项

C. 流动区域的流动相传质阻力   D. 停滞区域的流动相传质阻力

9. 在高固定液含量色谱柱的情况下,为了使柱效能提高,可选用( )。

A. 适当提高柱温   B. 增加固定液含量

C. 增大载体颗粒直径   D. 增加柱长

10. 在液相色谱中,为了提高分离效率,缩短分析时间,应采用的装置是 ( )。

A. 高压泵   B. 梯度淋洗   C. 储液器   D. 加温

11. 在液相色谱中,某组分的保留值大小实际反映了( )分子间作用力。

A. 组分与流动相   B. 组分与固定相

C. 组分与流动相和固定相   D. 组分与组分

12. 在液-液分配色谱中,下列固定相/流动相的组成符合反相色谱形式的是( )。

A. 石蜡油/正己烷   B. 石油醚/苯   C. 甲醇/水   D. 氯仿/水

13. 在液-液分配色谱中,下列固定相/流动相的组成符合正相色谱形式的是( )。

A. 甲醇/石油醚   B. 氯仿/水   C. 石蜡油/正己烷   D. 甲醇/水

14. 在中性氧化铝吸附柱上,以极性溶剂作流动相,下列物质中先流出色谱柱的是( )。

A. 正丁醇   B. 正己烷   C. 苯   D. 甲苯

15. 离子交换色谱适用于分离( )。

A. 非电解质   B. 电解质   C. 小分子有机物   D. 大分子有机物

16. 欲用吸附色谱法分离极性较强的组分,应采用( )。

A. 活性高的固定相和极性强的流动相

B. 活性高的固定相和极性弱的流动相

C. 活性低的固定相和极性弱的流动相

D. 活性低的固定相和极性强的流动相

17. 用氧化铝吸附剂分离碱性物质,可选择( )。

A. 酸性氧化铝   B. 中性或碱性氧化铝

C. 中性或酸性氧化铝   D. 以上三种均可用

18. 液-固色谱法中,样品各组分的分离依据是( )。

A. 各组分的化学性质不同

B. 各组分在流动相的溶解度不同

C. 各组分的挥发性不同

D. 吸附剂对各组分的吸附力不同

19. 用高效液相色谱法分析维生素,应选用( )较好。

A. 紫外光度检测器   B. 氢火焰检测器

C. 火焰光度检测器   D. 示差折光检测器

20. 用高效液相色谱法测定生物样品中的 Cl^-、PO_4^{3-}、$C_2O_4^{2-}$ 的含量,应选择( )最佳。

A. 紫外光度检测器   B. 荧光检测器

C. 示差折光检测器   D. 电导检测器

21. 高效液相色谱法的分离效能比经典液相色谱法高,主要原因是( )。

A. 载液种类多   B. 操作仪器化

C. 采用高效固定相　　　　　　　　　　D. 采用高灵敏度检测器

22. 采用正相分配色谱(　　　)。

A. 流动相极性应小于固定相极性　　　　B. 适于分离极性小的组分

C. 极性大的组分先出峰　　　　　　　　D. 极性小的组分后出峰

23. 反相液-液分配色谱是(　　　)。

A. 流动相为极性,固定相为非极性　　　B. 流动相为非极性,固定相为极性

C. 流动相为极性,固定相为极性　　　　D. 流动相为非极性,固定相为非极性

24. 高效液相色谱法中,对于极性组分,当增大流动相的极性,可使其保留值(　　　)。

A. 不变　　　　　B. 增大　　　　　C. 减小　　　　　D. 增大或减小

25. 选择色谱分离方法的主要根据是试样中相对分子质量的大小、在水中和有机相中的溶解性、极性、稳定性及化学结构等物理性质和化学性质。对于相对分子质量高于 2000 的,则首先考虑(　　　)。

A. 气相色谱　　　　　　　　　　　　B. 尺寸排阻色谱

B. 离子交换色谱　　　　　　　　　　D. 液-液分配色谱

26. 选择色谱分离方法的主要根据是试样中相对分子质量的大小、在水中和有机相中的溶解性、极性、稳定性及化学结构等物理性质和化学性质。挥发性比较好,加热又不易分解的样品,则首先考虑(　　　)。

A. 气相色谱　　　　　　　　　　　　B. 尺寸排阻色谱

B. 离子交换色谱　　　　　　　　　　D. 液-液分配色谱

27. 正己烷、正己醇和苯在正相色谱中的洗脱顺序依次为(　　　)。

A. 正己烷先流出,然后是正己醇,苯最后流出

B. 正己醇先流出,然后是正己烷,苯最后流出

C. 正己烷先流出,然后是苯,正己醇最后流出

D. 正己醇先流出,然后是苯,正己烷最后流出

28. 正己烷、正己醇和苯在反相色谱中的洗脱顺序依次为(　　　)。

A. 正己烷先流出,然后是正己醇,苯最后流出

B. 正己醇先流出,然后是正己烷,苯最后流出

C. 正己烷先流出,然后是苯,正己醇最后流出

D. 正己醇先流出,然后是苯,正己烷最后流出

29. 在液相色谱法中,按分离原理分类,液-固色谱法属于(　　　)。

A. 分配色谱法　　　B. 排阻色谱法　　　C. 离子交换色谱法　　　D. 吸附色谱法

30. 在高效液相色谱流程中,试样混合物在(　　　)中被分离。

A. 检测器　　　　　B. 记录器　　　　　C. 色谱柱　　　　　D. 进样器

31. 液相色谱流动相过滤必须使用(　　　)粒径的过滤膜。

A. $0.5\mu m$　　　　　B. $0.45\mu m$　　　　　C. $0.6\mu m$　　　　　D. $0.55\mu m$

32. 在液相色谱中,为了改变色谱柱的选择性,可以进行(　　　)。

A. 改变流动相的种类或柱子　　　　　　B. 改变固定相的种类或柱长

C. 改变固定相的种类和流动相的种类　　D. 改变填料的粒度和柱长

33. 一般评价烷基键合相色谱柱时所用的流动相为(　　　)。

A. 甲醇/水(83/17)　　　　　　　　　B. 甲醇/水(57/43)

C. 正庚烷/异丙醇(93/7)   D. 乙腈/水(1.5/98.5)

34. 下列用于高效液相色谱的检测器,( )不能使用梯度洗脱。

A. 紫外检测器   B. 荧光检测器

C. 蒸发光散射检测器   D. 示差折光检测器

35. 在高效液相色谱中,色谱柱的长度一般范围在( )。

A. 10~30cm   B. 20~50m   C. 1~2m   D. 2~5m

36. 在环保分析中,常要监测水中多环芳烃,如用高效液相色谱分析,应选用的检测器是( )。

A. 荧光检测器   B. 示差折光检测器

C. 电导检测器   D. 紫外吸收检测器

37. 在液相色谱中,不会显著影响分离效果的是( )。

A. 改变固定相种类   B. 改变流动相流速

C. 改变流动相配比   D. 改变流动相种类

38. 不是高效液相色谱仪中的检测器是( )。

A. 紫外吸收检测器   B. 红外检测器

C. 示差折光检测器   D. 电导检测器

39. 高效液相色谱仪与气相色谱仪比较增加了( )。

A. 恒温箱   B. 进样装置   C. 程序升温   D. 梯度淋洗装置

40. 在高效液相色谱仪中保证流动相以稳定的速度流过色谱柱的部件是( )。

A. 储液器   B. 输液泵   C. 检测器   D. 温控装置

41. 高效液相色谱、原子吸收分析用标准溶液的配制一般使用( )。

A. 国标规定的一级、二级去离子水   B. 国标规定的三级水

C. 不含有机物的蒸馏水   D. 无铅(无重金属)水

42. 液-液色谱法中的反相液相色谱法,其固定相、流动相和分离化合物的性质分别为( )。

A. 非极性、极性和非极性   B. 极性、非极性和非极性

C. 极性、非极性和极性   D. 非极性、极性和离子化合物

43. 用液相色谱法分离长链饱和烷烃的混合物,应采用的检测器是( )。

A. 紫外吸收检测器   B. 示差折光检测器

C. 荧光检测器   D. 电化学检测器

44. 在液相色谱中,梯度洗脱最宜于分离( )。

A. 几何异构体   B. 沸点相近,官能团相同的试样

C. 沸点相差大的试样   D. 分配比变化范围宽的试样

45. 下列色谱分析方法中,吸附起主要作用的是( )。

A. 离子色谱法   B. 凝胶色谱法   C. 液-固色谱法   D. 液-液色谱法

46. 高效液相色谱法最适宜的分析对象是( )。

A. 低沸点小分子有机化合物   B. 所有的有机化合物

C. 高沸点、难溶解的无机化合物   D. 高沸点、不稳定的大分子有机化合物

47. 下列方法中最适合分离结构异构体的方法是( )。

A. 凝胶色谱法   B. 离子交换法   C. 吸附色谱法   D. 离子色谱法

48. 在液相色谱中,影响色谱峰展宽的主要因素是(　　)。

A. 纵向扩散　　　　B. 涡流扩散　　　　C. 传质阻力　　　　D. 柱前展宽

49. 用离子交换色谱分析阴离子时,保留时间的顺序为(　　)。

A. $F^->Cl^->NO_3^->SO_4^{2-}$　　　　　　B. $SO_4^{2-}>NO_3^->Cl^->F^-$

C. $Cl^->F^->SO_4^{2-}>NO_3^-$　　　　　　D. $NO_3^->F^->Cl^->SO_4^{2-}$

(二) 判断题

1. 分配色谱的固定相是由固定液涂渍在担体上构成的。担体应是多孔固体颗粒,具有化学惰性,表面没有活性,热稳定性好,有一定的机械强度。(　　)

A. 正确　　　　　　B. 不正确

2. 混合组分在吸附柱色谱上的分离过程为吸附、解吸、再吸附、再解吸……的过程。(　　)

A. 正确　　　　　　B. 不正确

3. 分配色谱法是利用固定相对被分离组分吸附力的差异以达到分离。(　　)

A. 正确　　　　　　B. 不正确

4. 吸附色谱法是利用被分离组分在固定相和流动相中分配系数的差异来达到分离。(　　)

A. 正确　　　　　　B. 不正确

5. 离子交换色谱法是利用被分离离子的大小来达到分离。(　　)

A. 正确　　　　　　B. 不正确

6. 阳离子交换树脂中可交换的离子为阳离子,阴离子交换树脂中可交换的离子为阴离子。(　　)

A. 正确　　　　　　B. 不正确

7. 凝胶色谱法根据被分离组分分子的大小而进行分离。大分子受阻滞程度大,后流出柱子。(　　)

A. 正确　　　　　　B. 不正确

8. 若被分离物质极性小,应选择含水量多、活性小的吸附剂,极性大的流动相。(　　)

A. 正确　　　　　　B. 不正确

9. 在吸附色谱法中,流动相的极性应与被分离物质的极性相似。(　　)

A. 正确　　　　　　B. 不正确

10. 在分配色谱法中,若被分离物质极性大,应选择极性大的固定液、极性小的流动相。(　　)

A. 正确　　　　　　B. 不正确

11. 在液-液色谱分析中,分离极性物质时,应选用正相色谱,此时固定相的极性大,流动相的极性小。(　　)

A. 正确　　　　　　B. 不正确

12. 在液-液分配色谱中,分离非极性组分时,应选择极性固定液,非极性流动相。此色谱又称正相色谱。(　　)

A. 正确　　　　　　B. 不正确

13. 在吸附柱色谱中,若分离极性组分,应选择极性洗脱剂,吸附活性小的吸附剂。(　　)

A. 正确　　　　　　B. 不正确

14. 高效液相色谱法中常采用程序升温来提高分离效能、改善峰形和降低检测限。(　　　)

　　A. 正确　　　　　　B. 不正确

15. 高效液相色谱中的梯度洗脱装置的作用是可以将两种或两种以上不同性质但可互溶的溶剂,按一定的程序连续改变其组成,从而改变被测组分的相对保留值,提高分离效率,缩短分析时间。(　　　)

　　A. 正确　　　　　　B. 不正确

16. 高效液相色谱仪的主要组成有高压输液系统、进样系统、分离系统和检测系统。(　　　)

　　A. 正确　　　　　　B. 不正确

17. 高效液相色谱法广泛使用的固定相为化学键合固定相,它是用化学反应的方法将固定液的官能团键合在载体表面上而形成的。(　　　)

　　A. 正确　　　　　　B. 不正确

18. 在高效液相色谱法中,要使相邻两组分完全分离,分离度 R 应不小于 1.5。(　　　)

　　A. 正确　　　　　　B. 不正确

19. 液相色谱分析时,增大流动相流速有利于提高柱效能。(　　　)

　　A. 正确　　　　　　B. 不正确

20. 高效液相色谱流动相过滤效果不好,可引起色谱柱堵塞。(　　　)

　　A. 正确　　　　　　B. 不正确

21. 反相键合相色谱柱长期不用时必须保证柱内充满甲醇流动相。(　　　)

　　A. 正确　　　　　　B. 不正确

22. 高效液相色谱分析中,使用示差折光检测器时,可以进行梯度洗脱。(　　　)

　　A. 正确　　　　　　B. 不正确

23. 在液相色谱法中,提高柱效能最有效的途径是减小填料粒度。(　　　)

　　A. 正确　　　　　　B. 不正确

24. 在液相色谱中,范弟姆特方程中的涡流扩散项对柱效能的影响可以忽略。(　　　)

　　A. 正确　　　　　　B. 不正确

25. 由于高效液相色谱流动相系统的压力非常高,因此只能采取阀进样。(　　　)

　　A. 正确　　　　　　B. 不正确

26. 高效液相色谱仪的色谱柱可以不用恒温箱,一般可在室温下操作。(　　　)

　　A. 正确　　　　　　B. 不正确

27. 高效液相色谱中,色谱柱前面的预置柱会降低柱效能。(　　　)

　　A. 正确　　　　　　B. 不正确

28. 高效液相色谱分析中,固定相极性大于流动相极性称为正相色谱法。(　　　)

　　A. 正确　　　　　　B. 不正确

29. 高效液相色谱分析不能分析沸点高,热稳定性差,相对分子质量大于 400 的有机物。(　　　)

　　A. 正确　　　　　　B. 不正确

30. 在液相色谱法中,70%～80%的分析任务是由反相键合相色谱法来完成的。(　　　)

　　A. 正确　　　　　　B. 不正确

31. 在高效液相色谱仪使用过程中,所有溶剂在使用前必须脱气。(　　　)

　　A. 正确　　　　　　B. 不正确

32. 填充好的色谱柱在安装到仪器上时是没有前后方向差异的。（　　）

A. 正确　　　　　　B. 不正确

33. 保护柱是安装在进样环与分析柱之间的,对分析柱起保护作用,内装有与分析柱不同的固定相。（　　）

A. 正确　　　　　　B. 不正确

34. 检测器、泵和色谱柱是组成高效液相色谱仪的三大关键部件。（　　）

A. 正确　　　　　　B. 不正确

35. 用高效液相色谱法测定食品中的糖精时,根据色谱图以保留时间定性,以峰高或峰面积定量。（　　）

A. 正确　　　　　　B. 不正确

36. 高效液相色谱适合于分析沸点高、极性强、热稳定性差的化合物。（　　）

A. 正确　　　　　　B. 不正确

37. 在液相色谱仪中,流动相中有气泡不影响灵敏度。（　　）

A. 正确　　　　　　B. 不正确

38. 在液相色谱中,试样只要目视无颗粒即不必过滤和脱气。（　　）

A. 正确　　　　　　B. 不正确

39. 液相色谱选择流动相时,不仅要考虑分离因素,还要受检测器的限制。（　　）

A. 正确　　　　　　B. 不正确

40. 在反相分配色谱法中,极性大的组分先出峰。（　　）

A. 正确　　　　　　B. 不正确

（三）简答题

1. 简述高效液相色谱法的特点。

2. 比较高效液相色谱法与经典液相色谱法和气相色谱法的不同点。

3. 简述高效液相色谱仪的组成及各部分的功能。

4. 举出三种以上常见的高效液相色谱检测器。

5. 在高效液相色谱中,为什么要对流动相脱气? 有哪些脱气方式?

6. 高效液相色谱中的梯度洗脱与气相色谱中的程序升温有何异同?

7. 什么是梯度洗脱? 在什么情况下应用梯度洗脱? 它有什么优点?

8. 什么是化学键合色谱? 与液-色色谱相比有何优点?

9. 正相高效液相色谱与反相高效液相色谱的主要不同之处是什么? 各适合分离什么物质?

10. 为什么作为高效液相色谱仪的流动相在使用前必须过滤、脱气?

11. 高效液相色谱有哪几种定量方法? 其中哪种是比较精确的定量方法? 并简述。

（四）计算题

一个含药根碱、黄连碱和小檗碱的生物碱样品,以高效液相色谱法测其含量,测得三个色谱峰面积分别为 $2.67cm^2$、$3.26cm^2$ 和 $3.54cm^2$,现准确称等质量的药根碱、黄连碱和小檗碱对照品,与样品同样方法配成溶液后,在相同色谱条件下进样得三个色谱峰面积分别为 $3.00cm^2$、$2.86cm^2$ 和 $4.20cm^2$,计算样品中三组分的相对含量。

四、离子色谱法

（一）选择题

1. 离子色谱的定性标准是（　　）。
A. 保留时间　　　　B. 峰高　　　　　C. 峰面积　　　　D. 理论塔板数

2. 样品中的离子在（　　）上进行分离。
A. 高压泵　　　　　B. 色谱柱　　　　C. 蠕动泵　　　　D. 抑制器

3. 抑制器的再生液是（　　）。
A. H_2O　　　　　B. H_2SO_4　　　　C. $NaHCO_3$　　　　D. Na_2CO_3

4. 如果做阴离子实验的时候，抑制器过饱和，会出现（　　）。
A. 背景电导迅速降低　　　　　　B. 背景电导保持不变
C. 背景电导迅速增加　　　　　　D. 背景电导无规律变化

5. 从物理化学角度而言，离子色谱的流动相是（　　）。
A. 胶体　　　　　　B. 固体　　　　　C. 气体　　　　　D. 液体

6. 加大洗脱液浓度，一价和二价离子的出峰时间会（　　）。
A. 不变　　　　　　B. 延长　　　　　C. 缩短

7. 如果仪器硬件运作正常且流路没有漏液，但系统压力始终徘徊在 0.2 上下，为使系统压力恢复正常应首先采取的措施是（　　）。
A. 打开排气阀用注射器排气　　　　B. 把蠕动泵上的白色塑料卡子卡紧
C. 更换在线过滤器上的滤片　　　　D. 更换洗脱液

8. 离子色谱的分离原理有（　　）。
A. 离子交换　　　　B. 离子对形成　　C. 离子排斥　　　D. 体积排斥

9. 以下三种离子色谱抑制柱，柱容量大的是（　　）。
A. 纤维抑制柱　　　B. 微膜型抑制柱　　C. 超微填充嵌体抑制柱

10. 离子色谱分析阴离子，抑制柱填充（　　）。
A. 碱性阴离子交换树脂　　　　　　B. 酸性阳离子交换树脂
C. 中性离子交换树脂

11. 以下说法正确的是（　　）。
A. 保留时间是从进样开始到某个组分的色谱峰谷的时间间隔
B. 死体积是由进样器至检测器的流路中被流动相占有的空间
C. 以待测组分的标准品作对照物质，对比求算待测组分含量的方法为内标法
D. 峰宽是通过色谱峰两个拐点的距离

12. 以下说法错误的是（　　）。
A. 以离子交换剂为固定相，以缓冲溶液为流动相，分离、分析阴、阳离子及两性化合物的色谱法称为离子交换色谱法
B. 离子色谱柱的保存：一般而言，大多数阴离子分离柱在酸性的条件下保存，而阳离子分离柱在碱性条件下保存
C. 离子色谱是高效液相色谱的一种，是分析离子的一种液相色谱方法
D. 半峰宽是指峰底宽度的一半

13. 在定量工作曲线的线性范围内，进样量越大，不会产生变化的是（　　）。

A. 峰面积比例增大　　　　　　　　　B. 峰高比例增大

C. 半峰宽比例增大　　　　　　　　　D. 半峰宽不变

14. 衡量色谱柱选择性的指标是（　　　）。

A. 理论塔板数　　　B. 容量因子　　　　C. 相对保留值　　　D. 分配系数

15. 衡量色谱柱柱效能的指标是（　　　）。

A. 理论塔板数　　　B. 容量因子　　　　C. 相对保留值　　　D. 分配系数

16. 离子交换色谱中,对选择性无影响的因素是（　　　）。

A. 树脂的交联度　　　　　　　　　　B. 树脂的再生过程

C. 样品离子的电荷　　　　　　　　　D. 样品离子的水合半径

E. 流动相的 pH　　　　　　　　　　F. 流动相的离子强度

17. 关于基线噪声的正确表述的是（　　　）。

A. 各种因素引起的基线波动　　　　　B. 基线随时间的缓慢变化

18. 在离子色谱中,下列属于流动相影响分离选择性的因素有（　　　）。

A. 淋洗液的组成　　　B. 淋洗液浓度　　　　C. 淋洗液流速

19. 两个色谱峰能完全分离时的 R 值应为（　　　）。

A. $R \geqslant 1.5$　　　B. $R \geqslant 1.0$　　　C. $R \leqslant 1.5$　　　D. $R \leqslant 1.0$

20. 假（鬼）峰指（　　　）。

A. 样品中的杂质峰　　　　　　　　　B. 并非样品本身产生的色谱峰

（二）简答题

1. 列举出至少三种离子色谱常用的检测器的名称。

2. 离子色谱法具有哪些特点?

3. 离子色谱的主要构成有哪些?

4. 采用阴离子交换柱分离氯离子和硫酸根离子,哪种离子先被洗脱出来,为什么?

5. 作阴离子分析时,总是使用化学抑制器降低背景电导,试述其中原理。

6. 造成离子色谱系统压力不稳的原因有哪些? 如何解决?

7. 简述离子交换色谱柱的分离原理。

（三）计算题

1. 在一根 250mm 长的离子交换色谱柱上分离一个样品的结果如下:死时间为 1min,组分 1 的保留时间为 14min,组分 2 的保留时间为 17min,峰宽为 1min。（1）用组分 2 计算离子交换色谱柱的理论塔板数 n;（2）求净保留时间 t_{S_1} 及 t_{S_2};（3）求容量因子 k_1 及 k_2;（4）求分离度 R。

2. 离子色谱法测定降水中 SO_4^{2-},用近似峰高法定量,已知 SO_4^{2-} 标准浓度为 $10.0 mg \cdot L^{-1}$,水样和淋洗储备液比例为 $9:1$,测得水样峰高为 12.5mm,标准液峰高两次测定平均值为 11.0mm,求降水中 SO_4^{2-} 的浓度（$mg \cdot L^{-1}$）。

参考答案

一、色谱法概述

（一）选择题

1. A	2. B	3. D	4. C	5. C	6. D	7. D	8. B	9. B	10. A
11. C	12. A	13. D	14. B	15. D	16. C	17. D	18. B	19. D	20. C
21. B	22. A	23. B	24. B	25. B	26. A	27. D	28. A	29. C	30. B
31. B	32. C	33. B	34. B	35. D	36. C	37. C	38. A	39. A	40. C
41. C	42. A	43. B	44. B	45. A	46. D	47. C	48. B	49. A	50. B
51. C	52. C	53. D	54. D	55. C	56. B	57. B	58. C	59. A	60. D
61. C	62. D	63. B	64. B	65. B	66. B	67. B	68. A	69. B	70. A
71. A	72. B	73. A	74. A	75. B	76. B	77. B	78. B	79. B	80. A
81. A	82. A	83. A	84. A	85. A	86. B	87. B	88. A	89. B	90. A
91. A	92. A	93. A	94. B	95. A	96. B	97. A	98. B	99. D	100. D
101. B	102. D	103. C	104. D	105. B	106. B	107. A	108. B	109. A	110. C
111. A	112. B	113. B	114. C	115. A	116. C	117. B	118. B	119. C	120. A
121. B	122. D	123. C	124. B	125. C	126. B	127. C	128. A	129. A	130. C
131. B	132. B	133. A	134. D	135. A	136. A	137. C	138. C	139. A	140. D
141. A	142. C	143. A	144. B	145. A	146. C	147. B	148. C	149. C	150. B
151. D	152. B	153. D							

（二）简答题

1. 色谱图上的色谱峰流出曲线可说明以下 5 个问题：

(1)根据色谱峰的数目，可判断样品中所含组分的最少个数。

(2)根据峰的保留值进行定性分析。

(3)根据峰的面积或高度进行定量分析。

(4)根据峰的保留值和区域宽度，判断色谱柱的分离效能。

(5)根据两峰间的距离，可评价固定相及流动相选择是否合适。

2. (1)色谱流出曲线保留时间 t_R、死时间 t_M、调整保留时间 t_R'、半峰宽 W_b、峰底宽 $W_{1/2}$ 以及标准偏差 σ 如图所示。

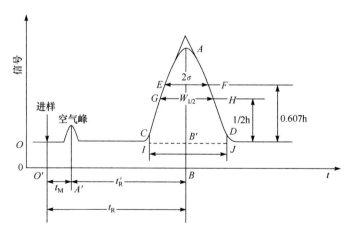

(2) 色谱定性分析的基础：组分的调整保留时间。

色谱定量分析的基础：色谱峰的面积和峰高与待测组分的量成正比。

3. 色谱分析有归一化法、外标法、内标法三种常用的定量方法。当样品各组分不能全部出峰或在多种组分中只需要定量其中几个组分时可选用内标法。

4. 缩短。阿皮松是极性很弱的固定液,而试样与邻苯二甲酸二癸酯都是中等极性的酯类化合物。根据相似相溶的原理,试样在邻苯二甲酸二癸酯上的保留时间应更长一些。

5. 由 $R = \dfrac{t_{R_2} - t_{R_1}}{\frac{1}{2}(W_{b_1} + W_{b_2})} = \dfrac{2(t_{R_2} - t_{R_1})}{W_{b_1} + W_{b_2}}$ 及 $R = \dfrac{\sqrt{n_{eff}}}{4} \cdot \dfrac{t'_{R_2} - t'_{R_1}}{t_{R_2}} = \dfrac{\sqrt{n_{eff}}}{4} \cdot \dfrac{r_{2,1} - 1}{r_{2,1}}$ 可知:R 值越大,相邻两组分分离越好。而 R 值的大小与两组分保留值和峰的宽度有关。对于某一色谱柱来说,两组分保留值差别的大小主要取决于固定液的热力学性质,反映了柱选择性的好坏;而色谱峰的宽窄则主要由色谱过程的动力学因素决定,反映了柱效能的高低。因此 R 实际上综合考虑了色谱过程的热力学和动力学性质,故可将其作为色谱柱的总分离效能指标。

6. 柱外效应指色谱柱以外的某些因素,使组分谱带额外展宽而降低柱效能的现象。抑制办法有:

(1) 从仪器本身分析,柱前后连接管道必须很细,很短,气化器与检测器死体积必须很小,以减小分子扩散引起的谱带展宽。

(2) 从操作技术上讲,进样速度必须很快,气化温度必须很高,保证试样瞬间气化,减小初始带宽。

(3) 应采用灵敏的检测器,以减小进样量,从而减小初始带宽。

7. 色谱流出曲线如下:

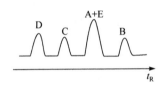

理由:$K = c_s / c_m$,K 大表示 c_s 大,而 $t \propto K$;组分按 K 的大小次序流出(K 小的先流出,K 大的后流出)。

8. ①在每一个平衡过程间隔内,平衡可以迅速达到;②将载气看作脉动(间歇)过程;③试样沿色谱柱方向的扩散可忽略;④每次分配的分配系数相同;⑤所有的物质在开始时全部进入零号塔板。

9. ①试样中不含有该物质;②与被测组分性质比较接近;③不与试样发生化学反应;④出峰位置应与被测组分接近,且无组分峰影响。

10. 色谱法优点:①分离效率高;②灵敏度高;③分析速度快;④应用范围广;⑤样品用量少;⑥分离和测定一次完成;⑦ 易于自动化,可在工业流程中使用。

11. 色谱基本关系式由三部分构成:第一部分与引起谱带展宽的动力学因素有关,即 n;第二部分是选择性因子 α,它与被分析物的性质相关;第三部分则是容量因子 k,它取决于被分析物和色谱柱的性质。所以要①提高柱效能;②改善容量因子 k;③改善选择性因子 α;④改善总体分离效果,如气相色谱中程序升温法,液相色谱中的梯度洗脱方法。

12. 根据不同的分类方法,色谱可以分为不同的分支,如①按照分离机理的物理化学性质可分为吸附色谱、分配色谱、离子色谱(IC)、排阻色谱(SEC)、配位色谱和亲和色谱;②按照分离介质的几何形状可分为柱色谱和平面色谱;③按照流动相的物理状态可分为气相色谱(GC)、液相色谱(LC)和超临界流体色谱(SFC)。

13. 从柱外因素和柱内因素分析,前者包括样品及进样系统、进样器到检测器各部件之间的连接管线和接头死体积、检测气死体积和电子线路等因素,后者则包括多路径效应、纵向扩散、流动相传质阻力和固定相传质阻力等。

(三) 计算题

1. 根据:$n = 16 \left(\dfrac{t_R}{Y} \right)^2$,得 $Y = 4 \times \dfrac{t_R}{\sqrt{n}}$,有

$$Y_A = \frac{4 \times 90}{\sqrt{1600}} = 9(s)$$

$$Y_B = \frac{4 \times 100}{\sqrt{1600}} = 10(s)$$

$$R = \frac{2 \times (t_{R_B} - t_{R_A})}{Y_A + Y_B} = \frac{2 \times (100 - 90)}{9 + 10} = 1.05$$

$R < 1.5$，可见不能完全分离。

2.
$$u_{最佳} = \sqrt{\frac{B}{C}} = \sqrt{\frac{0.01}{0.04}} = 0.5$$

$$H = A + \frac{B}{u_{最佳}} + Cu_{最佳} = 0.06 + \frac{0.01}{0.5} + 0.04 \times 0.5 = 0.1$$

$$n = \frac{L}{H} = \frac{200}{0.1} = 2000$$

3. 两组分刚好分离，$R = 1.5$，设峰底宽度为 Y，则

$$R = \frac{2(t_{R_B} - t_{R_A})}{2Y} = \frac{2 \times (250 - 235)}{2Y} = 1.5$$

$$Y = 10s$$

$$n_B = 16\left(\frac{t_{R_B}}{Y}\right)^2 = 16 \times \left(\frac{250}{10}\right)^2 = 10\,000$$

4.
$$n_{eff} = \frac{L}{H_{eff}} = 5.54\left(\frac{t_R'}{W_{1/2}}\right)^2 = 16\left(\frac{t_R'}{W_b}\right)^2 = 16 \times \left(\frac{16}{1}\right)^2 = 4096$$

$r_{2,1} = \dfrac{t_{R_2}'}{t_{R_1}'} = \dfrac{16}{13} = 1.23$，若使 $R = 1.5$，有效塔板数为

$$n_{eff} = 16 \cdot R^2 \cdot \left(\frac{r_{2,1}}{r_{2,1} - 1}\right) = 16 \cdot 1.5^2 \cdot \left(\frac{1.23}{1.23 - 1}\right)^2 = 1029$$

此时对应的柱长为

$$L = \frac{1029}{4096} \times 3.0 = 0.75(m)$$

5.
$$k = \frac{m_s}{m_m} = \frac{t_R'}{t_0} = \frac{4.8 - 0.5}{0.5} = 8.6$$

$$R = \frac{2(t_{R_2} - t_{R_1})}{W_{b_2} + W_{b_1}} = \frac{2(4.8 - 3.5)}{1.0 + 0.8} = 1.44$$

6.
$$m(水) = \frac{f'(水) \cdot A(水)}{f'(甲醇) \cdot A(甲醇)} \times m(甲醇)$$

$$w(水) = \frac{m(水)}{m(试样)} \times 100\% = \frac{\dfrac{f'(水) \cdot A(水)}{f'(甲醇) \cdot A(甲醇)} \times m(甲醇)}{m(试样)} \times 100\%$$

$$= \frac{\dfrac{0.56 \times 186}{0.59 \times 164} \times 0.0573}{5.8690} \times 100\% = 1.05\%$$

7. 因 $n = 5.54\left(\dfrac{t_R}{W_{1/2}}\right)^2$（注意：分子分母单位应保持一致），所以

$$n(苯) = 5.54\left[\frac{t_R(苯)}{W_{1/2}(苯)}\right]^2 = 5.54\left(\frac{80}{\frac{2.11}{1200/3600}}\right)^2 = 885, \quad H(苯) = \frac{L}{n(苯)} = \frac{2000}{885} = 2.3(mm)$$

$$n(甲苯)=5.54\left[\frac{t_R(甲苯)}{W_{1/2}(甲苯)}\right]^2=5.54\left(\frac{122}{\frac{2.91}{1200/3600}}\right)^2=1082, H(甲苯)=\frac{L}{n(甲苯)}=\frac{2000}{1082}=1.8(mm)$$

$$n(乙苯)=5.54\left[\frac{t_R(乙苯)}{W_{1/2}(乙苯)}\right]^2=5.54\left(\frac{181}{\frac{4.09}{1200/3600}}\right)^2=1206, H(乙苯)=\frac{L}{n(乙苯)}=\frac{2000}{1206}=1.7(mm)$$

8. $r_{2,1}=100/85=1.18$

$$n_{eff}=16R^2\left[r_{2,1}/(r_{2,1}-1)\right]^2=16\times1.5^2\times(1.18/0.18)^2=1547(块)$$

$$L_{eff}=n_{eff}\cdot H_{eff}=1547\times0.1=155(cm)$$

即柱长为 1.55m 时,两组分可以得到完全分离。

9. $u_{最佳}=\sqrt{\dfrac{B}{C}}=\sqrt{\dfrac{0.30}{0.015}}=4.47(cm\cdot s^{-1})$

$$H=A+\frac{B}{u_{最佳}}+Cu_{最佳}=0.01+\frac{0.30}{4.47}+0.015\times4.47=0.144(cm)$$

二、气相色谱法

(一) 选择题

1. C	2. C	3. A	4. A	5. A	6. D	7. D	8. A	9. B	10. D
11. A	12. D	13. B	14. C	15. B	16. C	17. C	18. B	19. A	20. C
21. A	22. B	23. A	24. C	25. D	26. C	27. C	28. A	29. D	30. B
31. A	32. B	33. D	34. C	35. B	36. A	37. A	38. D	39. C	40. A
41. A	42. A	43. B	44. C	45. B	46. D	47. B	48. B	49. B	50. A
51. C	52. C	53. A	54. D	55. D	56. B	57. A	58. B	59. D	60. C
61. B	62. A	63. C	64. B	65. B	66. D	67. A	68. A	69. D	70. B
71. A	72. D	73. C	74. D	75. C	76. D	77. B;E;A;D;C			
78. D	79. B	80. DE	81. C	82. B	83. AB	84. BCE	85. E	86. C	87. C	88. D
89. C	90. E	91. C	92. C	93. E	94. B	95. C	96. B	97. B	98. E	99. C
100. C	101. A	102. C	103. C	104. B	105. D	106. ACE	107. B	108. C	109. ACE
110. ABCDE	111. E	112. C	113. A	114. A	115. A	116. A	117. A	118. B	119. A
120. B	121. A	122. A	123. B	124. B	125. D	126. B	127. A	128. B	129. B	130. A
131. A	132. A	133. B	134. A	135. A	136. A	137. B			

(二) 简答题

1. 如果装得不均匀会使速率理论中的涡流扩散项增大,使柱效能下降。

2. 减小柱后死体积,提高灵敏度。

3. 是依据盐析作用,在水溶液中加入无机盐来改变挥发性组分的分配系数,从而减少定量分析误差。

4. 最大可能是因为检测器温度过低,造成检测器中水蒸气冷凝成水,无法排除,从而对检测器造成影响。

5. ① 老化时不要将色谱柱与检测器连接;② 检测器温度高于柱温 20~30℃;③ 开机时先将检测器恒温箱升至工作温度后,再升柱温。

6. 检测器温度的设置原则是保证流出色谱柱的组分不会冷凝,同时满足检测器的灵敏度要求。

7. ① 确保热丝不被烧断,保证通电时有载气存在;② 必须除氧;③ 选择有适宜传热系数的载气。

8. 检查气相色谱仪漏气的简单快速方法是用手指头堵死气路的出口处,观察转子流量计的浮子是否较快下降到其底部,若不是,则表示气路系统漏气。

9. 当一个样品谱带沿着色谱柱前进时,由于浓度差等原因,样品分子会向谱带两侧扩散,从而使色谱柱出口处的样品谱带比柱入口处的要宽,且可能产生不对称峰,这就是谱带展宽。

10. 载体要求:① 具有化学惰性;② 好的热稳定性;③ 有一定的机械强度;④ 有适当的比表面,表面无深沟,以便使固定液成为均匀的薄膜,要有较大的空隙率,以便减小柱压降。对固定液的要求:应对被分离试样中的各组分具有不同的溶解能力,较好的热稳定性,并且不与被分离组分发生不可逆的化学反应。

11. (1) 噪声与漂移小,则基线稳定。

(2) 线性范围宽,则对微量和常量都可测定。

(3) 检测限低,则可以检出痕量物质。

(4) 响应时间短,适宜于快速分析,能迅速跟踪信号变化。

12. (1) 热导池检测器(TCD),检测无机气体和有机物。

(2) 氢火焰离子化检测器(FID),检测火焰中可电离组分及含碳有机化合物。

(3) 电子捕获检测器(ECD),检测具有电负性物质(如含卤素、硫、磷、氰等的物质)。

(4) 火焰光度检测器,检测含硫、磷的有机物和无机气体。

(5) 氮磷检测器(NPD),检测含氮或磷的有机化合物。

13. 需要考虑两种力的竞争作用,即蒸气压平衡力和分子间作用力。乙醚虽沸点最低,但不是先出峰,因为乙醚的乙基对形成氢键有较大的位阻效应,而乙醛易与聚乙二醇-400形成氢键。对醇类同系物,按沸点顺序出峰。由于水的极性最大,沸点最高,因此最后出峰。所以出峰次序为:乙醚、乙醛、甲醇、乙醇、丙醇和水。

14. W——白色;AW——酸洗;DMCS——二甲基二氯硅烷处理。

15. ① 选用合适的溶剂;② 要使固定液均匀地涂在载体表面;③ 避免载体颗粒破碎;④ 填充要均匀密实。

16. ① 被测组分的沸点;② 固定液的最高使用温度;③ 检测器灵敏度;④ 柱效能。

17. ① 灵敏度;② 检测限;③ 线性范围;④ 选择性。

18. 色谱定量的依据是:在一定的色谱条件下,进入检测器的被测组分的质量 m_i 与检测器产生的响应信号(峰面积 A_i 或峰高 h_i)成正比,即 $m_i = f_i \cdot A_i$。引入定量校正因子的原因:A_i 的大小和组分的性质有关,同一检测器对不同组分具有不同的响应值,故相同质量的不同物质通过检测器时,产生的峰面积不等,因而不能直接应用峰面积计算组分的含量。为此,引入"定量校正因子"以校正峰面积,使之能真实反映组分含量。

主要的定量方法和适用情况如下:

(1) 归一化法。应用该方法的前提条件是试样中各组分必须全部流出色谱柱,并在色谱图上都出现色谱峰。

(2) 外标法。即校准曲线法(A-c 曲线)。外标法简便,不需要校正因子,但进样量要求十分准确,操作条件也需严格控制。适用于日常控制分析和大量同类样品的分析。

(3) 内标法。将一定量的纯物质作为内标物,加入准确称取的试样中,根据被测物和内标物的质量及其在色谱图上相应的峰面积比,求出某组分的含量。内标法准确,操作条件要求不严。

19. 优化分离主要靠调节色谱柱温度和载气流速。根据范弟姆特方程,涡流扩散项与载气流速无关;当载气流速小于最佳流速时,纵向扩散对 H 的贡献最大,传质阻力可忽略;当载气流速大于最佳流速时,传质阻力是引起 H 增大的主要因素;当载气流速等于最佳流速时,H 最小,柱效能最高。

20. 五大组成部分分别为:载气系统、进样系统、分离系统、检测系统和记录系统。载气系统作用:提供气密性好、流速和流量稳定的载气。进样系统作用:将液体或固体试样,在进入色谱柱前迅速气化,然后定量地进到色谱柱中。分离系统(色谱柱)作用:完成色谱待分离组分的分离。检测系统作用:将载气中被测组分的量转化为易于测量的电信号。记录系统作用:自动记录由检测器输出的电信号。

21. 程序升温即在分析过程中按一定速度提高柱温。优点:克服恒温时,低沸点组分出峰拥挤以致不能辨认,而高沸点组分在柱中拖延时间过长,甚至滞留于柱中而不能出峰的缺陷。适用情况:沸程宽的多组分混合物。

22. 借在两相间分配原理而使混合物中各组分分离。气相色谱就是根据组分与固定相和流动相的亲和力不同而实现分离。组分在固定相与流动相之间不断进行溶解、挥发(气-液色谱),或吸附、解吸过程而相互分离,然后进入检测器进行检测。

23. 目的:① 彻底去除残余的容积和某些挥发性物质;② 促进固定液均匀地、牢固地分布在担体的表面上。方法:在常温下使用的柱子,可直接装在色谱仪上,接通载气,冲至基线平稳即可使用;如果柱子在高温操作条件下应用,则在比操作温度稍高的温度下通载气几小时至几十小时,彻底冲出固定液中易挥发的物质,到基线平稳后即可投入使用。

24. 首先是改变流动相组成(包括 pH),然后是更换色谱柱及改变色谱柱温度。

25. 控制色谱峰面积准确度的积分参数是斜率(或斜率灵敏度)、峰宽和阈值。

(三) 计算题

$$1. \ S_i = \frac{A_a C_1 C_2 F}{m_i} \approx \frac{h W_{1/2} F}{m_i} = \frac{4 \times 1 \times 20}{1 \times 0.88} = 90.9 (\text{mV} \cdot \text{mL} \cdot \text{mg}^{-1})$$

$$D_c = \frac{2 R_N}{S_i} = \frac{2 \times 0.02}{90.9} = 4.4 \times 10^{-4} (\text{mg} \cdot \text{mL}^{-1})$$

2. A(苯)$=1.26\text{cm}^2$, A(甲苯)$=0.95\text{cm}^2$, A(邻)$=2.55\text{cm}^2$, A(对)$=1.04\text{cm}^2$

归一化法:　　f(苯)$=0.780$, f(甲苯)$=0.794$, f(邻)$=0.840$, f(对)$=0.812$

$Y = f$(苯)A(苯)$+ f$(甲苯)A(甲苯)$+ f$(邻)A(邻)$+ f$(对)A(对)

$= 0.780 \times 1.26 + 0.794 \times 0.95 + 0.840 \times 2.55 + 0.812 \times 1.04$

$= 0.9828 + 0.7543 + 2.142 + 0.8448 = 4.7236$

w(苯)$=0.9828/4.7236 \times 100\% = 20.8\%$　　　　w(甲苯)$=0.7543/4.7236 \times 100\% = 16.0\%$

w(邻)$=2.142/4.7236 \times 100\% = 45.3\%$　　　　w(对)$=0.8448/4.7236 \times 100\% = 17.9\%$

三、高效液相色谱法

(一) 选择题

1. A	2. B	3. D	4. C	5. A	6. A	7. D	8. B	9. A	10. B
11. C	12. D	13. A	14. A	15. B	16. D	17. B	18. D	19. A	20. D
21. C	22. A	23. A	24. C	25. B	26. A	27. C	28. D	29. D	30. C
31. B	32. C	33. A	34. D	35. A	36. A	37. B	38. B	39. D	40. B
41. A	42. A	43. B	44. D	45. C	46. D	47. C	48. C	49. B	

(二) 判断题

1. A	2. A	3. B	4. B	5. B	6. A	7. B	8. B	9. A	10. A
11. A	12. B	13. A	14. A	15. A	16. A	17. B	18. A	19. B	20. A
21. A	22. B	23. A	24. B	25. B	26. A	27. A	28. A	29. B	30. A
31. A	32. B	33. B	34. A	35. A	36. A	37. B	38. B	39. A	40. A

(三) 简答题

1. 速度快,效率高,灵敏度高,操作自动化,但仪器昂贵,操作严格。

2. 与经典液相色谱法比较:采用的柱子不同,固定相粒度形状不同,检测方式不同,驱动方式不同,更高速、高效、高灵敏度、高自动化。与气相色谱比较:分析对象不同,流动相不同,操作温度不同。

3. 高效液相色谱仪的五大组成部分分别为:高压输液系统、进样系统、分离系统、检测系统和记录系统。

高压输液系统作用:将溶剂储存器中的流动相以高压形式连续不断地送入液路系统。

进样系统作用:把分析试样有效地送入色谱柱上进行分离。

分离系统(色谱柱)作用:完成待分离组分的分离。

检测系统作用:将分离后的被测组分的量转化为易于测量的电信号。

记录系统作用:自动记录由检测器输出的电信号。

4. 紫外-可见检测器、示差折光检测器、蒸发光散射检测器、荧光检测器、电化学检测器等。

5. 脱气就是驱除溶解在溶剂中的气体。①脱气是为了防止流动相从高压柱内流出时,释放出气泡,这些气泡进入检测器后会使噪声剧增,甚至不能正常检测;②溶解氧会与某些流动相与固定相作用,破坏它们的正常功能。对水及极性溶剂的脱气尤为重要,因为氧在其中的溶解度较大。

脱气方式主要有:氦气脱气、真空脱气、超声脱气、加热回流等方式。

6. 二者的相同之处在于可以使一个复杂样品中性质差异较大的组分达到良好的分离目的。高效液相色谱的梯度洗脱技术类似于气相色谱中的程序升温,不过梯度洗脱连续改变的是流动相的组成与极性,适合分离组分数目多、性质相差较大的混合物。程序升温连续改变的是温度,适合分离沸点范围比较宽的混合物。

7. 梯度洗脱概念:在分离过程中使用两种或两种以上的不同极性的溶液为流动相,按一定程序不断改变它们之间的配比,从而使流动相的强度、极性、pH 或离子强度相应地改变,从而使各组分以它们的最佳 k 值通过色谱柱,达到高的分离效果,缩短分析时间。

适合:①具有较宽 k 范围的样品;②大分子样品,相对分子质量大于 1000 的,尤其是生物样品;③样品中含有高保留时间的干扰成分,在一次分析中如不把它洗脱出去,就会污染色谱柱,并影响下一次分析;④即使在使用等度洗脱时也可以使用梯度洗脱选择流动相的比例。

优点:各种组分能以它们的最佳 k 值通过色谱柱,达到高的分离效果,缩短分析时间。

8. 通过化学反应,将固定液键合到载体表面,此种固定相称为化学键合固定相;采用化学键合固定相的色谱法,称为化学键合色谱。

与液-液分配色谱相比,键合色谱法的主要优点:①化学键合固定相非常稳定,在使用过程中不流失;②适宜用梯度淋洗;③适合于 k 范围很宽的样品;④由于键合到载体表面官能团,既可是非极性的,也可是极性的,因此应用面广。

9. 正相高效液相色谱是指以亲水性的填料作固定相,以疏水性溶剂或混合物作流动相的液相色谱,主要用于分离醇类、类脂化合物、磷脂类化合物、脂肪酸以及其他化合物。反相高效液相色谱是指以强疏水性的填料作固定相,以可以和水混合的有机溶剂作流动相的液相色谱,主要用于分离生物大分子、卤化物和肽及蛋白质、含卤芳烃、小分子的核酸、核苷酸、多环芳烃等。

10. 高效液相色谱仪所用溶剂在放入储液罐之前必须经过 $0.45\mu m$ 滤膜过滤,除去溶剂中的机械杂质,以防输液管道或进样阀产生阻塞现象。所有溶剂在上机使用前必须脱气,因为色谱柱是带压力操作的,检测器是在常压下工作。若流动相中所含有的空气不除去,则流动相通过柱子时其中的气泡受到压力而压缩,流出柱子进入检测器时因常压而将气泡释放出来,造成检测器噪声增大,使基线不稳,仪器不能正常工作,这在梯度洗脱时尤其突出。

11. 高效液相色谱的定量方法与气相色谱定量方法类似,主要有归一化法、外标法和内标法。其中内标法是比较精确的定量方法。它是将已知量的内标物加到已知量的试样中,在进行色谱测定后,待测组分峰面积和内标物峰面积之比等于待测组分的质量与内标物质量之比,求出待测组分的质量,进而求出待测组分的含量。

(四) 计算题

小檗碱峰面积校正因子 $f_{小}=1$

$$f_{药}=\frac{4.20}{3.00}=1.4 \qquad f_{黄}=\frac{4.20}{2.86}=1.47$$

$$w=\frac{f_i A_i}{\sum\limits_{i=1}^{n} f_i A_i}\times100\%$$

$$w_{药}=\frac{2.67\times1.4}{2.67\times1.4+3.26\times1.47+3.54\times1}\times100\%=31.0\%$$

$$w_{黄} = \frac{3.26 \times 1.47}{12.07} \times 100\% = 39.7\%$$

$$w_{小} = \frac{3.54}{12.07} \times 100\% = 29.3\%$$

四、离子色谱法

（一）选择题

1. A　　2. B　　3. B　　4. C　　5. D　　6. C　　7. A　　8. ABC　9. C　　10. B

11. B　　12. BD　13. C　　14. C　　15. A　　16. B　　17. A　　18. ABC　19. A　　20. B

（二）简答题

1. 电导检测器、安培检测器、光度（UV-Vis）检测器、荧光检测器。

2. 离子色谱法具有灵敏度高、分析速度快、应用广泛、可同时分析多种成分的特点。

3. 高压泵、色谱柱、抑制器、检测器。

4. 氯离子先被洗脱出来。因为氯离子的荷电数为1，硫酸根的荷电数为2，氯离子与阴离子交换柱中功能基的结合能力相对更弱，所以氯离子先出来。

5. 分析阴离子时，使用的洗脱液为 Na_2CO_3 及 $NaHCO_3$ 配制而成，在没有化学抑制器的情况下，电导检测器测得的是 Na^+、HCO_3^-、CO_3^{2-} 的总电导。抑制器装填了高容量 H^+ 型阳离子交换树脂。洗脱液流经抑制器时，Na^+ 与 H^+ 进行交换，洗脱液中生成了电导值很小的 H_2O 和 CO_2，从而降低了背景电导。

6. 系统压力不稳可能是有泄漏或者有气泡导致的。如果是有泄漏，找到泄漏的地方拧紧即可。如果是有气泡，需要通过三通阀排气。

7. 离子交换色谱柱的固定相是离子交换树脂，一般情况下，阳离子色谱的功能团是磺酸基团，阴离子色谱的功能团是季铵盐基团。被分离组分在色谱柱上分离原理是树脂上可电离离子与流动相中具有相同电荷的离子及被测组分的离子进行可逆交换，根据各离子与离子交换基团具有不同的电荷吸引力而分离。

（三）计算题

1.（1）　　　　　　理论塔板数 $n = 16(t_{R_2}/W)^2 = 16(17/1)^2 = 4624$

（2）　　　　　　$t_{S_1} = 14 - 1 = 13(\min)$　　　$t_{S_2} = 17 - 1 = 16(\min)$

（3）　　　　　　$k_1 = t_{S_1}/t_M = 13$　　　$k_2 = t_{S_2}/t_M = 16$

（4）　　　　　　$R = 2(t_{R_2} - t_{R_1})/(W_1 + W_2) = 3.0$

2.　　　　　　$12.5 \times 9 \div 10 \times 10 \div 11 = 10.23(\mathrm{mg \cdot L^{-1}})$

在线答疑

尹庚明　wyuchemygm@126.com

丁　姣　chj.ding@163.com

周红军　hongjunzhou@163.com

彭　滨　wyuchempb@126.com

第十一章 波谱分析技术

第一节 概 述

波谱分析主要是以光学理论为基础,以物质与光相互作用为条件,建立物质分子结构与电磁辐射之间的相互关系,从而进行物质分子几何异构、立体异构、构象异构和分子结构分析和鉴定的方法。

波谱分析已成为现代进行物质分子结构分析和鉴定的主要方法之一。随着科技的发展,技术的革新和计算机应用,波谱分析也得到迅速发展。波谱分析法具有优点突出,广泛应用等特点,是诸多科研和生产领域不可或缺的工具。随着科技发展和分析要求的不断提高,使得科研工作者对波谱分析法也在不断创新。波谱分析的理论不仅对药物结构分析和鉴定起着重要的作用,同时也是药物化学、药物分析、药物代谢动力学、天然药物化学等学科必不可少的分析手段。波谱分析法由于其快速、灵敏、准确、重现,在有机药物结构分析和鉴定研究中起着重要的作用,已成为新药研究和药物结构分析与鉴定常用的分析工具和重要的分析方法。

波谱法主要包括红外光谱、紫外光谱、核磁共振和质谱,简称为四谱。四谱是现代波谱分析中最主要也是最重要的四种基本分析方法。四谱的发展直接决定了现代波谱的发展。在经历了漫长的发展之后,四谱的发展及应用已渐成熟,也使波谱分析在化学分析中有了举足轻重的地位。

紫外-可见光谱:20 世纪 30 年代,光电效应应用于光强度的控制产生第一台分光光度计并由于单色器材料的改进,使这种古老的分析方法由可见光区扩展到紫外光区和红外光区。紫外光谱具有灵敏度和准确度高,应用广泛,对大部分有机物和很多金属及非金属及其化合物都能进行定性、定量分析,且仪器的价格便宜,操作简单、快速,易于普及推广,所以至今它仍是有机化合物结构鉴定的重要工具。近年来,由于采用了先进的分光、检测及计算机技术,使仪器的性能得到极大的提高,加上各种方法的不断创新与改善,使紫外光谱法成为含发色团化合物的结构鉴定、定性和定量分析不可或缺的方法之一。

红外光谱:1947 年,第一台实用的双光束自动记录的红外分光光度计问世。这是一台以棱镜作为色散元件的第一代红外分光光度计。到了 20 世纪 60 年代,用光栅代替棱镜作为分光器的第二代红外光谱仪投入使用,由于它分辨率高,测定波长的范围宽,对周围环境要求低,加上新技术的开发和应用,使红外光谱的应用范围扩大到配合物、高分子化合物和无机化合物的分析上,并且可以储存标准图谱,用计算机自动检索。20 世纪 70 年代后期,第三代即干涉型傅里叶变换红外光谱仪投入使用。此种光度计灵敏度、分辨率高,扫描速度快,是目前主要机型。近来,已采用可调激光器作为光源来代替单色器,研制成功了激光红外分光光度计,也就是第四代红外分光光度计,它具有更高的分辨率和更广的应用范围。但目前尚未普及。

核磁共振:自 1945 年 F. Bloch 和 E. M. Purcell 为首的两个研究小组同时独立发现核磁共振现象以来,[1]H 核磁共振在化学中的应用已有 50 年。特别是近 20 年来,随着超导磁体和脉冲傅里叶变换法的普及,核磁共振的新方法、新技术不断涌现,如二维核磁共振技术、差谱技术、极化转移技术及固体核磁共振技术的发展,使核磁共振的分析方法和技术不断完善,应用范围日趋扩大,样品用量减少,灵敏度大大提高。

质谱:早在 1912 年左右,J. J. Thomson 就制成了第一台质谱装置,并用其发现了 ^{20}Ne 和 ^{22}Ne。早期,这种方法主要用于测定相对原子质量和发现新元素。在 20 世纪 30 年代,由于离子光学理论的建立促进了质谱仪的发展。20 世纪 40 年代以后质谱法除用于实验室工作外,还用于原子能工业和石油工业。60 年代开始,质谱就广泛地应用于有机物分子结构的测定。近几十年来,质谱仪也发展迅速,相继出现了多种类型和多种用途的质谱仪。

波谱分析除了四谱之外还有拉曼光谱、荧光光谱、旋光光谱和圆二色光谱、顺磁共振谱、X 射线衍射法等。目前拉曼光谱和红外光谱的联用已应用广泛,旋光光谱、圆二色光谱在测定手性化合物的构型和构象以及确定某些官能团在手性分子中的位置方面有独到之处,因此也常和紫外光谱联用以达到更高要求的分析目的。

本章习题主要基于四谱的基本原理及理论,题目一方面注重基本概念的认识和理解,另一方面更加注重谱图的解析及应用,目的是提高利用四谱来对化合物进行结构表征的能力。

第二节　试　题

一、紫外吸收光谱

(一)选择题

1. 某化合物在紫外光区 204nm 处有一弱吸收,在红外光谱中有如下吸收峰:$3300 \sim 2500 cm^{-1}$(宽峰),$1710 cm^{-1}$,则该化合物可能是(　　)。

A. 醛　　　　　　　B. 酮　　　　　　　C. 羧酸　　　　　　　D. 烯烃

2. 可见光区、紫外光区、红外光区和无线电波四个电磁波区域中,能量最大和最小的区域分别是(　　)。

A. 紫外光区和无线电波　　　　　　　B. 紫外光区和红外光区

C. 可见光区和无线电波　　　　　　　D. 可见光区和红外光区

3. 化合物 CH_3—CH=CH—CH=O 的紫外光谱中,$\lambda_{max}=320nm(\varepsilon_{max}=30)$ 的一个吸收带是(　　)。

A. K 带　　　　　　　B. R 带　　　　　　　C. B 带　　　　　　　D. E_2 带

4. 在碱性条件下,苯酚的最大吸收波长发生的变化是(　　)。

A. 红移　　　　　　　B. 蓝移　　　　　　　C. 不变　　　　　　　D. 不能确定

5. 紫外-可见光谱的产生是由外层电子能级跃迁所致,其能级差的大小决定了(　　)。

A. 吸收峰的强度　　　　　　　　　　B. 吸收峰的数目

C. 吸收峰的位置　　　　　　　　　　D. 吸收峰的形状

6. 紫外光谱是带状光谱的原因是由于(　　)。

A. 紫外光能量大

B. 波长短

C. 电子能级跃迁的同时伴随有振动及转动能级跃迁

D. 电子能级差大

7. 某化合物在 $220 \sim 400nm$ 范围没有紫外吸收,该化合物可能属于(　　)。

A. 芳香族化合物　　　　　　　　　　B. 含共轭双键的化合物

C. 含羰基的化合物　　　　　　　　　D. 烷烃

8. 紫外-可见分光光度计法合适的检测波长范围为(　　　)。

A. 400~800nm　　　　B. 200~800nm　　　　C. 200~400nm　　　　D. 10~1000nm

9. 紫外光谱的产生是由电子能级跃迁所致,能级差的大小决定了(　　　)。

A. 吸收峰的强度　　　　　　　　　　　B. 吸收峰的数目

C. 吸收峰的位置　　　　　　　　　　　D. 吸收峰的形状

10. 下列化合物,紫外吸收 λ_{max} 值最大的是(　　　)。

A. ⌇⌇⌇　　　　　B. ⌇⌇⌇　　　　　C. ⌇⌇⌇　　　　　D. ⌇⌇⌇

11. 在紫外-可见光度分析中极性溶剂会使被测物质吸收峰(　　　)。

A. 消失　　　　　B. 精细结构更明显　　　　C. 位移　　　　　D. 分裂

12. 紫外-可见光谱区有吸收的化合物是(　　　)。

A. $CH_3-CH=CH-CH_3$　　　　　　　B. CH_3-CH_2-OH

C. $CH_2=CH-CH_2-CH=CH_2$　　　　　D. $CH_2=CH-CH=CH-CH_3$

(二) 简答题

1. 紫外光谱在有机化合物结构鉴定中的主要贡献是什么?

2. 电子跃迁有哪些种类? 能在紫外光谱上反映的电子跃迁有哪几类?

3. 请将下列化合物的紫外吸收波长 λ_{max} 值按由长波到短波排列。

(1) $CH_2=CHCH_2CH=CHNH_2$　　　　　　(2) $CH_3CH=CHCH=CHNH_2$

(3) $CH_3CH_2CH_2CH_2CH_2NH_2$

4. 已知下列数据 258nm(11 000)、255nm(3470)是对硝基苯甲酸和邻硝基苯甲酸的 $\lambda_{max}(\varepsilon_{max})$,指出两组数据分别对应哪个化合物。为什么?

5. 有一个不饱和酮(不溶于水,在有机溶剂中有一定的溶解性)要做紫外光谱,下列溶剂 (水、甲醇、乙醇、丙酮、苯、环己烷)可用哪几个? 为什么?

6. 在紫外-可见吸收光谱法中,定性分析和定量分析的依据是什么?

7. 某未知物的分子式为 $C_9H_{10}O_2$,紫外光谱数据表明:该物 λ_{max} 在 264nm、262nm、257nm、252nm(ε_{max} 为 101、158、147、194、153);红外、核磁、质谱数据如图 11-1～图 11-3 所示,试推断其结构。

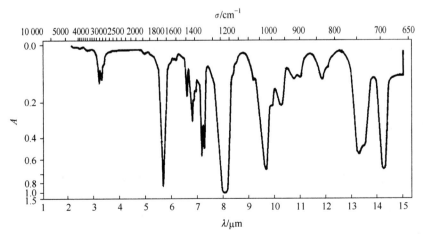

图 11-1　未知物 $C_9H_{10}O_2$ 的红外光谱图

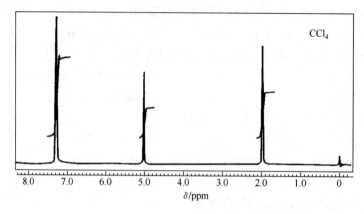

图 11-2　化合物 $C_9H_{10}O_2$ 的核磁共振谱

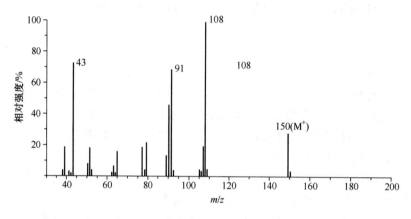

图 11-3　化合物 $C_9H_{10}O_2$ 的质谱图

8. 简述紫外光谱在分子结构分析中的应用。

二、红外吸收光谱

(一) 选择题

1. 红外吸收光谱属于(　　)。
A. 原子吸收光谱
B. 分子吸收光谱
C. 电子光谱
D. 核磁共振波谱

2. 产生红外吸收光谱的原因是(　　)。
A. 原子内层电子能级跃迁
B. 分子外层价电子跃迁
C. 分子转动能级跃迁
D. 分子振动-转动能级跃迁

3. 伸缩振动指的是(　　)。
A. 键角发生变化的振动
B. 吸收频率发生变化的振动
C. 分子平面发生变化的振动
D. 键长沿键轴方向发生周期性变化的振动

4. 红外光谱又称为(　　)。
A. 电子光谱
B. 分子振动-转动光谱
C. 核磁共振光谱
D. 原子发射光谱

5. 振动自由度指(　　)。

A. 线性分子的自由度　　　　　　　　B. 非线性分子的自由度

C. 分子总的自由度　　　　　　　　　D. 基本振动数目

6. 振动能级由基态跃迁至第一激发态所产生的吸收峰是(　　)。

A. 合频峰　　　　B. 基频峰　　　　C. 差频峰　　　　D. 倍频峰

7. 红外光谱所吸收的电磁波是(　　)。

A. 微波　　　　　B. 可见光　　　　C. 红外光　　　　D. 无线电波

8. 双原子分子的振动形式有(　　)。

A. 一种　　　　　B. 两种　　　　　C. 三种　　　　　D. 四种

9. 红外光谱图中用作纵坐标的标度是(　　)。

A. 吸光度 A　　　B. 光强度 I　　　C. 透光率 $T\%$　　　D. 波数 σ

10. 关于红外光描述正确的是(　　)。

A. 能量比紫外光大,波长比紫外光长

B. 能量比紫外光小,波长比紫外光长

C. 能量比紫外光小,波长比紫外光短

D. 能量比紫外光大,波长比紫外光短

11. 物质的红外光谱特征参数,可提供(　　)。

A. 物质分子中各种基团的信息　　　　B. 物质的纯杂程度

C. 相对分子质量的大小　　　　　　　D. 物质晶体结构变化的确认

12. 红外光谱与紫外光谱比较(　　)。

A. 红外光谱的特征性强　　　　　　　B. 紫外光谱的特征性强

C. 红外光谱与紫外光谱特征性均不强　D. 红外光谱与紫外光谱的特征性均强

13. 对红外光谱法的叙述正确的为(　　)。

A. 物质的红外光谱是物质分子吸收红外辐射,分子的振动、转动能级改变产生的

B. 红外光谱的吸收峰数,由分子的红外活性振动决定

C. 吸收峰的强度取决于基态、激发态的能级差

D. 以上都对

14. 使吸收峰位移向高波数的因素是(　　)。

A. 氢键效应　　　B. 共轭效应　　　C. 溶剂效应　　　D. 诱导效应

15. 红外光谱法在物质分析中不恰当的用法是(　　)。

A. 物质纯度的检查

B. 物质鉴别,特别是化学鉴别方法鉴别不了的物质

C. 化合物结构的鉴定

D. 物质的定量分析

16. 影响红外吸收谱带强度大小的因素是(　　)。

A. 分子的对称性　B. 仪器分辨率　　C. 共轭效应　　　D. 仪器的灵敏度

17. 称为红外活性振动的是(　　)。

A. 振动能级跃迁所需能量较小　　　　B. 振动能级跃迁所需能量较大

C. 振动时分子的偶极矩发生变化　　　D. 振动时分子的偶极矩无变化

18. 弯曲振动指的是(　　)。

A. 原子折合质量较小的振动　　　　　B. 键角发生周期性变化的振动

C. 原子折合质量较大的振动　　　　　D. 化学键力常数较大的振动

19. 线性分子振动自由度有(　　)。

A. 2个　　　　　B. 3个　　　　　C. $3N$个　　　　　D. $(3N-5)$个

20. 分子振动频率的大小取决于(　　)。

A. 化学键力常数　　B. 原子质量　　　C. 振动方式　　　D. 以上都不对

21. 非红外活性振动是指(　　)。

A. 振动时分子的结构发生改变　　　　B. 转动时伴随着振动

C. 振动时分子偶极矩有变化　　　　　D. 振动时分子偶极矩无变化

22. 红外吸收峰数少于基本振动数的原因是(　　)。

A. 非红外活性振动　　　　　　　　　B. 能量相同的振动发生简并

C. 仪器性能的限制　　　　　　　　　D. 以上都不是

23. 有一含氧化合物,如用红外光谱判断它是否为羰基化合物,主要依据的谱带范围为
(　　)。

A. 1900~1650cm^{-1}　　　　　　　　B. 3500~3200cm^{-1}

C. 1500~1300cm^{-1}　　　　　　　　D. 1000~650cm^{-1}

24. 在四谱综合解析过程中,确定苯环取代基的位置,最有效的方法是(　　)。

A. 紫外和核磁　　B. 质谱和红外　　C. 红外和核磁　　D. 质谱和核磁

25. 化合物中只有一个羰基,却在1773cm^{-1}和1736cm^{-1}处出现两个吸收峰,这
是因为(　　)。

A. 诱导效应　　　　B. 共轭效应　　　　C. 费米共振　　　　D. 空间位阻

26. 在红外光谱中,羰基()的伸缩振动吸收峰出现的波数（cm^{-1}）范围是(　　)。

A. 1900~1650　　B. 2400~2100　　C. 1600~1500　　D. 1000~650

27. 红外光可引起物质的(　　)。

A. 分子的电子能级的跃迁,振动能级的跃迁,转动能级的跃迁

B. 分子内层电子能级的跃迁

C. 分子振动能级及转动能级的跃迁

D. 分子转动能级的跃迁

28. 红外光谱法,试样状态可以是(　　)。

A. 气体状态　　　B. 固体状态　　　C. 固体、液体状态　　D. 气体、液体、固体状态

29. 红外光谱解析分子结构的主要参数是(　　)。

A. 质荷比　　　　B. 波数　　　　　C. 偶合常数　　　　D. 保留值

30. 某化合物在1500~2800cm^{-1}无吸收,该化合物可能是(　　)。

A. 烷烃　　　　　B. 烯烃　　　　　C. 芳烃　　　　　D. 炔烃

31. 下列关于分子振动的红外活性的叙述中正确的是(　　)。

A. 凡极性分子的各种振动都是红外活性的,非极性分子的各种振动都不是红外活性的

B. 极性键的伸缩和变形振动都是红外活性的

C. 分子的偶极矩在振动时周期地变化,即为红外活性振动

D. 分子的偶极矩的大小在振动时周期地变化,必为红外活性振动,反之则不是

32. 某有机物 C_8H_7N 的不饱和度为(　　)。

A . 4　　　　　　　　　B. 5　　　　　　　　　C. 6　　　　　　　　　D. 7

(二) 简答题

1. 红外光谱产生必备的两个条件是什么?

2. 影响物质红外光谱中峰位的因素有哪些?

3. 红外光谱测定技术中固体样品的测定可采用哪些方法?

4. 红外吸收峰的数目理论上取决于分子振动自由度,而实际数少于振动自由度,为什么?

5. 什么是红外线光? 波长与波数的关系?

6. 什么是非红外活性振动? 产生红外吸收光谱的条件是什么?

7. 什么是基频峰? 泛频峰? 特征峰?

8. 影响吸收峰位移动的因素有哪些?

9. 有哪些因素影响红外吸收峰的强度?

10. 分子式 C_4H_5N,红外谱图如下,试推断其可能的结构,并说明理由。

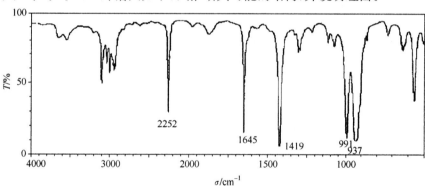

11. 试推断化合物 C_7H_9N 的结构。

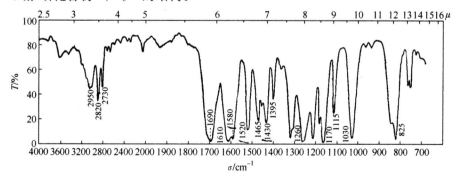

12. 已知某化合物分子式为 $C_4H_6O_2$,而结构中含有一个酯羰基($1760cm^{-1}$)和一个端乙烯基(—CH =CH₂)($1649cm^{-1}$),试推断其结构。

三、核磁共振

(一) 选择题

1. 苯环上哪种取代基存在时,其芳环质子化学位移值最大? (　　)
A. —CH_2CH_3　　　　B. —OCH_3　　　　C. —$CH=CH_2$　　　D. —CHO

2. 质子的化学位移有如下顺序:苯(7.27)>乙烯(5.25)>乙炔(1.80)>乙烷(0.80),其原因为(　　)。
A. 诱导效应所致　　　　　　　　B. 杂化效应和各向异性效应协同作用的结果
C. 各向异性效应所致　　　　　　D. 杂化效应所致

3. 在通常情况下,$CH_3CHCOOH$ 在核磁共振谱图中将出现(　　)组吸收峰。
　　　　　　　　　　　　|
　　　　　　　　　　　OH

A. 3　　　　　　　　B. 4　　　　　　　　C. 5　　　　　　　　D. 6

4. 核磁共振波谱解析分子结构的主要参数是(　　)。
A. 质荷比　　　　　B. 波数　　　　　　C. 化学位移　　　　D. 保留值

5. 下列不适宜核磁共振测定的是(　　)。
A. ^{12}C　　　　　B. ^{15}N　　　　　C. ^{19}F　　　　　D. ^{31}P

6. 下面化合物在核磁共振波谱(氢谱)中出现单峰的是(　　)。
A. CH_3CH_2Cl　　B. CH_3CH_2OH　　C. CH_3CH_3　　　D. $CH_3CH(CH_3)_2$

7. 化合物 $CH_3CH_2CH_3$ 的 ^1H NMR 中 CH_2 的质子信号受 CH_3 偶合裂分为(　　)。
A. 四重峰　　　　　B. 五重峰　　　　　C. 六重峰　　　　　D. 七重峰

8. 分子式为 $C_5H_{10}O$ 的化合物,其 NMR 谱上只出现两个单峰,最有可能的结构式为(　　)。
A. $(CH_3)_2CHCOCH_3$　　　　　　　B. $(CH_3)_3C$—CHO
C. $CH_3CH_2CH_2COCH_3$　　　　　　D. $CH_3CH_2COCH_2CH_3$

9. 下列化合物按 ^1H 化学位移值从大到小排列(　　)。
a. $CH_2=CH_2$　　　b. $CH\equiv CH$　　　c. HCHO　　　　d. ⬡

A. a、b、c、d　　　B. c、d、a、b　　　C. a、c、b、d　　　D. d、c、b、a

(二) 简答题

1. 化学全同、磁全同分别是什么意思? 其相互关系是什么?

2. 在核磁共振(NMR)测量时,要消除顺磁杂质,为什么?

3. 根据 $\nu_0 = \gamma H_0/2\pi$ 可以说明一些什么问题?

4. 什么是自旋偶合、自旋裂分? 它有什么重要性?

5. 解释在下列化合物中 H_a、H_b 的 δ 值为何不同。

H_a:$\delta=7.72$
H_b:$\delta=7.40$

6. 在 CH_3—CH_2—$COOH$ 的氢核磁共振谱图中各出现一组三重峰及四重峰的原因是什么？哪一组峰处于较低场？为什么？

7. 简述光谱分析仪的组成。

8. 核磁共振仪振荡器的射频为 56.4MHz 时，欲使 ^{19}F 及 ^1H 产生共振信号，外加磁场强度各需多少？

9. 在相同强度的外加磁场条件下，已知氢核 ^1H 磁矩为 2.79，磷核 ^{31}P 磁矩为 1.13，分别计算发生核跃迁时两者需要较低的能量。

10. 某未知物的分子式为 C_3H_6O，质谱数据和核磁共振谱如图 11-4 和图 11-5 所示，试推断其结构。

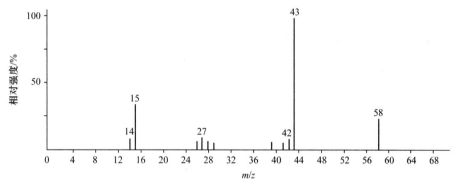

图 11-4　C_3H_6O 的质谱

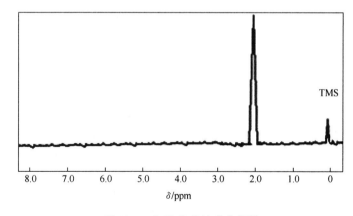

图 11-5　C_3H_6O 的核磁共振谱

11. 核磁共振产生的条件是什么？

12. 自旋偶合的条件是什么？

13. 将下列化合物按 ^1H 化学位移值从大到小排序，并说明原因。

a. CH_3F　　b. CH_3OCH_3　　c. CH_3OH　　d. CH_2F_2　　e. 正丙醇

四、质谱

（一）选择题

1. 在质谱仪中，当收集正离子的狭缝位置和加速电压固定时，若逐渐增加磁场强度 H，对具有不同质荷比的正离子，其通过狭缝的顺序（　　）。

A. 从大到小　　　　　B. 从小到大　　　　　C. 无规律　　　　　D. 不变

2. 二溴乙烷质谱的分子离子峰 M 与 $M+2$、$M+4$ 的相对强度为（　　）。

A. $1:1:1$　　　　B. $2:1:1$　　　　C. $1:2:1$　　　　D. $1:1:2$

3. 芳烃（$M=134$），质谱图上于 m/z 91 处显一强峰，其可能的结构是（　　）。

A. 　　　　　　　　　　　B.

C. 　　　　　　　　　　　D.

4. 含奇数个氮原子的有机化合物，其分子离子的质荷比为（　　）。

A. 偶数　　　　　B. 奇数　　　　　C. 不一定　　　　　D. 取决于电子数

5. 下列四种化合物中分子离子峰为奇数的是（　　）。

A. C_6H_6　　　　B. $C_6H_5NO_2$　　　　C. $C_4H_2N_6O$　　　　D. $C_9H_{10}O_2$

6. GC-MS 法测定水中挥发性有机物时，采用（　　）溶液做 GC-MS 性能测试。

A. BNB　　　　　B. 氟代苯　　　　　C. 4-溴氟苯　　　　　D. DFTPP

7. GC-MS 法测定水中半挥发性有机物时，采用（　　）溶液做 GC-MS 性能测试。

A. BNB　　　　　B. 氟代苯　　　　　C. 4-溴氟苯　　　　　D. DFTPP

8. 在丁酮质谱中，质荷比为 29 的碎片离子是发生了（　　）。

A. α-裂解产生的　　　　　　　　　　B. i-裂解产生的

C. 重排裂解产生的　　　　　　　　　　D. γ-H 迁移产生的

9. 在质谱图中，CH_2Cl_2 中 $M:(M+2):(M+4)$ 的比值约为（　　）。

A. $1:2:1$　　　　B. $1:3:1$　　　　C. $9:6:1$　　　　D. $1:1:1$

10. 下列化合物中，分子离子峰的质荷比为偶数的是（　　）。

A. $C_8H_{10}N_2O$　　　　B. $C_8H_{12}N_3$　　　　C. $C_9H_{12}NO$　　　　D. C_4H_4N

11. CI-MS 表示（　　）。

A. 电子轰击质谱　　　　　　　　　　B. 化学电离质谱

C. 电喷雾质谱　　　　　　　　　　　D. 激光解析质谱

12. 质谱图中强度最大的峰，规定其相对强度为 100%，称为（　　）。

A. 分子离子峰　　　　B. 基峰　　　　C. 亚稳离子峰　　　　D. 准分子离子峰

13. 在通常的质谱条件下，下列碎片峰不可能出现的是（　　）。

A. $M+2$　　　　B. $M-2$　　　　C. $M-8$　　　　D. $M-18$

14. 某一化合物分子离子峰区相对丰度近似为 $M:(M+2)=1:1$，则该化合物分子式中可能含有一个（　　）。

A. F　　　　　B. Cl　　　　　C. Br　　　　　D. I

15. 测定有机化合物的相对分子质量，应采用（　　）。

A. 紫外光谱　　　　B. 质谱　　　　C. 核磁共振　　　　D. 气相色谱

16. 在四谱综合解析过程中，确定苯环取代基的位置，最有效的方法是（　　）。

A. 紫外和核磁　　　　B. 质谱和红外　　　　C. 红外和核磁　　　　D. 质谱和核磁

17. 下列（　　）机制是由正电荷引起的。

A. α-断裂　　　　B. σ-断裂　　　　C. i-断裂　　　　D. 麦氏重排

（二）简答题

1. 简述质谱碎裂的一般规律和影响因素。

2. 简述气质联用色谱法(GC-MS)空气泄漏征兆及常见来源。

3. 气相色谱-质谱联用法中,离子源必须满足哪些要求?

4. 气相色谱-质谱联用法对未知样品进行定性分析的依据是什么?

5. 气相色谱法测定水中有机氯农药,若萃取时出现乳化现象,可采取什么方法进行破乳?

6. 分析某水样中 α-六六六浓度,取水样 100mL 用石油醚萃取,经净化脱水后,定容 5.0mL 供色谱分析用,取标准溶液和样品各 $5\mu L$ 上机测定,测定样品峰高 85.0mm,标准溶液峰高 62.0mm,标准溶液浓度 $20.0\,mg\cdot L^{-1}$,求水样中被测组分 α-六六六的浓度。

7. 什么是氮规则? 能否根据氮规则判断分子离子峰?

8. 样品分子在质谱仪中发生的断裂过程,会形成具有单位正电荷而质荷比(m/z)不同的正离子,当其通过磁场时,动量如何随质荷比的不同而改变? 其在磁场的偏转度如何随质荷比的不同而改变?

9. 气相色谱法测定水中苯系物时,若溶剂萃取时发生乳化现象,有哪些处理方法?

10. 在质谱中亚稳离子是如何产生的以及在碎片离子解析过程中的作用是什么?

11. 简述光谱分析仪的组成。

12. 某未知物元素分析数据表明:C 60%、H 8%,红外、核磁、质谱数据如图 11-6～图 11-9 所示,试推断其结构。

13. 由未知物的 MS、IR、NMR 图谱(图 11-10～图 11-13)及元素分析结果确定其分子结构。MS:121.089(分子离子峰);IR:纯样;^{1}H NMR:CDCl$_3$;^{13}C NMR:CDCl$_3$;元素分析:79.3%C;9.1%H;11.6%N。

14. 简述发生麦氏重排的条件,下列化合物中哪些能发生麦氏重排? 并写出去重排过程。

a. 乙酸乙酯 b. 异丁酸 c. 异丁苯

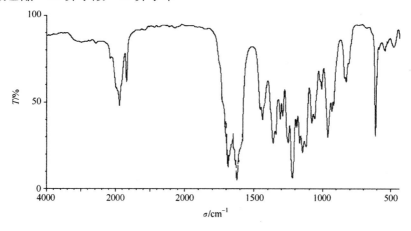

图 11-6 未知物的红外光谱图

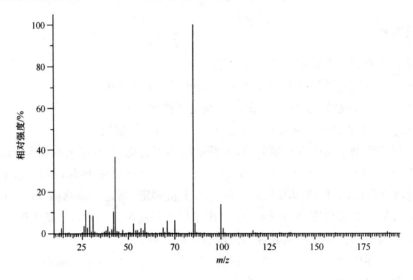

图 11-7　未知物的质谱图

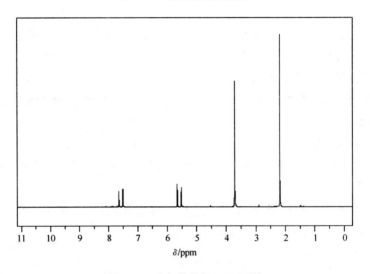

图 11-8　未知物的^{1}H NMR 图

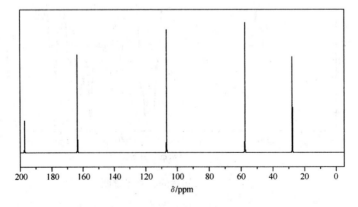

图 11-9　未知物的^{13}C NMR 图

197. 21(s) ,163. 49(d),106. 85 (d) ,57. 54(q) ,27. 72(q)

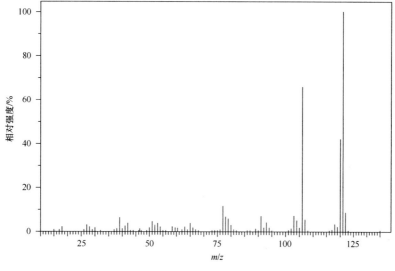

图 11-10 MS 图谱

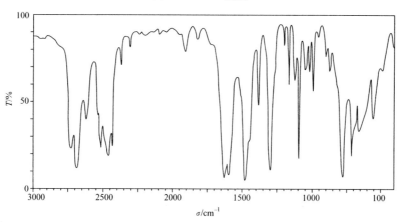

图 11-11 IR 图

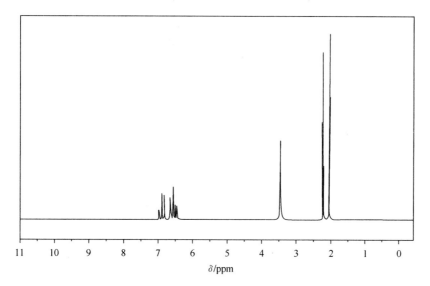

图 11-12 ^{1}H NMR 图

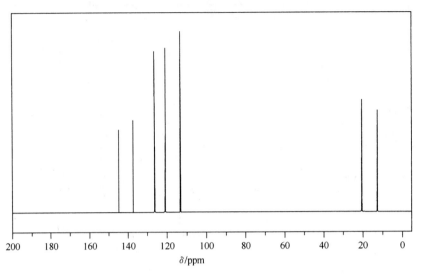

图 11-13　　^{13}C NMR 图

15. 如图是某未知物质谱图，试确定其结构。

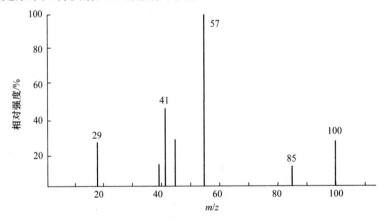

参考答案

一、紫外吸收光谱

（一）选择题

1. C　　2. A　　3. B　　4. A　　5. C　　6. C　　7. D　　8. B　　9. C　　10. B

11. C　　12. D

（二）简答题

1. 在有机结构鉴定中，紫外光谱在确定有机化合物的共轭体系、生色团和芳香性等方面有独到之处。

2. 电子跃迁有 $\sigma \rightarrow \sigma^*$、$n \rightarrow \sigma^*$、$\pi \rightarrow \pi^*$、$n \rightarrow \pi^*$、$\pi \rightarrow \sigma^*$、$\sigma \rightarrow \pi^*$。

能在紫外光谱上反映的是：$n \rightarrow \pi^*$、$\pi \rightarrow \pi^*$、$n \rightarrow \sigma^*$。

3. $CH_3CH =\!\!= CHCH =\!\!= CHNH_2 > CH_2 =\!\!= CHCH_2CH =\!\!= CHNH_2 > CH_3CH_2CH_2CH_2CH_2NH_2$。

4. 258nm(11 000)为对硝基苯甲酸；255nm(3470)为邻硝基苯甲酸。后者有位阻，共轭差。

5. 样品在水中不溶，丙酮和苯的透明下限太大，水、丙酮和苯不能用。乙醇、环己烷、甲醇可用，乙醇最好，无毒、便宜，且测定后与文献值对照不用做溶剂校正。

6. 紫外-可见光吸收光谱法也称紫外-可见分光光度法。它是利用物质对 200～780nm 波长光的选择性吸收和朗伯-比尔定律来进行物质定性分析和含量分析的方法。

7. 不饱和度＝1＋9－10/2＝5。

$$\underset{}{\text{（苯基）}}-CH_2-O-\overset{O}{\overset{\|}{C}}-CH_3$$

8. （1）主要用于判断结构中的共轭系统、结构骨架（如香豆素、黄酮等）。

（2）确定未知化合物是否含有与某一已知化合物相同的共轭体系。

（3）可以确定未知结构中的共轭结构单元。

（4）确定构型或构象。

（5）测定互变异构现象。

二、红外吸收光谱

（一）选择题

1. B　　2. D　　3. D　　4. B　　5. D　　6. B　　7. C　　8. A　　9. C　　10. B

11. A　12. A　13. A　14. D　15. A　16. A　17. C　18. B　19. D　20. A

21. C　22. B　23. A　24. C　25. C　26. A　27. C　28. D　29. B　30. A

31. C　32. C

（二）简答题

1. 一是红外辐射的能量应与振动能级差相匹配，即 $E_光＝\Delta E_v$，二是分子在振动过程中偶极矩的变化必须不为零。

2. ① 诱导效应；② 共轭效应；③ 氢键效应；④ 振动偶合效应；⑤ 空间效应；⑥ 外部因素。

3. 压片法、糊状法、熔融（或溶解）成膜法及裂解法。

4. ① 振动过程中分子偶极矩未发生变化，无吸收；② 相同频率的振动可兼并；③ 宽而强的峰覆盖弱而窄的峰。

5. (1) 红外线是太阳光线中众多不可见光线中的一种，由英国科学家霍胥尔于 1800 年发现，又称为红外热辐射，他将太阳光用三棱镜分解开，在各种不同颜色的色带位置上放置了温度计，试图测量各种颜色的光的加热效应。结果发现，位于红光外侧的温度计升温最快。因此得到结论：太阳光谱中，红光的外侧必定存在看不见的光线，这就是红外线。也可以当作传输的媒介。太阳光谱上红外线的波长大于可见光线，波长为 $0.75\sim1000\mu m$。红外线可分为三部分，即近红外线，波长为 $0.75\sim1.50\mu m$；中红外线，波长为 $1.50\sim6.0\mu m$；远红外线，波长为 $6.0\sim1000\mu m$。

(2) 波数表示 1cm 中波的个数。波数＝1/波长。

6. 分子振动时必须伴随偶极矩的变化，具有偶极矩变化的分子振动是红外活性振动，否则是非红外活性振动。红外光照射分子，引起振动能级的跃迁，从而产生红外吸收光谱，必须具备以下两个条件：一是红外辐射应具有恰好能满足能级跃迁所需的能量，即物质的分子中某个基团的振动频率应正好等于该红外光的频率。或者说当用红外光照射分子时，如果红外光子的能量正好等于分子振动能级跃迁时所需的能量，则可以被分子所吸收，这是红外吸收光谱产生的必要条件。二是物质分子在振动过程中应有偶极矩的变化，这是红外吸收光谱产生的充分必要条件。因此，对那些对称分子（如 O_2、N_2、H_2、Cl_2 等双原子分子），分子中原子的振动并不引起偶极矩的变化，则不能产生红外吸收光谱。

7. 基频峰：分子吸收一定频率的红外线，若振动能级由基态跃迁至第一激发态时，所产生的吸收峰称为基频峰。

泛频峰：在红外吸收光谱上，除基频峰外，还有振动能级由基态跃迁至第二激发态、第三激发态等现象，所产生的峰称为泛频峰。

特征峰：与结构单元相联系的、在一定范围内出现的化学键振动频率——基团特征峰，常见的有机化合物基团频率出现的范围为 $4000\sim600cm^{-1}$。

8. (1) 诱导效应，取代基电负性不同，诱导效应引起分子中电子分布的变化，电负性越强，吸收位移向高频区移动。

(2) 共轭效应,使电子云密度平均化,共轭效应增强,吸收峰移向低频。

(3) 空间效应,空间位阻影响共轭,空间位阻增强,吸收峰移向高频。

(4) 氢键效应,有分子内氢键和分子间氢键,形成氢键后使 H 原子周围的力场发生变化,改变了 X—H 的键力常数,吸收峰移向低频。

9. 影响红外吸收强度的因素主要有两方面:振动能级跃迁概率及分子振动时偶极矩变化的大小。

(1) 跃迁概率越大,吸收越强。从基态向第一激发态跃迁,即从 $\nu=0$ 跃迁至 $\nu=1$,概率大,因此,基频吸收带一般较强。

(2) 振动时偶极矩变化越大,吸收越强。偶极矩变化的大小与分子结构和对称性有关。很显然,化学键两端所连接的原子电负性差别越大,分子的对称性越差,振动时偶极矩的变化就越大,吸收就越强。一般来说,伸缩振动的吸收强于变形振动,非对称振动的吸收强于对称振动。

10. 不饱和度为 3。

红外谱图:2260cm^{-1} 为 $\nu_{C≡N}$ 伸缩振动,可能存在—C≡N(两个不饱和键);3000cm^{-1} 左右为 =C—H 伸缩振动,结合 1647cm^{-1} 认为化合物存在烯基(一个不饱和度);990cm^{-1}、935cm^{-1} 分别为 RCH =CH$_2$ 反式烯氢的面外弯曲振动以及同碳烯氢的面外弯曲振动;因此,可以推断该化合物结构为:CH$_2$ =CH—CH$_2$—CN。

11. 不饱和度的计算:$U=(7×2+2-9+1)/2=4$,不饱和度为 4,分子中可能有多个双键,或者含有一个苯环。3520cm^{-1} 和 3430cm^{-1}:两个中等强度的吸收峰表明为—NH$_2$ 的反对称和对称伸缩振动吸收(3500cm^{-1} 和 3400cm^{-1})。1622cm^{-1}、1588cm^{-1}、1494cm^{-1}、1471cm^{-1}:苯环的骨架振动(1600cm^{-1}、1585cm^{-1}、1500cm^{-1} 及 1450cm^{-1}),证明苯环的存在。748cm^{-1}:苯环取代为邻位(770∼735cm^{-1})。1442cm^{-1} 和 1380cm^{-1}:甲基的弯曲振动(1460cm^{-1} 和 1380cm^{-1})。1268cm^{-1}:伯芳胺的 C—N 伸缩振动(1340∼1250cm^{-1})。

由以上信息可知该化合物为邻甲苯胺。

12. 首先计算其饱和度:$f=1+4+1/2(0-6)=2$,说明分子中除了酯羰基和乙烯基没有其他不饱和基团。对于分子式 C$_4$H$_6$O$_2$ 的化合物,且符合不饱和度,又符合含有一个酯羰基和一个端乙烯基只能写出两种结构:(a)丙烯酸甲酯和(b)乙酸乙烯酯。在(a)结构中 酯羰基伸缩振动出现在 1710cm^{-1}(羰基和乙烯共轭)附近,(b)结构中酯羰基伸缩振动出现在 1760cm^{-1}(烯酯和芳酯)附近,所以该化合物的结构应是乙酸乙烯酯。

三、核磁共振

(一) 选择题

1. D　　2. B　　3. A　　4. C　　5. A　　6. C　　7. D　　8. B　　9. B

(二) 简答题

1. 在同一分子中,化学位移相等的质子称为化学全同质子。化学全同质子具有相同的化学环境。若一组质子是化学全同质子,当它与组外的任一磁核偶合时,其偶合常数相等,这组质子称为磁全同质子。关系:化学全同质子不一定是磁全同质子,磁全同质子一定是化学全同。

2. 很多精确测量时,要注意抽除样品中所含的空气,因为氧是顺磁性物质,其波动磁场会使谱线加宽。

3. 这是发生核磁共振的条件。由该式可以说明:①对于不同的原子核,由于磁旋比 γ 不同,发生共振的条件不同,即发生共振时 ν_0 和 H_0 的相对值不同;②对于同一种核,当外加磁场一定时,共振频率也一定,当磁场强度改变时,共振频率也随着改变。

4. 有机化合物分子中由于相邻质子之间的相互作用而引起核磁共振谱峰的裂分,称为自旋-轨道偶合,简称自旋偶合,由自旋偶合所引起的谱线增多的现象称为自旋-自旋裂分,简称自旋裂分。偶合表示质子间的相互作用,裂分则表示由此而引起的谱线增多的现象。由于偶合裂分现象的存在,可以从核磁共振谱图上获得更多的信息,对有机物结构解析非常有利。

5. H$_a$ 同时受到苯环、羰基的去屏蔽效应,而 H$_b$ 则只受到苯环的去屏蔽效应,因而 H$_a$ 位于较低场。

6. (1) 由于 α-、β 位质子之间的自旋偶合现象,根据 $(n+1)$ 规律,CH$_3$—质子核磁共振峰被亚甲基质子裂分为三重峰,同样,亚甲基质子被邻近的甲基质子裂分为四重峰。

（2）由于α-位质子受到羧基的诱导作用比β-质子强,所以亚甲基质子峰在低场出峰(四重峰)。

7. 电源、单色器、样品池、检测器及数据处理与读出装置。

8. 　　　　　　　$B_0(^1H)=2\pi\nu_0/\gamma=2\times3.14159\times56.4/2.68=132.2(MHz)$

　　　　　　　$B_0(^{19}F)=2\times3.14159\times56.4/2.52=140.6(MHz)$

9. 设外加磁场为H,^1H发生跃迁需要吸收的电磁波频率为

　　　　$\nu_0(^1H)=2\times2.79\times5.05\times10^{-27}\times H/6.63\times10^{-34}=46.29\times10^6 H\,s^{-1}=46.29H(MHz)$

对于^{31}P核:

　　　　$\nu_0(^{31}P)=2\times1.13\times5.05\times10^{-27}\times H/6.63\times10^{-34}=17.21\times10^6 H\,s^{-1}=17.21H(MHz)$

10. 从核磁共振可知只有一种氢,从质谱可知$58\rightarrow43$可见含有甲基,$43\rightarrow15$说明含有羰基,结合其不饱和度$=1$,可推知是

　　　　　　　　O
　　　　　　　　‖
　　　　　　　／＼　。

11. （1）自旋量子数$I\neq0$的原子核,都具有自旋现象,或质量数A或核电荷数两者其一为奇数的原子核,具有自旋现象。

（2）自旋量子数$I=1/2$的原子核是电荷在核表面均匀分布的旋转球体,核磁共振谱线较窄,最适宜核磁共振检测,是 NMR 研究的主要对象。

12. ① 质子必须是不等性的;② 两个质子间少于或等于三个单键(中间插入双键或叁键可以发生远程偶合)。

13. d＞a＞c＞b＞e。

原因:核外电子云的抗磁性屏蔽是影响质子化学位移的主要因素。核外电子云密度与邻近原子或基团的电负性大小密切相关。化合物中所含原子电负性越强,相应质子化学位移值越大。电负性基团越多,吸电子诱导效应的影响越大,相应的质子化学位移值越大。电负性基团的吸电子诱导效应沿化学键延伸,相应的化学键越多,影响越小。

四、质谱

（一）选择题

1. B　　2. C　　3. B　　4. B　　5. B　　6. C　　7. D　　8. B　　9. C　　10. A
11. B　　12. B　　13. C　　14. C　　15. B　　16. C　　17. C

（二）简答题

1. 一般规律:分子中电离电位低的电子最容易丢失,生成的正电荷和游离基就定域在丢失电子的位置上,离子具有过剩的能量和带有的正电荷或不成对电子是它发生碎裂的原因和动力,质谱中的碎片离子多而杂,造成质谱解析困难,产物离子的相对丰度主要由它的稳定性决定。

影响因素:化学键的相对强度、碎裂产物的稳定性、立体化学因素。

2. 征兆:（1）真空管压力或前级管道压力高于普通值。

（2）本底高,空气特征(m/z为 18、28、32、44)较高。

（3）灵敏度低,m/z 502 的相对强度偏低。

常见来源:GC 进样口,GC-隔垫,柱接头,破损的毛细管柱,MS-GC-MS 接口处。

3. ①产生的离子流稳定性高,强度能满足测量精度;②离子束的能量和方向分散小;③记忆效应小;④质量歧视效应小,工作压强范围宽;⑤样品和离子的利用率高。

4. 其依据为①未知样品的色谱峰的保留时间和标准样品的色谱峰的保留时间相同;②未知样品的质谱图特征和标准样品的质谱图特征匹配。

5. 可采取添加氯化钠、离心或者冰冻等方法进行破乳。

6. 已知样品峰高 85.0mm,标准峰高 62.0mm,标准液浓度 20.0mg·L^{-1},则富集倍数为 100mL/5.0mL＝20 倍。

$$c=\frac{85.0}{62.0}\times20.0/20=1.37(mg\cdot L^{-1})$$

7. (1) 在有机化合物中,不含氮或含偶数氮的化合物,相对分子质量一定为偶数(单电荷分子离子的质荷比为偶数);含奇数氮的化合物相对分子质量一定为奇数。反过来,质荷比为偶数的单电荷分子离子峰,不含氮或含偶数个氮。

(2) 可以根据氮规则判断分子离子峰。化合物若不含氮,假定的分子离子峰质荷比为奇数,或化合物只含有奇数个氮,假定的分子离子峰的质荷比为偶数,则均不是分子离子峰。

8. m/z 值越大,动量也越大;m/z 值越大,偏转度越小。

9. 用玻璃棉过滤乳化液破乳,用无水硫酸钠破乳或者离心法破乳。

10. 离子 m_1 在离子源主缝至分离器电场边界之间发生裂解,丢失中性碎片,得到新的离子 m_2。这个 m_2 与在电离室中产生的 m_2 具有相同的质量,但受到与 m_1 相同的加速电压,运动速度与 m_1 相同,在分离器中按 m_2 偏转,因而质谱中记录的位置在 m^* 处,m^* 是亚稳离子的表观质量,这样就产生了亚稳离子。由于 $m^* = m_2/m_1$,用 m^* 来确定 m^1 与 m^2 间的关系,是确定开裂途径最直接有效的方法。

11. 电源、单色器、样品池、检测器以及数据处理与读出装置。

12. $C_5H_{10}O_2$。

13.

14. ①分子中有不饱和基团;②该基团的 γ 位碳原子上连有氢原子。能发生麦氏重排的化合物为 b. 异丁酸和 c. 异丁苯。

15. ①100,分子离子峰;②85,失去 CH_3(15)的产物;③57,丰度最大,稳定结构失去 CO(28)后的产物。

在线答疑

陈　迁　　qianchen@gdut. edu. cn

杜志云　　zhiyundu@gdut. edu. cn

陈云峰　　chyfch@hotmail. com

龚　圣　　gshengjx@163. com

陈泽智　　271277855@qq. com

杨金兰　　393095638@qq. com

孙媚华　　sunmeihua1023@163. com

第十二章　拓展实验技术

第一节　概　　述

化学是一门建立在实验基础上的科学。实验教学不仅是帮助学生牢固掌握化学理论的重要手段,也是实现高素质人才培养和提高教学品质的重要环节。通过实验教学,不仅可以教授学生知识和技能,培养学生的实验操作能力、思维能力和创新能力,而且还能影响学生的世界观、思维方式、工作作风和道德修养。

就化学实验教学内容层次而言,可分为基础性实验和提高性实验两大类。基础化学实验是化学、化工、应化、生物、环境、食品等相关或相近学科专业的一门重要基础课,包括无机与分析化学实验、有机化学实验、物理化学实验及仪器分析实验等,主要在大学 1～2 年级开设。提高性实验则包括综合性实验、设计性实验、研究性实验,对高年级开设。

随着社会的发展进步,社会对人才提出了新的要求,综合性素质强、创新型人才成为时代的宠儿。改革大学化学实验教学体系,将按二级学科开设实验的做法,改为多层次的实验教学体系。增开拓展性实验,其目的在于培养学生的综合分析能力、实验动手能力、数据处理能力及查阅中外文资料的能力,提升其独立解决实际问题的能力、创新能力、组织管理能力和科研能力。

本章拓展性实验包括综合性实验、设计性实验和研究性实验。其特点是:

(1) 综合性实验是在基础性实验的基础上,体现内容的综合性、方法的多元性和手段的多样性。实验内容涉及多个学科、多个知识点;实验方法多元化,即一个目标多个途经;一个实验涉及多个基本操作技术,多样技术的联合使用。

(2) 设计性实验是指给定实验目的、要求和条件,由学生设计实验方案、选择实验方法和实验器材、拟定实验操作程序,自己加以实现并对实验结果进行分析处理的实验,体现了实验中学生的主动性、探索性和实验方法的多样性。

(3) 研究性实验是以科学的观点和方法针对某项与化学技术有关的未知(或未全知)的问题进行实验研究的一种开放式教学实验。可以分为基础性研究实验、应用基础性研究实验和应用性研究实验 3 类。

依照拓展性实验的特点,本章共列出了 31 个实验内容。涉及无机(有机)合成及结构分析、天然产物的分离及结构分析、常见化学成分定量分析、日用化学品的制备等实验。

例如,无机合成实验之一"乙二酸根合铁(Ⅲ)酸钾的制备及其组成的确定",实验涉及如下内容:①乙二酸根合铁酸钾的合成及重结晶纯化方法,学会产品合成、重结晶及干燥技术;②分光光度法测定产品中铁的含量,学会标准溶液的配制及标准曲线的建立,比色法测定铁含量的原理,分光光度计的使用方法;③离子计测定产品中钾的含量,学会离子计的使用方法及原理,钾离子的测定方法;④电导法测定配离子的电荷,学会电导率仪的使用方法;⑤产品的热重分析、磁化率,以及分解产物的红外光谱、气相色谱分析,综合揭示产品的结构,学会磁天平、红外光谱仪、热分析仪、气相色谱仪的工作原理及应用方法。

有机合成已不再局限于经典的溶液相反应与传统有机溶剂的使用,一些物理手段可以有效地促进和改善有机反应,如微波、超声波等;一些新颖的绿色溶剂介质,如水、离子液体、氟碳液体、超临界液体等也逐渐崭露头角;一些近代出现的先进合成技术,如组合合成、固态合成、电合成、光合成等也凸显出各自的优势与特点。例如,有机合成实验之一"乙酸乙酯的合成、含量测定及皂化反应速率常数的测定",实验涉及如下:①合成方法的原理、提高产率采用的策略,以及所需的仪器及操作方法;②乙酸乙酯的除杂、纯化方法;③乙酸乙酯的含量测定,采用 KOH 皂化水解,HCl 标准溶液返滴定法测定乙酸的含量;④乙酸乙酯皂化反应速率常数的测定,学会电导率仪的使用方法,实验数据的处理等。

　　天然产物有效成分的提取、分离及成分鉴定是开发植物功效成分提取物、活性成分的有效手段。主要方法包括有:①现代分离技术:柱层析、超临界萃取、大孔树脂吸附、膜分离、微波萃取、超声萃取、酶解分离、半仿生提取等;②现代分析鉴定技术:紫外光谱、红外光谱、核磁共振波谱、质谱、色谱等。例如,天然产物化学实验之一"中草药高良姜中活性有机化合物的分离、纯化及结构鉴定",实验内容涉及:①柱层析分离方法、薄层层析分析技术;②四大波谱技术鉴定产品的结构,谱图的解析方法等。

　　化学成分定量分析实验中,重金属离子测定的方法有配位滴定法、分光光度法、化学发光法、电化学分析法、高效液相色谱法、离子色谱法、原子光谱法和质谱法等。近年来,随着分析技术的不断发展,流动注射(FI)在线分离富集与色谱、光谱和质谱技术联用越来越多地应用到重金属离子检测中,使分析的精密度和准确性有很大的提高。例如,分析实验之一"水泥中铁、铝、钙、镁含量的测定",实验涉及:①试样的处理技术;②金属离子间的分离,掩蔽与解蔽方法;③指示剂的选定等技术。

　　总之,拓展实验涉及的知识杂,实验技术多,操作复杂,更多强调学生综合素质、综合能力、创新能力的培养。

第二节　试　题

(一) 选择题

1. 胃舒平中的主要有效成分为氢氧化铝、硅酸镁等,关于铝离子说法错误的是(　　　)。
A. 铝是一种慢性神经毒性物质,长期摄入会影响神经系统,诱发老年性痴呆等疾病
B. 测定胃舒平中镁含量时,采用六次甲基四胺使 Al^{3+} 生成 $Al(OH)_3$ 沉淀
C. 胃舒平中 Al^{3+} 的测定常采用直接滴定法
D. 油条加入了疏松剂(明矾)而使铝含量超标,长期过量食用会对人体有害

2. 用配位滴定法在进行 EDTA 标准溶液的标定和 Al^{3+} 的测定时,所采用的指示剂是(　　　)。
A. 二甲酚橙　　　　　B. 六次甲基四胺　　　　C. 三乙醇胺　　　　　D. 铬黑 T

3. 在分离 Al^{3+} 后测定镁含量,滤液中还剩下少量 Al^{3+},需要加入的掩蔽剂是(　　　)。
A. 六次甲基四胺　　　　B. 铬黑 T　　　　　　C. 三乙醇胺　　　　　D. 甲基红

4. 进行 EDTA 溶液的标定实验操作过程中,以下说法正确的是(　　　)。
A. 配位滴定中所用的水可以是自来水
B. 一般多采用 Zn(ZnO 或 Zn 盐)为基准物质
C. EDTA 溶液可以储存在软质玻璃瓶中
D. 用二甲酚橙作指示剂,滴定终点颜色为紫红色

5. 分析滴定实验中,常因为过失或误差导致实验结果与实际值发生偏差,下面关于分析结果说法正确的是(   )。

    A. 在测定镁含量时,忘记将沉淀进行洗涤会导致所得实验结果偏大

    B. 实验前没有进行检漏,滴定时滴定管发生了滴漏,将使实验结果偏大

    C. 在移取样品试液时,有一滴试液不小心洒落在锥形瓶外面,实验结果将偏大

    D. 在对铝、镁含量测定之前,先用待测样品液润洗锥形瓶,将可能使结果偏小

6. 在对铝、镁含量的测定过程中,下列说法错误的是(   )。

    A. 试液中少量的铝通过沉淀过滤除去

    B. 本实验也可以用分光光度法测定

    C. 若试液中含有 Cu^{2+} 可用 NaS 使之沉淀除去

    D. 铝的测定可以直接采用 EDTA 进行滴定

7. Fe^{3+} 与磺基水杨酸能形成逐级配合物,在不同酸度下,可能生成三种不同颜色的配合物,下列(   )不可能是 Fe^{3+} 与磺基水杨酸形成的配合物比例。

    A. 1∶1   B. 1∶2   C. 1∶3   D. 1∶6

8. 离子交换是指离子交换剂与溶液中某些离子发生交换的过程。离子交换的操作过程为(   )。

    A. 装柱—洗涤—交换—再生   B. 洗涤—装柱—交换—再生

    C. 装柱—交换—洗涤—再生   D. 装柱—交换—再生—洗涤

9. 能与气相色谱仪联用的红外光谱仪为(   )。

    A. 色散型红外光谱仪   B. 双光束红外光谱仪

    C. 傅里叶变换红外光谱仪   D. 快扫描红外光谱仪

10. 下列电极中,电极电势的产生不属于离子交换和扩散原理的是(   )。

    A. 钾离子选择电极   B. pM 汞电极

    C. 钙离子选择电极   D. 葡萄糖氧化酶电极

11. 配合物的磁化率测定中,用高斯计测得的磁场强度值比莫尔盐标定的磁场值(   ),因为高斯计测得的是(   ),莫尔盐测定的是(   )。

    A. 大,磁铁中心下面的磁场,磁场中心的磁场强度

    B. 大,磁场中心的磁场强度,磁铁中心下面的磁场

    C. 小,磁铁中心下面的磁场,磁场中心的磁场强度

    D. 小,磁场中心的磁场强度,磁铁中心下面的磁场

12. 某同学在定容时俯视容量瓶,则所测得的吸光度将(   )。

    A. 偏低   B. 偏高   C. 无影响   D. 无法判断

13. 用布氏漏斗过滤时,过滤前滤纸需(   )。

    A. 用乙醇润湿   B. 用三氯化铁润湿

    C. 用蒸馏水润湿   D. 不润湿

14. 本实验所采用的滴定方法是(   )。

    A. 酸碱滴定法   B. 配位滴定法

    C. 沉淀滴定法   D. 氧化还原滴定法

15. 在含碘废液中碘含量测定时,不能直接加入过量的 KIO_3 与 I^- 反应生成 I_2,再用标准 $Na_2S_2O_3$ 滴定,是因为(   )。

A. 生成的 I_2 容易挥发   B. KIO_3 有强氧化性

C. $Na_2S_2O_3$ 不稳定   D. I_2 在水中的溶解度很小

16. 在含碘废液中碘含量的测定时,用 $Na_2S_2O_3$ 溶液标定 I^- 所涉及的反应为

$$IO_3^- + 5I^- + 6H^+ \rightleftharpoons 3I_2 + 3H_2O \qquad I_2 + 2S_2O_3^{2-} \rightleftharpoons 2I^- + S_4O_6^{2-}$$

在此标定中 $n(KIO_3) : n(S_2O_3^{2-})$ 为( )。

A. 1:1   B. 1:3   C. 1:5   D. 1:6

17. 碘量法除了应用于废碘液中碘含量的测定之外,还可以用于饮用水中余氯含量的测定,下列说法错误的是( )。

A. 余氯包括了游离性余氯和化合性余氯

B. 测定的原理为 $2HI + HOCl \longrightarrow I_2 + H^+ + Cl^- + H_2O$

C. 滴定时所用的指示剂为淀粉

D. $n(Cl) : n(S_2O_3^{2-})$ 为 1:4

18. 碘量法是利用 I_2 的氧化性和 I^- 的还原性进行滴定的方法,碘量法用的标准溶液有 $Na_2S_2O_3$ 溶液和碘标准溶液,下列说法错误的是( )。

A. 配制碘标准溶液直接在分析天平上进行称量

B. 间接碘量法需要控制溶液的酸度

C. 在间接碘量法中要防止 I_2 的挥发和空气中的 O_2 氧化 I^-

D. 通常在配制碘溶液时加入 KI 使之溶解

19. 实验室含碘废液中提取碘有 2 种方法。①氧化还原法:利用简单的氧化还原反应,采取分离、萃取、升华等回收废碘液的工艺;②还原-沉淀法:利用氧化还原反应,将含碘废液中的 I_2 还原为 I^-,浓缩后使 I^- 全部转化为沉淀,再氧化成单质 I_2,用升华方法将碘提纯。下列对这两种方法说法正确的是( )。

A. 本实验所采用的是氧化还原法

B. 方法②与方法①相比,步骤多且复杂,投资较大

C. 方法①中可使用廉价的 $FeCl_3$ 作氧化剂氧化 I^-

D. 方法①中能够产生有毒气体

20. 某溶液主要含有 Ca^{2+}、Mg^{2+} 及少量 Fe^{3+}、Al^{3+}。今在 pH=10 时,加入三乙醇胺后以 EDTA 滴定,用铬黑 T 为指示剂,则测出的是( )。

A. Mg^{2+} 含量   B. Ca^{2+} 含量   C. Ca^{2+} 和 Mg^{2+} 总量   D. Fe^{3+} 和 Al^{3+} 总量

21. 溶液中的 Ca^{2+}、Mg^{2+},用 EDTA 法测定 Mg^{2+} 时,选用( )消除 Ca^{2+} 的干扰。

A. 三乙醇胺   B. Na_2CO_3 C. 二巯基丙醇   D. 无需消除干扰

22. 在非缓冲溶液中用 EDTA 滴定金属离子时,溶液的 pH 将( )。

A. 升高   B. 降低   C. 不变   D. 与金属离子价态有关

23. 用 EDTA 直接滴定有色金属离子 M,终点所呈现的颜色是( )。

A. 游离指示剂的颜色   B. EDTA-M 配合物的颜色

C. 指示剂-M 配合物的颜色   D. 上述 A 和 B 的混合色

24. 铬黑 T(EBT)为一有机酸,其 $pK_{a_1}=6.3$,$pK_{a_2}=11.6$,Mg-EBT 配合物的稳定常数 $\lg K(\text{Mg-EBT})=7.0$。当 pH=9.0 时,Mg-EBT 配合物的条件稳定常数为( )。

$$\left(\text{注:} \alpha[\text{EBT(H)}] = 1 + \frac{1}{K_{a_2}}[\text{H}] + \frac{1}{K_{a_1} \cdot K_{a_2}}[\text{H}]^2\right)$$

A. 2.5×10^4　　　　B. 5.0×10^4　　　　C. 2.5×10^5　　　　D. 2.5×10^3

25. 趁热过滤 Fe^{3+}、Al^{3+} 的沉淀时,下列说法错误的是(　　)。

A. 溶液中有不溶性杂质时应趁热过滤

B. 为了保持过滤操作尽快完成,不可使用折叠滤纸

C. 过滤时,可以使用热水漏斗

D. 趁热过滤是为了防止由于温度降低而在滤纸上析出晶体

26. 样品分解时需沸水浴热,浴热时液面应(　　)容器中的液面。

A. 略低于　　　　B. 等于　　　　C. 略高于　　　　D. 远高于

27. 以下电极属于离子选择性电极的是(　　)。

A. pH 玻璃电极　　　　　　　　B. 甘汞电极

C. Pt 电极　　　　　　　　　　D. Ag-AgCl 电极

28. 某水样主要含 Ca^{2+}、Mg^{2+} 及少量的 Fe^{3+}、Al^{3+}。加入三乙醇胺和氨性缓冲溶液后以 EDTA 滴定,用铬黑 T 为指示剂,则测出的是(　　)。

A. Ca^{2+}　　　　　　　　　　B. Mg^{2+}

C. Fe^{3+}、Al^{3+}　　　　　　　D. Ca^{2+}、Mg^{2+}

29. 进行水的总硬度及钙、镁离子含量的测定时,加入 NaF 和 NaOH 溶液的作用是(　　)。

A. 配位掩蔽剂、沉淀掩蔽剂　　　　B. 氧化还原掩蔽剂、沉淀掩蔽剂

C. 沉淀掩蔽剂、配位掩蔽剂　　　　D. 配位掩蔽剂、氧化还原掩蔽剂

30. 在使用 $Na_2C_2O_4$ 标定 $KMnO_4$ 溶液浓度时,加热反应溶液的目的是(　　)。

A. 除去溶液中的溶解氧　　　　B. 除去反应中生成的 CO_2

C. 使 $Na_2C_2O_4$ 较容易分解　　　D. 加快 $KMnO_4$ 与 $Na_2C_2O_4$ 反应的速率

31. 在测定水样的 pH 前,下列不属于对 pH 玻璃电极预先进行调节的是(　　)。

A. 在蒸馏水中浸泡 24h　　　　B. 进行温度校正

C. 用标准缓冲溶液定位　　　　D. 将电极的玻璃膜用滤纸擦干

32. 在测定水中 COD 时,下列说法错误的是(　　)。

A. 滴定完成后 5min 发现溶液粉红色消失是空气中还原性气体使之褪色

B. 测定水中 COD 还可以用重铬酸钾法

C. 用完的高锰酸钾溶液要保存于阴暗处,待下次直接使用

D. 刚开始滴定速度不能太快,否则加入的 $KMnO_4$ 直接在热的酸性溶液中分解

33. 水是人类最为宝贵的自然资源,而水硬度是水质的一个重要监测指标,目前水总硬度测定的分析测定方法很多,主要可分为化学分析法和仪器分析法。下列表述正确的是(　　)。

A. 分光光度法有灵敏度较高、操作简便快速的优点,但是选择合适的显色剂成为方法的关键

B. 离子选择性电极法是一种对于某种特定的离子具有选择性响应的方法,它属于化学分析法

C. 离子色谱分析法是分析离子的一种液相色谱方法,但容易受到有机物及其他离子的影响

D. 原子吸收分光光度法也可作为检测水的总硬度方法,可以简写为 AES

34. 用碘量法滴定漂白粉溶液中的有效氯时,需在(　　)条件下进行。

　　A. 强酸性　　　　　　　　　　　　　　　　B. 中性或弱酸性

　　C. 中性或弱碱性　　　　　　　　　　　　　D. 强碱性

　　35. $K_2Cr_2O_7$ 标定 $Na_2S_2O_3$ 溶液时,若 KI 溶液含有少量的 KIO_3,则测出 $Na_2S_2O_3$ 溶液的浓度(　　　)。

　　A. 偏高　　　　　　B. 偏低　　　　　　C. 不变　　　　　　D. 无法判断

　　36. 碘量法测铜时,KI 的作用是(　　　)。

　　A. 还原剂、沉淀剂、配位剂　　　　　　　　B. 还原剂、沉淀剂、掩蔽剂

　　C. 还原剂、配位剂、掩蔽剂　　　　　　　　D. 还原剂、沉淀剂、缓冲剂

　　37. 碘量法测定铜时,用(　　　)缓冲溶液控制溶液的酸度。

　　A. NH_4Cl-NH_3　　　　　　　　　　　　B. KH_2PO_4-Na_2HPO_4

　　C. NH_4HF_2　　　　　　　　　　　　　　D. $Na_2B_4O_7$-HCl

　　38. 漂白粉中有效氯的测定中,称取试样 0.100g,消耗 $0.1mol \cdot L^{-1}$ $Na_2S_2O_3$ 溶液 9.00mL,则此漂白粉中有效氯的质量分数为(　　　)。

　　A. 31.96%　　　　B. 16.98%　　　　C. 31.95%　　　　D. 15.98%

　　39. 某同学用自来水溶解漂白粉,则实验测得结果(　　　)。

　　A. 偏低　　　　　　B. 偏高　　　　　　C. 无影响　　　　　　D. 无法判断

　　40. 某同学在移取 $K_2Cr_2O_7$ 溶液时用洗耳球把移液管中的试剂一同挤进碘量瓶中,则所测得的 $Na_2S_2O_3$ 溶液浓度(　　　)。

　　A. 偏低　　　　　　B. 偏高　　　　　　C. 无影响　　　　　　D. 无法判断

　　41. 已知糠醛在空气中逐渐变为黄色至棕褐色,由此可以推断出(　　　)。

　　A. 糠醛性质稳定　　　　　　　　　　　　　B. 使用之前必须进行纯化

　　C. 放置久了可能产生呋喃甲醇　　　　　　　D. 使用变色的糠醛不会影响产率

　　42. 本实验中进行搅拌的主要原因是(　　　)。

　　A. 防止产物结块　　　　　　　　　　　　　B. 加快反应散热

　　C. 氧化还原反应是在两相中进行　　　　　　D. 防止暴沸

　　43. 在进行呋喃甲醛制备呋喃甲醇和呋喃甲酸过程中,以下做法错误的是(　　　)。

　　A. 实验过程中头不能伸进通风橱里面　　　B. 配戴眼镜,做好眼部保护措施

　　C. 通风橱应保持通风状态　　　　　　　　D. 蒸出的乙醚立即倒掉并用水冲洗

　　44. 下列步骤对本实验产率影响较小的是(　　　)。

　　A. 试剂没有进行纯化　　　　　　　　　　B. 反应时温度控制在 8～12℃

　　C. 提纯呋喃甲酸时使 pH＝4　　　　　　　D. 产物在烘箱中慢慢烘干

　　45. 呋喃甲醛又称为糠醛,具有多种性质,下列对糠醛性质表述错误的是(　　　)。

　　A. 在乙酸存在下与苯胺作用显红色　　　　B. 糠醛可发生银镜反应

　　C. 糠醛的歧化反应是自身的氧化还原反应　　D. 糠醛不能进行催化加氢

　　46. 制备 α-呋喃甲酸的方法有自身歧化法,直接电氧化法,次氯酸盐氧化法,氧化铜、氧化银为催化剂的催化氧化法,高锰酸钾或重铬酸钾氧化法等,这些方法都各有特点,下列说法错误的是(　　　)。

　　A. 自身歧化法中所用碱的浓度太高(43%),使得溶液中含较高浓度的 NaCl,导致产品中易混入 NaCl,影响产品的质量

　　B. 采用 Ag_2O 催化剂,用空气氧化法制备,但 $AgNO_3$ 较贵,不便于学生实验

C. 直接电氧化法在常温常压下进行,仅消耗电能,对环境无污染

D. 选用廉价的 CuO 作催化剂,但会污染环境

47. 纸色谱法是根据各组分的(　　)的差异来进行分离的。

A. 溶解度　　　　　　B. 吸附能力　　　　　　C. 亲和力　　　　　D. 极性

48. 纸色谱法对色素进行定性分析时,固定相为(　　)。

A. 硅胶　　　　　　　　　　　　　B. 聚酰胺

C. 滤纸上的吸湿水分　　　　　　　D. 分子筛

49. 薄层色谱法中,用来衡量各组分分离程度的是(　　)。

A. 比移值 R_f　　　　　　　　　　B. 分配系数 K

C. 容量因子 k　　　　　　　　　　D. 分离度 R

50. 对色素靛蓝 的溶剂效应,下列说法正确的是(　　)。

A. 在极性溶剂中 $\pi \rightarrow \pi$ 跃迁吸收带的吸收峰蓝移

B. 在极性溶剂中 $n \rightarrow \pi^*$ 跃迁吸收带的吸收峰红移

C. 在极性溶剂中 $n \rightarrow \pi^*$ 跃迁吸收带的吸收峰蓝移

D. $n \rightarrow \pi^*$ 跃迁吸收带的吸收峰与溶剂极性无关

51. 下列关于分光光度法叙述错误的是(　　)。

A. 电子跃迁前后两个能级的能量差值越大,吸收光的波长越短

B. 电子跃迁前后两个能级的能量差值越大,吸收光的频率越高

C. 电子跃迁前后两个能级的能量差值越大,吸收光的波数越大

D. 电子跃迁前后两个能级的能量差值越大,吸收光的光速越大

52. 下列关于纸色谱法的说法中,正确的是(　　)。

A. 点样后需剪去纸条上下手持的部分

B. 纸上层析无需在密闭的色谱缸中展开

C. 样品中组分展开完全后,取出纸条,显色、晾干

D. 在水中溶解度较大的物质随溶剂移动速度较快

53. 下列关于薄层色谱法,说法错误的是(　　)。

A. 制备薄层板时,应用手指接触载玻片的边缘

B. 点样时,在距薄层底端 $5 \sim 7mm$ 处划一直线作为起点线

C. 薄层色谱可以使用氧化性的显色剂浓硫酸

D. 点样时,用毛细管吸取样品溶液垂直地接触到薄层的起点线上

54. 从牛奶中分离提取酪蛋白采用的方法是(　　)。

A. 盐析法　　　　　　　　　　　　B. 有机溶剂沉淀法

C. 等电点沉淀法　　　　　　　　　D. 加热沉淀法

55. 在除去的乳清中需要加入 $CaCO_3$ 粉末,其目的是(　　)。

①中和溶液的酸性;②防止加热时乳糖在酸性下水解;③使乳糖沉淀析出;④使乳蛋白变性沉淀析出。

A. ①②③　　　　　B. ①③④　　　　　C. ①②③④　　　　　D. ①②④

56. 鉴定蛋白质有多种方法,以下不是鉴定蛋白质方法的是(　　　)。
    A. 缩二脲反应　　　　　　　　　　　B. 蛋白质黄色反应
    C. Molisch 反应　　　　　　　　　　 D. 茚三酮反应

57. 关于 Molisch 反应,下列表述错误的是(　　　　)。
    A. Molisch 反应可以鉴定单糖的存在　　B. 必须在浓硫酸或浓盐酸的作用下进行
    C. 可以用来鉴定氨基酸　　　　　　　　D. 现象是出现紫色环

58. 纯净的酪蛋白应为白色,如果提取的酪蛋白发黄最有可能的原因是(　　　)。
    A. 酪蛋白变质　　　　　　　　　　　　B. 奶粉中含有脂肪
    C. 奶粉中含有色素　　　　　　　　　　D. 酪蛋白与盐酸发生黄色反应

59. 从牛奶中分离提取酪蛋白实验中所用原料为脱脂乳,已知全乳中约含 4% 脂肪,乳脂易溶于二氯甲烷和石油醚,可以利用二氯甲烷或石油醚将其萃取分离出来得到脱脂乳。下列说法错误的是(　　　)。
    A. 已知二氯甲烷是不可燃低沸点溶剂,所以常用来代替易燃的石油醚等
    B. 二氯甲烷易挥发,蒸馏时注意密闭和尾气吸收
    C. 蒸馏回收的二氯甲烷可循环使用,蒸馏时速度不宜过快,以免把乳脂带出,影响产率
    D. 向全脂乳中加入二氯甲烷,在加热时不能搅拌

60. 在叶绿体色素的粗提纯中,加入饱和食盐水的目的是(　　　)。
    A. 降低溶解度　　　　　　　　　　　　B. 防止生成乳浊液
    C. 除去杂质　　　　　　　　　　　　　D. 盐析作用

61. 叶绿体色素提纯液避光保存是为了防止叶绿体色素(　　　)。
    A. 遇光分解　　　　　　　　　　　　　B. 受热分解
    C. 光合作用产生葡萄糖　　　　　　　　D. 光合作用产生淀粉

62. 薄层层析点样时,斑点直径不得超过(　　　)。
    A. 1mm　　　　　B. 1.5mm　　　　　C. 2mm　　　　　D. 2.5mm

63. 对于薄层层析展开剂的选择,最好是能使待测组分的 R_f 值在(　　　)。
    A. 0.3~0.4　　　　B. 0.3~0.5　　　　C. 0.4~0.5　　　　D. 0.4~0.6

64. 用薄层层析法分离叶绿素时,下列关于提取液中待测组分的说法正确的是(　　　)。
    A. 极性越小,溶解度越大,吸附能力越小,移动越快
    B. 极性越小,溶解度越大,吸附能力越小,移动越慢
    C. 极性越大,溶解度越大,吸附能力越小,移动越快
    D. 极性越大,溶解度越大,吸附能力越小,移动越慢

65. 某色素提取液,用 0.5cm 厚的比色皿时,透光率为 T,若改用 1cm 比色皿,则透光率为(　　　)。
    A. T^2　　　　　　B. $\sqrt{T}$　　　　　C. $2T$　　　　　D. $2\lg T$

66. 紫外-可见分光光度法中,若入射光为非单色光,则引起工作曲线向(　　　)方向弯曲,发生(　　　)偏离。
    A. 浓度轴、正　　　　　　　　　　　　B. 浓度轴、负
    C. 吸光度轴、正　　　　　　　　　　　D. 吸光度轴、负

67. 下列不是样品溶液展开方法之一的是(　　　)。
    A. 上升法　　　　B. 下降法　　　　　C. 双向色谱法　　　　D. 平铺法

68. 提取液的粗提纯是一种萃取过程,下列关于萃取的说法错误的是（ ）。

A. 使用分液漏斗时需先检漏

B. 不能用手拿分液漏斗的下端

C. 上层液体应从分液漏斗口倾入另一容器

D. 上口玻璃塞需在塞紧后才能开启活塞

69. 酯化反应是一个可逆平衡反应,下列条件中（ ）不宜用于乙酸乙酯的制备中。

A. 升高反应温度　　　　　　　　B. 增加乙醇的量

C. 增加乙酸的量　　　　　　　　D. 增加带水剂的量

70. 测定乙酸乙酯水解速率时,作 k_t-$(k_0-k_t)/t$ 关系图时,图像的斜率为（ ）。

A. k　　　　　　B. $1/(kc_0)$　　　　　　C. $1/k$　　　　　　D. kc_0

71. 乙酸乙酯采用边反应边蒸馏的方法合成,馏出液依次用（ ）进行处理。

A. Na_2CO_3-$CaCl_2$-$NaCl$-K_2CO_3　　　　B. $NaCl$-Na_2CO_3-$CaCl_2$-K_2CO_3

C. Na_2CO_3-$NaCl$-$CaCl_2$-K_2CO_3　　　　D. $CaCl_2$-Na_2CO_3-$NaCl$-K_2CO_3

72. 在测定乙酸乙酯皂化反应速率常数时,应该注意的问题是（ ）。

①保证 $NaOH$ 和 $CH_3COOC_2H_5$ 的初始浓度相等;②保证恒温;③反应液混合要迅速、均匀,确保计时的准确性;④实验结束后,直接用滤纸吸干水并保存起来。

A. ①②③④　　　　B. ①②④　　　　C. ①②③　　　　D.②③④

73. 在乙酸与乙醇酯化反应中,下列说法正确的是（ ）。

A. 酸的催化作用是和乙醇中的羟基形成𨫀盐　B. 该反应是醇的烷氧键断裂

C. 采用共沸等方法提高产率　　　　　D. 反应是酸的酰氧键断裂

74. 手持技术是由数据采集器、传感器和配套的软件组成的定量采集和处理数据,并能与计算机连接完成各种后期处理的实验技术系统。它在乙酸乙酯皂化反应中的应用是对传统电导法测定皂化反应速率常数的改革和发展的有效手段,它相对于电导法的特点是（ ）。

A. 数据处理工作量大

B. 手工绘制电导率-时间变化图

C. 通过计算机处理数据,具有定量、便携、实时、准确、直观、综合性强等特点

D. 准确度受到影响

75. 电导法测定皂化反应速率常数过程中,数据处理都比较繁琐。在乙酸乙酯皂化反应中,参与反应物之一为 OH^-,且随着化学反应的进行,溶液中 OH^- 的浓度逐渐减小,严格测定溶液 pH 的方法得到各个时刻溶液中 OH^- 的浓度,根据其变化规律求出反应速率常数 k,这种测定方法属于（ ）。

A. pH 测定法　　　　B. 吸光度测定法　　　　C. 折射率测定法　　　　D. 微量热法

76. 在（ ）条件下,亚硝酸盐和磺胺发生（ ）反应,再和 N-1-萘基-乙二胺二盐酸盐发生（ ）反应。

A. 强酸、重氮化、偶联　　　　　　B. 强酸、取代、偶联

C. 弱酸、重氮化、偶联　　　　　　D. 弱酸、取代、偶联

77. 奶粉中亚硝酸盐含量的测定实验中,硫酸锌和亚铁氰化钾溶液的作用是（ ）。

A. 析出脂肪　　　　　　　　　　B. 沉淀蛋白质

C. 析出脂肪、蛋白质　　　　　　　D. 沉淀脂肪、蛋白质

78. 测定亚硝酸盐滤液时,若滤液 pH＞10,应滴加（ ）调节 pH。

A. HCl   B. H_2SO_4 C. H_3PO_4 D. H_3BO_3

79. 亚硝酸钠标准储备液应保存在( )。

A. 氯仿为保存剂的棕色试剂瓶中

B. Na_2SO_4 为保存剂的棕色试剂瓶中

C. 氯仿为保存剂的玻璃瓶中

D. Na_2SO_4 为保存剂的玻璃瓶中

80. 符合朗伯-比尔定律的情况下,有色物质的浓度、最大吸收波长、吸光度和透光率四者的关系是( )。

A. 增大、增大、增大、增大

B. 增大、不变、增大、减小

C. 增大、增大、减小、增大

D. 增大、不变、减小、增大

81. 下列叙述正确的是( )。

A. 质量浓度为 $5\mu g \cdot mL^{-1}$ 的亚硝酸钠溶液应保持在酸性环境

B. 质量浓度为 $4mg \cdot mL^{-1}$ 的磺胺溶液呈碱性

C. 调节亚硝酸盐样品时,可用重铬酸钾溶液作指示剂

D. 磺胺溶液和 N-1-萘基-乙二胺二盐酸盐都应避光保存

82. 下列说法错误的是( )。

A. 透光率为零时,吸光度值为无限大

B. 摩尔吸光系数随波长而改变,与浓度无关

C. 吸光度随液层厚度的增大而增大

D. T-c 曲线适合于作定量分析的工作曲线

83. 关于容量瓶的使用,下列说法正确的是( )。

A. 容量瓶既能用于配制溶液,又能储存溶液

B. 移液时将溶液缓慢倒入容量瓶

C. 静置后发现液面低于刻度线,加入蒸馏水至刻度线

D. 向容量瓶内加入的液体液面离标线约 1cm 时,改用滴管滴加

84. 用滤纸过滤样品溶液时,下列操作错误的是( )。

A. 将滤纸润湿,紧贴漏斗内壁

B. 滤纸边缘略低于漏斗边缘

C. 倾倒时盛有滤液的烧杯杯口稍离玻璃棒

D. 玻璃棒下端抵靠在三层滤纸处

85. 在 Ca^{2+}、Mg^{2+} 共存时,在哪种 pH 条件下,不加掩蔽剂用 EDTA 可以滴定 Ca^{2+}?( )

A. pH=5   B. pH=10   C. pH=12   D. pH=2

86. 在配位滴定法测定钙、镁总量时,使用铬黑 T 作指示剂,其溶液的酸度应该用( )来调节。

A. 硝酸   B. 盐酸

C. 乙酸-乙酸钠缓冲液   D. 氨-氯化铵缓冲液

87. 测量大豆中铁的含量时,加入盐酸羟胺的目的是( )。

A. 还原 Fe^{3+} 为 Fe^{2+} 　　　　　　　　　　B. 调节溶液 pH

C. 掩蔽其他干扰离子 　　　　　　　　　　D. 作指示剂

88. 紫外-可见分光光度法的合适检测波长范围是(　　　)。

A. 500～760nm 　　　　　　　　　　B. 200～400nm

C. 200～760nm 　　　　　　　　　　D. 10～200nm

89. 有色配位化合物的摩尔吸光系数与下列(　　　)因素有关。

A. 比色皿厚度 　　　　　　　　　　B. 有色物浓度

C. 吸收池材料 　　　　　　　　　　D. 入射光波长

90. 以 EDTA 为滴定剂,以铬黑 T 为指示剂,不会出现封闭现象的离子是(　　　)。

A. Fe^{3+} 　　　　B. Al^{3+} 　　　　C. Cu^{2+} 　　　　D. Mg^{2+}

91. 对 EDTA 溶液进行标定,下列说法正确的是(　　　)。

A. $CaCO_3$ 使用前应置于烘箱中干燥处理

B. 称取 $Na_2H_2Y_2$ 时应该使用分析天平

C. 钙标准溶液不必准确定量至容量瓶

D. EDTA 溶液长期放置应置于玻璃瓶中

92. 巯基棉纤维的制备中,浓硫酸的作用是(　　　)。

A. 吸水剂 　　　　B. 脱水剂 　　　　C. 催化剂 　　　　D. 氧化剂

93. 下列试剂中,(　　　)对巯基棉纤维的吸附容量无损害作用。

A. HNO_3 　　　　B. H_2O_2 　　　　C. $KMnO_4$ 　　　　D. 稀 H_2SO_4

94. 巯基棉预富集 Cd^{2+},会产生干扰作用的有(　　　)。

A. Cu^{2+}、Pb^{2+}、Hg^{2+} 　　　　　　　　B. Cu^{2+}、Pb^{2+}、Fe^{3+}

C. Pb^{2+}、Hg^{2+}、Fe^{3+} 　　　　　　　　D. Cu^{2+}、Pb^{2+}、Ba^{2+}

95. 巯基棉纤维的水解速率与溶液的 pH 有关,下列选项正确的是(　　　)。

A. 酸性＞中性＞碱性 　　　　　　　　　　B. 碱性＞中性＞酸性

C. 中性＞酸性＞碱性 　　　　　　　　　　D. 中性＞碱性＞酸性

96. 在原子吸收分析中,原子化器的温度越高,原子化效率(　　　)。

A. 越高 　　　　B. 越低 　　　　C. 不变 　　　　D. 无法判断

97. 关于原子吸收光谱法,下列说法正确的是(　　　)。

A. 多普勒变宽是由原子在空间规则地热运动引起的

B. 劳伦茨变宽是由被测元素激发态原子与基态原子相互碰撞引起

C. 塞曼效应可以消除背景干扰

D. 使用高温火焰可以减少电离干扰

98. 能引起吸收峰频率发生位移的是(　　　)。

A. 多普勒变宽 　　　　　　　　　　B. 劳伦茨变宽

C. 共振变宽 　　　　　　　　　　D. 自然变宽

99. 巯基棉纤维素是一种有效的微量金属吸附富集剂,下列(　　　)不能被巯基棉纤维素所吸附。

A. Cu^{2+} 　　　　B. Pb^{2+} 　　　　C. Hg^{2+} 　　　　D. Ba^{2+}

100. 相对分子质量低的聚丙烯酸钠主要用于作(　　　)。

A. 增稠剂 　　　　B. 分散剂 　　　　C. 絮凝剂 　　　　D. 未开发出来

101. 实验以自由基连锁聚合反应为原理合成聚丙烯酸钠类聚合物,下列对该反应说法错误的是(　　)。

A. 链增长的速度极快

B. 该反应由链引发、链增长、链终止和链转移等基元反应组成

C. 链终止主要分为偶合终止和歧化终止

D. 引发剂分解为初级自由基的活化能低,反应速率大

102. 合成聚丙烯酸钠类聚合物的实验,作为自由基共聚物聚合的引发剂是(　　)。

A. 异丙醇、亚硫酸氢钠　　　　　　　　B. 过硫酸钠、丙烯酰胺

C. 过硫酸钠、亚硫酸氢钠　　　　　　　D. 丙烯醇、丙烯酰胺

103. 丙烯酸在使用前必须除去阻聚剂,下列能够除去阻聚剂的是(　　)。

A. 加热　　　　　　B. 加入活性炭　　　　　　C. 不断搅拌　　　　　　D. 常压蒸馏

104. 在聚合过程中,当引发剂用量较小时对聚合物的影响是(　　)。

A. 得到较多低聚物分子　　　　　　　　B. 使聚合物形成网络互穿结构

C. 得到聚合物相对分子质量较大　　　　D. 没有影响

105. 高吸水性树脂发展迅速,品种繁多,可按不同方面进行分类,淀粉接枝类、纤维素接枝类、合成树脂类和其他天然高分子类,合成聚丙烯酸钠类聚合物的实验所合成的交联聚丙烯酸钠属于(　　)吸水性树脂。

A. 淀粉接枝类　　　　　　　　　　　　B. 纤维素接枝类

C. 合成树脂类　　　　　　　　　　　　D. 其他天然高分子类

106. 肥皂在硬水中使用时,硬水中的(　　)会降低其清洁能力。

A. Ca^{2+}、Mg^{2+}　　　　　　　　　　　B. Ca^{2+}、Mg^{2+}、Fe^{3+}

C. Ca^{2+}、Mg^{2+}、Al^{3+}　　　　　　　D. Ca^{2+}、Mg^{2+}、Fe^{3+}、Al^{3+}

107. 猪油与 NaOH 进行皂化反应时,加入乙醇的作用是(　　)。

A. 降低肥皂的溶解度　　　　　　　　　B. 除杂

C. 增加油脂的溶解度　　　　　　　　　D. 减少副反应

108. 洗涤剂具有良好的润湿性和起泡性是由表面活性剂(　　)引起。

A. 溶液中的正吸附　　　　　　　　　　B. 非极性固体表面的单层吸附

C. 非极性固体表面的多层吸附　　　　　D. 极性固体表面的多层吸附

109. 下列物质中,属于两性离子表面活性剂的是(　　)。

A. 聚山梨酯　　　　　　　　　　　　　B. 脂肪酸甘油酯

C. 卵磷脂　　　　　　　　　　　　　　D. 脂肪酸山梨坦

110. 洗涤剂中加入三聚磷酸钠($Na_5P_3O_{10}$)的原理是(　　)。

A. 阻止污垢的重新沉积　　　　　　　　B. 配位硬水中的 Ca^{2+}、Mg^{2+}

C. 减少静电荷在织物表面的聚集　　　　D. 分解蛋白质、糖类等大分子

111. 将下列化合物按碱性水解反应的活性排列为(　　)。

(1) CH₃CHCOOCH₃
　　　｜
　　　Cl

(2) CH₃CHCOOCH₃
　　　｜
　　　CN

(3) CH₃CHCOOCH₃
　　　｜
　　　NO₂

(4) CH₃CHCOOCH₃
　　　｜
　　　OCH₃

A. (2)>(3)>(1)>(4)　　　　　　B. (3)>(2)>(1)>(4)

C. (2)>(1)>(3)>(4)　　　　　　D. (3)>(1)>(2)>(4)

112. 某化合物在红外光谱法中测得在 $900\sim600cm^{-1}$ 处有吸收峰,则此化合物可能是( )。

A. 十二烷基硫酸钠　　　　　　　　B. 十二烷基磺酸钠

C. 十二烷基醇醚硫酸钠　　　　　　D. 十二烷基苯磺酸钠

113. 水浴蒸馏回收丙酮时,采用( )较适宜。

A. 空气冷凝管　　　　　　　　　　B. 直形冷凝管

C. 球形冷凝管　　　　　　　　　　D. 蛇形冷凝管

114. 关于 N,N-二乙基间甲基苯甲酰胺,说法正确的是( )。

A. 简称 EDTA　　　　　　　　　　B. 微黄色液体,能溶于水

C. 能使蚊虫厌恶而将其赶走　　　　D. 一种高效,无毒的驱蚊剂

115. 实验中使用的 $SOCl_2$ 能够强烈水解并放出 HCl,下列说法错误的是( )。

A. 实验中 $SOCl_2$ 作为酰氯化试剂　　　B. 实验开始时必须保证烧瓶干燥

C. 实验中 $SOCl_2$ 不能用其他试剂代替　　D. 实验中必须除去生成的 HCl

116. N,N-二乙基间甲基苯甲酰胺的合成实验结束后,所得的反应混合物醚层的操作顺序为( )。

A. NaOH 洗涤—HCl 洗涤—干燥—蒸馏　　B. HCl 洗涤—NaOH 洗涤—干燥—蒸馏

C. NaOH 洗涤—HCl 洗涤—蒸馏—干燥　　D. NaOH 洗涤—蒸馏—HCl 洗涤—干燥

117. N,N-二乙基间甲基苯甲酰胺的纯化是采用柱层析的方法进行分离,有关柱层析法正确的是( )。

A. 混合物中各组分在两相中分配系数不同进行分离

B. 实验中利用乙醚作为洗脱剂

C. 以氧化铝为固定相适合分离碱性、中性和酸性物质

D. 分离后的产物不含有石油醚

118. 羧酸衍生物的水解、醇解、氨解都属于亲核取代反应历程,反应的活性次序应该为( )。

A. 酰氯>酸酐>酯≫酰胺　　　　　B. 酰氯>酸酐>酰胺≫酯

C. 酸酐>酰氯>酯≫酰胺　　　　　D. 酰氯>酯>酸酐≫酰胺

119. 蚊虫驱避剂(DEET)生产废水属高浓度有机废水。废水中主要含有有机胺类、有机酸和无机盐等化合物,成分复杂,据报道可以采用 Fenton 试剂氧化法、活性炭吸附法进行处理,下列说法错误的是( )。

A. Fenton 试剂,即 H_2O_2 和 Fe^{2+} 的组合,H_2O_2 在催化作用下生成了具有高反应活性和氧化性的 ·OH

B. 加入 Fenton 试剂处理后水样通过测定 COD 可知有机物去除率

C. 活性炭具有发达的细孔结构和巨大的比表面积对水中溶解性有机物有较强的去除效果

D. Fenton 试剂氧化法与活性炭吸附法的二者组合对 DEET 生产废水进行处理可形成互补

120. 在阿司匹林的合成中,若先加入水杨酸和浓硫酸,则水杨酸会( )。

A. 脱羧　　　　　　B. 氧化　　　　　　C. 形成硫酸酯　　　D. 聚合

121. 对于乙酰水杨酸的纯化,下列( )可以达到此目的。

A. $NaOH+HCl$　　　　　　　　　　　　B. Na_2CO_3+HCl

C. $NaHCO_3+HCl$　　　　　　　　　　　D. Na_2SO_4+HCl

122. 下列反应中,可能为阿司匹林合成的副反应有( )。

①水杨酸自身聚合;②水杨酸间的酯化反应;③水杨酸自身缩合;④水杨酸和乙酸酯化反应;⑤水杨酸和乙酰水杨酸反应

A. ①②③④　　　　　　　　　　　　　　B. ②③④⑤

C. ①②③⑤　　　　　　　　　　　　　　D. ①②⑤

123. 水杨酸是酚类化合物,与 $FeCl_3$ 形成( )配合物。

A. 紫色　　　　　　B. 蓝色　　　　　　C. 深绿色　　　　　D. 淡棕红色

124. 采用 KBr 压片法制备试片时,一般要求( )。

A. 操作在红外灯下进行

B. 在红外灯下,将样品和溴化钾在石英研钵中研磨混匀

C. 溴化钾在 200℃的马福炉中灼烧 4h

D. 溴化钾粒度在 200 目左右

125. 下列光谱数据中,能包括乙酰水杨酸吸收带的红外光谱区间是( )。

A. $900\sim600cm^{-1}$,$1900\sim1650cm^{-1}$,$3000\sim2700cm^{-1}$

B. $900\sim600cm^{-1}$,$1900\sim1650cm^{-1}$,$3650\sim3200cm^{-1}$

C. $1745\sim1300cm^{-1}$,$1900\sim1650cm^{-1}$,$3650\sim3200cm^{-1}$

D. $1745\sim1300cm^{-1}$,$1900\sim1650cm^{-1}$,$3000\sim2700cm^{-1}$

126. 红外光谱法测定乙酰水杨酸,下列说法正确的是( )。

A. 诱导效应使 $\nu_{C=O}$ 向低频位移　　　　B. 环的张力使 $\nu_{C=O}$ 向高频位移

C. 共轭效应使 $\nu_{C=O}$ 向低频位移　　　　D. 诱导效应使 ν_{OH} 向高频位移

127. 在乙酰水杨酸的减压过滤操作中,下列正确的是( )。

A. 布氏漏斗下端斜口正对抽滤瓶支管　　　B. 布氏漏斗下端斜口背对抽滤瓶支管

C. 布氏漏斗下端斜口斜对抽滤瓶支管　　　D. 正对、背对、斜对均可

128. 阿司匹林是一种历史悠久的解热镇痛药,对其应用的新发展,下列错误的是( )。

A. 治疗骨质疏松　　　　　　　　　　　　B. 降低原发性高血压

C. 降低肺癌危险性　　　　　　　　　　　D. 预防白血病

129. 现代中草药化学成分的提取中,常用的溶剂有丙酮、甲醇、乙醇和水,下列叙述错误的是( )。

A. 水是最安全、廉价的强极性溶剂

B. 丙酮、甲醇和乙醇的提取范围比水小

C. 水常用来提取多糖、蛋白质、有机酸和无机盐等

D. 一般用溶剂以浸渍、渗漉、煎煮和加热回流进行提取

130. 对于色谱技术,下列说法不正确的是( )。

A. 色谱法是利用物质在两相分配系数微小差异进行分类

B. 按流动状态不同可分为气相色谱和液相色谱

C. 按固定相外形不同可分为柱色谱和吸附色谱

D. 色谱法是一种物理分离方法或物理化学分离方法

131. 在进行高良姜提取物粗品分离时,下列做法错误的是(　　)。

A. 装柱前都必须浸泡溶胀并除去气泡

B. 硅胶装柱时可分几次装完

C. 色谱柱装完后应该流白柱约 20h

D. 若 1~2 个柱流量后仍无明显组分下来,应及时更换淋洗剂

132. 在下列各类化合物中,分子离子峰最弱的是(　　)。

A. 芳香烃　　　　　　B. 羰基化合物　　　　　　C. 醇　　　　　　D. 胺

133. 将实验中得到的化合物进行结构鉴定,对这些鉴定方法说法正确的是(　　)。

A. 红外光谱只能进行定性分析

B. 紫外光谱能对所有的有机物进行鉴定

C. 氢核磁共振波谱法能进行定量分析

D. 质谱法能精确测定相对分子质量、化学式等

134. 在以硅胶为固定相的吸附色谱中,下列叙述正确的是(　　)。

A. 组分的极性越强,吸附作用越强

B. 组分的相对分子质量越大,越有利于吸附

C. 流动相的极性越强,溶质越容易被固定相所吸附

D. 二元混合溶剂中,正己烷的含量越大,其洗脱能力越强

135. 在薄层色谱中,以硅胶为固定相,有机溶剂为流动相,迁移速度快的组分是(　　)。

A. 极性大的组分　　　　　　　　　　B. 极性小的组分

C. 挥发性大的组分　　　　　　　　　　D. 挥发性小的组分

136. 化妆品配方的设计,需考虑其(　　)的要求。

①功效性　　　②时效性　　　③安全性　　　④科学性

⑤稳定性　　　⑥原始性　　　⑦舒适性

A. ①③④⑤　　　　　　　　　　B. ①③⑤⑦

C. ②③④⑥　　　　　　　　　　D. ②③⑤⑦

137. 化妆品的配制中,不能作为防腐剂的是(　　)。

A. 山梨酸钾　　　　　B. 苯甲酸钠　　　　　C. 苯甲酸　　　　　D. 苯胺

138. 下列叙述错误的是(　　)。

A. HLB 值可以定量表示乳化剂的亲水性和亲油性的强弱

B. 混合油相乳化所需的 HLB 值遵循加和原理

C. O/W 型指油包水型,其分散相为水

D. Span-80,即失水山梨醇单油酸酯,其 HLB=4.3

139. 亲水亲油平衡值(HLB 值)、亲水性、亲油性三者的关系为(　　)。

A. HLB 值越高,亲水性越强

B. HLB 值越高,亲油性越强

C. HLB 值越高,亲水性、亲油性随之增强

D. HLB 值与乳化剂的亲水性、亲油性无关

140. 制作一 W/O 型化妆品,其配方油相组成如下:蜂蜡 5%(HLB=5),白油 26%(HLB=4),羊毛脂 18%(HLB=8),则油相乳化所需的 HLB 值为(　　)。

A. 5.57　　　　　　B. 5.60　　　　　　C. 5.12　　　　　　D. 5.13

141. 下列关于乳化体的叙述,正确的是( )。

A. 乳化体温度升高,其实际 HLB 值升高

B. 乳化体温度升高,其实际 HLB 值降低

C. 乳化体浓度增大,其实际 HLB 值升高

D. 乳化体浓度增大,与其实际 HLB 值无关

142. 浓度为 c 的弱酸溶液能够用碱标准溶液直接滴定的条件是( )。

A. $cK_a \geq 10^{-4}$ B. $cK_a \geq 10^{-6}$ C. $cK_a \geq 10^{-5}$ D. $cK_a \geq 10^{-8}$

143. 酸碱滴定中选择指示剂的原则是( )。

A. $K_a = K(HIn)$

B. 变色范围与化学计量点完全符合

C. 变色范围全部或部分落在滴定的 pH 突跃范围之内

D. 变色范围应完全落在滴定的 pH 突跃范围之内

144. 以甲基橙为指示剂,能用 NaOH 溶液直接滴定的是( )。

A. HCl

B. H_3PO_4($pK_{a_1} \sim pK_{a_3}$ 分别为 2.12、7.20、12.36)

C. HCOOH($pK_a = 3.74$)

D. HAc($pK_a = 4.74$)

145. 用已知浓度的 NaOH 滴定相同浓度的不同弱酸时,若弱酸的 K_a 越大,则( )。

A. 消耗的 NaOH 越多   B. 滴定突跃越大

C. 指示剂颜色变化越不明显   D. 滴定突跃越小

146. 酸碱混合试剂的变色范围与单一指示剂相比( )。

A. 更窄   B. 更宽   C. 相同   D. 无法比较

147. 下列多元酸或混合酸中,用 NaOH 滴定出现两个突跃的是( )。

A. H_2S($K_{a_1} = 1.3 \times 10^{-7}$, $K_{a_2} = 7.1 \times 10^{-15}$)

B. $H_2C_2O_4$($K_{a_1} = 5.9 \times 10^{-2}$, $K_{a_2} = 6.4 \times 10^{-5}$)

C. H_3PO_4($K_{a_1} = 7.6 \times 10^{-3}$, $K_{a_2} = 6.3 \times 10^{-8}$, $K_{a_3} = 4.4 \times 10^{-13}$)

D. HCl + 一氯乙酸(一氯乙酸 $K_a = 1.4 \times 10^{-3}$)

148. 采用二步破氰法处理废水中的氰,氰的测定可采用( )。

A. 吡啶-巴比妥酸光度法   B. 二苯碳酰二肼分光光度法

C. 2,9-二甲基-1,10-邻二氮菲分光光度法   D. 靛蓝二磺酸钠分光光度法

149. 下列关于吡啶-巴比妥酸光度法测定氰的说法中,正确的是( )。

A. 弱酸条件下,CN^- 与吡啶反应生成戊烯二醛

B. 弱碱条件下,CN^- 与吡啶反应生成戊烯二醛

C. 戊烯二醛和巴比妥酸缩合生成紫蓝色染料

D. 戊烯二醛和巴比妥酸缩合生成黄色染料

150. 在酸性溶液中,Cr(Ⅲ)被( )氧化成 Cr(Ⅵ),Cr(Ⅵ)与二苯碳酰二肼反应生成( )配合物。

A. H_2O_2、紫红色   B. H_2O_2、墨绿色

C. $KMnO_4$、紫红色   D. $KMnO_4$、墨绿色

151. 铬的测定中,当 Fe^{3+} 含量大于( )时,会对其产生干扰。

A. $0.5mg \cdot L^{-1}$　　　B. $1.0mg \cdot L^{-1}$　　　C. $1.5mg \cdot L^{-1}$　　　D. $2.0mg \cdot L^{-1}$

152. 测定铬时,为消除 Fe^{3+} 的干扰,可选择(　　　)。

A. 铜铁试剂

B. KSCN 溶液

C. EDTA 试剂

D. NaOH 溶液

153. 加碱中和沉淀法可以处理废水中的镍、铜、锌,其沉淀的 pH 范围分别为(　　　)。

A. 5~8,7~14,9~10.5

B. ≥9,7~14,9~10.5

C. 5~8,9~10.5,7~14

D. ≥9,9~10.5,7~14

154. 下列 COD_{Cr} 的叙述中,错误的是(　　　)。

A. 在水样中加入 $HgSO_4$ 消除 Cl^- 的干扰

B. 在强酸介质中,以 Ag_2SO_4 为催化剂,加热回流

C. 测定过程中会带来 $Cr(Ⅵ)$、Hg^{2+} 等有害物质的污染

D. 以 1,10-邻二氮菲-铁为指示剂,用 Fe^{3+} 标准溶液滴定过量 $K_2Cr_2O_7$

155. 印染废水中成分复杂,处理难度很大,下列有关叙述正确的是(　　　)。

A. 印染废水中难降解物质多,毒性大　　　B. 印染废水处理技术已非常成熟

C. 可采用过滤的方法进行处理　　　　　　D. 印染废水稀释后可直接排入环境

156. 实验中利用 TiO_2 进行光催化和电催化净化印染废水的共同原理是(　　　)。

A. 直接氧化有机污染物　　　　　　　　　B. 产生羟基自由基

C. 使污染物聚集一起　　　　　　　　　　D. 使废水中胶体物质沉降

157. 电催化净化印染废水主要是利用电极在电场作用下产生羟基自由基,使有机污染物分解,下列关于电催化表述正确的是(　　　)。

A. 一般是阴极产生活性自由基

B. 按机理分为电化学间接氧化和电化学直接氧化

C. 当没有污染物时,活性氧可进行氢析出反应

D. 羟基自由基能还原有机污染物

158. 混凝法是一种已被普遍采用的印染废水处理技术,下列有关混凝法说法错误的是(　　　)。

A. 能够使废水中的胶粒发生静电中和形成沉淀的方法

B. 混凝剂的选择是关键

C. 能够除去废水中多种有害物质

D. 是一种化学处理方法

159. 在对处理后的废水进行 COD 的测定中分别采用了两种方法——国标法和快速测定法,下列对这两种方法表述正确的是(　　　)。

A. 用国标法测定的指示剂是试亚铁灵　　　B. 两种方法都是用硫酸亚铁铵进行滴定

C. 快速测定法二次污染小,但准确度低　　D. 两种方法都不需要空白实验

160. 近年来 Fenton(H_2O_2/Fe^{2+}) 氧化在废水处理领域得到广泛应用,已知 pH 对 Fenton 的氧化效果起着重要的影响作用,另外反应生成的 ·OH 对污染物的攻击无选择性,水中常见的离子、腐殖质等都对其具有很强的抑制性,从而造成药剂的消耗量较大,根据以上所述,下列关于 Fenton 氧化存在的不足表述错误的是(　　　)。

A. Fenton 氧化处理的运行成本较高

B. 对反应条件要求严格

C. 易造成二次污染,主要是废水中引入后 Fe^{3+} 增加了出水色度

D. 氧化能力较弱

161. 在利用重铬酸钾测定 COD 时,下列表述错误的是(　　)。

A. 滴定时不能激烈摇动锥形瓶,瓶内试液不能溅出水花,否则影响测定结果

B. 每次实验时,应对硫酸亚铁铵标准滴定溶液进行标定,室温较高时尤其注意其浓度的变化

C. 回流冷凝管不能用软质乳胶管,否则溶液老化、变形、冷却水不通畅

D. 废水中的氯离子不会影响测定结果

162. 下列关于两性表面活性剂,说法错误的是(　　)。

A. 同一个分子中既带有阴电荷,又带有阳电荷

B. 在酸性介质中呈阴离子型,在碱性介质中呈阳离子型

C. 降低阴、阳离子表面活性剂的刺激性

D. 十二烷基磺丙基甜菜碱是一种两性表面活性剂

163. 沐浴露配制最适合的 pH 为(　　)。

A. 4～5　　　　　　B. 4～6　　　　　　C. 5～6　　　　　　D. 5～7

164. 纳米 TiO_2 的制备方法一般可分为(　　)。

A. 气相法　　　　　B. 氧化法　　　　　C. 固相法　　　　　D. 沉淀法

165. 下列不属于 TiO_2 光催化特点的是(　　)。

A. 催化性好　　　　B. 稳定性强　　　　C. 无毒　　　　　　D. 工艺复杂

166. 本实验采用液相法制备纳米 TiO_2,下列有关说法错误的是(　　)。

A. 制备的原料是 TEOT　　　　　　　　B. 加入 $C_2H_4O_2$ 的作用是抑制水解

C. 该方法的周期比较短　　　　　　　　D. 制备过程都需在剧烈搅拌下缓慢滴入

167. 绘制甲基橙的标准曲线需用分光光度计在波长 465nm(该物质在该波长处的摩尔吸光系数 ε 很大)处测量其吸收,这说明(　　)。

A. 该物质对这个波长的吸光能力很强　　B. 该物质的浓度很大

C. 光通过该物质溶液的光程长　　　　　D. 测定该物质的精密度很高

168. 在对 TiO_2 进行光催化性能的测定中,下列说法错误的是(　　)。

A. 甲基橙是作为模拟污水　　　　　　　B. 用紫外灯作光催化光源

C. 取清液时应取深层的液体　　　　　　D. 每次取溶液的间隔时间应该相等

169. 纳米 TiO_2 的光催化氧化法是一项绿色环保,有广泛应用前景的水处理新技术,但目前仍处于实验室阶段,其关键原因并非在于(　　)。

A. 光源的利用效率　　　　　　　　　　B. 水相会导致 TiO_2 催化剂失活

C. 反应器的设计　　　　　　　　　　　D. 有机物的降解规律

170. 纳米 TiO_2 有多种制备方法,其中有一种利用偏钛酸等无机钛盐为原料,加入浓硫酸反应,再加入沉淀剂在一定的反应条件下形成不溶性的氢氧化物;将沉淀分离、洗涤、干燥,再高温煅烧得到 TiO_2 粉体,该法操作简便易行,产品成本低。下列说法正确的是(　　)。

A. 可以加入氨水作为沉淀剂

B. 该方法所需要的时间比钛酸四丁酯制备所需时间要长

C. 加入的硫酸、沉淀剂用量对生成的 TiO_2 粉末的光催化性能没有影响

D. 煅烧温度的高低对生成的 TiO_2 粉末形态没有影响

171. 生成生物柴油的酯交换反应,一般用布朗斯特酸进行催化,下列不属于布朗斯台德酸的是(　　)。

A. H_2SO_4　　　　　B. HSO_4^-　　　　　C. NH_4^+　　　　　D. NH_3

172. 实验中的酯交换反应是发生在酰基碳原子上的(　　)。

A. 亲核取代反应　　　　　　　　B. 亲电取代反应

C. 自由基取代反应　　　　　　　D. 重排反应

173. 离心分离是借助于(　　)使(　　)不同的物质进行分离的一种方法。

A. 向心力、密度　　　　　　　　B. 向心力、重心

C. 离心力、密度　　　　　　　　D. 离心力、重心

174. 下列关于减压蒸馏装置,正确的是(　　)。

A. 主要由蒸馏、减压、安全保护三部分组成

B. 克氏蒸馏头可减少由于液体暴沸而溅入冷凝管的可能性

C. 毛细管的作用是控制液体的流量

D. 减压蒸馏时可以使用锥形瓶

175. 减压蒸馏中,毛细管口应距离瓶底(　　)。

A. 0.5~1mm　　　B. 0.5~1.5mm　　　C. 1~1.5mm　　　D. 1~2mm

176. 在酯交换反应中,若加入过多的 NaOH 溶液,则(　　)。

A. NaOH 溶液增多,产率增加　　　　B. 催化剂增多,反应速率加快

C. 发生皂化反应,产率降低　　　　　D. 对反应无影响

177. 不可以通过(　　)制备生物柴油。

A. 酯化法　　　　　　　　　　B. 微乳液法

C. 生物酶合成法　　　　　　　D. 工程微藻法

178. 下列关于减压蒸馏操作,叙述错误的是(　　)。

A. 仪器安装完毕后,检查系统能否达到所要求压力

B. 蒸馏前用水泵彻底抽去系统中有机溶剂的蒸气

C. 加入液体,关好安全瓶活塞,开动抽气泵

D. 蒸馏完毕,打开安全瓶上活塞,关闭抽气泵,除去热源

179. 在精油提取中可以应用超临界萃取法,下列对这种方法表述错误的是(　　)。

A. 精油在超临界 CO_2 中的溶解度较大　　B. 超临界 CO_2 是一种稠密的气态

C. 该方法技术要求高,且设备费用大　　　D. CO_2 的超临界温度比较高

180. 在果胶的提取中,对提取率有较大影响的因素有(　　)。

① 浸提温度　　② 浸提时间　　③ 浸提剂用量　　④ 酸度

A. ①②③　　　B. ①②④　　　C. ②③④　　　D. ①②③④

181. 本实验果胶的提取如果采用酸提取乙醇沉淀法,其生产流程应该为(　　)。

A. 原料—预处理—酸提—脱色—浓缩—沉淀—干燥—成品

B. 原料—预处理—脱色—酸提—浓缩—沉淀—干燥—成品

C. 原料—预处理—浓缩—酸提—脱色—沉淀—干燥—成品

D. 原料—预处理—酸提—浓缩—脱色—沉淀—干燥—成品

182. 橘皮黄色素的主要成分是类胡萝卜素,下列说法正确的是(　　)。

A. 类胡萝卜素属于萜类　　　　　B. 黄色素不具有抗氧化性

C. 黄色素只是一种脂溶性色素　　　　　　　D. 黄色素不能应用于食品添加剂中

183. 柚皮苷是一种黄烷酮的糖苷,下列有关提取过程中说法正确的是(　　)。

A. 实验是从柚/橘外皮中提取柚皮苷

B. 实验中可以采用饱和 $Ca(OH)_2$ 作为浸提剂

C. pH 对提取率影响不大

D. 在室温下柚皮苷易溶于水

184. 已知果皮中原果胶能被热盐酸分解,生成果胶并在乙醇中沉淀析出。下列对果胶的提取说法错误的是(　　)。

A. 酸提取乙醇沉淀法就是运用这个原理

B. 主要步骤为原料预处理—酸液水解—分离—加乙醇沉淀—干燥称量

C. 分离过程如溶液溶解有色素则要进行脱色

D. 分离过程中浸提时间越长越好

185. 柑橘皮黄色素主要成分是水溶性色素和脂溶性色素两类,不仅是安全可靠的食品着色剂,还是良好的食品强化剂,同时具备一定的防病治病的功能,下列对提取过程中说法正确的是(　　)。

A. 浸提可使用乙醇进行提取,并加以缓慢搅拌

B. 浸提之后进行浓缩,为减少浓缩时间,浓缩温度应尽可能提高

C. 若用石油醚萃取,下层为脂溶性色素

D. 每次浓缩时溶剂无需回收

186. 从猪血中提取 SOD 和凝血酶实验中,柠檬酸钠的作用是(　　)。

A. 催化剂　　　　　　　　　　　　　　　B. 抗凝剂

C. 抗氧化剂　　　　　　　　　　　　　　D. 酸度调节剂

187. 在 SOD 的提取中,加入乙醇和丙酮的目的是(　　)。

A. 作为提取有机溶剂

B. 防止 SOD 变性和除杂蛋白

C. 除去杂蛋白,使血红蛋白完全变性,析出 SOD

D. 除杂蛋白和消除多余的乙醇

188. 提取 SOD 后,用(　　)可以检测 SOD 的活性。

A. 微量邻苯三酚自氧化法　　　　　　　　B. 碘量法

C. 正乙烷提取法　　　　　　　　　　　　D. 碘酸钠法

189. 用 DEAE-sephadexA-50 树脂柱分离提纯 SOD,下列说法正确的是(　　)。

A. 用 HCl、NaOH 溶液浸泡是为了洗脱树脂上的蛋白质

B. 树脂的 pH 应略小于缓冲液的 pH

C. 上柱时,SOD 溶液液面应略低于树脂柱柱面

D. 将洗脱液倒入透析袋的目的是增大溶液的体积

190. 在凝血酶的提取中,与 $CaCl_2$ 起到同样作用的是(　　)。

A. $ZnCl_2$　　　　　　B. $CuCl_2$　　　　　　C. $FeCl_3$　　　　　　D. $BaCl_2$

191. 在提取 SOD 和凝血酶时,若用三氯乙酸为沉淀剂,则(　　)。

A. 血红蛋白无法沉淀　　　　　　　　　　B. SOD 失去生理活性

C. 凝血酶失去生理活性　　　　　　　　　D. SOD、凝血酶失去生理活性

192. 干燥 SOD 和凝血酶应采用（　　）。

    A. 烘干法　　　　　　　　　　　　　　B. 冷冻干燥法

    C. 喷雾干燥法　　　　　　　　　　　　D. 常压干燥法

193. 米糠中含有水分、粗蛋白质、粗脂肪、糖类和纤维素等,从米糠中提取干酪素时,最好先除去米糠中的（　　）。

    A. 水分　　　　　　B. 粗脂肪　　　　　　C. 糖类　　　　　　D. 纤维素

194. 下列关于植酸钙表述正确的是（　　）。

    A. 不溶于乙醚、丙酮等有机溶剂,易溶于水　　B. 能与盐酸反应生成植酸

    C. 学名为环己醇六磷酸酯　　　　　　　　　　D. 主要存在于稻壳和精米中

195. pH 的测定中,使用的 pH 玻璃电极是具有（　　）专属性的典型离子选择电极。其内参比电极是 Ag-AgCl,电极的内参比溶液为一定浓度的 HCl 溶液。

    A. H^+　　　　　　B. K^+　　　　　　C. Na^+　　　　　　D. OH^-

196. 植酸钙中钙含量的测定,在用高锰酸钾滴定乙二酸钙时,滴定速度应（　　）。

    A. 始终较快的进行　　　　　　　　　　B. 始终缓慢地进行

    C. 选择慢-快-慢　　　　　　　　　　　D. 选择快-慢-快

197. 在干酪素的提取中,加入 NaOH 和 HCl 的目的分别是（　　）。

    A. 中和溶液;使干酪素析出　　　　　　B. 使干酪素溶解;使干酪素析出

    C. 使干酪素溶解;中和溶液　　　　　　D. 使干酪素析出;使干酪素溶解

198. 用高锰酸钾滴定乙二酸根离子时,反应速率由慢到快,这种现象是由于（　　）。

    A. 催化作用　　　　B. 自身催化反应　　　　C. 诱导反应　　　　D. 副反应

199. 植酸钙也称菲汀,其化学组成是肌醇六磷酸与金属钙、镁等离子形成的复盐,广泛存在于植物油料中。在从米糠中提取植酸钙过程中,下列说法正确的是（　　）。

    A. 由于米糠的吸水性强,所加的酸量应适当减少

    B. 中和液的 pH 不能控制得太低,否则容易导致少量蛋白质析出

    C. 提取过程中最好使用 H_2SO_4

    D. 可以用 HNO_3 代替 HCl 或 H_2SO_4

200. EDTA 脱钙时,虾壳中同时有（　　）元素与 EDTA 配位。

    A. Mg、Fe　　　　B. Mg、Pb　　　　C. Fe、Pb　　　　D. Mg、Fe、Pb

201. 实验中,EDTA 溶液与虾壳的投料比为（　　）(V/m)。

    A. 16∶1　　　　　B. 13.8∶1　　　　C. 13.5∶1　　　　D. 11.5∶1

202. 右图为甲壳素(β-(1→4)-2-乙酰氨基-2-脱氧-D-葡萄糖)的化学结构图,下列反应中,甲壳素不会发生的是（　　）。

    A. 取代反应　　　　　　　　　　　　　B. 酯化反应

    C. 重氮化反应　　　　　　　　　　　　D. 酰基化反应

203. 通过对甲壳素产品进行（　　）,可以衡量虾壳的脱钙效果。

    A. $CaCO_3$ 测定　　　　　　　　　　　B. EDTA-Ca 测定

    C. Ca^{2+} 测定　　　　　　　　　　　D. CaO 测定

204. 用凯氏定氮法测定氮含量时,下列操作错误的是（　　）。

    A. 若样品黏附在定氮瓶瓶颈时,用少量水冲下

B. 先用小火使全部样品氮化,再加强火力保持瓶内液体微沸

C. 接受瓶内冷凝管的下端应当插入到液面以下

D. 样品中脂肪含量过高时,减少 H_2SO_4 的量

205. 对于固体酒精,下列说法错误的是(　　)。

A. 酒精从液态变成固态是一个物理变化　　　　B. 酒精的化学性质已经改变

C. 酒精实际是被包容在凝固物中　　　　D. 固体酒精使用更安全

206. 对于固体酒精的制备,下列说法正确的是(　　)。

A. 可以边加热硬脂酸边滴加氢氧化钠酒精溶液

B. 氢氧化钠的量对固体酒精的质量有影响

C. 加热温度对固体酒精的质量没有影响

D. 倒入模具后必须快速冷却

207. 配方中加入少量硝酸铜的作用是(　　)。

A. 让火焰更美观　　　　B. 混合更均匀

C. 燃烧更充分　　　　D. 使固体酒精保持更长时间

208. 动物蜡和植物蜡属于下列(　　)类化合物。

A. 油脂　　　　B. 高级烷烃　　　　C. 脂类　　　　D. 高级脂肪酸

209. 组成油脂的高级脂肪酸分为饱和脂肪酸与不饱和脂肪酸,以下表述正确的是(　　)。

A. 硬脂酸属于不饱和脂肪酸　　　　B. 不饱和脂肪酸不可以进行加成反应

C. 室温下高级脂肪酸易溶于水　　　　D. 通常指 C6~C26 的一元羧酸

210. 已知油脂是高级脂肪酸与甘油所形成的高级脂肪酸甘油酯,油脂的碱性水解反应称为(　　)反应。

A. 分解　　　　B. 皂化　　　　C. 取代　　　　D. 加成

211. 制备过程中不同的冷却方式对固体酒精性能有影响,常用的冷却方式为自然冷却法、逐渐冷却法和零点冷却法。实验表明,利用逐渐冷却法制得的固体酒精效果最好。下列表述正确的是(　　)。

A. 实验采用的是逐渐冷却法

B. 逐渐冷却法是使溶液随热水一起冷却的方法,所使用的热水可以是水浴加热所用的热水

C. 条件允许的情况下应尽量选用自然冷却法来进行冷却固化

D. 逐渐冷却法因使用了热水额外增加实验成本

212. 近年来,胡蜂(也称马蜂)蜇人致伤致死事件时有发生。胡蜂蜇人释放的毒素含甲酸(蚁酸)等,用(　　)涂于患处最有效,可做到“点到痛除”。

A. 食醋　　　　B. 冰水　　　　C. 稀氨水或稀苏打水　　　　D. 柠檬酸水溶液

(二)简答题

1. 已知 Al^{3+} 与 EDTA 反应速率很慢,并对二甲酚橙有封闭作用,为什么在用 EDTA 法测定 Al^{3+} 时还能采用二甲酚橙作指示剂?如何克服反应速率过慢?

2. 在一些实验讲义中介绍铝含量测定中的滴定终点为橙色而不是本实验中的紫红色,请解释这种现象产生的原因。

3. 配合物中钾含量的测定,若测定的顺序由浓到稀,会产生什么影响?

4. 某同学在定容好乙二酸根合铁酸钾溶液后,没有立即把溶液保存在暗处,有何影响?

5. 除了磺基水杨酸比色法,还有哪些方法可以测定铁的含量?

6. 在利用升华法回收碘的过程中如何减少 I_2 的损失?

7. 利用 I_2 的氧化性可用碘标准溶液直接滴定电极电势较低的一些还原性物质,在利用碘标准溶液滴定时应该使用什么滴定管? 为什么?

8. 在进行 I_2 的升华时,加热时应如何操作?

9. 加入 NH_4Cl 分解水泥试样时需注意什么问题?

10. 用尿素均匀沉淀法分离 Fe^{3+}、Al^{3+} 需注意什么问题? 若加入尿素后没有出现沉淀,有何原因? 该怎么解决?

11. 在 Fe^{3+}、Al^{3+}、Ca^{2+}、Mg^{2+} 共存时,能否用 EDTA 标准溶液配位滴定法滴定 Mg^{2+}? 滴定 Mg^{2+} 的酸度范围为多少?

12. 在测定钙含量时,加入钙指示剂应当注意哪些问题?

13. $KMnO_4$ 溶液的配制与标定中,利用待标定的 $KMnO_4$ 滴定基准 $Na_2C_2O_4$ 溶液应该注意哪些问题?

14. 漂白粉中有效氯的测定实验中,应该注意哪些问题?

15. 若漂白粉中有效氯含量的测定没有在碘量瓶中进行,对结果有何影响?

16. 碘量法测有效氯时,淀粉需在滴定至淡黄色时加入,为什么?

17. 在合成实验过程中,为什么要保持反应温度为 $8 \sim 12℃$?

18. 由反应机理可知,歧化反应速率是由氢负离子这一步决定,适当提高碱的浓度可以加速歧化反应,而碱的浓度升高则黏稠性增大,搅拌困难,如何克服这种困难?

19. 纸色谱定性分析中,点样时应注意什么问题?

20. 薄层色谱分离中,点样时应注意哪些问题?

21. 简略写出薄层色谱分离中展开的步骤。

22. 实验验结果表明,在不搅拌或搅拌剧烈时,酪蛋白得率较低,边滴加酸边缓慢搅拌时,酪蛋白得率高,请对此作简单解释。

23. 在分离乳糖时,应该注意哪些问题?

24. 萃取时,若分液漏斗活塞处有漏水现象,该如何正确处理?

25. 大叶黄叶片的提取液在容量瓶中定容,容量瓶使用前应注意什么问题? 如何操作?

26. 薄层色谱法分离鉴定叶绿素的实验中,应注意哪些问题?

27. 在乙酸乙酯的合成过程中,应当怎么加入浓硫酸? 否则会引起什么后果?

28. 合成乙酸乙酯过程中,将滴液漏斗中的混合溶液滴入蒸馏烧瓶中,如果滴加速度过快和过慢会产生什么后果?

29. 奶粉中亚硝酸盐含量的测定实验中,用滤纸过滤样品溶液时,除去的沉淀物是哪种物质? 为何弃去初滤液 20mL?

30. 奶粉中亚硝酸盐含量的测定实验中,在测定亚硝酸盐含量时,有哪些物质会产生干扰?

31. 奶粉中亚硝酸盐含量的测定实验要注意的问题有哪些?

32. 已知 Fe^{2+} 从开始沉淀到沉淀完全时溶液的 pH(常温下)为 $7.6 \sim 9.6$。在进行大豆中铁含量测定时,加入盐酸羟胺的作用是什么? 如何控制 pH?

33. 测定钙含量时,当加入三乙醇胺、NaOH 和钙指示剂后,为什么要立即用 EDTA 标准溶液进行滴定?

34. 巯基棉分离富集镉时,若流速过快,会产生什么影响?

35. 测定水中痕量镉,除了巯基棉分离富集-原子吸收法,还可以用哪些方法?

36. 巯基棉纤维再生时,洗脱液应从哪里进入进行反冲洗,为什么?

37. 溶液聚合法是指将反应物溶解于适当的溶剂(水)中,在加热、辐射或者引发剂的作用下而进行合成的方法。合成聚丙烯酸钠类聚合物的实验所采用的就是这种方法,请结合实验过程列出该实验方法的优点和缺点。

38. 高吸水性树脂是一种三维网络结构,它不溶于水而能大量吸水膨胀,形成高含水凝胶。为什么高吸水性树脂具有吸水性和保水性?

39. 皂化后盐析时,加入 NaCl 饱和溶液的量是否越多越好?

40. 普通肥皂和合成洗涤剂有哪些区别?

41. 请根据 N,N-二乙基间甲基苯甲酰胺的合成实验的现象,对合成 DETA 过程进行总结。

42. 目前许多驱蚊剂商品都用 DETA 作为基本组分,但是有关驱蚊剂含量测定的报道却很少,据报道可以采用毛细管气相色谱法以邻苯二甲酸二丁酯为内标物测定驱蚊剂的含量,在选定的色谱条件下完成分离和测定,速度快且分离效果好。请根据已有知识,在进行色谱测量前要做哪些准备工作?

43. 能否直接用水杨酸和乙酸直接反应制取乙酰水杨酸?为什么?

44. 反应不完全时,产品可能含有水杨酸杂质,怎么除去杂质?怎样检验产品中是否还含有水杨酸?

45. 用乙醇-水重结晶乙酰水杨酸时有油状物出现,为什么?应如何处理?

46. 研究表明,高良姜中的二苯基庚烷类化合物 1,7-二苯基-5-醇-3-庚酮具有镇痛抗炎、抗氧化等多种活性。因此,对于高良姜二苯基庚烷类化合物的提取纯化及定量测定的研究具有重要意义。可以利用哪种简单的方法进行定量测定?同时应注意什么?

47. 在实验中,如果所使用的淋洗剂淋洗时没有化合物洗脱下来应该怎么办?在此过程中应该注意哪些事项?

48. 乳化的定义是什么?

49. 简述化妆品制造工艺及注意事项。

50. 乳化剂的选择有何要求?

51. 为了更好地达到乳化效果,乳化剂是否越多越好?

52. 如何测量硫酸-氟化氢混合酸中 H_2SO_4 的含量?写出测量原理及其方案。

53. 在进行混合碱(Na_2CO_3 与 NaOH)的测定中,用盐酸标准溶液滴定时应该注意什么问题?

54. 设计一个废水处理的工艺流程方案。

55. COD 测定时,加热回流后试液变绿,为什么?如何解决?

56. 废水处理有哪些新工艺?试写出其工艺流程。

57. 在测定 COD 时,往水样中加入 $KMnO_4$ 煮沸以后,如果紫红色消失,说明什么问题?应当怎么办?

58. 在进行印染废水净化方法设计中,如果是利用 TiO_2 光催化降解难降解有机物时,需探究哪些影响因素?

59. 何为皂化?

60. 可否用钠皂代替月桂酸皂钾制备沐浴露?

61. 制备沐浴露时,若把表面活性剂先加入三口烧瓶中,再加入蒸馏水,对实验有何影响?

62. 纳米 TiO_2 光催化材料不仅能够应用于污水处理,从纳米 TiO_2 的光催化机理上看,它还可能应用于哪些领域?

63. 本实验中除了可以进行甲基橙初始浓度和 pH、光照距离、催化剂用量对脱色率进行探究外,还可以对哪些因素进行探究?

64. 减压蒸馏装置由哪几部分构成?克氏蒸馏头、毛细管有何作用?

65. 脱胶废油预酯化为何用到回流装置?

66. 餐饮废油化学法制备生物柴油实验成功的关键是什么?

67. 已知橙(橘)皮苷为弱酸性,仅在较强的碱性溶液变为弱酸强碱盐而溶解,在中性或酸性水溶液中均不溶解,且橙皮苷受热容易分解,因此在提取过程中应当注意什么?

68. 柚/橘皮精油的提取可以采用水蒸气蒸馏法提取,请画出水蒸气蒸馏装置图,并写出采用此方法提取时可能出现的问题。

69. 在提取 SOD 和凝血酶时,欲使这两种酶分别从血球和血浆中分离出来,能否用苦味酸或 $CuSO_4$ 作为沉淀剂?为什么?

70. 用 DEAE-sephadexA-50 树脂柱分离提纯时需注意什么问题?

71. 实验过程中应该注意哪些问题?

72. 植酸钙中钙的含量测定有两种方法,本实验利用氧化还原滴定法进行测定,另外一种方法在测定水质中经常用到,是什么方法?请设计出该测定方法的简单方案。

73. 请简要写出糠渣提取干酪素的实验步骤。

74. 简述凯氏定氮法。

75. EDTA 处理虾壳制备甲壳素的研究实验中应注意哪些问题?

76. 在 EDTA 处理虾壳制备甲壳素的研究实验时,加入试剂的顺序能否任意改变?为什么?

77. 在实验过程中,温度过高或者过低对固体酒精的性质造成什么影响?

78. 简述提高高分子合金相容性的手段。

79. 画出非晶态聚合物的形变-温度曲线。

80. 某未知化合物的四谱数据如下,试推测其结构式。

紫外光谱:

λ_{max}(乙醇)/nm	268	264	262	257	252	248	243
ε_{max}	101	158	147	194	153	109	78

红外光谱:

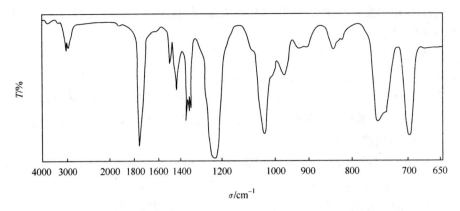

核磁共振：

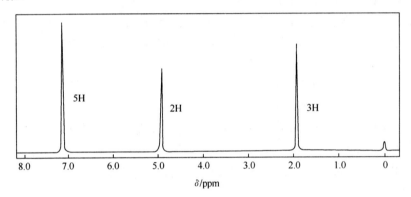

质谱：

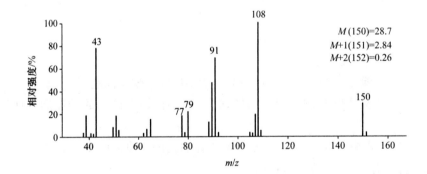

参 考 答 案

（一）选择题

1. C 2. A 3. C 4. B 5. B 6. D 7. D 8. A 9. C 10. B

11. A 12. A 13. C 14. D 15. B 16. D 17. D 18. A 19. C 20. C

21. D 22. B 23. D 24. A 25. B 26. C 27. A 28. D 29. A 30. D

31. D 32. C 33. A 34. B 35. B 36. A 37. C 38. D 39. B 40. A

41. B 42. C 43. D 44. D 45. D 46. D 47. B 48. C 49. A 50. C

51. D 52. A 53. B 54. C 55. D 56. C 57. C 58. B 59. D 60. B

61. A 62. C 63. C 64. A 65. A 66. B 67. D 68. D 69. D 70. B

71. C 72. C 73. D 74. C 75. A 76. A 77. B 78. C 79. A 80. B

81. D　82. D　83. A　84. C　85. C　86. D　87. A　88. C　89. D　90. D
91. A　92. C　93. D　94. A　95. B　96. D　97. C　98. A　99. D　100. B
101. D　102. C　103. B　104. C　105. C　106. D　107. C　108. A　109. C　110. B
111. B　112. D　113. B　114. D　115. C　116. A　117. D　118. C　119. B　120. B
121. C　122. D　123. A　124. D　125. B　126. C　127. A　128. D　129. C　130. C
131. B　132. C　133. D　134. A　135. D　136. B　137. D　138. C　139. A　140. A
141. D　142. A　143. C　144. D　145. A　146. A　147. C　148. D　149. C　150. C
151. B　152. A　153. D　154. B　155. A　156. B　157. B　158. D　159. B　160. D
161. D　162. B　163. C　164. D　165. D　166. C　167. A　168. B　169. D　170. A
171. D　172. A　173. C　174. D　175. D　176. D　177. A　178. D　179. D　180. D
181. A　182. D　183. B　184. D　185. D　186. B　187. C　188. C　189. D　190. D
191. D　192. C　193. B　194. D　195. A　196. C　197. B　198. B　199. B　200. D
201. A　202. C　203. D　204. D　205. B　206. D　207. A　208. C　209. D　210. B
211. B　212. C

（二）简答题

1. Al^{3+} 与指示剂能形成十分稳定的配合物,本实验采用返滴法测定,即在含 Al^{3+} 试液中加入过量EDTA标准溶液,在 pH=5～6时加热使充分反应,使之形成 $[AlY]^-$,然后用二甲酚橙作指示剂,用 Zn^{2+} 标准溶液返滴定剩余 EDTA。可将溶液煮沸或者在沸水浴中加热。

2. pH<6 时,游离的二甲酚橙呈黄色,滴定至 Zn^{2+} 稍微过量时,Zn^{2+} 与部分二甲酚橙生成紫红色配合物,黄色与紫红色混合呈橙色,故滴定终点颜色为橙色。

3. 用电位分析法测定钾含量时,测定顺序必须由稀到浓。因为高浓度溶液对低浓度溶液影响很大,测定顺序由浓到稀,则电极表面附带的高浓度溶液进入低浓度溶液中,使得低浓度溶液的浓度增大。而相反,则不会产生明显的影响。

4. 在配制定容好溶液后,需把溶液保存在暗处,因为乙二酸根合铁配离子见光会分解生成 Fe^{2+},使得 Fe^{3+} 浓度降低,测得的配合物中铁含量降低。

5. 高锰酸钾标准溶液测定亚铁离子法、重铬酸钾标准溶液测定亚铁离子法、碘量法、邻二氮菲比色法测定亚铁离子法。

6. 对于减少 I_2 的损失,提高产率方面主要有两点。第一就是滤纸、滤布上沾有太多的 I_2,在升华过程中若也将其放在粗碘中一起升华,可提高回收率。第二就是升华的碘蒸气会从容器(近烧杯)的凹口溢出而影响产率,所以采用无凹口的容器盛放粗碘,也可减少 I_2 升华时的损失。再则就是在升华过程中烧瓶底收集的碘晶体,由于水蒸气也会使已凝聚的固体碘损失,这时可采用蒸馏法,将废液直接放在烧瓶中,加入相应的试剂,边反应、边蒸馏,可减少 I_2 的损失,回收率更高,且不会造成环境污染。

7. 应用酸式滴定管进行滴定。因为碘易受有机物的影响,不可与软木塞、橡皮塞等接触。

8. 用小火加热,并留心观察,当发觉开始升华时,小心调节火焰,让其慢慢升华。

9. NH_4Cl 固体要和水泥试样充分混合均匀,才能发挥 NH_4Cl 分解试样的最好效果,使试样完全溶解,故溶样时应仔细搅拌,使试样混合均匀。

10. 用尿素均匀沉淀法分离 Fe^{3+}、Al^{3+} 时,要控制好酸度,加氨水至红棕色沉淀刚好出现,加 HCl 溶液使沉淀刚好溶解。

如果加入尿素后没有出现沉淀,是因为沉淀时加入 HCl 溶液过多,可补加氨水至产生沉淀为止。

11. 不能。因为 Fe^{3+}、Al^{3+} 对 Mg^{2+} 的测定有干扰。滴定 Mg^{2+} 的酸度范围为 8～10,一般控制在 pH=10。

12. 钙指示剂加入量要适当,若太少,指示剂易被 $Mg(OH)_2$ 沉淀吸附,使指示剂失灵;加入过多则颜色太深,终点不易观察。

13. (1) 酸度。

(2) 温度。室温下反应速率缓慢,但超过 90℃,将部分分解,故滴定时的温度为 75～85℃,滴定完毕时的温度不应低于 60℃。

(3) 滴定速度。刚开始滴定速度不能太快,否则,部分 $KMnO_4$ 将在热的浓溶液中分解。

$$4KMnO_4 + 2H_2SO_4 \Longrightarrow 4MnO_2 + 2K_2SO_4 + 2H_2O + 3CO_2$$

待反应生成 Mn^{2+} 后,因 Mn^{2+} 的催化作用,滴定速度可以加快。

14. (1) 为了提高准确度,滴定最好在碘量瓶中进行。

(2) 两次滴定前的反应必须等其反应完全后才能继续滴定。

(3) 淀粉需在滴定至淡黄色接近终点时加入。

(4) $K_2Cr_2O_7$ 与还原产物 Cr^{3+} 均为有毒物质,必须注意回收,防止污染环境。

15. 碘量法的误差主要来自两方面,一个是 I^- 的氧化,一个是碘的挥发,若没有在碘量瓶中进行测定,由于上述两个原因,实验结果会产生较大的误差,若在碘量瓶中进行测定,则可以很好地解决这个问题。

16. 若淀粉加入过早,会形成大量淀粉吸附物,致使终点不易褪色而造成终点推后,形成误差。

17. 反应开始后很剧烈,同时大量放热,溶液颜色变暗。若反应温度高于 12℃时,则反应温度极易升高,难以控制,致使反应物呈深红色。若低于 8℃,则反应速率过慢,可能部分呋喃甲醛积累,一旦发生反应,反应就会过于剧烈而使温度升高,最终也使反应物变成深红色。

18. 可以采用反加法,即将呋喃甲醛滴加到氢氧化钠溶液中,碱的瞬间浓度相对较大,有利于反应的进行,反应较易控制,产率则与顺加法相同。

19. (1) 点样时斑点应尽可能小,斑点越小样品越集中,检测灵敏度越高。

(2) 点样时应尽可能快些点样,吸水少,检测灵敏度升高。

(3) 点样整个过程不得用手接触纸条中部,因皮肤表面沾着的脏物碰到滤纸时会出现错误的斑点。

(4) 点的直径不超过 0.5cm。

20. (1) 溶液太稀时,一次点样不够,需多次点样。第一次点样干后,再点第二次、第三次,且每次点样都应点在同一圆心上。

(2) 点的次数依样品溶液浓度而定,一般为 2~5 次。

(3) 样品量应适中。若样品量太少,有的成分不易显出,若样品量太多,易造成斑点过大,互相交叉或拖尾,不能很好地分离。

(4) 点样后的斑点直径以扩散成 1~2mm 原点为度。

(5) 若为多次点样时,点样间距为 1~1.5cm。

21. 薄层的展开需在密闭的容器中进行。先将选择的展开剂放在层析缸中,使层析缸内空气饱和 5~10min,再将点好样品的薄层板放入层析缸中进行展开。点样的位置必须在展开剂液面之上。当展开剂上升到薄层的前沿(离顶端 5~10mm 处)或各组分已明显分开时,取出薄层板放平晾干,用铅笔或小针划出前沿的位置后即可显色。

22. 边滴加酸边缓慢搅拌,加入脱脂牛乳中的酸可以均匀分布,有利于酪蛋白与酸充分接触,酪蛋白沉淀比较完全,得率较高。不搅拌时酪蛋白与酸接触不充分,溶液中有酸度梯度存在,上层与酸接触,沉淀形成结块,下层未与酸接触,酪蛋白不能完全沉淀而影响得率。搅拌过于剧烈时会使形成的酪蛋白凝块破碎,不易分离,得率下降。

23. (1) 乳糖分离时,必须在短时间内完成,否则乳糖会被细菌水解成半乳糖。

(2) 首次结晶出来的乳糖含有杂质,一般需要重结晶。

24. 脱下活塞,用纸或干布擦净活塞及活塞孔道的内壁,然后用玻璃棒蘸取少量凡士林,先在活塞近把手的一端抹上一层凡士林,注意不要抹在活塞的孔中,再在活塞两边也抹上一圈凡士林,然后插上活塞,反时针旋转至透明,即可使用。

25. 容量瓶在使用前应当检查瓶塞处是否漏水。具体操作方法是:在容量瓶内装入半瓶水,塞紧瓶塞,用右手食指顶住瓶塞,另一只手五指托住容量瓶底,将其倒立(瓶口朝下),观察容量瓶是否漏水。若不漏水,将瓶正立且将瓶塞旋转 180°后,再次倒立,检查是否漏水,若两次操作,容量瓶瓶塞周围均无水漏出,即表明容量瓶不漏水。经检查后不漏水的容量瓶即可使用。

26. (1) 研磨叶片时要将其尽量剪碎,使叶片得到充分研磨,研磨至叶片发白为止。

(2) 层析液倒入层析缸之后,盖上盖子,让其气相饱和 10min 以上,否则分离效果不佳。

(3) 薄层色谱点样时,尽量使斑点小,不得超过 2mm。若斑点颜色较浅,可反复点至其呈深绿色。

(4) 大叶黄叶片薄层色谱分离一般可得橙黄色 β-胡萝卜素、灰色的去镁叶绿素、蓝绿色的叶绿素 a 及黄绿色的叶绿素 b 色带。

27. 加入浓硫酸时,必须慢慢加入并充分振荡烧瓶,使其与乙醇混合均匀,否则在加热时因局部酸过度引起有机物的碳化等副作用。

28. 滴加速度过快会使大量乙醇来不及发生反应而被蒸出,并造成反应混合物温度迅速下降,导致反应速率减慢,从而影响产率;滴加速度太慢又会浪费时间,影响实验进程。

29. 除去的沉淀物是蛋白质。弃去初滤液 20mL 是为了除去上层脂肪。

30. 产生干扰的物质有氯胺、氯、硫代硫酸盐、高铁离子。

31. (1) 热水的温度不能低于 70℃。

(2) 加入硫酸锌溶液、亚铁氰化钾溶液和盐酸-氨水缓冲溶液时,每加入一种溶液都要充分摇匀,确保蛋白质沉淀完全。

(3) 市售奶粉绝大多数亚硝酸盐含量很低,故滤液不得少于 20mL,最佳取 40mL。

32. 盐酸羟胺的作用是把 Fe^{3+} 还原为 Fe^{2+};测定时加入一定量的 HAc-NaAc 缓冲液,控制溶液酸度在 pH＝2～8 较适宜,酸度过高,反应速率慢,酸度太低,则 Fe^{2+} 水解,影响显色。

33. 此时溶液的 pH＞12,为了避免碱性含 Ca^{2+} 溶液吸收空气中的 CO_2 而形成难溶的碳酸钙,应立即滴定。

34. 若流速过快,会有部分金属离子还没被巯基棉纤维吸附便离开滴定管,使得所测得的样品浓度偏低。

35. 镉试剂双峰双波长法、离子印迹聚合物-原子分光光度法、吸附溶出伏安法、巯基棉分离富集-共振光散射法等。

36. 再生时,洗脱液即稀盐酸应从底部进入进行反冲洗。这有利于洗脱重金属离子和去除易堵塞巯基棉纤维素管的悬浮杂质。

37. 溶液聚合法体系黏度较低,具有混合和传热比较容易,易控温,引发效率高,成本低等优点,生产过程中污染少,易于实现清洁化生产。但同时也存在聚合速率较慢、设备利用率较低、聚合物相对分子质量较低等问题。

38. 这是因为其分子中含有强吸水性基团和一定的网络结构,即具有一定的交联度。实验表明:吸水基团极性越强,含量越多,吸水率就越高,保水性也越好。

39. 不是。盐析时,NaCl 的用量要适中,用量少时,盐析不充分;用量太多时,NaCl 混入肥皂中,影响肥皂的固化。

40. (1) 肥皂不适合在硬水中使用,而合成洗涤剂的使用不受水质限制。因为硬水中的钙、镁离子会跟肥皂生成高级脂肪酸钙、镁盐类沉淀,使肥皂丧失去污能力。而合成洗涤剂在硬水中生成的钙、镁盐类能够溶于水,不会丧失去污能力。

(2) 合成洗涤剂去污能力更强,并且适合洗衣机使用。

(3) 合成洗涤剂的原料便宜。制造合成洗涤剂的主要原料是石油,而制造肥皂的主要原料是油脂。石油比油脂更廉价易得。

41. 该反应条件较温和,易于操作,但是排放大量的 SO_2 和 HCl,造成环境污染。

42. (1) 标准品溶液的制备。称取 DETA 标准品置于容量瓶中,用乙醇定容至刻度,摇匀备用。

(2) 内标液的制备。称取邻苯二甲酸二丁酯置于容量瓶中,用乙醇定容至刻度,摇匀备用。

(3) 样品溶液的制备。称取样品置于容量瓶中,再加入内标液,用乙醇定容至刻度,摇匀备用。

43. 不能。水杨酸含有酚羟基,存在共轭体系,氧原子上的电子云向苯环移动,使羟基上的电子云密度降低,导致酚羟基亲核能力较弱,进攻乙酸羰基碳的能力较弱,所以反应很难发生。

44. 反应中存在的杂质可以从各步纯化和重结晶时除去。为了检验产品中是否还含有水杨酸,可以利用水杨酸酚类物质可与三氯化铁发生颜色反应的特点,用几粒结晶加入含有少量水的试管中,加入 1～2 滴

FeCl$_3$ 溶液,观察有无颜色反应(紫色)。

45. 析出油状物的原因可能是热的饱和溶液的温度比被提纯物质的熔点高或接近。因油状物中含杂质较多,可重新加热溶液至成清液后,让其自然冷却至开始有油状物出现时,立即剧烈搅拌,使油状物分散或消失。

46. 气相色谱法测定。在测定过程中,首先要寻找气相色谱测定方法的理论依据,确定测定色谱条件并对测定方法进行考察。

47. 更换淋洗剂。一旦开始更换,中间不能关闭活塞,中断流柱去做其他事情,应至少 1 个柱流量后才能中断。

48. 将互不相溶的两种物质(油、水)进行混合,使其中一种物质均匀分散于另一种物质中,这一过程称为乳化作用,简称乳化。

49. 制造工艺:油相的调整—水相的调制—乳化—冷却—包装。

注意事项:①在制备工艺过程当中,注意水相和油相原料要完全溶解,但温度不能太高,避免过度加热和长时间加热,以防止原料成分变质劣化。一般可先加入抗氧化剂。容易氧化的油分、防腐和乳化剂可在乳化之前加入油相,溶解均匀后,即可进行乳化。②搅拌一定要匀速,且同方向搅拌;均质时的速度和时间要严格控制,以免过度剪切,破坏聚合物的结构,造成不可逆的变化,改变体系的流变性质。

50. 乳化剂的亲油基和被乳化物一定要有很好的亲和力,即选用亲油基与被乳化物的结构相似,易于溶解的乳化剂。

51. 这种说法是错的。乳化剂的用量应该适中,用量太少,乳化体不稳定,用量太多,成本太高。

52. 测量原理是利用氟化氢是挥发性酸,硫酸是不挥发性酸。取一个样品在聚四氟烧杯中加热挥发出其中的氟化氢,待氟化氢充分挥发后测量剩余样品的酸含量。

53. 边滴定边充分摇动,避免局部 Na$_2$CO$_3$ 直接被滴定至 H$_2$CO$_3$。

54.

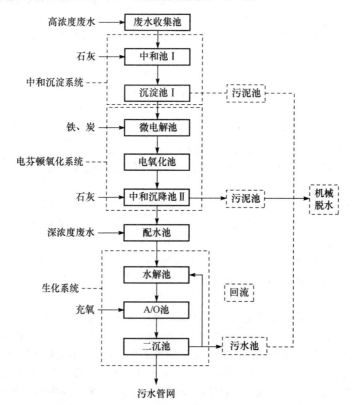

55. 回流后试液变绿是因为试液浓度过高,还原性物质过量,生成三氧化二铬。必须重新制样,将试液的浓度降低。

56.（1）MBR 污水处理工艺。工艺流程：原水→格栅→调节池→提升泵→生物反应器→循环泵→膜组件→消毒装置→中水储池→中水用水系统。

（2）SBR 污水处理工艺。工艺流程：通过格栅预处理的废水，进入集水井，由潜污泵提升进入 SBR 反应池，采用水流曝气机充氧，处理后的水由排水管排出，剩余污泥静压后，由 SBR 池排入污泥井，污泥作为肥料。

57. 说明水样中含有有机物太多，COD 值很大，需要补加定量的 $KMnO_4$ 标准溶液再继续进行操作。

58. ①光强；②温度的影响；③pH 的影响；④废水中离子（・OH 自由基清除剂）对催化降解的影响。

59. 原指动植物油脂与碱作用而成肥皂（高级脂肪酸盐）和甘油的反应，现指酸与碱作用而生成对应的酸（或盐）和醇的反应，是一种水解的反应。

60. 可以。但是钾皂具有比钠皂更强的润湿、渗透、分散和去污能力，具有较强的水溶性，效果会更好。

61. 配方中高浓度表面活性剂的溶解，必须将其慢慢加入水中，而不是把水加入表面活性剂中，否则会形成黏度极大的团状物，导致溶解困难。

62.（1）空气净化，作为一种空气净化材料，纳米 TiO_2 光催化剂能够有效地分解汽车车内或者室内的有机污染物，氧化去除氮氧化物、硫氧化物，以及各种臭气，如乙醛、硫化氢、甲硫醇等。另外还可以将 TiO_2 光催化剂涂敷在建筑物表面，广告牌表面，工业烟气出口净化装置内部，利用其光催化的高氧化活性和空气中的 O_2 可以直接实现 NO_x 的光催化氧化。

（2）杀菌，纳米 TiO_2 在紫外光照射下对环境中的微生物的抑制或杀灭。利用 TiO_2 的光催化作用可以有效地杀灭细菌和细菌释放出的有毒复合物。

（3）纳米 TiO_2 具有优异的紫外线屏蔽作用、透明性及无毒等特点，使其广泛地应用于防晒霜类护肤产品。

63. 不同波长的光源；催化剂的形态；反应的温度；催化剂焙烧的时间等。

64. 减压蒸馏装置主要由蒸馏、抽气（减压）、安全保护和测压四部分组成。蒸馏部分由蒸馏瓶、克氏蒸馏头、毛细管、温度计及冷凝管、接受器等组成。克氏蒸馏头可减少由于液体暴滚而溅入冷凝管的可能性，而毛细管的作用，则是作为气化中心，使蒸馏平稳、避免液体过热而产生暴沸现象。

65. 反应物具有挥发性，为了不使反应物挥发太快而损失，在反应器上安装冷凝管，这样蒸气将遇冷回流入反应器内。

66. 醇油物质的量之比对生物柴油产量的影响最大，一定要控制好反应的醇油比。

67. 浸提的时候应当调节 pH 为碱性，使滤渣中的橙皮苷溶解下来，第二次调节 pH 时可以用盐酸调节 pH 至 3～6，橙皮苷盐又转变为橙皮苷而沉淀下来。用热水洗涤时水温不能太高，以减少橙皮苷的损失。

68.

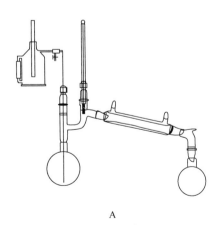

A

蒸馏时间过长（一般 2～3h），最后造成物料瓶中的积水过多，需要中途排水，使用非常不便。

69. 不能。因为它们与蛋白质作用生成的是不可逆沉淀，改变了 SOD 和凝血酶的结构，使之失去生理活性。

70.（1）加入溶液后，一般每隔 10min 搅拌一次，以便溶液可以与树脂充分接触。

（2）用缓冲溶液浸泡树脂时，最好反复数次，使树脂的 pH 与缓冲溶液相当。

（3）树脂平衡的好坏直接影响到 SOD 的挂靠性能,故应严格按照实验步骤进行操作。

71.（1）分离血球和血浆的温度宜在 15℃以下。

（2）SOD 和凝血酶提取过程中应避免高温,以免酶失去活性。

（3）配制溶液时,加入试剂的顺序不能随意改变。

（4）用刻度吸管取标准溶液时,应从满刻度处开始,放出所需体积。

（5）用刻度吸管取标准溶液时,应用滤纸片擦拭管外壁,防止带入标准溶液。

72. EDTA 滴定法。准确称取一定质量植酸钙样品,酸化溶解,过滤。准确移取一定量的溶液于锥形瓶中,加入三乙醇胺、氢氧化钠溶液调节 pH,加入钙指示剂,用 EDTA 标准溶液滴定至纯蓝色,记录消耗 EDTA 溶液的体积。

73. NaOH 溶液溶解—过滤得滤液—加酸沉淀—过滤—沉淀水洗—干燥—包装。

74. 凯氏定氮法是测定化合物或混合物中总氮量的一种方法。即在有催化剂的条件下,用浓硫酸消化样品将有机氮都转变成无机铵盐,然后在碱性条件下将铵盐转化为氨,随水蒸气馏出并被过量的酸液吸收,再以标准碱滴定,即可计算出样品中的氮含量。

由于蛋白质含氮量比较恒定,可由其氮量计算蛋白质含量,故此法是经典的蛋白质定量方法。

75.（1）实验过程要注意控制溶液的酸度,确保 EDTA 达到最大溶解度和保持最佳的配位反应效果。

（2）注意实验过程中温度和时间的控制。

（3）实验时,注意观察溶液酸度、浓度及反应时间对结果的影响。

76. 不能。因为对虾壳的处理以提取甲壳素,加入不同的试剂有其不同的作用和目的,且溶液的酸碱度的控制更是实验的关键,若顺序随意改变,则达不到实验的要求,可能造成实验失败。

77. 在较低温度时,滴加的氢氧化钠会与硬脂酸反应,很快出现局部固化现象,凝胶结构不均匀;当温度较高,接近或达到乙醇的沸点时,酒精蒸发冷凝的速度加快,酒精冷凝回流量增加,引起烧瓶中溶液局部温度较低,就会导致回流液附近的液体首先固化,使得固体酒精固化不均匀。

78. 提高高分子合金的相容性一般用加入第三组分增溶剂的方法。增溶剂可以是与 A、B 两种高分子化学组成相同的嵌段或接枝共聚物,也可以是与 A、B 的化学组成不同,但能分别与之相容的嵌段或接枝共聚物。

79.

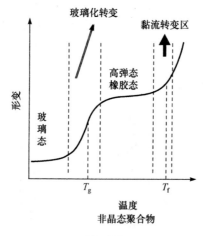

非晶态聚合物

80.（1）质谱　　　　　　　　　　$M=150$

$$\frac{M+1}{M}\times100=\frac{2.84}{28.7}\times100=9.90\%$$

$$\frac{M+2}{M}\times100=\frac{0.26}{28.7}\times100=0.91\%$$

查 Beynon 表,可知分子式为 $C_9H_{10}O_2$。

（2）计算不饱和度

$f=1+9+1/2\times(-10)=5$，分子中可能有苯环、一个双键。

（3）紫外光谱指示有苯环。

（4）红外光谱

1745cm^{-1}强：$\nu_{C=O}$

1225cm^{-1}强：ν_{C-O-C}

3100～3000cm^{-1}弱

1600～1450cm^{-1}两个弱带 } 单取代苯

749cm^{-1}强

697cm^{-1}强

（5）^{1}H NMR谱

三类氢核，均为单峰，说明无自旋偶合作用。

$\delta=1.96$，3个氢，说明有—CH$_3$

$\delta=5.0$，2个氢，说明有—CH$_2$—

$\delta=7.22$，5个氢，说明有 ⬡—

（6）可能的结构

C$_9$H$_{10}$O$_2$
—C— (O) —C—O—C— —CH$_3$ —CH$_2$— ⬡—

（A）⬡—CH$_2$—O—C(=O)—CH$_3$ （B）⬡—O—CH$_2$—C(=O)—CH$_3$

（C）⬡—CH$_2$—C(=O)—O—CH$_3$ （D）⬡—C(=O)—CH$_2$—O—CH$_3$

（7）验证

（C）甲基与亚甲基化学位移与图谱不符，排除。

（D）甲基化学位移与图谱不符，且共轭体系应使C＝O伸缩振动峰向低波数方向移动，排除。

（B）质谱得不到m/z为91的离子，排除。

⬡—CH$_2$—O—C(=O)—CH$_3$
β断裂 ｜ α断裂 43

m/z 108：重排峰，分子离子失去乙酰基，伴随重排一个氢原子生成的。

m/z 91：苯环发生β断裂，形成离子产生的。

m/z 43：酯羰基α断裂，形成的离子产生的。

在线答疑

严赞开　yanxiao4300@163.com

邱永革　yongge_qiu@126.com

刘弋潞　lyl1300@sina.com

阎　杰　yanjie0001@126.com

宋光泉　13922193919@163.com

第十三章　计算化学实验技术

第一节　概　　述

计算化学是一门伴随着计算机技术的进步而发展起来的新兴学科,它主要用来模拟一些较小的化学和生物体系,从而在分子水平理解并预测体系的行为。它在许多尖端领域如新药研发、材料科学、生物医学工程、绿色农药等有着广泛的应用。早期的理论化学研究进展缓慢,主要原因是计算量庞大,非人力所能及。最近数十年计算机技术飞速发展,使许多曾经不可能完成的任务逐渐变为可能,从而推动计算化学这门学科取得了长足的进步。首先是在量子化学领域,许多实用的电子理论方法如密度泛函等取得了巨大的成功,过去只能研究少数几个原子的简单体系,而现在则能研究数十个、上百个原子的复杂体系,甚至还发展出能研究生物大分子体系的 QM/MM 等方法。其次是在分子动力学领域,高度并行化的超级计算机的出现使得大规模的分子动力学模拟成为可能。由于需要对模拟过程中的每一个时间截片计算大量的原子间非键相互作用,这类模拟所需要的计算量非常庞大。而超级计算机强大的运算和通信能力,能够显著减少模拟所需要的时间,使得该方法的实用性大大增强。计算化学在许多行业中都有应用价值,其中最大的一个贡献就是加速了新药研发的进程。过去的新药研发由于缺乏理论指导,往往只能依赖于药物化学家的经验,因而研发过程具有很大的盲目性。计算化学各种新兴技术的应用,使新药研发逐渐变得有规可循。制药行业的巨头如辉瑞、罗氏、葛兰素史克等都非常重视计算化学在药物研发中的作用,基本上所有新药研发项目都有计算化学家参与。不夸张地说,计算化学已经成为新药研发中一支不可或缺的力量。

由于篇幅所限,本章无法覆盖计算化学领域的诸多内容,主要起一个抛砖引玉的作用,激发学生的学习兴趣。下面简单介绍一下计算机辅助药物设计,化学信息在计算机中的存储与表示,以及化学信息的检索与管理等。

计算化学应用于药物设计领域,催生了一门新的学科——计算机辅助药物设计。其按照研究方法划分,可以分为从头算的量子力学方法和基于经验的分子力场方法。前者主要研究小分子内的电子布居,从而预测小分子的低能构象及光谱性质等,其计算结果较为精确,但是相应的计算量也很庞大。后者不显式考虑电子,而将原子间的相互作用用经验力场来表示,也就是将复杂的分子势能简化成键伸缩能、键角弯曲能、二面角旋转能以及各种非键相互作用如静电能和范德华能的叠加。这种简化大大减少了计算所需要的时间,但是其计算结果准确与否很大程度上取决于力场参数是否合理。按照研究对象的不同,药物设计又可以分为基于配体的设计方法和基于结构的设计方法。基于配体的设计方法是指仅从小分子的构效关系出发来设计药物分子,其靶标的三维结构通常是未知的。代表性的方法有定量构效关系(QSAR)、药效团模型(pharmacophore)、集中库设计(focus library)等。基于结构的设计方法是指在靶标分子的三维结构已知的情况下,从该结构出发来设计药物分子。代表性的方法有分子对接(molecular docking)、全新药物设计(de novo design)等。

　　计算化学在药物设计领域获得了最广泛的应用,从最早期的靶标验证(target validation),到有活性的先导化合物(hit)的发现,再到先导化合物的优化(lead optimization),直至最后获得候选药物(drug candidate),都离不开计算化学的作用。各种分子模拟技术在药物研发的不同阶段发挥着各自独特的作用。许多商业软件公司将这些功能做成一个个独立的模块,然后包装成一个具有统一界面的软件包,用户通过这个界面可调用所有模块的功能,极大地方便了软件的使用。代表性的产品有 Schrodinger 公司的 Maestro,CCG 公司的 MOE,Accelrys 公司的 DiscoveryStudio,以及 Tripos 公司的 Sybyl 等。

　　化学信息如结构和反应等,在计算机中可以用多种方式表示。最常用的表示结构的方式是连接表(connection table),其通常包含原子信息、键连接信息和键类型信息等。代表性的分子格式有 MDL 公司(现已并入 Symyx 和 Accelrys)的 SDF 格式、Tripos 公司(现已并入 Certara)的 MOL2 格式等。还有一种简化形式的连接表只包含原子信息,而键信息则由软件根据各原子间的距离自动推断。代表性的格式有 PDB 格式、XYZ 格式等。此外,还有一些格式用符合特定语法的化学语言来描述结构,其优点是可读性更佳、更紧凑、易于标准化等。代表性格式有 Daylight 公司的 SMILES 格式,以及 IUPAC 的 InChI 格式等。由 SMILES 衍生出来的 SMARTS 格式更可用于子结构查询,在化合物数据库的搜索等领域有重要的应用。描述反应的格式则有 MDL 公司的 RXN 格式和 Daylight 公司的 SMIRK 格式。绘制分子结构的软件有许多种,其中最常用的有 CambridgeSoft 公司的 ChemOffice,ChemAxon 公司的 Marvin 等。

　　最后介绍一下化学信息的检索与管理,因为它是研究中必不可少的工具。化学领域最常用的几个数据库有化学文摘库(Chemical Abstracts,简称 CA,网址 http://scifinder. cas. org),贝尔斯登/盖墨林数据库(Beilstein/Gmelin Database,网址 http://www. reaxys. com)等。CA 作为世界上最大的化学文摘库,已收文献量占全世界化工化学总文献量的 98%。它所对应的网络版工具称为 SciFinder,通过其可以搜索各种文献、专利、化合物、化学反应等,是目前业界使用最广泛的化学信息检索工具,如图 13-1～图 13-3 所示。Beil-

图 13-1　SciFinder 的文献专利搜索界面

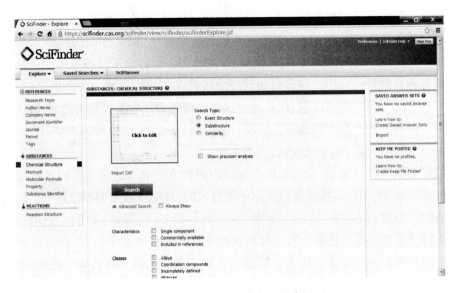

图 13-2　SciFinder 的化合物搜索界面

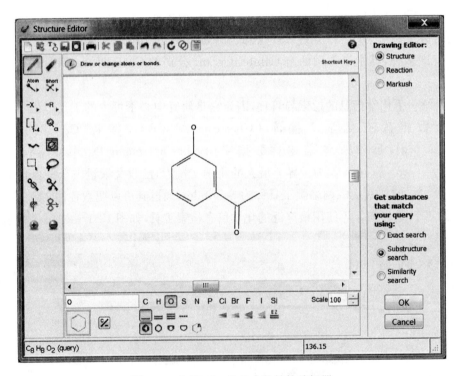

图 13-3　SciFinder 的化合物结构编辑器

stein/Gmelin 为世界上最庞大的化合物数值与事实数据库,前者收集有机化合物的资料,后者收集有机金属与无机化合物的资料,如图 13-4 所示。该数据库以电子方式提供包含可供检索的化学结构和化学反应、相关的化学和物理性质,以及详细的药理学和生态学等数据。另外,计算化学还经常需要用到一些其他用途的数据库,特别是晶体结构数据库,如剑桥结构数据库(CSD, Cambridge Structural Database)、蛋白质结构数据库(PDB, Protein Data Bank, http://www.pdb.org)等,许多模拟和计算都是以这些结构为基础的。

图 13-4　Beilstein/Gmelin 数据库的搜索主界面

　　总之,计算化学是一门实用性很强的学科,掌握好计算化学的知识,以后无论是做科研,还是进入工业界,都有着广阔的前途。在学科交叉方兴未艾的今天,计算化学必将迎来更加蓬勃的发展。

　　此外,当前计算机不仅用于辅助教学,还用于自动控制、人工智能、选择、判别、计算、谱图检索、谱图分析、拟合、制表、条件最优化、绘图、模拟、存储、统计、管理、专家系统等方面。

第二节　试　　题

(一)选择题

　　1. 个人编辑的 Word 文档放在 D:/My Document 下(中文命名),Windows 系统崩溃后,在 DOS 环境下,用下面的命令可将该 Word 文档复制到 G 盘(U 盘,设已进入 D:/My Document):(　　)。

A. copy *.* G　　　　B. copy *.doc G　　C. copy abc.*doc G　D. copy abc.doc G

　　2. 计算机的存储系统一般指主存储器和(　　)。

A. 辅助存储器　　　B. 累加器　　　　　C. 键盘　　　　　　D. 寄存器

　　3. 删除当前输入的错误字符,可直接按(　　)键。

A. Enter　　　　　　B. Shift　　　　　　C. End　　　　　　D. BackSpace

　　4. 显示磁盘文件目录的 DOS 命令是(　　)。

A. TREE　　　　　　B. TYPE　　　　　　C. DIR　　　　　　D. DISPLAY

　　5. 通常所讲的全拼、双拼、智能全拼、智能五笔等是不同的(　　)。

A. 汉字字库　　　　B. 汉字输入法　　　C. 汉字代码　　　　D. 汉字程序

　　6. Word 文档打开后,文档内容不能进行任何修改,鼠标无法插入文档中,这是因为(　　)。

A. 保存文档时加了密码　　　　　　　　B. 该文档的属性已被设置为“只读”

C. Word 软件出了问题　　　　　　　　D. 文档已被设置成“窗体”保护

7. 要在 Word 工具栏中添加"公式编辑器"按钮图标,正确的做法是(　　　)。

A. 从文件菜单中拉出图标

B. 从"工具—自定义—命令—插入—……"中找到图标,再拉到工具栏

C. 单击"工具栏"下拉箭头,在里面找

D. 从"工具—选项—……"中查找,设置

8. 在 Windows 资源管理器中,要选定多个不连续的文件,应首先按下(　　　)键。

A. Tab　　　　　　　　B. Shift　　　　　　　　C. Alt　　　　　　　　D. Ctrl

9. 在 Excel 中,要画光滑曲线,应点击图标(　　　)。

A. 　　　　B. 　　　　C. 　　　　D.

10. Word 在正常启动之后,会自动生成一个名为(　　　)的文档。

A. 1. doc　　　　　　B. 1. txt　　　　　　C. 文档 . doc　　　　　　D. 文档 1. doc

11. 在 PowerPoint 中,用户自己设计的模板,可以保存在(　　　)。

A. Templates 文件夹　　　　　　　　B. 自己创建的文件夹

C. 不能保存在 Templates 文件夹　　　　D. A、B 都正确

12. Word 软件中替换有多种用途,下列不能使用替换一步完成的是(　　　)。

A. 氯化钾→KCl　　B. 硫酸钾→K_2SO_4　　C. MgO→氧化镁　　D. NaCl→氯化钠

13. 在用 Excel 绘制动力学曲线时,要获得光滑曲线,应选择的命令是(　　　)。

A. 折线图　　　　B. XY 散点图　　　　C. 曲面图　　　　D. 面积图

14. 利用 Google 可以搜索到学术论文,要搜索"生物柴油"、"固体酸"的 Word 文档,最合适的搜索是(　　　)。

A. 生物柴油＋固体酸　　　　　　　　B. 生物柴油　固体酸

C. 生物柴油　固体酸 doc　　　　　　D. 生物柴油　固体酸 filetype:doc

15. Excel 中内部函数 AVERAGE 的作用是(　　　)。

A. 进行数据的加和　　　　　　　　B. 进行数据的乘积

C. 比较数据的大小　　　　　　　　D. 求一批数据的平均值

16. Word 中"自动更正"不能实现的功能是(　　　)。

A. 数字与文字的互换　　　　　　　B. 希腊字母与汉字的互换

C. 字体颜色的更改　　　　　　　　D. 中西文互换

17. 用"替换"功能时,替换栏输入"^c"是指(　　　)。

A. 换为"^c"　　　B. 换为"C"　　　C. 换为"复制"　　　D. 换为剪贴板的内容

18. 用"替换"功能时,替换栏输入"^p"是指(　　　)。

A. 换为"^p"　　　　　　　　　　B. 换为"p"

C. 换为剪贴板的内容　　　　　　　D. 将查找的内容替换为换行

19. 某 Word 文档需大量录入化学式"Na_2CO_3",最方便的方法是(　　　)。

A. 全文录入"碳酸钠",再查找"碳酸钠",替换为剪贴板的 Na_2CO_3

B. 全文均录入 Na_2CO_3,再用工具栏"x_2"修改为 Na_2CO_3

C. 全文录入"碳酸钠",再自动更正为"Na_2CO_3"

D. 直接录入为 Na_2CO_3

20. 下面的公式结果与"average(E1:E15)"相同的是(　　　)。

A. ＝sum(E1:E15)　　　　　　　　B. ＝sum(E1:E15)/n

C. ＝sum(E1:E15)/count(E1:E15)　　　　D. ＝(max(E1:E15)－min(E1:E15))

21. A1～A1000 为时间数据,其中单元格 A24 的数值为 1:20:9(时:分:秒),现要将 A 列时间换算为分钟(min)并放在 B1～B1000 的单元格中,在编辑栏输入的下面 B24 的转换公式正确的是(　　　　)。

A. 1 * 60＋20＋9/60　　　　　　　　B. ＝1 * 60＋20＋9/60

C. 1×60＋20＋9÷60　　　　　　　　D. ＝1×60＋20＋9÷60

22. 在编辑栏输入的下面算式正确的是(　　　　)。

A. 15 * 60＋21＋12/60　　　　　　　B. ＝5 * 60＋25＋20÷60

C. ＝2×30－12＋12/60　　　　　　　D. ＝2 * 30－25＋12/60

23. 某酸 HB 的分布分数为(A1 为 pH):$\delta(HB)=\dfrac{10^{-pH}}{10^{-pH}+0.0007}$,在编辑栏输入的下面算式正确的是(　　　　)。

A. ＝(10^(－A1)/10^(－A1)＋0.0007)

B. ＝(10^－A1)/(10^－A1)＋0.0007

C. ＝(10^(－A1)/(10^(－A1)＋0.0007)

D. ＝(10^(－A1)/(10^(－A1)＋0.0007))

24. 一列数据(或一行数据)不能进行数学处理(加减乘除等)的原因是(　　　　)。

A. 它们中间有空格　　　　　　　　　B. 它们被设置成字符型数据

C. 它们的字体是"宋体"　　　　　　　D. 它们前或后含中、西文字

25. A 列输入为实验样品的编号,但系统自动转为科学记数法(2.00602050532E＋11),现将它们转为无小数的正数值型字符的方法合理的是(　　　　)。

A. 选定全列,扩展列宽使包容全部数字

B. 选定全列,全部分设为字符型

C. 选定全列,在单元格格式中设小数位数为 0

D. 选定全列,在单元格格式中将数据设为常规

26. 已知某单元格为数据"9542",但查找"9542"时却显示未找到。下述原因错误的是(　　　　)。

A. 9542 可能为字符型数据　　　　　　B. 9542 前可能有空格

C. 9542 后可能含空格　　　　　　　　D. 9542 的字体为宋体

27. 表格中插入化学式时,下面的处理方法最合理的是(　　　　)。

A. 用公式编辑器制作再插入表中

B. 直接在单元格中输入,从字体格式中设置上下标

C. 用画板制作好后粘贴到表中

D. 用表中的画图工具制作

28. 在 Excel 中进行数据统计时,已经有一些统计相关的内部函数可以调用。设表格中的 A1～A20 为 20 个实验数据,自定义公式与内部函数对应正确的是(　　　　)。

A. A21＝sum(A1:A20)/20 对应(average(A1:A20))

B. A21＝sum(A1,A20)/20 对应(average(A1:A20))

C. A21＝A20 对应 max(A1:A20)

D. A21＝A1 对应 min(A1:A20)

29. 用 Excel 来表达乙酸根的分布曲线 $\left[\delta(Ac^-)=\dfrac{1.8\times10^{-5}}{1.8\times10^{-5}+[H^+]}\right]$，将表格 A 列设为 pH，B 列设为 $\delta(Ac^-)$，B1 的自定义公式正确的是（　　）。

A. $\dfrac{1.8\times10^{-5}}{1.8\times10^{-5}+[H^+]}$

B. $=\dfrac{1.8\times10^{-5}}{1.8\times10^{-5}+[H^+]}$

C. $=1.8*10^{\wedge}(-5)/1.8*10^{\wedge}(-5)+10^{\wedge}(-A1)$

D. $=1.8*10^{\wedge}(-5)/(1.8*10^{\wedge}(-5)+10^{\wedge}(-A1))$

30. 在 Excel 表中进行成绩统计，A 列为姓名，B 列为高等数学，C 列为无机及分析化学，D 列为有机化学，E 列为分析化学，F 列为 4 门课程的平均分（共有 1500 个学生的成绩），若要按平均分的高低顺序进行排序，合理的操作是（　　）。

A. 选 F 列数据，点工具栏"数据/排序"

B. 分别选 A 列、F 列数据，点工具栏"数据/排序"

C. 连续选择 B、C、D、E 列数据，点工具栏"数据/排序"

D. 连续选择 A～F 列数据，点工具栏"数据/排序"

31. 在 Excel 中进行数据统计时，已经有一些统计相关的内部函数可以调用。设表格中的 A1～A150 为 150 个实验数据，在 A151 单元格中填写的自定义公式与内部函数（右侧括号）对应正确的是（　　）。

A. A21＝sum(A1:A150) 对应(max(A1:A150))

B. A21＝sum(A1:A150)/150 对应(average(A1:A150))

C. A21＝max(A150) 对应 max(A1:A150)

D. A21＝min(A1,A150) 对应 min(A1:A150)

32. 要在因特网上快速搜索"无铅焊料 组成"的 pdf 文档。下面的搜索引擎及方法较合理的是（　　）。

A. Yahoo：无铅焊料 组成［pdf］

B. Baidu：无铅焊料 组成［pdf］

C. Google：无铅焊料 组成 filetype:pdf

D. Sina：无铅焊料 组成 .pdf

（本题最合理的是用高级搜索，同时包括两个关键词，又指定文件类型为 pdf）

33. Windows98 以后的版本在启动时按下 F8 便进入可以选择"安全模式"的启动方式，关于"安全模式"的用途和目的叙述错误的是（　　）。

A. 安全模式是一种不会被任何病毒感染的 Windows 启动模式

B. 安全模式是一种最低配置的 Windows 启动模式

C. 安全模式下可以进行系统检查、调试

D. 安全模式下可以手工消除一些比较"顽固"的病毒

34. PowerPoint 中，在浏览视图下，按住 Ctrl 并拖动某幻灯片，可以完成（　　）操作。

A. 移动幻灯片　　　B. 删除幻灯片　　　C. 复制幻灯片　　　D. 选定幻灯片

35. 要使幻灯片在放映时能够自动播放，需要为其设置（　　）。

A. 超级链接　　　B. 动作按钮　　　C. 排练计时　　　D. 录制旁白

36. 如果要从第八张幻灯片跳转到第二张幻灯片,需要在第八张幻灯片上设置( )。

A. 动作按钮　　　B. 预设动画　　　　C. 幻灯片切换　　　D. 自定义动画

37. 相关系数 r 的取值范围是( )。

A. $0 \leqslant r \leqslant 1$　　　B. $-1 < r < 1$　　　C. $-1 \leqslant r \leqslant 1$　　　D. $-1 \leqslant r \leqslant 0$

38. 当相关系数 $r = 0$ 时,表明( )。

A. 现象之间完全无关　　　　　　　　B. 相关程度较小

C. 现象之间完全相关　　　　　　　　D. 无直线相关关系

39. L8(2^7) 中的 7 代表( )。

A. 最多允许安排因素的个数　　　　　B. 因素水平数

C. 正交表的横行数　　　　　　　　　D. 总的实验次数

40. 下列实验适用于 7 因素 2 水平正交表的是( )。

A. 苯酚合成工艺条件中,反应温度取 300℃ 和 320℃;反应时间取 20min 和 30min;反应压力取 200atm(1atm=101.325kPa)和 300atm;催化剂取甲、乙两种;加碱量取 80L 和 100L

B. 葡萄糖生产工艺实验,粉浆浓度取 16、18、20 三个值;粉浆酸度取 1.0、2.0、2.5 三个值;稳压时间取 0、5、10 三个值;加水量取 2.2、2.7、3.2 三个值

C. 乙酰苯胺磺化反应实验,考虑反应时间、反应温度和硫酸浓度三个条件,并且每个条件取三个不同的数值

D. 苯酚合成工艺条件中,反应温度取 300℃ 和 320℃;反应时间取 20min、30min 和 35min;反应压力取 200atm 和 300atm;催化剂取甲、乙两种;加碱量取 80L、90L 和 100L

41. 用 Origin 软件进行数据回归处理,得到如下信息,选项中不正确的结论是( )。

Linear Regression for Data1_B: $Y = A + B * X$

Parameter Value Error

A　0.14011　0.01114

B　0.4767　0.00542

R　SD　N　P

0.9989　0.0078919　<0.0001

A. 此操作属于线性拟合　　　　　　　B. 拟合结果为 $Y = 0.14011 + 0.4767X$

C. 回归系数为 0.9989　　　　　　　　D. 标准偏差为 0.0001

42. 若 $A = (0.0124 + 20.12) \times 1.236$,根据运算规则,则 A 有( )位有效数字。

A. 1　　　　　　B. 2　　　　　　　C. 3　　　　　　　D. 4

43. 使用 Origin 时,如需在数据表单中增加一列,可以用以下( )命令图标。

A. 　　　B. 　　　C. 　　　D.

44. 射手击中目标的环数用 X 表示,是随机变量,设其的分布分别为

X(环数)	8	9	10
P(概率)	0.3	0.1	0.6

则此射手击中环数的数学期望值为(　　)。

A. 9.1　　　　　　　　B. 9.2　　　　　　　　C. 9.3　　　　　　　　D. 9.4

45. 下列叙述正确的是(　　)。

A. F 检验用于比较两个样本的准确度有无显著性差异

B. F 检验进行之前,需要进行 t 检验

C. t 检验进行之前,需要进行 F 检验

D. 小概率事件总是不会发生的

46. 利用数据处理软件对下图中的数据进行拟合,选择的拟合命令最符合数据规律的是(　　)。

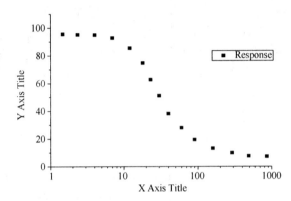

A. 线性拟合命令　　B. 多元回归命令　　C. S 曲线拟合命令　D. 多峰拟合命令

47. 用 Origin 软件进行数据处理,如想得到一个 X 轴双 Y 轴的图形,选用(　　)命令。

A. 　　　　　　　B. 　　　　　　　C. 　　　　　　　D.

48. 使用 Origin 软件时,在逻辑关系操作中,用来表示逻辑"或"的符号是(　　)。

A. ! =　　　　　　B. ||　　　　　　C. &&　　　　　　D. \\

49. 计算化学技术可应用于下述(　　)领域。

A. 药物研发　　　　B. 绿色农药　　　　C. 材料科学　　　　D. 生物医学工程

50. 常用的计算机辅助药物设计技术有(　　)。

A. 三维定量构效关系　　　　　　　B. 药效团模型

C. 分子对接　　　　　　　　　　　D. 全新药物设计

51. 下列方法是以电子布居为研究对象的是(　　)。

A. 量子力学　　　　B. 分子力学　　　　C. 分子对接　　　　D. 分子动力学

52. 下列方法的计算量较大的是(　　)。

A. 分子动力学　　　B. 分子对接　　　　C. 药效团搜索　　　D. 量子力学

53. 超级计算机的优势在于(　　)。

A. 运算能力强　　　B. 价格便宜　　　　C. 体积小　　　　　D. 通信能力强

54. 早期理论化学研究进展缓慢的原因在于(　　)。

A. 学科不够热门　　B. 没有实际用途　　C. 数学水平跟不上　D. 计算能力不够

55. 计算化学可以应用在药物研发中的(　　)。

A. 靶标验证　　　　　　　　　　　B. 先导化合物的发现

C. 先导化合物的优化   D. 临床研究

56. 药物设计方法按照研究对象的不同可以划分为（ ）。

A. 基于配体的设计方法   B. 基于结构的设计方法

C. 从头算方法   D. 全新药物设计

57. 经验力场相较于量子力学方法的优势是（ ）。

A. 计算速度更快 B. 更准确 C. 应用范围更广 D. 能预测更多性质

58. 力场一般包含的能量项有（ ）。

A. 键伸缩能 B. 键角弯曲能 C. 二面角旋转能 D. 非键作用能

59. 非键作用都包含（ ）。

A. 静电相互作用 B. 范德华相互作用 C. 溶剂化能 D. 零点能

60. 下述药物设计方法需要用到靶标的三维结构的是（ ）。

A. 定量构效关系 B. 药效团模型 C. 分子对接 D. 全新药物设计

61. 常用的分子模拟软件有（ ）。

A. Maestro B. Sybyl C. DiscoveryStudio D. MOE

62. 计算机中表示化学结构的方式有（ ）。

A. 连接表 B. 化学语言 C. 图片 D. A 和 B

63. 表示分子的连接表可以存储的内容有（ ）。

A. 原子类型 B. 原子坐标 C. 键连接 D. 键类型

64. 下列分子格式属于连接表类型的是（ ）。

A. SDF 格式 B. MOL2 格式 C. SMILES 格式 D. InChI 格式

65. 用 SMILES 语言表示分子结构的优点是（ ）。

A. 直观,可读性好   B. 结构紧凑

C. 便于标准化   D. 可以保存原子坐标等信息

66. 下述语言可用于子结构搜索和查询的是（ ）。

A. InChI B. C++ C. Python D. SMARTS

67. ChemOffice 软件的功能有（ ）。

A. 绘制化学结构 B. 分子动力学 C. 分子对接 D. 量子力学

68. 查询化学文献和专利最常用的数据库有（ ）。

A. SciFinder   B. Beilstein/Gmelin

C. PDB   D. CSD

69. 在 Office2000 中,公式编辑器可以独立运行,不必从 Word 打开。（ ）

A. 正确 B. 不正确

70. 若要每次打开 Word 界面都有学校名称以及学校背景的页眉,这个页眉设置应放在 Normal. dot 文件中。（ ）

A. 正确 B. 不正确

71. Excel 中的"自动筛选"作用是删除选定的文字格式。（ ）

A. 正确 B. 不正确

72. Word 文档中,三线表的画法就是采用绘图工具中画直线的工具画出三条水平线。（ ）

A. 正确 B. 不正确

73. Word 文档中,"自动配用格式"中选择的表格,表格生成之后还可以修改。（ ）

A. 正确　　　　　　　B. 不正确

74. Excel 中利用生成序号$(1,2,3,\cdots)$的方法是 A1 设为 1, A2 为 2, 再选中 A1 与 A2, 按右下角的"＋"下拉。（　　）

A. 正确　　　　　　　B. 不正确

75. 书写化学方程式时, 录入"$\xrightarrow{\triangle}$"需用公式编辑器。（　　）

A. 正确　　　　　　　B. 不正确

76. 要画一个可逆反应的可逆符号, 可用绘图工具完成, 再组合。（　　）

A. 正确　　　　　　　B. 不正确

77. Excel 中数据的"筛选"是将一批数据进行给定条件下的筛选, 列出满足条件的数据。（　　）

A. 正确　　　　　　　B. 不正确

78. Word 无法完成原子结构示意图的编辑。（　　）

A. 正确　　　　　　　B. 不正确

（二）简答题

1. 什么是计算机辅助教学？
2. 简述计算机在化学中可以有哪些方面的应用。
3. 计算机在分析化学中的应用有哪些？
4. 计算机在有机化学中的应用有哪些？
5. 简要介绍 Beilstein/Gmelin Crossfire 数据库的内容、检索方法。
6. 你认为作为化学专业的学生应该掌握的计算机技术主要有哪些？
7. 简单介绍 Chemdraw 的特点。
8. 信息检索的意义和作用是什么？
9. 简要介绍 ISI Web of Knowledge。
10. 什么是数据库？按所提供的化学信息内容, 数据库主要有几类？简要介绍各类数据库, 并列举 3～4 个你熟悉的数据库。
11. 简要介绍欧洲专利数据库概况和检索方法。

（三）计算题

1. 求方程 $\sin^2 x \ast \exp(-0.1x) - 0.5 \ast |x| = 0$ 的 x 在 $-3\sim3$ 的五个零点的解。

2. 设某化学反应 $A + 2B \longrightarrow C$ 的动力学方程式可近似地表示为: $r = kp_A^a p_B^b p_C^c$, 式中: r 为反应速率, p_A、p_B 和 p_C 分别为反应物 A、B 和 C 的分压, a、b 和 c 分别为动力学方程式中的待定指数, k 为反应速率常数。由实验测得不同分压的 r 值见表 13-1。试分别由多元线性回归和自定义拟合从下列数据求出上述模型中的 k、a、b 和 c 的值。

表 13-1　实验数据

$r/(\text{atm} \cdot \text{h}^{-1})$	1.97	1.05	0.73	0.25	0.18	0.13	0.07	0.04
p_A/atm	9	8.6	8.4	7.5	7	6.8	6.5	6
p_B/atm	8.3	7	6.2	4.3	3.9	3.4	2.6	2.2
p_C/atm	2.7	4.4	5.4	8.2	9.1	9.8	10.9	11.8

参 考 答 案

(一) 选择题

| 1. B | 2. A | 3. D | 4. C | 5. B | 6. D | 7. B | 8. C | 9. B | 10. D |

1. B　2. A　3. D　4. C　5. B　6. D　7. B　8. C　9. B　10. D
11. D　12. B　13. B　14. D　15. D　16. C　17. D　18. D　19. A　20. C
21. B　22. D　23. D　24. B　25. C　26. C　27. B　28. A　29. D　30. D
31. B　32. C　33. A　34. C　35. C　36. A　37. C　38. A　39. A　40. A
41. D　42. D　43. C　44. C　45. C　46. C　47. D　48. B　49. ABCD　50. ABCD
51. A　52. AD　53. AD　54. D　55. ABC　56. AB　57. AC　58. ABCD　59. AB　60. CD
61. ABCD　62. D　63. ABCD　64. AB　65. ABC　66. D　67. A　68. AB　69. B　70. A
71. B　72. B　73. A　74. A　75. A　76. A　77. A　78. A

(二) 简答题

1. 计算机辅助教学简称 CAI,是把计算机作为一种新型教学媒体,将计算机技术运用于课堂教学、实验课教学、学生个别化教学(人机对话式)及教学管理等各教学环节,以提高教学质量和教学效率的教学模式。

2. 课件制作、分子作图、化学方程式写作、化学排版、化学模拟、检测工具计算机接口、数据运算、文献检索。

3. 数据处理、条件预测、提高选择性、提高灵敏度、实现仪器自动化和智能化。

4. 谱图检索、差谱技术、结构解析、合成路线设计。

5. CrossFire Beilstein/Gmelin 数据库(通常也简称为 CrossFire)由 Elsevier MDL (Elsevier 的子公司 MDL Information System)出版,由 Beilstein 和 Gmelin 两个数据库组成,均通过 CrossFire Commander 客户端进行使用。数据每 3 个月更新一次。CrossFire Beilstein/Gmelin 数据库除了支持化学结构式、子结构式、化学反应式检索外,还支持立体结构式、化合物的事实数据、文本关键词等检索。时间范围:CrossFire Beilstein 最早可回溯到 1771 年,CrossFire Gmelin 覆盖 1772 年至今的文献。

(1) CrossFire Gmelin 数据库。

CrossFire Gmelin 数据库为世界上收录数据最全面的金属有机和无机化学数据库。包括《盖墨林无机与有机金属化学手册》(*Gmelin Handbook of Inorganic and Organometallic Chemistry*)1772~1975 年的数据,和来源于 1975 年以后的主要材料科学期刊中的数据,是化学、化工领域重要的参考工具。

CrossFire Gmelin 可检索数据包括:①超过 240 万种化合物,包括配位化合物、合金、固溶体、玻璃与陶瓷、高分子、矿物等,包含 800 多种不同的化学和物理性质条目;②超过 130 万种结构式,包括有机金属化合物的可检索结构式;③超过 184 万种反应式;④超过 124 万篇引文、篇目及文摘。

CrossFire Gmelin 适用于无机化学、有机金属化学、材料科学、化学工程等专业的研究人员。

(2) CrossFire Beilstein 数据库。

CrossFire Beilstein 数据库为世界上最大的有机化学数值和事实数据库。两个世纪以来,Beilstein 一直是高质量的有机化学数据的代名词。数据来源于 1779~1959 年的《贝尔斯坦有机化学手册》(*Beilstein Handbook of Organic Chemistry*)、《Beilstein 有机化学大全》从正编到第四补编的全部内容和 1960 年以来各种国际性的期刊、专利文献、某些重要的学位论文和会议报告等述及的所有有机化合物的性质及其制备方法。

CrossFire Beilstein 适用于所有化学、毒物学、药理学、化学生物学等相关专业的研究人员。

检索方法主要有结构和反应检索、文本检索、实情检索、联合检索等。

6. 要点:

(1) 以计算机网络技术为基础的计算机网上应用知识,包括进行网上的化学信息和数据的收集、整理、检索、交换,远程计算机的登录、操作使用、网上学术交流等。

(2) 文字、数据处理知识。

(3) 化学结构模拟和图形表达知识。

(4) 化学数据库知识。

(5) 化学实验室计算机自动控制和数据收集、统计分析处理知识。

7. Chemdraw 是美国 Cambridge 公司开发的 chemoffice 化学应用软件包的组件之一。它是一个分子二维图形软件,具有强大的二维绘图功能,可以绘制高质量的化学结构、反应中间体、反应结构投影式、化学结构透视图、化学反应式和立体化学结构等。它带有分子纠错功能,能够对结构和名称进行互换;能生成 ^1H NMR 和 ^{13}C NMR谱图,直接计算出谱峰的位置和面积;能进行在线网络信息检索;所绘制图形能易于嵌入 Microsoft Office 文件;其文件输出格式成为撰稿、学术报告、学术交流和出版时被普遍接受的格式,为教学、科研提供了一个有效的图形工具。

8. 信息检索意义:简要地启迪创造、拓展视野、提高能力和培养素质。继承和借鉴前人已有成果;掌握获取文献的方法,提高情报意识;创新人才应具备的基本技能。

作用:有利于减少课题的重复研究,提高科研成功率;有助于节约时间,提高科研效率;是科学决策的必要前提;培养复合型、开拓型人才。

9. ISI Web of Knowledge 是一个基于 Web 所建立的整合的数字研究环境,为不同层次、不同学科领域的学术研究人员提供信息服务。通过这一体系,凭借其独特的引文功能和互联网的链接特性,不仅有效地整合了自身开发的数据库,而且也整合了一些外部数据库,建立了原始文献、图书馆以及精选的学术网站之间的相互链接。构成一个覆盖各领域且相互关系的数据库检索平台。

10. 数据库是以特定方式合理组织相互关联的数据的集合。按所提供的化学信息内容,数据库主要分为文献数据库、事实数据库和结构数据库等。

文献数据库:储存参考文献信息的专用数据库,又可细分为数目数据库、全文数据库和专利数据库。

事实数据库:主要用于存储和检索化合物的原始数据(①数值数据库,如 Webbook;②光谱数据库,如 SpecInfo;③化合物目录数据库,如 Chemline、Merk;④研究计划数据库等)。

结构数据库:①化学结构数据库如 ICSD、CSD 和 PDB;②化学反应数据库,如 Beilstein/Gmelin 等。

11. 1998 年欧洲专利局联合各成员国的国家专利局创建了 Internet 上使用的 esp@cenet 专利文献库 (http://ep. espacenet. com),现在已经成为检索世界各国(特别是欧洲各国)专利说明书的最佳工具。

数据库概况:

esp@cenet 数据库在 EPO 及其多数成员国内部都设有服务器,各成员国的专利网站都可链接到 esp@cenet。esp@cenet 收录世界上 60 多个国家和地区出版的 1.54 亿多件专利文献数据,并提供世界知识产权组织(WIPO)依据"专利合作协定"出版的专利信息。esp@cenet 可检索到 EPO 成员国专利、欧洲专利(EP)、世界专利(WO)、日本专利(PAJ)及世界范围(Worldwide)专利。esp@cenet 数据库中的说明书为 pdf 格式。

检索方法:

esp@cenet 数据库提供了 Quick Search(快速检索)、Advanced Search(高级检索)、Patent Search(专利号检索)和分类号检索(Classification Seatch)四种检索方式。

(三) 计算题

1. 提示:$F1(x)$ 的函数形式写成 $(sin(x))^2* exp(-0.1^* x)-0.5^* abs(x)$

用 Origin 软件的函数作图和工具栏上的 Data Reader 按钮。准确到小数点后第 2 位。

由小到大的顺序解分别为

$x_1=-2.0074$ 　　　 $x_2=-0.51984$ 　　　 $x_3=0$

$x_4=0.59926$ 　　　 $x_5=1.67385$

2.(1)多元线性回归

　　　　　　　$\lg k=-2.96084$ 　　 $a=1.80347$ 　　 $b=1.86807$ 　　 $c=-0.43321$

(2)自定义拟合(非线性拟合)

　　　　　　　$k=0.28226$ 　　 $a=0.49024$ 　　 $b=0.47063$ 　　 $c=-0.13105$

在线答疑

刘治国　zhiguo@gmail. com

刘志海　liuhai@mail. sioc. ac. cn

毛淑才　maoshucai@126. com

陈　思　chensi@besct. com

阎　杰　yanjie0001@126. com

第十四章 大学通用化学实验技术在线考试系统的设计

化学实验传统的考核方式往往受主观的影响较大。课堂考勤、课堂表现与实验报告等方面在各高校的成绩评定中占了很大的比例。也有的高校将这些评定与期末的操作技能考查结合起来。但是,受学时、场地、师资等制约,考查过程往往只能选择其中很少一部分实验操作,不能有效地反映学生对所学全部实验技能的掌握情况。同时,该考核方式完全不能了解学生对于实验原理,以及与实际操作相关理论知识的掌握情况。因此,对实验考核模式进行改革很有必要。

当前,网络考试已逐渐成为新型的考核手段。尤其是现阶段,我国招生规模逐年扩大,而教师资源相对紧缺,学时数减少,在这样的背景下,网络考试能够充分利用现有资源,在一定程度上确保教学质量不下降。基于此,本书配套建设了网络考试系统(http://www.tonghuawk.com:8005/)。

第一节 考试系统的设计思想与目标

以全面考查学生的实操技能为主;学生可以按操作技术进行考试,也可以按课程总体进行模拟考试。考试按国内驾照考试的做法,全为客观试题,主要为选择与判断题,均以选择题的形式出现;系统按考查知识点的要求,随机自动组题;考试自动计时,到时自动交卷,给出成绩,并给出合格与不合格的判断;支持多样化考试,考试可以大规模同时进行,也可以流水作业式进行,可以小组或班为单位进行,也可以个别进行;系统更新维护简单方便,无需专门学习即可使用。同时,该系统与本书配套使用。

通过该系统实现实验考试的网络化,无纸化,智能化。实现考生信息与考试记录的档案化管理,系统能生成准考证,主考单位及考生成绩,参加考试的记录及打印成绩证书。系统具备强大的试题批量导入、导出功能,支持图片、动画、声音、影片等多媒体试题的录入,以及复杂公式录入。系统还可以对所有或部分考生成绩进行查询、统计、分析,并可以针对单个试题或者某项操作技术进行正确率统计,为教学提供参考。同时,系统稳定,界面友好,操作便捷,在扩展性、兼容性、运行效率方面表现较好。

第二节 网络考试系统的设计模块

考试系统共有七个大的功能模块组成,如图 14-1 所示。系统的首页如图 14-2 所示,可根据不同身份进入系统。

一、学生端登录与信息管理

考生分为在校生与非在校生两类。对于在校学生的信息管理,由管理员或教师在管理段直接按班级批量导入学生信息,学生通过学号登录系统,离校后自动转为非在校学生,需重新用身份证注册才能登录,重新注册后归类为非本校学生。

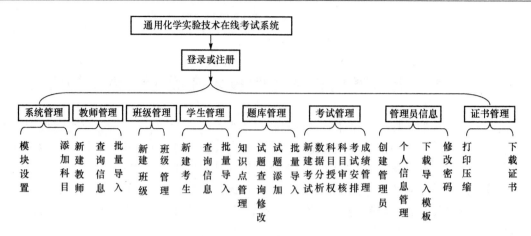

图 14-1　大学通用化学实验技术在线考试系统

图 14-2　大学通用化学实验技术在线考试系统

对于非本校学生管理,个人需注册,使用自己的身份证号码为唯一注册码,经过认证确认之后,可以通过准考证或者身份证登录系统进行操作。考生可以在"学生管理"中添加、修改个人信息。个人注册需填写的个人信息包括身份证号、姓名、性别、出生年月日、联系电话;其中身份证号、姓名、性别、联系电话为必填项。

学生根据图 14-2 提示输入账号登录系统后,将进入学生端功能主界面,如图 14-3 所示,显示该学生的主要信息,可以点击下方"编辑信息"按钮,修改相应的身份证号码、联系方式及专业等相关信息。

二、随机练习

学生点击图 14-3 左侧栏的"随机练习"超链接,即进入随机练习功能,如图 14-4 所示。学生首先选择练习的科目,然后再选择练习的章节,点击该超链接即可进入该章节的随机练习题目,如图 14-5 所示。如果图 14-4 中没有出现学生想进入的科目,说明该科目还没授权给学生,则需要学生点击图 14-3 左侧栏的"申请授权"超链接,进行科目授权方可进入该科目的练习与考试。

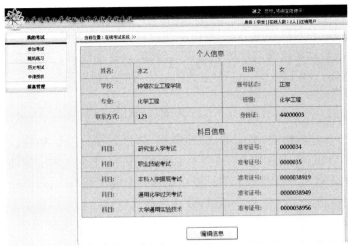

图 14-3　学生端功能主界面

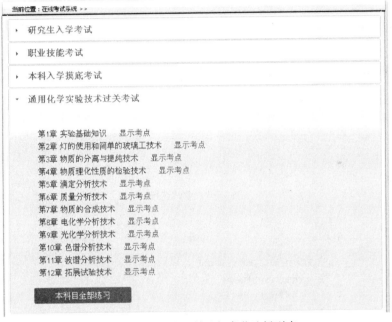

图 14-4　随机练习科目与章节选择列表

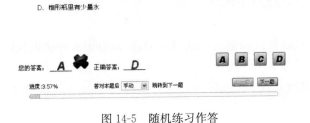

图 14-5　随机练习作答

如果学生自己要了解某一章或某一个知识点的掌握情况,则可以在图 14-4 中选择具体章节、知识点进行练习。若只选择章节,而不指定知识点,系统会自动显示该章节所有题目。若不选择章节,则系统自动随机选取章节和知识点组卷,供学生练习。学生每完成一套题,系统会自动显示正确答案。图 14-5 显示了学生的随机练习的做题界面。

三、在线考试

考生点击图 14-3 左侧栏的"参加考试"超链接,将进入在线考试功能,如图 14-6 所示,学生可选择要进行的考试,点击相应考试的"参加考试"按钮,将进入考试界面,如图 14-7 所示,系统根据管理员预先对考查点及分值的设置自动随机生成试题,计时器同时显示已用时间、剩余时间及考试的总时间。考试过程中,系统默认当前页作答之后立刻显示下一页试题,但考生可以修改试题的显示方式,可以是等待一段时间(考生设定)之后再显示下一页试题。此时默认的答题模式是单题模式,即网页只显示一道作答题目,也可以点击网页首部的多题模式,使网页可以同时显示多道题目。

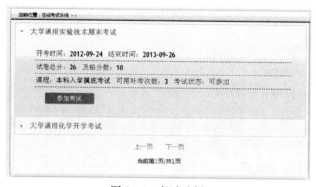

图 14-6　考试选择

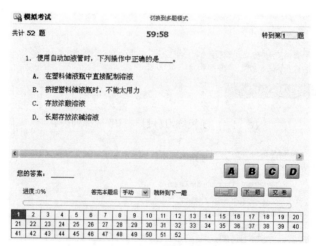

图 14-7　考试作答界面

学生答题的情况系统会自动记录到数据库中,防止由于意外死机或断电等情况时,来不及存储答案。页面的下半部显示答题进展,其中白色矩形表示该题目还没有做,深橙色矩形表示正在做该题目,清橙色矩形表示已经作答的题目,可以点击该列表的题目序号,直接进入该题作答,考生可根据题目编号灵活地控制答题的先后顺序,可以依顺序作答,也可以选择作答。

　　答题过程如同驾照考试,考生只需点击所选题支或者题支编号,题目中自动显示所选答案,如点击了 D 或者 D 后面的题支,题目中直接显示 D。无需任何输入,这节省了大量时间。答题结束后,可以通过页面下半部的题号选择进行检查,想提前交卷,可以点击"提交试卷"结束考试,也可以等到答题结束时,等待系统自动锁屏并显示出考试得分,同时作出是否合格的判断。交卷后,系统自动保存考生的成绩,同时自动清除所考的试题。考生可以当场打印考试成绩证书,由主考单位盖章即可获得认可。

四、证书打印

　　考生点击图 14-3 左侧栏的"历史考试"超链接,显示考生所参加的全部考试信息,如图 14-8 所示。考生点击界面"打印成绩"按钮,打印考试成绩证书(图 14-9),由主考单位盖章即可获得认可。

图 14-8　历史考试界面

图 14-9　合格证书

第三节　系统后台管理

　　系统管理员在图 14-2 中选择"管理员"身份登录后,可进入系统后台管理。

一、信息管理

　　教师的信息可由管理员批量导入,也可以单个新建。教师也可以注册,经管理员审核通过,凭密码登录,选择考试类型,然后就可以添加修改章节、知识点及试题等,同时也可以进行班级、学生的信息管理。

二、系统管理

通过模块设置,可以新增或删除考试类型。目前,已设计的通用化学实验技术的网络考试分为四种类型:入学摸底考试、本科课程过关考试、研究生入学考试及职业技能考试。每一类型下可以添加、修改章节,每一章节下面可以添加、修改知识点。

系统设置中,可以设置准考证号的产生方法,默认产生方法为:在后台设定每类型考试的三位数编号,考生报考某一类型考试之后,自动生成唯一的准考证号。对于在校生,该准考证号的前面几位数字是该学生的学号;对于非在校生,则是该考生的身份证号;准考证号的后面三位为考试类型的编号。学生注册或教师导入的考生信息经管理员审核通过后,考生可以在网上自己打印准考证号。

同时,系统还可以设置试卷的总分数,以及考试时间,合格分数,允许补考的次数及补考的时间。

三、题库管理

题库是题目按照一定的方式组织起来的题目集合。题目全为客观题,分两类,选择与判断,形式上均为单项选择题。题目的组织结构上由题干和选项组成,选项可以在新建题目的时候据需要增加或减少。题干和选项内容表达可以使用文本、公式(包含上下标)、化学式、图片等表示。题目的编排设立"题号"、"考试类型"、"知识点(按章分)",数据库表结构中至少包含的字段有:题号、考试类型、题干内容、选项数、选项答案、选项 A 内容、选项 B 内容、选项 C 内容、选项 D 内容。

题库的设计方便实现系统随机自动组题,自动评卷,当场出成绩,实现流水考试。传统网络考试系统自动组题的一个显著弊端是区分度不好把握,还不能确保所有考卷具有统计相似性,且容易出现相同知识点重复抽题。基于此,系统在设计中,将每一试题按照多级分类编排入库,每类考试下设若干章节,章节下再细分为若干知识点,所有的考试题目都归属于相应的知识点,即为系统自动组卷时的考点。在这个多级结构中,章节只是用作格式编排以便查找管理使用,最底层的知识点编排具体的题目。这使得知识点的设置非常关键,要合理、细致,既要保证组卷时同类试题不重复,又要确保满足教学大纲的要求。考试前,由管理员或教师事先设置每一知识点下所抽取题目数或者试题分数,系统按照设置自动组卷,确保试卷具有代表性及统计相似性。

系统设计为开放式,方便随时查询、添加试题,也可以导入试题。如果不小心上传了错误的题目到数据库中,也可以进行修改或删除。题库同时设置了试题检索功能,可以根据试题录入时间、题目内容、题目分值、录入教师或者考生出错次数、正确率等进行检索,完全实现了查找、添加、修改、删除功能。

试题内容方面主要侧重于实验基础知识与基本技能,有少量试题来源于实验的引申或者当前社会的热点,主要考查学生实验经验的积累以及实验知识的应用能力,做到既考查了学生的基本知识与技能的掌握情况,又让学生的创新能力得以发挥。同时,该网络考试系统与本书配套使用,除了运行过程中添加的少量试题外,考试系统中的试题,本书中都能找到参考答案与解题思路。

四、考试与考试管理

(一)考卷的生成

教师成功登录后进入"考试管理",可以设定每页显示的试题数、试题总数、卷面分值、考查点及相应的分数、某时间段内允许考生的补考次数,同时选择试题的生成方式与呈现方式。试题可以随机生成,也可以一段时间使用同样的题目。如果是随机生成,则与汽车驾照的文考一样,不同考生的试卷不同,完全是个性化试题。试题的呈现方式为分页显示,每个页面可显示的题目数为1～10题,可由教师后台设定。每道题目所占的空间大小相同,等距离显示。

(二)考试管理与考试分析

为了便于控制考场纪律和考试进度,系统还具备以下功能:随时强制收卷;指定总的答卷时间,以及特定试题的答题时间;确定答题顺序、答卷次数,以及每题的答题次数。

考试的一个很重要的目的就是要了解学生对基础知识、基本技能的掌握情况,为以后的教学提供参考。为了达到此目的,考试分析必不可少。为了使分析更有针对性,考试系统中设置了按班级的统计分析,以及按年级的统计分析,包括平均成绩、标准差、成绩分布图等。同时,设置了每题正确率统计、每章的正确率统计等。这方便授课教师全面了解不同学生,不同班级、不同年级学生对实验的掌握情况,知道哪些是学生难以掌握的知识,使以后的授课以及试题的设计更有针对性。

第四节 本网络考试系统的优越性

采用该考试系统进行化学实验的考试,可以大大拓宽考核的内容,方便全面了解学生的学习情况。考试无需试剂药品,考核成本低,且"绿色化"。同时,考试也不受场地限制,无需专门的实验室;组题与考试方便,评卷客观,自动进行结果统计与分析,能从多层面、多层次反映教学情况,方便教学管理,真正做到了"公平、公正、公开"。

在线答疑
肖爱平 896751433@qq.com
侯超钧 24827257@qq.com
宋光泉 13922193919@163.com
阎 杰 yanjie0001@126.com
何海芬 746479866@qq qq.com

参 考 文 献

北京大学大学基础化学教学组.2005.大学基础化学习题解析.北京:北京大学出版社

毕先钧,吴佑礼.1989.铟离子的水解及其对溶胶的聚沉和稳定作用.云南师范大学学报(自然科学版),9(4): 38-41

蔡炳新.2003.大学化学习题精解(上册).北京:科学出版社蔡炳新,陈贻文.2007.基础化学实验.2版.北京: 科学出版社

蔡定建,杨忠,郁德清,等.2001.二元合金相图的绘制与应用实验装置的改进.南方冶金学院学报,22(1): 55-57

蔡艳荣.2010.仪器分析实验教程.北京:中国环境科学出版社

曹春艳,赵永华.2011.米糠中提取植酸钙.食品与发酵工业,37(6):196-199

陈丹云.2001.乙酸异戊酯合成研究进展.湖北化工,(6):8-10

陈丹云,王敬平,柏艳.2001.乙酸异戊酯合成研究进展.应用化工,30(5):1-4

陈集,等.2010.仪器分析教程.北京:化学工业出版社

陈凯先,蒋华良,嵇汝运.2008.计算机辅助药物设计——原理、方法及应用.上海:上海科学技术出版社

陈平.2004.环己醇脱水制备环己烯催化剂综述.应用化工,33(3):3-5

陈文兴,田娟,唐波,等.2010.硫酸-氟化氢混合酸组分分析方法的选择.广州化工,38(8):189-191

陈小原,陈海燕,梁明辉,等.2000.氧化亚锡催化合成乙酸呋喃甲酯的研究.吉首大学学报(自然科学版), 21(4):56-58

陈学文,罗一帆,罗丽卿,等.2004.茶叶中咖啡碱的提取、纯化与测定.中国民族民间医药杂志,70(5):297-300

陈尊庆.1991.气相色谱法与气液平衡原理.天津:天津大学出版社

成青.2008.热重分析技术及其在高分子材料领域的应用.广东化工,35(12):50-52

崔献英.2000.物理化学实验.合肥:中国科学技术大学出版社

邓勃.2007.应用原子吸收与原子荧光光谱分析.2版.北京:化学工业出版社

邓云祥,刘振兴,冯开才.1997.高分子化学、物理和应用基础.北京:高等教育出版社

东北师范大学,等.2009.物理化学实验.2版.北京:高等教育出版社

董迫传,郑新生.1997.物理化学实验指导.郑州:河南大学出版社

范志鹏.2006.大学基础化学实验教学指导.北京:化学工业出版社

方东,巩凯,施群荣,等.2006.Bronsted酸功能化离子液体催化环己醇脱水制备环己烯.精细化工,23(11): 1131-1134

方惠群,于俊生,史坚.2002.仪器分析.北京:科学出版社

方惠群,余晓冬,史坚.2004.仪器分析学习指导.北京:科学出版社

方利国,陈砺.2004.计算机在化学化工中的应用.北京:化学工业出版社

符嵩涛,李振宇.2010.高吸水性树脂研究进展.塑料科技,38(10):106-113

复旦大学.2004.物理化学实验.3版.北京:高等教育出版社

傅献彩,沈文霞,姚天扬.2005.物理化学(上册).5版.北京:高等教育出版社

高向阳.2009.新编仪器分析.3版.北京:科学出版社

高向阳.2009.新编仪器分析学习指导.北京:科学出版社

高占先,蒋山,张爱丽,等.1995.在1-溴丁烷的制备实验中,2-溴丁烷生成机理的讨论.大学化学,10(1):44-45

贵莉莉.2011.纳米二氧化钛的制备及在化妆品的应用.科技风,(8):53

郭鹤桐,姚素薇.2009.基础电化学及其测量.北京:化学工业出版社

郭晓玲,孟青.2011.GC法测定高良姜醇提物中两个二苯基庚烷类化合物.中草药,42(8):1554-1556

韩成利,孙丽敏,陈伟,等.1999.沸点升高法测摩尔质量——兼谈凝固点降低法测摩尔质量的改革.高师理科 学刊,19(4):81-82

韩哲文.2005.高分子科学实验.上海:华东理工大学出版社

韩志辉,吕昌银,傅仕福,等.2005.共振光散射法测定环境水中痕量镉.中国卫生检验杂志,(1):32-35

何小阳,毛晓娟.2009.折光法用于酒精浓度测量的实验研究.广西职业技术学院学报,2(6):1-2

胡会利,李宁.2007.电化学测量.北京:国防工业出版社

胡劲波,秦卫东,李启隆.2008.仪器分析.2版.北京:北京师范大学出版社

胡胜水,曹昭睿,廖振环,等.2006.仪器分析习题精解.2版.北京:科学出版社

胡小莉,萧德超.1999.用硫粉和亚硫酸钠制备硫代硫酸钠的反应条件探讨.西南师范大学学报(自然科学版),
　　(1):103-105

胡小玲.2006.化学分离原理与技术.北京:化学工业出版社

胡晓洪,刘弋潞,梁舒萍.2007.物理化学实验.北京:化学工业出版社

华东理工大学,四川大学.2009.分析化学.6版.北京:高等教育出版社

淮阴师范专科学校化学科.1986.物理化学实验.北京:高等教育出版社

黄桂萍,肖红,尹波.2006.双液体系气-液平衡相图测定方法的探讨.赣南师范学院学报,6:81-83

黄明德.2001.介绍一个高分子化学实验.化学教学,(4):48-49

黄杉生.2008.分析化学习题集.北京:科学出版社

惠贤民.1998.生物合成乙醇的改进.固原师专学报(自然科学版),19(6):73-74

吉青,乔宝福,赵得禄.2007.高分子的溶度参数理论.物理学报,56(3):1815-1817

江强华.2000.1-溴丁烷制备实验的改进.高等函授学报(自然科学版),13(4):48-49

江万权,金谷.2006.分析化学:要点・例题・习题・真题.合肥:中国科学技术大学出版社

蒋东文,徐晓波,钟军.2001.气相色谱法测定驱蚊剂 DETA.化工生产与技术,8(3):27-28

蒋月秀,龚福忠,李俊杰.2005.物理化学实验.上海:华东理工大学出版社

焦锐,王英,苏敏,等.2005.分光光度法测定温度对磺基水杨酸合铁(Ⅲ)稳定常数的影响.连云港师范高等专
　　科学校学报,2:106-108

金仲雅,陈永宏.2001.格氏试剂在有机合成中的应用.郧阳师范高等专科学校学报,21(3):68-70

康戈莉,胡婉莹,孟丽丽.2007.微量热法测皂化速率常数.济南大学学报(自然科学版),(4):361-364

邝代治.1990."DDMBAB"做 PTC 氧化甲苯合成苯甲酸.衡阳师范学院学报,(3):36-40

李昌厚.2010.紫外-可见分光光度计及其应用.北京:化学工业出版社

李华民,蒋福宾,赵云岑.2010.基础化学实验操作规范.北京:北京师范大学出版社

李继忠.2004.对甲苯磺酸催化合成环己烯.化学世界,45(10):209-211

李家其,尹笃林,郭军,等.2008.钼磷酸催化环己醇脱水制备环己烯.应用化工,37(4):358-340

李杰.2007.光度法对磺基水杨酸铁配合物的组成及稳定常数的实验研究.赤峰学院学报(自然科学版),
　　23(5):39-41

李克安.2006.分析化学教程习题解析.北京:北京大学出版社

李颖.2000.几种常用的聚合物结晶度测定方法的比较.沈阳建筑工程学院学报,16(4):269-271

李芸,李科林,乔梦,等.2009.蚊虫驱避剂(DEET)生产废水处理研究.环境科学与技术,32(8):143-145

李中原,刘文涛,许文珍,等.2008.尼龙/碳纳米管复合材料研究进展.高分子通报,(4):50-56

梁晖,卢江.2004.高分子化学实验.北京:化学工业出版社

廖世军,谌敏.2008.有机溶胶法制备 Pt/C 催化剂的影响因素.华南理工大学学报(自然科学版),36(11):1-6

刘长久,李延伟,尚伟.2011.电化学实验.北京:化学工业出版社

刘贵云,奚旦立.2003.河道底泥陶粒比表面测定.环境污染与防治,25(2):118-120

刘贵云,奚旦立,姜佩华.2002.底泥陶粒比表面测定研究.东华大学学报(自然科学版),28(5):90-94

刘丽新.1992.阿司匹林的合成及表征.吉林师范大学学报(自然科学版),(3):58-59

刘青,王永宁,石玉平,等.2007.微机金属相图绘制的实验程序设计.青海师范大学学报(自然科学版),(2):56-59

刘寿长,张建民,徐顺.2004.物理化学实验.郑州:郑州大学出版社

刘淑芬.1995.关于正溴代烷实验室制法的讨论.烟台师范学院学报(自然科学版),(2):77-80

刘晓艳,于伟东.2005.溶胶-凝胶法改善芳纶织物的耐光性.纺织学报,30(2):84-88

刘约权,李敬慈.2007.现代仪器分析学习指导与问题解答.北京:高等教育出版社

刘珍.2004.化验员读本(下册):仪器分析.4版.北京:化学工业出版社

龙立平,熊文高,李旺英.2004.溶液表面张力测定实验的方法改进.湖南城市学院学报,13(2):55-56

龙中儿,黄运红,蔡昭铃,等.2003.细胞固定化载体比表面的测定.生物技术,13(4):21-23

陆益民.2003.提高用阿贝折射仪测定乙醇的含量的准确度.韶关学院学报(自然科学版),24(9):81-84

罗澄源.2003.物理化学实验.北京:高等教育出版社

罗一鸣.1997.乙酰苯胺的简易合成法.精细化工,(1):55-57

马超平,卢旭晓,邓绍强,等.2003.硫酸亚铁铵制备的微型实验.湛江师范学院学报,24(3):103-106

马斐,程冬炳,王颖,等.2011.聚丙烯酸类高吸水树脂的合成及吸水机理研究进展.武汉工程大学学报,
　　33(1):4-9

胡英.2008.物理化学.5版.北京:高等教育出版社

潘祖仁,翁志学,黄志明.1997.悬浮聚合.北京:化学工业出版社

钱晓荣,郁桂云.2009.仪器分析实验教程.上海:华东理工大学出版社

覃超国.2006.精细有机合成实验中苯甲酸的制备方法的改进.肇庆学院学报,27(2):47-49

邱海霞,于九皋,林通.2003.高吸水性树脂.化学通报,66(9):598-605

屈景年,莫运春,刘梦琴,等.2005.旋光法测蔗糖水解反应速率常数实验的改进.今日化学,20(1):48-49

冉晓燕.2005.正溴丁烷合成实验的改进.贵州教育学院学报,16(4):27-28

桑国翠,戴永川,赵德智.2005.微波法合成正丁醚.当代化工,34(6):375-377

邵庆辉,洪伟.2011.纳米 TiO_2 光催化材料催化机理及其在环境污染防治中的应用研究.北方环境,(9):
　　103-104

邵水源,刘向荣,庞利霞,等.2004.pH 值法测定乙酸乙酯皂化反应速率常数.西安科技学院学报,(2):
　　196-199

邵小模.2000.凝固点降低法测摩尔质量实验方法的改进.承德石油高等专科学校学报,2(2):19-22

沈小雷.2002.乙酰苯胺的合成.精细化工进展,3(8):50-51

沈永玲,吴泓毅.2011.水硬度的测定方法.广州化工,39(20):20-21

施林妹,莫建军.1998.制备甲基橙实验的改进.丽水师范专科学校学报,20(5):51-64

石杰.2002.仪器分析.郑州:郑州大学出版社

石清东.1993.阿司匹林——古老的药物、新颖的植物激素.广西师范大学学报(自然科学版),11(3):69-73

宋光泉.2009.大学通用化学实验技术(上册).北京:高等教育出版社

宋光泉.2010.大学通用化学实验技术(下册).北京:高等教育出版社

苏志平.2011.分析化学(上册)(第5版):同步辅导及习题全解.北京:中国水利水电出版社

孙传经.1981.气相色谱分析原理与技术.北京:化学工业出版社

孙德坤,沈文霞,姚天扬.2001.物理化学解题指导.南京:江苏教育出版社

孙琳.2004.乙酸异戊酯合成实验的改进.烟台师范学院学报(自然科学版),20(3):221-222

孙毓庆,胡育筑.2008.分析化学习题集.2版.北京:科学出版社

索福喜.1994.关于甲基橙制备实验的两点意见.大学化学,9(3):35-36

陶贵智,樊陈莉,张玉忠,等.2007.乙酰二茂铁的制备和电化学性质研究.实验室研究与探索,26(1):31-33

田宜灵,李洪玲.2008.物理化学实验.2版.北京:化学工业出版社

佟晓芳.2012.乳制品中邻苯二甲酸酯类化合物残留量检测方法.中国乳品工业,40(1):59-63

万东北,张勇,谢步云,等.2007.含碘废液的回收研究.赣南师范学院学报,(3):79-81

汪丰云,王小龙.2006.硫酸亚铁铵制备的绿色化设计.大学化学,21(1):51-54

王国成.2011.植酸钙制备及含量测定研究进展.潍坊教育学院学报,24(4):80-81

王国强.2000.合成 1-溴丁烷的新方法.海湖盐与化工,(1):34-36

王建平,田欣哲,王建革,等.2003.甲基橙制备实验的绿色化学研究.洛阳师范学院学报,(5):127-128

王俊茹.1998.高产率制备正丁醚.天津化工,(3):38-39

王立斌,刘程国,李丹.2009.手持技术在乙酸乙酯皂化反应中的应用.通化师范学院学报,(02):17-20

王立格.1995.醋酸水溶液中偏摩尔体积的测定.广西师范大学学报(自然科学版),13(4):79-52

王丽敏,周美华,宫建龙,等.2009.水中痕量镉的高灵敏检测方法研究.工业水处理,29(08):75-77

王利华,袁誉洪,尹有文,等.1996."溶液吸附法测定固体比表面积"实验的改进.中南民族学院学报(自然科学版),15(1):61-63

王美玉.1994.格氏试剂的生成及格氏反应机理刍议.镇江市高等专科学校学报,(2):40-44

王宁芳.2004.光度法测磺基水杨酸合铁(Ⅲ)的组成.青海师范大学学报(自然科学版),3:74-75

王锐.2005.对硫酸亚铁铵制备实验的探讨.固原师专学报(自然科学版),26(3):73-75

王绍刚,邹左英,詹延顺.2004.膨润土制备 A 型分子筛的实验研究.辽宁化工,33(7):390-392

王圣平.2010.实验电化学.北京:中国地质大学出版社

王涛.1999.格氏试剂及其合理应用.湖南教育学院学报,17(5):175-179

王同宝,张效林,张卫红.2005.阶段吸附洗脱层析法分离茶多酚和咖啡碱.离子交换与吸附,21(4):329-334

王仰东,刘杨,董家璐,等.1998.小晶粒 A 型分子筛的合成及其晶貌.催化学报,19(6):610-612

王永华.1990.气相色谱分析.北京:海洋出版社

王柞凤,顾淑芳.1989.计算机在化学中的应用.南京邮电学院学报,9(1):132-137

韦长梅.2004.2-硝基间苯二酚制备工艺的优化.淮阴师范学院学报(自然科学版),3(2):135-138

韦媛媛.2011.超声波辅助法提取广西柑橘皮中橙皮苷.食品科技,36(4):148-150

魏无际,俞强,崔益华.2011.高分子化学与物理基础.2 版.北京:化学工业出版社

魏亚杰.2001.凝固点降低法测定摩尔质量实验改进.大学化学,16(6):40-41

吴卫国,罗纲要.2004.一种从茶叶中提取咖啡碱方法的研究.茶业通报,26(4):157-158

吴性良,朱万森.2008.仪器分析实验.2 版.上海:复旦大学出版社

武汉大学.2006.分析化学.5 版.北京:高等教育出版社

武汉大学化学系分析化学教研室.2008.分析化学例题与习题:定量化学分析及仪器分析.北京:高等教育出版社

武汉大学化学与分子科学学院实验中心.2005.仪器分析实验.武汉:武汉大学出版社

武莹浣.2010.牛乳中乳脂、酪蛋白和乳糖的分离鉴定.大众科技,(11):105-106

夏定国.2003.3000 化学习题精解.北京:科学出版社

肖红艳,陈衍夏.2011.以偏钛酸为原料沉淀法制备纳米 TiO_2 光催化剂.染整技术,33(9):15-17

徐筱杰,侯廷军,乔学斌,等.2004.计算机辅助药物分子设计.北京:化学工业出版社

闫华,金燕仙,钟爱国,等.2009.溶液表面张力测定的实验数据处理分析与改进.实验技术与管理,26(5):44-46

颜莎,满瑞林.2009.镉试剂双峰双波长法测定水中痕量镉.光谱实验室,26(5):1190-1193

杨吉芳.2003.乙酰苯胺制备的微型实验探讨.齐齐哈尔医学院学报,24(12):1396-1397

杨纪红.2002.N,N-二乙基间甲基苯甲酰胺的合成研究.山西大学学报(自然科学版),25(1):43-44

杨丽君,高小茵,仲一卉.2003.甲基橙制备方法的改良.云南师范大学学报,23(3):57-59

杨水金.2001.合成异戊酸乙酯的催化剂研究.应用化工,36(3):4-6

杨芝萍.1997.甲苯氧化制苯甲酸反应研究.宜春师专学报,(5):51-52

叶宪曾,张新祥.2007.仪器分析教程.2 版.北京:北京大学出版社

尹国杰,李冬.2008.固体乙醇合成方法的研究.洛阳理工学院学报(自然科学版),18(2):32-34

印永嘉.1988.物理化学简明手册.北京:高等教育出版社

于庆水,潘春晖.2004.金属相图实验的改进.沧州师范专科学校学报,20(1):55

于跃芹,武玉民,牛德重.2000.电解质对氢氧化铝镁正电溶胶的聚沉作用.山东轻工业学院学报,14(4):49-51

余丽琼,鲍正荣,黄会林.2005.硫酸亚铁铵制备实验的改进及教学.中小学实验与装备,15(3):32-34

余小岚,陈六平,李瑞英,等.2002.微机控制燃烧热测定仪的研究.大学化学,17(2):39-40

袁爱群,张直,马少妹,等.2004.用绿色化学理念改进硫酸亚铁铵制备实验.化学教学,(5):8-9

袁先友,张敏,刘元圆.2001.SnCl₄催化合成环己烯.化学试剂,23(3):182-183

曾泳淮,林树昌.2004.分析化学(仪器分析部分).2版.北京:高等教育出版社

曾育才.1999.格氏试剂制备性质及其在合成中应用.宁德师专学报(自然科学版),(3):59-60

曾昭琼.2000.有机化学实验.3版.北京:高等教育出版社

翟广玉,赵云龙,樊卫华,等.2011.高熔点固体酒精的制备.实验室研究与探索,(8):25-27

张芳,李红旭.2006.影响牛乳酪蛋白分离因素的研究.加工工艺,6(3):29-31

张芳,部迎秋,位会棉,等.2011.水蒸气蒸馏法提取橘皮精油的工艺研究.石家庄学院学报,13(3):5-7

张国华,贾海宏,孙少飞,等.2003.环己醇催化脱水制备环己烯.应用化工,32(6):31-32

张剑荣,余晓冬,屠一锋,等.2009.仪器分析实验.2版.北京:科学出版社

张健.2007.乙酰苯胺合成工艺的改进.应用化工,36(3):298-301

张鉴清.2010.电化学测试技术.北京:化学工业出版社

张疆,陈菊香.2011.UV-TiO₂在印染废水处理中的应用与研究.科技信息,(25):47

张澜萃,王彦君,李晓辉,等.2007.硫代硫酸钠实验装置的改进.实验室研究与探索,26(12):59-61

张磊,王正阳,邹向宇,等.2006.微波水热法合成A型分子筛.辽宁石油化工大学学报,26(4):60-61

张敏,袁先友.2000.脱铝超稳Y沸石催化环己醇脱水制备环己烯.精细化工,17(5):287-289

张敏.2000.磷钨酸催化合成环己烯.现代化工,20(4):26-28

张绍衡.2000.电化学分析法.重庆:重庆大学出版社

张延其.2001.正丁醚制备实验的改进.滁州师专学报,3(2):95

赵锡武,王桂芝,关伟宏,等.1997.高岭土合成无粘结剂A型分子筛的探索性研究.辽宁化工,26(3):155-157

赵玉群,马淑平,赵倩.2005.阿司匹林在防治心脑血管疾病中的基础地位.河北医科大学学报,26(6):715-716

郑根稳,李艳军.2001.α-呋喃甲酸的设计合成.孝感学院学报,21(6):31-32

郑国经.2011.ATC001电感耦合等离子体原子发射光谱分析技术.北京:中国质检出版社,中国标准出版社

郑国经,计子华,余兴.2010.原子发射光谱分析技术及应用.北京:化学工业出版社

中国科学院大连化学物理研究所.1989.气相色谱法.北京:科学出版社

周金梅.2003.微波法合成乙酰苯胺.厦门大学学报(自然科学版),42(5):679-681

周连君,高跟之,卢常源,等.1996.吸附溶出伏安法同时测定水中痕量锌和镉.曲阜师范大学学报(自然科学版),(1):17-21

朱大建,谢育红,梅付名,等.2007.碳酸甲苯酯标准摩尔燃烧焓的测定.化学工程,35(3):38-39

朱国全.2008.旋光仪实验中一些重要问题的探讨.实验科学与技术,6(4):29-30

朱慧仙,王力.2008.酸性硅溶胶的制备、性质及其稳定性研究进展.广东化工,35(2):19-22

朱明华.2000.仪器分析.3版.北京:高等教育出版社

卓馨.2006.乙酰二茂铁的合成与性质测定.宿州学院学报,21(6):97-120

邹恒琴.1998.阿司匹林临床应用进展.广东药学,(1):1-3

http://jpkc.zhku.edu.cn/guetcc/course/index.html

http://max.book118.com/html/2012/0325/1400863.shtm

http://wenku.baidu.com/view/4d5530bd1a37f111f1855b38.html

http://wenku.baidu.com/view/bce6a18571fe910ef12df890.html

http://wenku.baidu.com/view/c0678d35b90d6c85ec3ac67e.html

http://wenku.baidu.com/view/ec70e63343323968011c928c.html

http://www.chem17.com/Tech_news/Detail/348940.html